Jürgen Gebhard

Fledermäuse

Springer Basel AG

Fotos: Wenn nicht anders bezeichnet, stammen alle Abbildungen von Jürgen Gebhard. Weitere Bildautoren sind Erika Gebhard, Eckhard Grimmberger, René Güttinger, Carsten Haarje, Klaus-Gerhard Heller, Otto von Helversen, Albert Keller, Jürgen Klawitter, Alfred Limbrunner, Philippe Morel, Martin Trappe, Magdalena Wehrli, Peter E. Zingg.
Zeichnungen: Susanne Bousani-Baur, Otto von Helversen, Herbert Joller

Alle Zeitangaben beziehen sich auf die Mitteleuropäische Winterzeit.

Dieses Buch entstand mit freundlicher Unterstützung von
pro natura, Schweizerischer Bund für Naturschutz und
pro Chiroptera, Verein für Fledermausschutz.

Die Deutsche Bibliothek – CIP-Einheitsaufnahme
Gebhard, Jürgen:
Fledermäuse / Jürgen Gebhard.

ISBN 978-3-7643-5734-4   ISBN 978-3-0348-5037-7 (eBook)
DOI 10.1007/978-3-0348-5037-7

Dieses Werk ist urheberrechtlich geschützt. Die dadurch begründeten Rechte, insbesondere die der Übersetzung, des Nachdrucks, des Vortrags, der Entnahme von Abbildungen und Tabellen, der Funksendung, der Mikroverfilmung oder der Vervielfältigung auf anderen Wegen und der Speicherung in Datenverarbeitungsanlagen, bleiben, auch bei nur auszugsweiser Verwertung, vorbehalten. Eine Vervielfältigung dieses Werkes oder von Teilen dieses Werkes ist auch im Einzelfall nur in den Grenzen der gesetzlichen Bestimmungen des Urheberrechtsgesetzes in der jeweils geltenden Fassung zulässig. Sie ist grundsätzlich vergütungspflichtig. Zuwiderhandlungen unterliegen den Strafbestimmungen des Urheberrechts.
© 1997 Springer Basel AG
Ursprünglich erschienen bei Birkhäuser Verlag, Postfach 133, CH-4010 Basel, Schweiz 1997
Softcover reprint of the hardcover 1st edition 1997

Umschlag- und Buchgestaltung: Micha Lotrovsky, Therwil
Gedruckt auf säurefreiem Papier, hergestellt aus chlorfrei gebleichtem Zellstoff. TCF ∞

ISBN 3-7643-5734-7

9 8 7 6 5 4 3 2 1

Für Erika, Nicole und Tanja

Inhaltsverzeichnis

Geleitwort von Klaus Richarz ... 9
Vorwort des Autors ... 13

Fledermäuse, die heimlichen Lebenskünstler ... 19

Fledermäuse erforschen ... 27

Die Gestalt: fürs Fliegen geboren ... 37

Hängen, Fliegen, Laufen ... 59

Soziales Zusammenleben: Vertrautheit, Streit und Abwehr ... 73

Komfortverhalten: Sich pflegen und putzen ... 99

Lebensräume ... 105
Die Höhenverbreitung ... 111

Quartiere als wichtige Teillebensräume ... 115

Ernährungsräume ... 143

Nachtflieger ... 149
Die Ortungslaute ... 153
Das Ortsgedächtnis ... 160

Gefräßige Insektenjäger ... 163

Pragmatische Energiesparer ... 179
Die Tageslethargie ... 183
Der Winterschlaf ... 185

Jahreslauf ... 207

Tagesrhythmen und Aktivitätsmuster ... 211
Der Tageszyklus ... 212
Die Flugaktivität ... 215
Tagflüge ... 219

Wanderer und Seßhafte ... 225

Fortpflanzung ... 237
Der Sexualzyklus ... 239
Die Balz der Fledermäuse ... 245
Die Wochenstuben ... 263
Die Tragzeit im Frühjahr ... 266
Geburt und Jungenaufzucht ... 270
Mutter-Kind-Verhalten ... 308

Lebenserwartung ... 317

Gefährdung der Fledermäuse ... 319

Fledermausschutz ... 331

Die Fledermäuse Europas ... 353

Dank ... 371
Weiterführende Literatur ... 373
Kontaktadressen im Fledermausschutz ... 377
Index ... 379

Geleitwort von Klaus Richarz

Als mich Jürgen Gebhard vor einiger Zeit anrief, um mir mitzuteilen, daß er an einem Fledermausbuch arbeitet, war meine Vorfreude groß. Beim Lesen seines Manuskriptes stellte ich rasch fest, daß ich mich nicht zu früh gefreut hatte.

Das vorliegende Buch ist ein «echter Gebhard» geworden. Kaum jemand anderer als Jürgen Gebhard könnte über so intime und intensive Erlebnisse mit Fledermäusen schreiben. Seine besonders enge Verbundenheit mit ihnen, allen voran zu «seinen» Großen Abendseglern, erlauben dem passionierten Fledermausforscher den etwas anderen Blick auf eine Tiergruppe, für die sich in den letzten beiden Jahrzehnten zunehmend NaturschützerInnen interessieren. Das war nicht immer so. Bis in die 70er Jahre blieb die Beschäftigung mit Fledermäusen und deren Schutz in Mitteleuropa eine Angelegenheit weniger Insider.

Dabei hat die Fledertierforschung in Deutschland beispielsweise eine lange Tradition. So erkannte schon 1813 der Hanauer Fledermausforscher Leisler die ökologische Bedeutung der Fledermäuse, indem er in einem Brief an den befreundeten Forstmann von Wildungen die «ungebührlich verachteten, ja oft verfolgten Thiere» als die «eigentlichen Conservateurs der Wälder» den Forstleuten bestens empfiehlt. Aus gesundem Mißtrauen gegenüber der reinen Einsicht schlägt Fledermauskenner Leisler gleichzeitig noch eine Fledermausschutzverordnung vor, «...da dem Vorurtheil des ungebildeten Haufens nicht so leicht entgegengearbeitet werden kann, wenn nützliche Wahrheiten nicht zugleich durch höhere Authorität ein desto nachdrücklicheres Gewicht erhalten». Kein Geringerer als Johann Wolfgang von Goethe zollte 1816 den fledermauskundlichen Arbeiten Kuhls, einem Schüler Leislers, Anerkennung.

Seit 1936 sind Fledermäuse in Deutschland geschützt. Trotzdem gingen die Bestände vieler Arten wie in ganz Europa immer stärker zurück, weil kein Gesetz die Verluste an Wohn- und Jagdmöglichkeiten der Nachtflieger aufhalten konnte. Überdies schwächten giftbelastete Insektennahrung und chemischer Holzschutz die Populationen. Erst als viele Fledermausbestände ihren Tiefpunkt erreicht hatten, fanden sie ihre Mitstreiter in motivierten Fledermausschützerinnen und -schützern, die sich vor allem in England, den Niederlanden, in Deutschland und der Schweiz in Schutzorganisationen zusammenschlossen, um sich für die bedrohten Nachtjäger erfolgreich einzusetzen.

Inzwischen geben die Bestandsentwicklungen einiger Arten durchaus wieder Anlaß zur Hoffnung. Längst reichen dabei die Schutzbemühungen über den reinen Quartierschutz hinaus. Nachdem man erkannt hat, daß sich Fledermäuse aufgrund ihrer Wohn- und Lebensweise auch als Indikatoren für strukturreiche, traditionell gewachsene Kulturlandschaften eignen, werden sie zunehmend bei Pflege- und Entwicklungsplanungen berücksichtigt. Durch den Einsatz neuer Techniken wie Infrarot-Videokameras oder Telemetriesendern finden wir plötzlich Zugang zu Lebensbereichen der Fledermäuse, die bisher völlig im dunkeln lagen. Anhand der neuen, immer wieder verblüffenden Forschungsergebnisse wird aber auch deutlich, wie wenig wir erst über diese faszinierenden Geschöpfe wissen. Das bedeutet für die praktische Naturschutzarbeit, daß wir der interessierten Öffentlichkeit nicht mit gutem Gewissen einfache Patentrezepte zum Schutz der Fledermäuse liefern können. Schließlich sind deren Lebensansprüche artspezifisch und saisonal sehr unterschiedlich, selbst wenn uns in Europa «nur» 30 Vertreter dieser artenreichen Tiergruppe umflattern.

Mit dem Abkommen vom 4. Dezember 1991 zur Erhaltung der Fledermäuse in Europa wird der Erhaltungssituation aller 30 europäischen Fledermausarten eine höhere, der Gefährdung dieser Tiergruppe angemessene Beachtung zuteil. Kernpunkt dieses Abkommens, dem sich inzwischen 13 Vertragsstaaten verpflichtet fühlen, sind:

- Verhinderung des absichtlichen Tötens oder Fangens von Fledermäusen
- Schutz wichtiger Lebensräume und Quartiere

- Förderung des öffentlichen Bewußtseins in bezug auf das Schicksal der Fledermäuse
- Errichtung einer amtlichen Stelle für den Fledermausschutz
- Einleitung erforderlicher Schritte zum Schutz bedrohter Populationen
- Förderung und gemeinsame Nutzung der Forschung
- Abwehr von fledermausschädlichen Pestiziden

Doch auch die besten gesetzgeberischen Vorschriften und Empfehlungen hängen letztendlich vom guten Willen und der Sensibilisierung einer breiten Öffentlichkeit für die Belange des Naturschutzes, hier unserer Fledermäuse, ab. Und dazu kann jeder von uns seinen ganz persönlichen Beitrag leisten.

Daß sich Menschen, ob groß oder klein, von Fledermäusen begeistern lassen, konnte ich in eigenen Projekten erfahren. So fanden sich zu einem von uns, das heißt der Arbeitsgemeinschaft Fledermausschutz in Hessen, gemeinsam mit Geschäften und Banken veranstalteten mehrtägigen Straßenfest zum Thema Fledermäuse in der mittelhessischen Universitätsstadt Gießen zigtausende Interessierte Bürgerinnen und Bürger ein. Den Gießener Wildbiologen, die in einem kleinen Stadtwald das Leben der baumhöhlenbewohnenden Fledermäuse untersuchen, haben auf nächtlichen Exkursionen schon mehrere tausend Menschen über die Schulter geschaut. Und schießlich wird man sogar beim Feuerwerk zur Jahrtausendwende auf die Fledermäuse Rücksicht nehmen. Nachdem die hessische Staatskanzlei von uns Fledermausschützern erfuhr, daß das Spektakel eventuell eine große Wintergesellschaft der Flattertiere in Kassel stören könnte, wird das Feuerwerk weiter weg vom Winterquartier stattfinden.

Trotz ihrer Entmystifizierung haben Fledermäuse nichts von ihrer Faszination eingebüßt. An die Stelle alter Vorurteile treten neue, faszinierende Erkenntisse über ihr wahres Leben. Einer, der, von forschender Neugier und Liebe zu seinen «Studienobjekten» getrieben, immer wieder neue Seiten aus dem «geheimen Buch des Lebens der Fledermäuse» aufzuschlagen weiß, ist Jürgen Gebhard. Der Basler Fledermausforscher wählt dabei seinen ganz eigenen Weg. Ist schon die Artunterscheidung bei Fledermäusen normalerweise nicht einfach, so erscheinen den meisten von uns die Angehörigen einer Fledermausart uniform, im Aussehen wie in ihren Lebensäußerungen. Während wir beispielsweise den leicht erkennbaren Elefantenindividuen auch individuelle Verhaltensweisen zubilligen, werden

Fledermäuse selbst in Fachkreisen noch sehr «mechanistisch» betrachtet.

Lassen Sie sich wie ich beim Lesen über Gebhards «freie Mitarbeiterinnen und Mitarbeiter» faszinieren und lernen Sie die Fledermäuse mit anderen Augen kennen. Sie werden dabei automatisch zu ihren Freunden, von denen es schließlich nicht genug geben kann!

Dr. Klaus Richarz
Staatliche Vogelschutzwarte für Hessen, Rheinland-Pfalz und Saarland.
Arbeitsgemeinschaft Fledermausschutz in Hessen (AG FH)

Vorwort des Autors

«Wie bist du zu den Fledermäusen gekommen?» Auf diese oft gestellte Frage ist mir bis heute noch keine gescheite Antwort oder eine vernünftige Erklärung eingefallen. Es gibt da keine Sensationen oder skurrilen Geschichten, die manch einer vermuten mag, wenn man auf die Fledermäuse und mein leidenschaftliches Interesse für sie zu sprechen kommt. Dieses ist anfangs nur langsam gewachsen, etappenweise, und erst seit 18 Jahren beschäftigt mich dieses Thema auch als Forscher. Allerdings früh, schon als Bub, hatte ich meine erste Begegnung mit Fledermäusen; zusammen mit dem Vater, der in seiner Freizeit ein engagierter Ornithologe war und für die Vogelwarte Radolfzell Vögel beringte. Er führte mich in die Vogelkunde ein, und ich wurde ein begeisterter Naturfreund, der lieber in Wald und Flur herumstöberte, als in die Schule zu gehen. Zu meinem zwölften Geburtstag schenkten mir meine Eltern den Naturführer «Welches Tier ist das?», ein Buch, das bis heute einen Ehrenplatz in meiner Bibliothek hat.

Bei Crailsheim, im hohenlohischen Gebiet, entdeckten mein Vater und ich einmal in einer Baumhöhle Fransenfledermäuse, die ich mit meiner kleinen Hand aus dem engen Quartier herausholte. Es gibt noch ein Foto von mir, wie die Fledermäuse an meinem Hosenträger hängen. Mir bleibt die Begegnung unvergeßlich, weil es eine Mutter mit einem fest an der Milchzitze angesaugten Jungen war. Die enge körperliche Bindung zwischen Mutter und Kind, insbesondere die schützende Fürsorglichkeit der Mutter während unserer Störung, bewegte mich damals sehr. Als ich endlich mit 17 Jahren die Schule beendet hatte, begann ich 1957 eine Lehre als zoologischer Präparator im Staatlichen Museum für Naturkunde in Stuttgart.

Die Säugetierabteilung wurde damals für kurze Zeit von dem berühmten Fledermausforscher Martin Eisentraut betreut, der später in Bonn die Leitung des Museums und Forschungsinstitutes Alexander Koenig übernahm. Nur einige Trockenpräparate von seinen in Alkohol konservierten Fledermäusen, die er in Kamerun gesammelt hatte, durfte ich für ihn bzw. für die wissenschaftliche Sammlung herstellen, sonst ergaben sich aus dieser frühen persönlichen Begegnung mit Eisentraut leider keine nachhaltigen Impulse für meine eigene fledermauskundliche Tätigkeit. Aber seine Bücher und die Fachpublikationen wurden für mich wichtig, viel später allerdings, und sie sind es bis heute geblieben.

Erst 1964, als ich mit Erika Kofmehl, meiner Verlobten und späteren Ehefrau, von der französischen Schweiz nach Basel zog und Herbert Joller kennenlernte, wurden Fledermäuse ein Thema für mich. Es hat mich von da an eigentlich nie mehr losgelassen, abgesehen von einigen Unterbrechungen, während ich abends das Abitur nachholte und auch während meiner mehrjährigen Studienzeit an der Universität Basel. Joller untersuchte im Rahmen seiner Dissertation die pränatale Entwicklung des Großen Mausohrs. Dazu hielt er auch Fledermäuse in Gefangenschaft; durch ihn lernte ich diese Tiere von einer mir bisher unbekannten Seite kennen. In der Schweiz waren Fledermäuse damals noch nicht unter Schutz gestellt und ihre aktuelle Bedrohung nicht publik geworden – auch ich wußte am Anfang nichts davon. So kam es, daß ich sie recht unbefangen in meine Obhut nahm, um sie aus der Nähe beobachten zu können. Diese Art der Tierhaltung ist heute nicht mehr gerechtfertigt, aber die ersten Erfahrungen prägten mich, und die damals gewonnenen Erkenntnisse beeinflussen noch immer meine Arbeit im Umgang mit lebenden Fledermäusen. Weil mein fledermauskundliches Engagement bis heute fast immer nur in der Freizeit, abends, an den Wochenenden und in den Ferien möglich war, wurden die 60er Jahre in dieser Beziehung auch für meine Frau eine neue, lebensbestimmende Erfahrung. Sie, die bisher nur wenig mit Tieren zu tun hatte, lernte nicht nur die ihr bislang völlig unbekannten Fledermäuse hautnah kennen, sondern schon früh auch einige grundlegende, manchmal zweifellos nicht einfach zu ertragenden Wesenszüge ihres frisch angetrauten Ehemannes. Immer häufiger, besonders in den vergangenen 15 Jahren, mußte sie ihren Mann mit den Fledermäusen teilen. Oft gab es für sie lange Zeiten des Alleinseins, wenn ich nachts fortging, Fledermäuse beobachtete, komplizierte Geräte installierte oder auch zu Hause stundenlang am Schreibtisch saß und nicht ansprechbar war. Diese Toleranz und das geduldige Verständnis meiner Frau haben meine Entwicklung zum Fledermauskundler erst möglich gemacht; und bis heute schenkt sie mir ihre mitfühlende Anteilnahme, egal, ob die meist mühselige Forschungsarbeit erfolgreich oder, wie so oft, nur kräftezehrend und wenig gewinnbringend ist. Es gab auch oft schöne Zeiten der Zusammenarbeit, die uns beiden viel Spaß gemacht haben, beispielsweise die zeitaufwendige Betreuung der Pfleglinge. Viele meiner persönlichen Beobachtungsergebnisse, die ich in diesem Buch beschreibe, sind also in erster Linie das Resultat eines gemeinschaftlichen Werkes von uns, von meiner Frau und mir. Natürlich gab es auch sehr viele Förderer und temporäre Mitarbeiter, die sich für meine fledermauskundlichen Projekte interessierten und oft mit Rat und Tat halfen.

Weil es mir nie möglich war, die Erforschung der Fledermäuse als hauptberufliche, vollamtliche Tätigkeit auszuüben, gab es selbstverständlich nicht nur häufig Probleme mit der verfügbaren Zeit, sondern auch viele finanzielle Schwierigkeiten und Engpässe bei der Beschaffung und im Unterhalt von Beobachtungsutensilien, die gelöst werden mußten. Dieser Umstand hat meine Arbeit nachhaltig beeinflußt, doch rückblickend betrachtet, hatte dies auch positive Aspekte. Im Gegensatz zu manchen Forschungsprojekten an Universitäten und Hochschulen stand ich nicht unter dem hektischen Zwang, meine Arbeit innerhalb einer bestimmten Zeit abschließen zu müssen, weil sonst kein Geld für Löhne mehr dagewesen wäre oder weil durch die rasche Publikation der Ergebnisse neue Geldquellen erschlossen werden mußten. Wer schon einmal in einem Forschungsprojekt über wildlebende Tiere mitgearbeitet hat, kennt die Schwierigkeiten, gewisse Ereignisse, die nur während einer kurzen Zeit im Jahr zu sehen sind, dokumentieren zu wollen. Ich konnte mir immer mehr Zeit lassen als andere, und wenn die Datengewinnung aus irgendeinem Grund nicht so gelang, wie ich es mir erhoffte, dann versuchte ich es geduldig im nächsten Jahr zur gleichen Zeit noch einmal. Ich war also nicht sosehr der Versuchung ausgesetzt, im letzten Moment noch ein Ergebnis «erzwingen» zu wollen. So konnte ich im Umgang mit «meinen» Fledermäusen im Verlauf eines Jahrzehnts einige unkonventionelle Forschungsmethoden entwickeln, die mir nicht nur eine große Datenfülle einbrachten, sondern auch die Tiere überhaupt nicht oder nur geringfügig beeinträchtigten.

Heute habe ich die Möglichkeit, in selbst eingerichteten Beobachtungsquartieren wildlebende Große Abendsegler täglich, absolut störungsfrei und aus allernächster Nähe beobachten zu können. Ich lernte nicht nur wetterbedingte Notsituationen der Fledermäuse kennen und sah, wie sie solche Probleme zu lösen versuchten, sondern ich konnte auch die «Karriere» einzelner Individuen über Jahre hinweg verfolgen. Recht traurig war es dann mitunter schon, wenn eine seit langem bekannte Fledermaus, die vielleicht sogar halbzahm war, unverhofft nicht mehr ins Tagesquartier zurückkam und die Vermutung zur Gewißheit wurde, daß sie nicht mehr lebte.

Ich kann Fledermäuse so erleben, wie es vermutlich nur wenigen Forschern vergönnt ist. So kommt es wahrscheinlich auch, daß meine Sicht auf die Fledermauswelt gelegentlich eine andere, etwas modifiziertere ist als die übliche Lehrmeinung. Auch davon werde ich in diesem Buch berichten, obwohl es mein eigentliches Ziel ist, den Leser in leichtverständlicher Sprache und Darstellung in die allgemeine Biologie der europäischen Fledermäuse einzuführen. Um ein solches Vorhaben realisieren zu können, mußte ich natürlich eine umfangreiche Fachliteratur konsultieren. So kommt es, daß im vorliegenden Buch ein Wissen wiedergegeben wird, das sich aus den Ergebnissen zahlreicher Forschungsarbeiten zusammensetzt. Aus Platzgründen konnte ich nur einige Publikationen als Literaturquelle am Schluß des Buches zitieren; es sind solche, die ich im Text als Beispiele und mit den Namen der jeweiligen Forscher aufgeführt habe. In diesen Publikationen und in der weiterführenden Fachliteratur kann sich der wissensdurstige Leser zusätzliche Informationen verschaffen.

Eine wirklich umfassende Darstellung der Biologie einer so lebenstüchtigen und hochspezialisierten Tiergruppe, wie es die Fledermäuse sind, ist heute nur in einem vielbändigen Werk möglich. Zu viel Detailforschung wurde bis heute schon betrieben, zu viele einzelne Lebensaspekte sind untersucht worden, um sie in einem einzigen Buch beschreiben zu können. Hinzu kommt, daß der Physiologe ganz andere Einblicke vermitteln und in den Vordergrund seiner Betrachtungen stellen würde als der Ökologe, der Ethologe oder gar der Molekularbiologe – und zweifellos anders, als ich es in meinem Buch tue.

Allen Lesern, die sich bis zum Schluß des Buches «durchgearbeitet» haben, wünsche ich, daß sie beim Studium des Textes zunehmend neugieriger geworden sind, ebenso neugierig, wie ich noch immer bin. Einer, der zwar nicht mehr genau erklären kann, wie er zu den Fledermäusen gekommen ist, aber sehr genau weiß, warum er nicht mehr von ihnen loskommt und sie immer besser kennenlernen möchte.

Jürgen Gebhard
Basel, im Mai 1997

Lerne sie kennen.

Erkenne und liebe sie!

Zu Deinem 12. Geburtstag
von Deinen Eltern.

12. Okt. 1952

Dr. Georg Stehli — Prof. Dr. Paul Brohmer

Welches Tier ist das?

Die wildlebenden Säugetiere Deutschlands
und der angrenzenden Länder

Tabellen zu ihrer Bestimmung

Mit 40 Abbildungen auf 20 Kunstdrucktafeln und weiteren 18 Tafeln im Text

KOSMOS · GESELLSCHAFT DER NATURFREUNDE
FRANCKH'SCHE VERLAGSHANDLUNG STUTTGART

Fledermäuse, die heimlichen Lebenskünstler

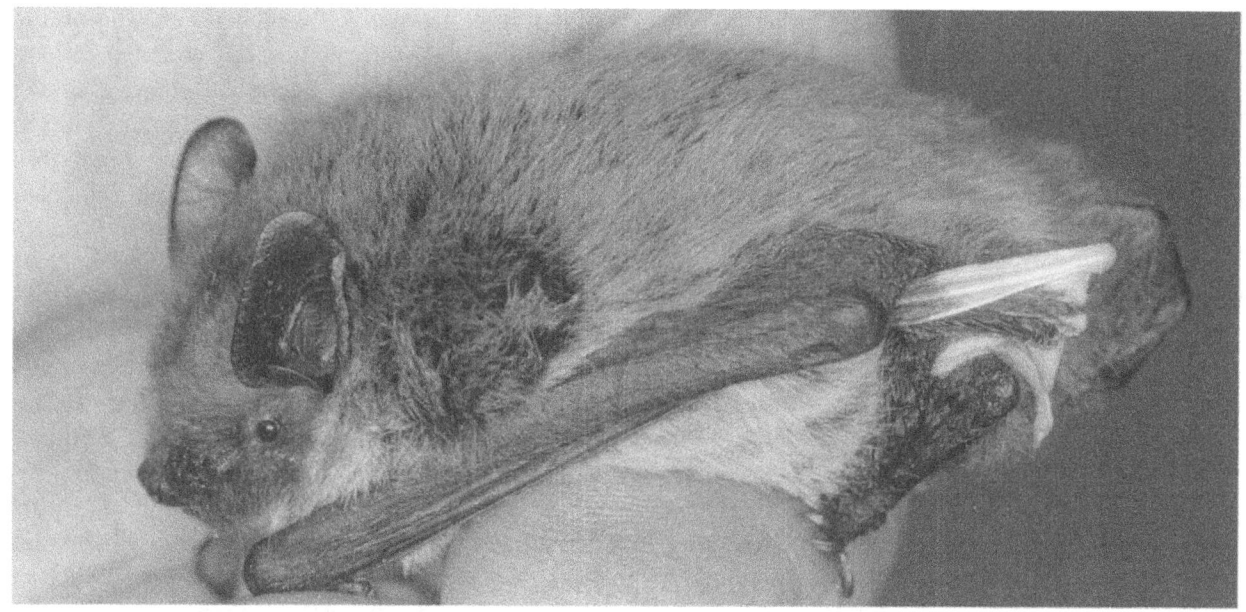

Art: Weißrandfledermaus (*Pipistrellus kuhlii*).
Sex: ♀.
Fundort: Basel, Mattenstraße – ins Vereinslokal der Entomologischen Gesellschaft Basel eingeflogen. Dort schon einige Tage zuvor fliegend beobachtet.
Datum: 16. Februar 1997.
Gewicht: 6,5 Gramm, stark abgemagert.
Kopf-Rumpf-Länge: 49 mm. Unterarmlänge: 35,5 mm.
Färbung: Oberseite grau-gelblichbraun, Unterseite grauweiß. Farbanomalie am Flügel: Flügelspitzen sind weiß, nicht pigmentiert.
Bemerkung: Wird gefüttert, kann bei warmem Wetter wieder freigelassen werden.

Abb. 1

Wieder ein Nachweis der Weißrandfledermaus, die, aus dem Süden Europas kommend, immer weiter nach Norden vordringt. Noch vor zehn Jahren war so ein Fund in Basel eine Besonderheit. Inzwischen ist diese Fledermaus im Stadtgebiet eine der häufigsten von mittlerweile 14 Arten, die hier in den letzten 15 Jahren nachgewiesen werden konnten. Neuerdings scheint sie auch die weitere Umgebung zu erobern, sogar in einem höhergelegenen Bergdorf im Jura konnte ich sie kürzlich feststellen. Jenseits der Grenze, in Deutschland, hatte man sie scheinbar noch nicht entdeckt. Deshalb ist ein am 8. September 1995 in Weil am Rhein in ein Wohnhaus eingeflogenes, im Sommer geborenes Männchen der Weißrandfledermaus (*Pipistrellus kuhlii*) ein erster konkreter Fundbeleg. Es kann somit eine neue Art auf der deutschen Faunenliste eingetragen werden. Das Ereignis fand zwar nur einige 100 Meter von der deutsch-schweizerischen Landesgrenze entfernt statt, aber immerhin. Manchmal sind eben nicht nur unerwartete zoogeografische Neubesiedlungen interessant, sondern auch das Überschreiten von nationalen Grenzen.

In der «Fledermausszene» herrscht eine große Dynamik, es passiert viel. Da gibt es Arten, die äußerst bedroht sind, mancherorts sogar schon als verschollen oder ausgestorben gelten. Andere meistern die gewaltigen Umstrukturierungen in unserer Landschaft besser, sie leben erfolgreich mit uns zusammen, und einige Populationen scheinen in den letzten Jahren sogar angewachsen zu sein. Die heimliche Lebensweise der Fledermäuse macht eine Beobachtung schwierig, und deshalb können der breiten Öffentlichkeit viele interessante, artspezifische Besonderheiten oft nur schwer verständlich gemacht werden. Noch zu oft bilden pauschale, falsche oder halbwahre Klischeevorstellungen die Grundlage von Bewertungen, die schließlich zum Gruselimage der Tiere führten.

Wenn man neugierig hinterfragt, wie Fledermäuse tatsächlich leben, wie sie ihre Lebensprobleme lösen, erfährt man viel Spannendes und Abenteuerliches. So wird es möglich, daß sie bewundert werden, daß sie der eine oder andere sogar als liebenswert empfindet.

Fledermäuse sind Säugetiere

In der Alltagssprache werden viele Kleinsäuger als Mäuse bezeichnet. Die eigentlichen Mäuse gehören zur Ordnung der Nagetiere (Rodentia). Diese umfaßt mit 1800 Arten knapp die Hälfte aller Säugetiere, deren Gesamtzahl mit ungefähr 4250 Arten angegeben wird. Die Spitzmäuse werden der Ordnung Insektenfresser (Insectivora, ungefähr 350 Arten) zugeordnet. Die Fledertiere (Chiroptera) sind mit ungefähr 925 Arten nach den Nagetieren die artenreichste Säugetierordnung. Sie wird in zwei Unterordnungen – die Flughunde und die Fledermäuse – aufgeteilt.

Klasse:	Säugetiere	Mammalia
Ordnung:	Fledertiere	Chiroptera
Unterordnung:	Flughunde	Megachiroptera
Unterordnung:	Fledermäuse	Microchiroptera

In einer Übersicht von 1993 zählt Karl F. Koopman 166 Arten von Flughunden, den großen Rest mit 759 Arten bilden die vielseitigen Fledermäuse. Solche Angaben variieren immer sehr stark, weil der Status einzelner Arten noch nicht vollständig untersucht und deshalb oft sehr umstritten ist.

Fledertiere sind die einzigen Säugetiere, die aktiv fliegen können. Sie sind meist sehr wärmeliebend und haben ihr Hauptverbreitungsgebiet in den tropischen und subtropischen Klimazonen. Dort ist auch der Arten- und Individuenreichtum am größten.

Fledertiere können ihre Körperwärme regulieren und haben als Körperschutz ein Haarkleid. Sie gebären blinde, nackte Junge, die gesäugt werden. Die jährliche Nachkommenzahl ist klein, meist ist es pro Wurf nur ein Junges; Zwillinge oder bis zu maximal vier Junge sind eher selten.

Der Artenreichtum, die weite Verbreitung und die Vielfalt der Ernährungsweisen sind Zeugnisse einer außerordentlich erfolgreichen stammesgeschichtlichen Entwicklung. Durch den Erwerb des Flugvermögens und eines Orientierungssystems, das die Jagd in der Dunkelheit ermöglicht, haben sich insektenfressende Fledermäuse eine reichhaltige Nahrungsquelle erobert, die sie nahezu konkurrenzlos nutzen können.

Guterhaltene, vollständige Fledermausfossilien werden selten gefunden. *Icaronycteris index* gilt als älteste insektenfressende Fledermaus. Der guterhaltene Fund aus dem frühen Eozän wurde in Wyoming, USA, gefunden. Eine außergewöhnliche Fundstelle ist die Grube Messel bei Darmstadt. Dort wurden in eozänen Ablagerungen zahlreiche, ungefähr 50 Millionen Jahre alte Fledermausskelette gefunden, die hervorragend erhalten sind. Die Funde zeigen, daß die Fledermäuse bereits zu dieser Zeit voll entwickelt waren und sich nur

50 Millionen Jahre Entwicklungsgeschichte

wenig von den heute lebenden unterschieden. Die «Urfledermaus» wurde allerdings noch nicht gefunden, so daß wir nicht wissen, wie sich die Fledertiere zu aktiven Fliegern entwickeln konnten. Allgemein wird heute angenommen, daß der Gleitflug eines baumbewohnenden Urinsektenfressers das Übergangsstadium zum aktiven Flug war. Es gibt aber Argumente für eine andere Hypothese: Die Verlängerung der Finger könnte einem boden- oder baumbewohnenden Fluginsektenjäger das Beutefangen mit der Hand erleichtert haben. Im Laufe der Evolution hätte die sich vergrößernde Fanghand nicht nur die Treffsicherheit beim Zuschlagen erhöht, sondern durch rasches Flattern auch die Beuteverfolgung erleichtert. Aus der Fanghand könnte sich die Flughand entwickelt haben. Wenn man Fledermäuse bei der Jagd beobachtet, sieht man häufig, wie sie ihre Beute mit den Flügeln zum Mund führen. Ist das eine überlieferte Verhaltensweise aus der Entwicklungsgeschichte?

Flughunde

Flughunde leben ausschließlich in den tropischen und subtropischen Gebieten der Alten Welt und ernähren sich von Früchten, Blüten, Nektar und gelegentlich auch von grünen Blättern. Einige große Arten haben eine Flügelspannweite von 170 cm, die kleinsten nur 24 cm. Die gutentwickelten Augen dienen den dämmerungsaktiven Tieren zur Orientierung. Einige Arten von Höhlenflughunden verfügen über ein Echoortungssystem, bei dem die Ortungssignale jedoch nicht wie bei den Fledermäusen im Kehlkopf erzeugt werden, sondern im Mundraum mit der Zunge.

Fledermäuse

Im Gegensatz zu den Flughunden sind die Fledermäuse in der Alten und der Neuen Welt beheimatet. Mit 15 Prozent aller Fledermausarten verfügt Mexiko, wo nearktische und neotropische Faunenkreise zusammentreffen, über den weltweit größten Artenreichtum. Die meisten Arten ernähren sich von Insekten. Es gibt aber auch erstaunliche Nahrungsspezialisten, die Fische, Amphibien, Reptilien, Vögel und Kleinsäuger fangen. Selbst kleine Fledermäuse gehören mitunter zu ihren Beutetieren. Die amerikanische, fischfangende *Myotis vivesi* verzehrt auch Garnelen, und in Afrika erbeutet *Nycteris thebaica* sogar große, äußerst giftige Skorpione. Hochspezialisiert sind einige tropische Blütenbesucher, sie ernähren sich von Nektar und Pollen und übernehmen dadurch die wichtige Rolle des Blütenbestäubers. Im Verlaufe einer bemerkenswerten Koevolution entwickelten sich zahlreiche Blütenformen, die sich nachts mit speziellen Lockdüften den Fledermäusen anbieten. Mit einer für das Nektarsaugen spezialisierten, sehr langen Zunge können die Fledermäuse wie Kolibris im Schwirrflug die süßen Säfte aus der Blüte holen. Ähnlich wie die Flughunde verzehren einige Fledermausarten gern saftige, reife Baumfrüchte. Vampirfledermäuse, mit drei Arten in Süd- und Mittelamerika vertreten, leben ausschließlich von Vogel- und Säugetierblut. Mit ihren scharfen Zähnen schneiden sie kleine Stücke aus der Tierhaut und lecken dann das austretende Blut auf.

Die meisten Fledermäuse sind relativ klein. Die größte Flügelspannweite ist dennoch ungefähr 70 cm, die kleinste aber nur knapp 18 cm. Ein Zwerg unter den Säugetieren ist die 1973 entdeckte Hummelfledermaus (*Craseonycteris thonglongyai*) aus Thailand. Sie wiegt nur zwei Gramm und hat eine Kopf-Rumpf-Länge von 29 bis 33 mm. Sie wird neben der Etruskerspitzmaus (*Suncus etruscus*) auch oft als kleinstes Säugetier der Welt bezeichnet.

Die Fledermäuse Europas

Bei uns mußten sich die wärmeliebenden Fledermäuse an besondere klimatische Bedingungen anpassen. Dies ist nur wenigen gelungen, denn es sind nicht mehr als 30 Arten aus insgesamt drei Familien, die in Europa leben. Dementsprechend nimmt die Anzahl der Arten nach Norden hin ab. Fledermäuse sind effiziente Energiesparer und können ihren Stoffwechsel während der Tagesruhe notfalls reduzieren. In den gemäßigt kühlen Klimazonen überdauern sie die kalte, nahrungslose Jahreszeit im Winterschlaf. Einige Arten unternehmen weite saisonale Wanderungen.

In Europa leben Vertreter aus drei Familien. (Eine ausführliche Beschreibung der Arten beginnt auf Seite 353).

Familie der Hufeisennasen: Rhinolophidae
Die Gattung *Rhinolophus* ist nur in der Alten Welt verbreitet, in Europa mit fünf Arten.

Familie der Glattnasen: Vespertilionidae
Glattnasen sind in der Alten und Neuen Welt verbreitet. In Europa sind die Gattungen *Myotis*, *Pipistrellus*, *Hypsugo*, *Nyctalus*, *Eptesicus*, *Vespertilio*, *Barbastella*, *Plecotus* und *Miniopterus* mit insgesamt 24 Arten nachgewiesen.

Familie der Bulldoggfledermäuse: Molossidae
Bulldoggfledermäuse gibt es in der Alten und Neuen Welt. In Europa lebt nur eine Art aus der Gattung *Tadarida*.

Abb. 2
Große Hufeisennase (*Rhinolophus ferrumequinum*) aus der Familie der Hufeisennasen (Rhinolophidae).

Abb. 3
Großer Abendsegler (*Nyctalus noctula*) aus der Familie der Glattnasen (Vespertilionidae).

Abb. 4
Bulldoggfledermaus (*Tadarida teniotis*) aus der Familie der Molossidae.

Fledermäuse erforschen

Fledermäuse sind versteckt lebende Tiere. Ihre Tagesquartiere sind meist nur schwer auffindbar, und bei ihren weiträumigen nächtlichen Flügen entziehen sie sich schnell unserer Beobachtung. Darüber hinaus sind sie in ihren Verstecken sehr störempfindlich. Den richtigen Zugang zu diesen Tieren zu finden, ist also nicht einfach. Von den in Europa lebenden Fledermausarten können wir nur für wenige ein ungefähres Verbreitungsgebiet angeben, die artspezifischen Fortpflanzungsstrategien sind weitgehend unbekannt, und auch über die großräumigen Migrationen einiger Arten sind wir nur schlecht informiert. Wir können nicht einmal sicher sein, daß schon alle in Europa lebenden Arten bekannt sind. Erst in den 60er und 70er Jahren fand man heraus, daß in Mitteleuropa schwer unterscheidbare Zwillingsarten leben. Aus dem gewöhnlichen Langohr wurde ein Braunes Langohr (*Plecotus auritus*) und ein Graues Langohr (*Plecotus austriacus*); und die Bartfledermaus (*Myotis mystacinus*) muß jetzt von der Brandtfledermaus (*Myotis brandti*), auch Große Bartfledermaus genannt, unterschieden werden. In der Zukunft gibt es zweifellos noch viele Überraschungen, weitere neue Arten werden hinzukommen, und sogar bei der gewöhnlichen, weitverbreiteten Zwergfledermaus (*Pipistrellus pipistrellus*) wurden vor wenigen Jahren unterschiedliche Populationen entdeckt, die vielleicht bald einmal als eigene Arten diagnostiziert werden müssen.

Es ist schon bemerkenswert, daß wir so hochentwickelte Tiere – nicht etwa einige der schier zahllos scheinenden Insekten oder Spinnen, sondern Säugetiere – noch nicht besser erforscht haben, obwohl sie dicht bei uns, manchmal sogar als heimliche Untermieter in unseren Häusern leben. Trotz der vielen Wissenslücken ist die Fülle der bislang erschienenen Fachliteratur kaum noch zu überblicken. Viele haben sich der Aufgabe gewidmet, die geheimnisvolle Welt der Fledermäuse zu erforschen. Die Beiträge wurden meist zerstreut in Fachzeitschriften publiziert und sind deshalb nur den Spezialisten zugänglich. Diese bearbeiten in der Regel auch nur ein Teilgebiet, beispielsweise die Systematik, Genetik, Physiologie, Ökologie oder Ethologie. Selbstverständlich wurde der Erforschung des Sonars, der Echoortung, viel Aufmerksamkeit gewidmet. Frühere Forschungsschwerpunkte, wie die vergleichende Morphologie und die Histologie, haben heute leider an Bedeutung verloren. Als neue wichtige Disziplin ist die Molekularbiologie hinzugekommen. Den allumfassend gebildeten, den omnipotent aktiven Fledermauskundler kann es deshalb heute eigentlich nicht mehr geben. Allerdings erfordert der Fledermausschutz auf wissenschaftlicher Basis eine große Vielseitigkeit im Fachwissen.

Fledermausforschung in der Region Basel

Im Winter 1978/79 wurden beim Stadion in Weil am Rhein einige Pappeln gefällt, in denen 40 Große Abendsegler (*Nyctalus noctula*) ihren Winterschlaf hielten. Weil sich niemand fand, der die Betreuung der verunglückten Fledermäuse übernehmen konnte, nahm ich sie zu mir nach Basel. Im Naturhistorischen Museum wurden sie so lange gepflegt, bis sie wieder freigelassen werden konnten. Aus diesem Engagement entwickelte sich eine intensive Öffentlichkeitsarbeit, die um Sympathie für Fledermäuse warb. In den Tageszeitungen erschienen Artikel, Fernsehbeiträge entstanden, und in zahlreichen Radiobeiträgen wurde über den aktuellen Stand informiert und um Mithilfe bei den Schutzprojekten gebeten. Im Naturhistorischen Museum konnte 1981 die große Sonderausstellung «Unsere Fledermäuse» eröffnet werden. Die inzwischen sensibilisierte Bevölkerung nahm regen Anteil und interessierte sich immer mehr für Fledermäuse: Viele tot aufgefundene, pflegebedürftige, aber auch gesunde Tiere wurden in den folgenden Wochen und Monaten ins Museum gebracht. Dadurch wuchs die Kenntnis über das regionale Vorkommen der einzelnen Arten sehr rasch, und weil durch eigene, gezielte Nachforschungen weitere interessante Funde dazukamen, konnten im Frühjahr 1984, in der ersten faunistischen Publikation über die Fledermäuse in der Region Basel, bereits 17 Arten vorgestellt werden. Einige sind hier sehr selten oder waren isolierte Einzelfunde, viele leben aber permanent in der Region, darunter auch solche mit großen Populationen. Bis heute, im Jahr 1997, sind noch drei weitere Arten dazugekommen. Zwanzig Arten konnten bis jetzt nachgewiesen werden – eine stattliche Vielfalt. Die Fledermäuse finden in der klimatisch sehr begünstigten Region um Basel eine strukturreiche Landschaft, die von der Rheinebene bis hinauf zu den Höhen des Jura für einige Arten offensichtlich recht gute Lebensbedingungen bietet.

Die Mehrzahl aller Nachweise waren allerdings Zufallsfunde, die nur durch die interessierte Mitarbeit einer breiten Öffentlichkeit erfaßt werden konnten. Manche kamen auf recht ungewöhnliche Weise zustande. Im Herbst 1984 entdeckte ein Mann in Ettingen auf seinem Kopfkissen kleine Kotpillen, die wie Mäusekot aussahen. Zunächst verdächtigte er seine Katze, die ihn vielleicht im Fell hängen hatte und dort hingebracht haben könnte. Doch als er nach dem Zähneputzen wieder ins Schlafzimmer kam, mußte er erstaunt feststellen, daß auf seinem Kopfkissen erneut «Mäusekot» lag. Ein Blick an die Zimmerdecke lüftete das Geheimnis: An einem elektrischen Kabel hing gemütlich eine Fledermaus! Wie sich später herausstellen sollte, eine Wimperfledermaus (*Myotis emarginatus*). Nach 40 Jahren war dies der erste Lebendnachweis dieser Art in der Schweiz. Lange mußte ich warten, bis 1988, erst dann wurde in der Region Basel wieder einmal die sehr seltene Mopsfledermaus (*Barbastella barbastellus*) entdeckt. Mitten in der Innenstadt lag sie hinter dem Ladentisch in einer Parfümerie am Boden. Es handelte sich um ein gesundes Weibchen, das dort eingeflogen war und den Rückweg wohl nicht mehr gefunden hatte. Das letzte Mal, daß man in der Region Basel eine Mopsfledermaus entdeckt hatte, war im Jahr 1937 gewesen. Damals wurde in Arlesheim ein Tier unter einem Stein entdeckt.

Hin und wieder wurden auch ganze Fledermauskolonien gefunden, die dann erfolgreich unter Schutz gestellt werden konnten. Und immer wieder mußte ich Hausbesitzer beraten, bei denen Zwergfledermäuse nahezu überfallartig zur Untermiete eingezogen waren. Diese Beratungen erforderten kompetentes Fachwissen, doch in der weiterführenden Literatur konnte ich auf viele Fragen keine befriedigenden Antworten finden. Meine Neugier wurde rasch größer, und bald begann ich mit eigenen Forschungsprojekten. Der Anfang war schwierig, denn meine fledermauskundliche Tätigkeit begann ohne offiziellen Auftrag, und mir standen keinerlei finanzielle Mittel zur Verfügung. Doch Urs Rahm, der Direktor des Naturhistorischen Museums Basel, unterstützte mich: Ich konnte die Infrastruktur des Museums nutzen, und viele fledermauskundliche Aktivitäten wurden als nebenamtliche Tätigkeit geduldet.

Durch die Betreuung von drei Diplomarbeiten und einer Dissertation war auch der Kontakt zur Universität geschaffen. Gute Beobachtungsmöglichkeiten bot eine Fortpflanzungskolonie – eine Wochenstube – mit etwa 200 Weibchen des Großen Mausohrs (*Myotis myotis*), die südlich von Basel unter dem niedrigen Dach eines Privathauses schon seit vielen Jahren eine sichere Unterkunft hatte. Wir wollten Genaueres über das Verhalten dieser Fledermäuse erfahren – wie sie ihren Quartierraum mit seinen wechselnden Temperaturen nutzten, wie sich ihre Aktivitätsrhythmen im Laufe des Sommers änderten und vor allem, wie sich diese große Kolonie ernährte. Markus Ott untersuchte die etho-ökologischen Aspekte der Kolonie, und Karin Hirschi versuchte anhand einer Kotanalyse herauszufinden, wie ihre Speisekarte aussah. Besonders aufregend war die Entdeckung eines Winterquartiers des Großen Abendseglers (*Nyctalus noctula*) in den Spalten einer hohen Felswand im solothurnischen Jura. Dieser bis dahin für diese Fledermausart in Mitteleuropa kaum bekannte und noch nicht untersuchte Quartiertyp war als Untersuchungsobjekt in jeder Beziehung eine echte Herausforderung. Nachdem ich bei einer ersten Voruntersuchung einen stattlichen Fragenkatalog zusammengestellt hatte, begann Laurent Perrin dort 1983 seine Dissertation. Er betätigte sich nicht nur als Zoologe recht erfolgreich, sondern auch als Autodidakt beim Bau eigener elektronischer Meßgeräte und als mutiger Kletterer im Fels.

Die Betreuung verunglückter Fledermäuse erweist sich immer wieder als besonders schwierig. Doch wer sich aktiv für den Fledermausschutz einsetzt, kann einem besorgten und emotional stark engagierten Finder im konkreten Fall seine Unterstützung nicht verweigern. Was passiert später mit solchen Tieren, die zwar nicht mehr flugfähig, aber körperlich gesund sind? Sollte man sie töten? Ich habe viele solcher Pfleglinge behalten und lange Jahre betreut. Diese «Fußgänger» wurden bei mir zwar ungewöhnliche, aber sehr verläßliche «Mitarbeiter» in der Forschung. Weil sie in der Öffentlichkeitsarbeit, bei Vorträgen und Exkursionen, dem interessierten Publikum gezeigt werden konnten, waren sie nicht nur eine besondere Attraktion, sondern wurden vom neugwonnenen Freundeskreis auch ins Herz geschlossen. Selbstverständlich wurden für alle Forschungsprojekte und auch für die Betreuung der Pfleglinge die entsprechenden amtlichen Bewilligungen eingeholt.

Abb. 5
Laurent Perrin installiert beim Winterquartier des Großen Abendseglers (*Nyctalus noctula*), in der Felswand der Ingelsteinflue bei Dornach, elektronische Meßgeräte.

Für die Bearbeitung von aktuellen Fragen in der Fledermausforschung stand vergleichsweise immer nur wenig, bei Stiftungen beantragtes Geld zur Verfügung. Deshalb suchte ich mir schon früh eigene, weitgehend unabhängige Wege, um die mich interessierenden Geheimnisse aus der Welt der Fledermäuse ergründen zu können. Auch hierbei haben mir meine Pfleglinge geholfen. Die Betreuung der Tiere kostete zwar viel Zeit, doch durch den kontinuierlichen und nahen Kontakt erfuhr ich viel Neues. Gleichzeitig wurde mein Verständnis für die artspezifischen Bedürfnisse der Tiere größer, so daß mir im Laufe der Zeit sogar erfolgreich Nachzuchten gelangen, die sonst sehr selten sind.

Die Fledermausstation «Hofmatt»

In diesem Buch wird die Station «Hofmatt» oft zitiert, weil dort viele außergewöhnliche Beobachtungen am Großen Abendsegler (*Nyctalus noctula*) möglich waren, die größtenteils noch nicht publiziert wurden. Deshalb soll hier das vermutlich kleinste «Forschungsinstitut» der Schweiz etwas ausführlicher vorgestellt werden.

Die Beobachtungsstation «Hofmatt» befindet sich im kleinen Dachraum einer Trafostation in Münchenstein, 4 km südlich von Basel. Im Sommer 1981 wurde der Turm renoviert, und weil der obere Teil nicht mehr für die elektrische Anlage gebraucht wurde, konnte er für ein Fledermausprojekt genutzt werden. Dort, wo früher durch kleine quadratische Fensterchen die Drähte der Stromleitung ins Freie führten, fliegen heute Fledermäuse ein und aus. Sie haben an der Innenwand ein etwa 5 cm tiefes, in verschiedene Kompartimente unterteiltes Spaltquartier, das vom Innenraum durch Glasscheiben getrennt ist. So können die Tiere von innen absolut störungsfrei beobachtet werden. Der Dachraum selbst ist über eine acht Meter hohe Außenleiter erreichbar.

Nach der offiziellen Übergabe der Station stand ich vor dem Problem, möglichst schnell wilde Fledermäuse im Dachraum heimisch zu machen. Die Erwartungshaltung war hoch. Vor allem die der Gemeindeverwaltung, denn sie hatte die beträchtlichen Kosten für den Einbau des Zwischenbodens und der Tür mit Leiter übernommen. Im Sommer 1985 hatten nicht flugfähige Abendseglerweibchen (*Nyctalus noctula*) in Basel in einer kleinen Voliere drei Junge geboren. Mit diesen wurde ein sehr aufwendiger Auswilderungsversuch unternommen, der zum Erstaunen aller nicht nur erfolgreich verlief, sondern auch zur Besiedlung der Station durch wilde Abendsegler führte.

Die bei mir und später auch alle anderen in der Station «Hofmatt» geborenen Fledermäuse bekamen Eigennamen, damit sie in den Beobachtungsprotokollen unverwechselbar bezeichnet werden konnten. Alle hatten eine ringähnliche, farbige Klammer mit eingestanzter Nummer am Unterarm. Seit 12 Jahren werden jetzt in der Station «Hofmatt» Fledermäuse beobachtet. Täglich, zu allen Jahreszeiten, kann ich wilde Fledermäuse ungestört, nur durch eine Glasscheibe getrennt, so nah beobachten wie wohl niemand sonst. Seit 1989 ist im Turm auch eine programmierbare Infrarot-Videoanlage mit Zeitrafferrekorder installiert, so daß auf dem Videoband in kurzer Zeit die Vorgänge der Tag-Nacht-Zyklen angeschaut werden können. Darüber hinaus speichert ein Datalogger die an verschiedenen Orten gemessenen Temperaturwerte alle 10 Minuten ab.

Abb. 6
Die Forschungsstation «Hofmatt» in einem Transformatorenturm in Münchenstein. Am linken der drei kleinen Fenster fliegen die Fledermäuse ein und aus.

Abb. 7
Januar 1997, −8°C: Fledermausbeobachtung in der Station «Hofmatt». Die 91 winterschlafenden Großen Abendsegler (*Nyctalus noctula*) haben sich im engen Quartier hinter der Glasscheibe dicht aneinandergedrängt.

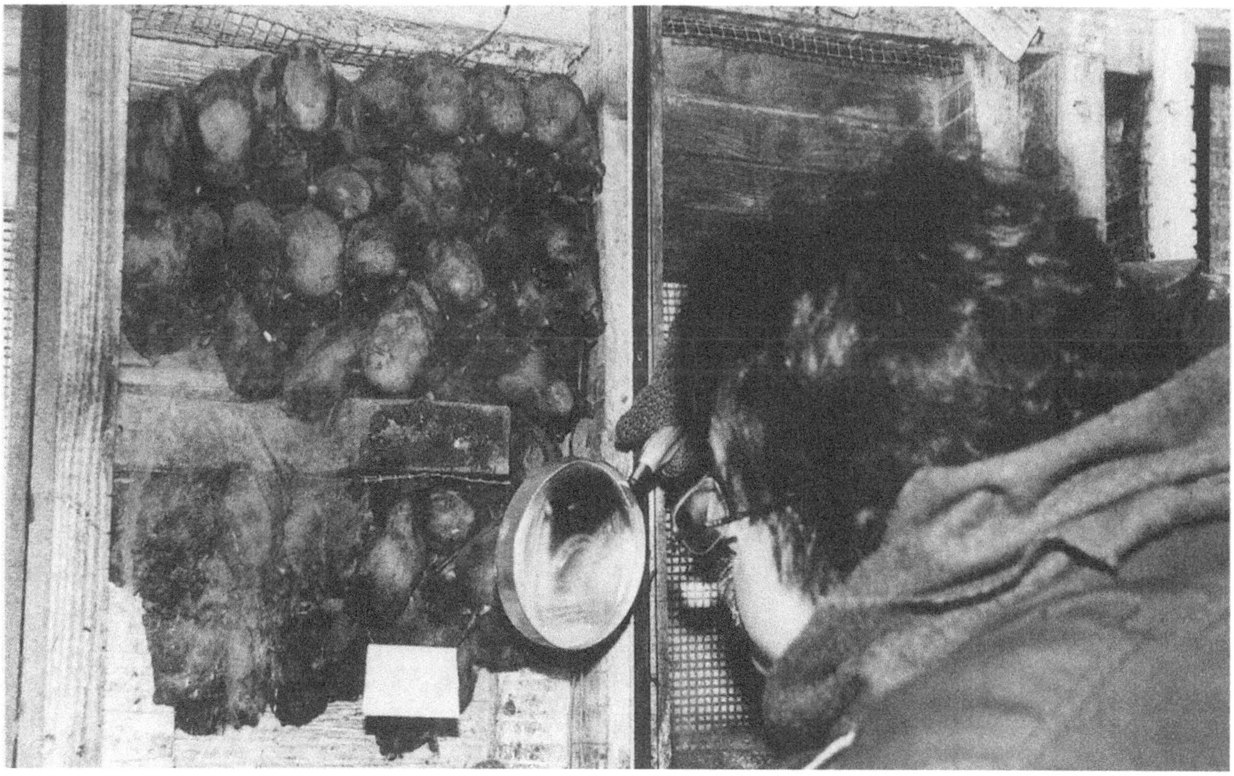

Fledermäuse erforschen

Abb. 8
Ein halbzahmer Großer Abendsegler (*Nyctalus noctula*) wird vor dem Jagdflug in der Station «Hofmatt» gewogen.

Eine Infrarot-Lichtschranke registriert die An- und Abflugmanöver. Bei Direktbeobachtungen können die Ortungssignale von innen und außen installierten Ultraschallmikrofonen auf einem kleinen Mischpult zusammengespielt und dann auf einem eigenen Tonträger oder zusammen mit der Echtzeit-Videoaufname aufgezeichnet werden.

Letztlich ist aber nicht die technische Einrichtung das Besondere an der Station «Hofmatt», sondern die Art und Weise der Begegnung mit den freifliegenden Fledermäusen. Einige ausgewilderte Jungtiere blieben auch als Freifliegende noch zahm, kommen zu mir, wenn ich sie mit Zirplauten locke, und lassen sich ohne Streß in die Hand nehmen. Viele Messungen und Untersuchungen waren so vor und nach den Jagdflügen möglich, und auch bei Geburten und der Jungenaufzucht störte meine Anwesenheit in der Kolonie nicht. Bemerkenswert war auch, daß sich das stets entspannte, streßfreie Verhalten ‹meiner› Fledermäuse reizdämpfend auf die wilden Abendsegler auswirkte. Im Beobachtungsraum mußte regelmäßig Licht gemacht und die Glasscheiben geputzt werden, oder es gab immer wieder einmal Lärm beim Hantieren mit Utensilien. Nie entstand dadurch Aufregung in der Kolonie. Auch bei den Fledermäusen im Winterschlaf löste meine ihnen bald vertraute regelmäßige Anwesenheit keinerlei Alarmsignale aus. Ich lernte im Laufe der Jahre die Grenzen ihrer Belastbarkeit kennen, und sie haben sich an mich gewöhnt.

Bis ins Jahr 1991 waren im Turm fast das ganze Jahr über auch Wohnbehälter mit Pfleglingen, also mit nicht freiflugfähigen Fledermäusen, stationiert. Ohne Zweifel hatten die Sozialrufe der Pfleglinge eine große Signalwirkung auf freifliegende Abendsegler. Weil diese Lockwirkung bei einigen Untersuchungen bestimmte natürliche Verhaltensabläufe der Freifliegenden verfälschen kann, werden jetzt keine Pfleglinge mehr in der Station «Hofmatt» gehalten. Wilde Fledermäuse nehme ich dort nur noch selten aus dem Quartier, untersuche und markiere sie aber mit Ringklammern. Die große Mehrzahl der heute dort fliegenden Abendsegler hat also in diesem Quartier noch keinerlei Manipulationen erlebt. Im Winter 1996/97 konnten in der Station «Hofmatt» bis zu 91 winterschlafende Große Abendsegler (*Nyctalus noctula*) gezählt werden.

Abb. 9
Abflugbereite Wimperfledermaus (*Myotis emarginatus*).

Die Gestalt: fürs Fliegen geboren

Fledermäuse sind grundsätzlich kleine, leichtgewichtige Tiere. Verblüffend groß sind sie nur dann, wenn sie ihre Flügel öffnen. Bei einer fliegenden wird ein dünnes Knochengestänge mit viel Haut sichtbar, und dazwischen aufgehängt ist im Zentrum der relativ kleine Körper. Aus einer etwa 5 cm großen, ruhig dasitzenden Zwergfledermaus (*Pipistrellus pipistrellus*) wird beim Abflug ein Wesen mit beachtlichen 20 cm Flügelspannweite, das aber nur gerade 5 g schwer ist. Als größtes Fledertier wird der in Indonesien lebende Flughund *Pteropus vampyrus* genannt, der eine Flügelspannweite von bis zu 170 cm haben kann und etwa 1,5 kg schwer ist. Tatsächlich ein Riese unter den Fledertieren, doch im Vergleich mit Größenordnungen anderer Säugetiere ist er doch recht winzig. Mehr ist wohl nicht möglich, wenn ein Säuger mit der vorgegebenen Ausrüstung aktiv fliegen will.

Obwohl es aufgrund der Anpassungen an den Flug und der vielseitigen Lebensweise zahlreiche Ausnahmen und Besonderheiten gibt, sind einige typische Merkmale des Säugetierbauplanes noch leicht und gut erkennbar. Die Arme und Hände sind zu Flügeln geworden. Die Hinterbeine helfen im Flug die Flughäute zu spannen und dienen den Fledertieren, wenn sie kopfunter an ihrem Hangplatz ruhen, als Halteorgane. Fledertiere haben echte Säugetierzähne, und die Weibchen besitzen mindestens zwei achselständige Milchzitzen. Weitere Merkmale sind weniger auffällig und im Innern des Körpers verborgen.

Der gedrungene Körper ist in der Regel dicht behaart, um eine aktive Thermoregulation zu optimieren. Das Haar selbst ist nicht glatt,

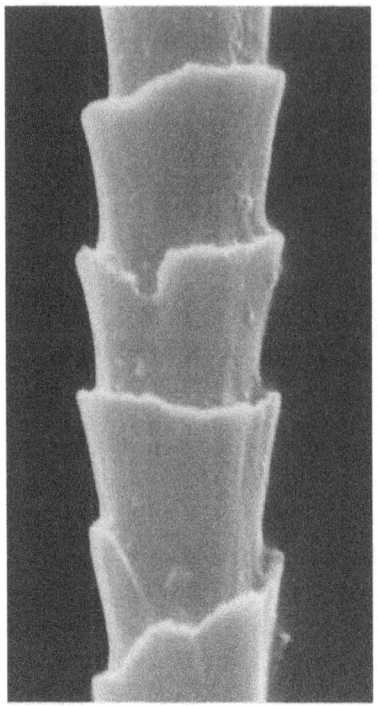 

Abb. 10
Teile von Körperhaaren, aus dem Bereich der Haarspitze, mit dem Rasterelektronen-Mikroskop ca. 3500mal vergrößert.
Links: Bartfledermaus (*Myotis mystacinus*).
Rechts: Rauhhautfledermaus (*Pipistrellus nathusii*). Die Morphologie der Haare hat zwar spezifische Merkmale, eine eindeutige Artbestimmung ist aber nur in wenigen Einzelfällen möglich.

(*Fotos: Albert Keller*)

sondern hat eine charakteristische Oberflächenstruktur, die von Art zu Art verschieden ist und bis zu einem gewissen Grad als Unterscheidungsmerkmal dienen kann. Nur die Flughäute und die Ohren sind unbehaart, bei den meisten Arten auch das Gesicht, und bei genauerem Hinsehen sind auch dort oft noch winzige Sinneshaare zu entdecken. Lange, steife Haare gibt es speziell am Kopf, meist im Bereich der Schnauze. Sie dienen als Tasthaare und vermitteln wichtige Informationen bei der Nahrungsaufnahme.

Die meisten Arten haben eine unauffällige Färbung. An der Körperoberseite sind es meist Farben, die von braunen, grauen bis zu schwarzen, seltener rötlichen Tönen variieren. Unterseits sind Fledermäuse meist heller gefärbt, manche sogar nahezu weiß. Die Haare können zweifarbig sein, mit dunkler Basis und helleren Spitzen oder umgekehrt, wie bei den Hufeisennasen. Die Geschlechter unterscheiden sich in der Färbung nicht, doch die Jungtiere sind oft grauer und dunkler gefärbt als die Alttiere.

Der Haarwechsel findet einmal im Jahr, im Sommer statt. Beim Großen Abendsegler (*Nyctalus noctula*) beginnt er bei den Männchen meist Anfang Juli, bei den Weibchen oft etwas später, nach der Aufzucht der Jungen. Der Haarwechsel ist am dunkler nachwachsenden Fell erkennbar. In der Regel werden auf der Körperoberseite zuerst der Steiß und der Kopf dunkler, dann die Flanken und zuletzt der Rücken. An der Unterseite wird das Haar unauffälliger, gleichzeitig, ohne erkennbare Zonierung gewechselt. Wenig beachtet wird der Jugendhaarwechsel von diesjährigen, soeben flügge gewordenen Jungen. Von mir zur Kontrolle im Rückenfell angebrachte Markierungen verschwanden bei juvenilen Großen Abendseglern (*Nyctalus noctula*) aus dem Fell, während ihnen dichteres, glänzenderes Haar nachwuchs. Vermutlich wird bei allen Glattnasen (Vespertilionidae) das Juvenilhaar (Jugendhaarkleid) noch im Geburtsjahr – im Frühherbst – vollständig ersetzt. Durch Verletzungen entstandene kahle Partien im Fell werden normalerweise nicht sofort erneuert, sondern erst beim nächsten regulären Fellwechsel. Unter Umständen also erst viele Monate nach der Ausheilung einer Wunde. So entstandene große nackte Körperpartien, besonders im Genick und am Rücken, können nach meinen Beobachtungen durch eine reduzierte Wärmeisolation zu schwerwiegenden, gefährlichen Energiedefiziten führen.

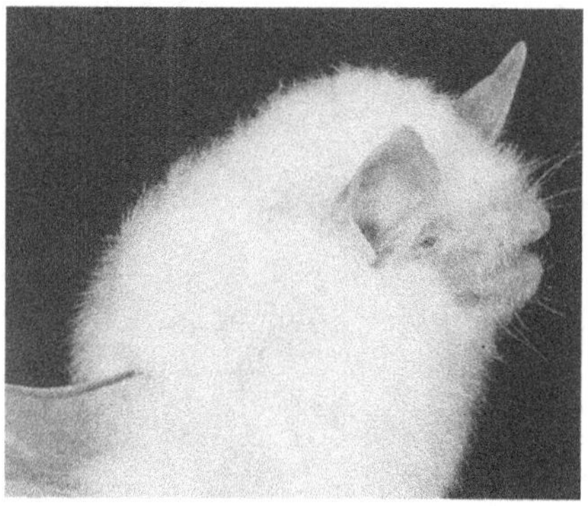

Abb. 11
Albinotische Wasserfledermaus (*Myotis daubentoni*). Solche Farbanomalien sind zwar selten, kommen aber immer wieder vor. Meistens sind es nur partielle Farbänderungen im Körperfell und auf den Flughäuten.

(Foto: Eckhard Grimmberger)

Ins Gesicht geschaut

Man sollte sich das Gesicht und den Kopf einer Fledermaus einmal genauer anschauen; sie sind manchmal recht bemerkenswert. Auffällig sind vor allem die hochspezialisierten Ohren, die Schnauze und die Augen: recht klein und unscheinbar bei den Hufeisennasen (Rhinolophidae) und bei einigen Arten aus der Gattung *Myotis*; erstaunlich groß beim Großen Abendsegler (*Nyctalus noctula*), der Bulldoggfledermaus (*Tadarida teniontis*), dem Braunen Langohr (*Plecotus auritus*) und einigen anderen Arten.

Das Erscheinungsbild der Fledermäuse wird maßgeblich von der Gestalt der Ohren geprägt. Es gibt außerordentlich große, geradezu riesige Ohren, die fast so lang sein können wie der Körper. Andere sind klein und ragen kaum aus dem Haarkleid heraus. Die Form der Ohren entspricht den arttypischen Bedürfnissen der Echoortung. Bei den Glattnasen (Vespertilionidae) fällt ein stark vergrößerter Ohrdeckel auf – der Tragus (vgl. Abb. 18). Dieser ist bei vielen Arten so typisch geformt, daß er ein wichtiges Hilfsmittel bei der Bestimmung der Gattungszugehörigkeit sein kann. Bei den Abendseglern, also allen Arten in der Gattung *Nyctalus*, ist der Tragus zum Beispiel pilzförmig und kurz, während er bei Vertretern aus der Gattung *Myotis* auffallend schmal und spitz ist. Die Hufeisennasen (Rhinolophi-

Die Gestalt: fürs Fliegen geboren

Abb. 12
Portrait der Bulldoggfledermaus (*Tadarida teniotis*). Erstaunlich große Augen und faltige Lippen charakterisieren ihr Gesicht.

dae) haben keinen Tragus, sondern einen Antitragus, dessen Form bei der Artbestimmung aber keine bemerkenswerte Hilfe bietet. Er besteht aus einem breiten, rundlichen Lappen an der Basis der Ohrmuschel.

In der Regel sind bei ruhenden Fledermäusen die Ohren immer steif aufgerichtet. Die Ohrmuscheln können in manchen Situationen, zum Beispiel bei sozialen Konflikten, etwas nach hinten gekrümmt werden, dabei wird der hintere Ohrrand in Falten gelegt. Die Langohren (*Plecotus sp.*) tun dies fast immer während der Ruhe- und Schlafperioden. Sie verstecken dabei ihre Ohren vollkommen unter den eng an den Körper gepreßten und gefalteten Flügeln, so daß sie nicht mehr sichtbar sind. Steif vorstehend bleibt nur noch der Tragus und täuscht so dem flüchtigen Betrachter ein kleines, spitzes Ohr vor (siehe Farbabb. Seite 195). Vermutlich tun sie dies, um die Ohren vor Austrocknung zu schützen. Bei solitären Mausohrmännchen (*Myotis myotis*) habe ich dieses sonst nur bei den Langohren beschriebene Verhalten ebenfalls beobachtet. Die Glattnasen (Vespertilionidae) und Bulldoggfledermäuse (Molossidae) können die Ohrmuscheln nur geringfügig bewegen, aktive Hufeisennasen (Rhinolophidae) aber recht schnell und unabhängig voneinander. Diese Ohrbewegungen sind unverwechselbar typisch und deshalb bei aktiven Fle-

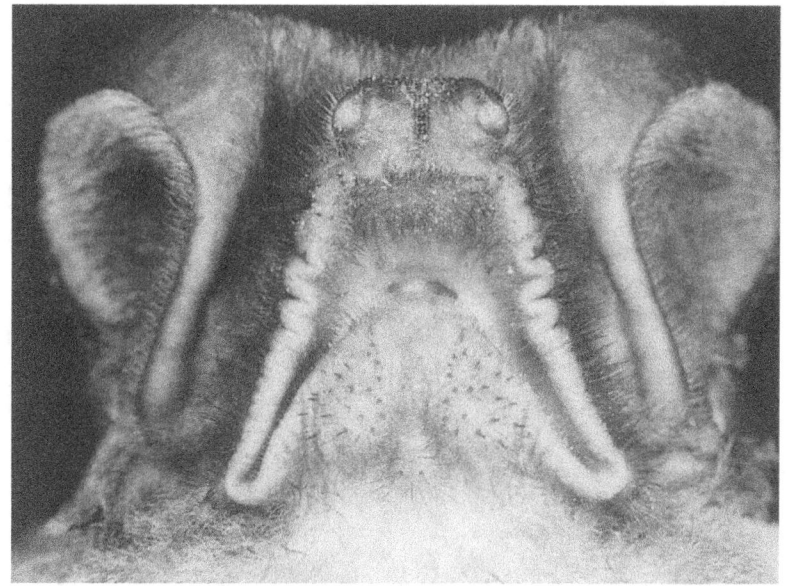
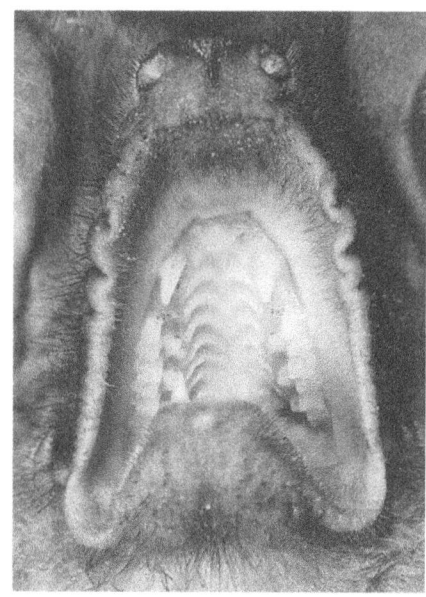

dermäusen ein gutes Erkennungsmerkmal, weil keine andere Artengruppe in Europa dies so ausgeprägt zeigt.

Im Vergleich zu vielen tropischen Arten, deren Gesichter manchmal nahezu grotesk wirken, haben die in Europa lebenden Fledermäuse ein eher konventionelles Aussehen. Dies betrifft vor allem die Glattnasen (Vespertilionidae), deren Schnauze manchmal an die eines Hündchens erinnert. Aufregender wirkt das unverwechselbare Gesicht der Hufeisennasen (Rhinolophidae), deren Nase, wie der Name schon sagt, einem Hufeisen gleicht. Das Gesicht der Glattnasen wird von vielen Leuten als nett und sympathisch empfunden. Bei den Hufeisennasen ist das schwieriger, denn ihr Gesicht wirkt eher fremdartig. Zudem haben sie sehr kleine Augen, die fast versteckt sind neben dem auffälligen häutigen Gebilde in der Gesichtsmitte. Dagegen lösen die Gesichter der Bulldoggfledermäuse (Molossidae) immer wieder ein Schmunzeln aus, sie wirken mit ihren gewaltigen, nach vorne gerichteten Ohren und den faltigen Lippen richtig komisch.

Farben sind für die nachtaktiven Fledermäuse als Erkennungsmerkmal unwichtig, dafür ist aber der Geruch für sie von großer Bedeutung. Leider können wir uns mit unserer nur bescheidenen Ausrüstung in Sachen Dufterkennung kaum in diese Wahrnehmungs-

Abb. 13
An der kurzen, schwach behaarten Unterlippe sind die dicken Drüsenhaare an den Ausgängen der Hautdrüsen deutlich zu erkennen.

Abb. 14
Die Lippen sind enorm dehnfähig und ermöglichen der Fledermaus, den Mund weit zu öffnen. Große Fluginsekten, vor allem Schmetterlinge, werden mit den scharfen Zähnen festgehalten und zerkleinert.

Die Gestalt: fürs Fliegen geboren

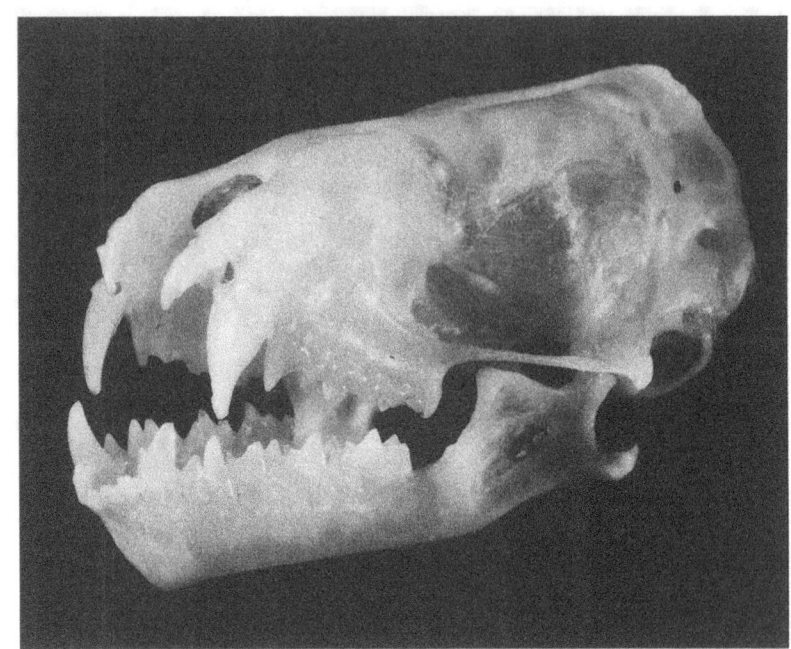

Abb. 15
Schädel eines Großen Abendseglers (*Nyctalus noctula*). Deutlich ist der charakteristische Spalt zwischen den oberen Schneidezähnen zu erkennen.

(*Foto: Wolfgang Suter*)

welt einfühlen. Uns bleibt nur die optische Suche nach den Duftspendern, beispielsweise nach Hautdrüsen und Drüsensekreten. Verschiedene Drüsen an der Schnauze sondern Sekrete ab, die besonders zur Pflege der Flughaut wichtig sind. Bei den intensiven Putzgeschäften werden ölige Ausscheidungen in die Haut eingerieben, damit diese geschmeidig bleibt und besser vor Austrocknung geschützt ist. Die Gelbfärbungen im Fell adulter Großer Mausohren (*Myotis myotis*) werden durch Drüsensekrete verursacht, die von sexuell aktiven Tieren insbesondere an der Schnauze abgesondert und dann ins Haar appliziert werden (siehe Farbabb. Seite 84). Bestimmte Duftstoffe der Düsensekrete haben eine große Bedeutung im sozialen Zusammenleben.

Scharfe Zähne

Fledermäuse haben außerordentlich spezialisierte Zähne und Kieferformen, die den unterschiedlichen Ernährungsweisen angepaßt sind. Die Zähne der fruchtfressenden Arten sind flachhöckrig, die der insektenfressenden dagegen vielhöckrig und spitz. Alle europäischen Fledermäuse sind insectivor, das heißt sie leben hauptsächlich von In-

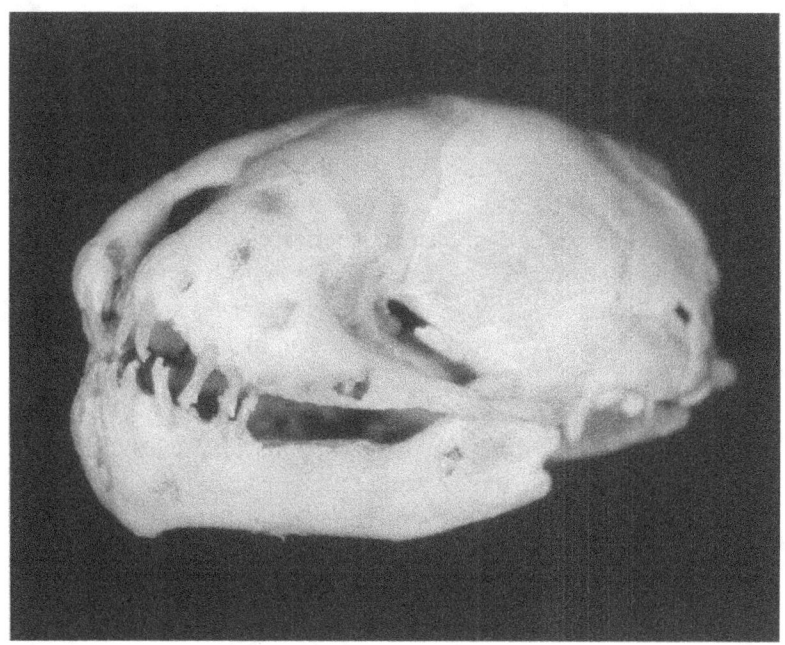

Abb. 16
Schädel eines neugeborenen Großen Abendseglers (*Nyctalus noctula*) mit Milchgebiß.

sekten, genauer gesagt von Arthropoden, denn auf vielen Beutelisten finden sich auch Spinnen, Hundertfüßler und andere Gliedertiere.

Zwischen den kleinen Schneidezähnen des Oberkiefers befindet sich bei den Glattnasen (Vespertilionidae) ein auffallend breiter Spalt. Der Unterkiefer kann weit geöffnet werden und ermöglicht das Ergreifen von verhältnismäßig großen Beutetieren. Diese werden mit den mächtigen «Fangzähnen», den Eckzähnen, festgehalten. Zum Zerkleinern der Beute dienen die mehrhöckerigen Backenzähne. Die Anzahl der Zähne ist bei den einzelnen Gattungen verschieden.

Die Gattung *Myotis* aus der Familie der Glattnasen (Vespertilionidae) hat beispielsweise 38 Zähne. Auf jeder Seite des Oberkiefers sind 2 Schneidezähne (Incisivi), 1 Eckzahn (Caninus), 3 Vorbackenzähne (Prämolaren) und 3 Backenzähne (Molaren). Auf jeder Seite des Unterkiefers sind 3 Schneidezähne, 1 Eckzahn, 3 Vorbackenzähne und 3 Backenzähne:

$$\frac{2-1-3-3}{3-1-3-3} \times 2 = 38 \text{ Zähne}$$

Die Gestalt: fürs Fliegen geboren

Die Zahnformeln der anderen Gattungen sind im Kapitel «Die Fledermäuse Europas» ab Seite 353 angegeben.

Mit zunehmendem Alter werden die Zähne durch ihren Gebrauch abgenutzt. Auffallend ist dies an den großen Eckzähnen. Bei sehr alten Tieren sind sie nicht nur kürzer, sondern manchmal auf einer Seite stärker abgenutzt. Bei Großen Abendseglern (*Nyctalus noctula*) und Großen Mausohren (*Myotis myotis*) konnte ich schon mehrmals eindeutige Rechts- beziehungsweise Linksbeißer feststellen. An den Zahnhälsen sind bei älteren Tieren oft dunkle Ablagerungen zu sehen. Parodontose ist also auch den Fledermäusen nicht unbekannt und wurde in der Fachliteratur schon mehrfach beschrieben. Im Alter können defekte Zähne auch ausfallen. Zahnausfall wird aber auch durch im Zahnfleisch parasitierende Milben (Acaria) verursacht.

Neugeborene Glattnasen (Vespertilionidae) haben bereits fertig ausgebildete Milchzähne. Nach etwa vier Wochen, wenn sie flügge werden, ist der Zahnwechsel zu den definitiven Zähnen in der Regel bereits abgeschlossen. Bei den Hufeisennasen (Rhinolophidae) suchen wir die Milchzähne vergeblich, sie entwickeln sie zwar im Embryonalstadium, resorbieren sie aber vor der Geburt wieder.

Zahnformel der Milchzähne eines jungen Abendseglers (*Nyctalus noctula*)

$$\frac{2-1-2}{3-1-2} \times 2 = 22 \text{ Zähne}$$

Weil sich Gestalt und Erscheinung einiger nahverwandter Arten so sehr ähneln, werden für die Unterscheidung in vielen Bestimmungshilfen für die präzise Diagnose auch artspezifische Merkmale an den Zähnen angegeben. So kann die Weißrandfledermaus (*Pipistrellus kuhlii*) von den anderen Arten in der Gattung Pipistrellus an der Form eines oberen Schneidezahns unterschieden werden. Sie hat einen einspitzigen, langen zweiten Schneidezahn, die anderen zwei Arten einen zweispitzigen. Manchmal gibt der Besitz oder Nichtbesitz eines bestimmten Höckers an einem Zahn Auskunft über die Artzugehörigkeit. Die Signifikanz solcher Merkmale ist relativ unsicher, und sie wird in Fachkreisen immer wieder heftig diskutiert. Anhand umfangreichen Materials aus Spanien glaubte der französische Forscher Yves Tupinier im Jahr 1978 eine neue Art, die Kleine Wasserfledermaus (*Myotis nathalinae*), entdeckt zu haben. Er bemerkte, daß sie einen bestimmten Höcker, einen sogenannten Protoconid, am vierten oberen Vorbackenzahn nicht hatte, der bei den von ihm untersuchten Wasserfledermäusen (Myotis daubentoni) aber vorhanden war. Später konnte bewiesen werden, daß es bei Wasserfledermäusen, gesamteuropäisch gesehen, fließende Übergänge in der Ausbildung des Protoconids gibt; von sehr deutlich über schwach bis zum völligen Fehlen. Die Art zeigt in dieser Beziehung ganz offensichtlich eine große Variabilität. Heute werden die Tiere ohne Protoconid nur als Varietät betrachtet. Hier wird deutlich, wie schwierig die Determination einer Art sein kann. Für Paläontologen, die mit fossilen Zähnen arbeiten, hat so ein Protoconid einen sehr großen diagnostischen Wert. Die vorher genannten Kriterien würden für sie zur Abgrenzung einer eigenen Art ausreichen. Ihr Material ist in der Regel nicht so umfangreich, auch deshalb, weil meist nicht mehr als ein paar Zähne des Fossils übriggeblieben sind.

Es verwundert nicht, daß der schwedische Forscher Linné bei seinen ersten Versuchen, die Tiere in einer Systematik zu ordnen, die Fledertiere noch den Primaten zugeordnet hat. Zu sehr ähnelt das Fledermausskelett einem zwerghaften Knochenmännlein mit riesigen Händen. Der kompakte Brustkorb, das kleine Becken mit dünnen Hinterbeinen und die überlangen Arm- und Handknochen der Flügel. Im frühen Entwicklungsstadium eines Embryos ist die Hand wenig differenziert, Finger und Mittelhandknochen sind zunächst noch kurz und gleichen denen anderer Kleinsäuger. Erst bei der Geburt ist die charakteristische Gestalt der Fledermaus deutlich ausgebildet, allerdings müssen besonders die Flügelknochen noch enorm wachsen, damit ein tragender Flugapparat entsteht.

Der Knochenbau erscheint zarter und zerbrechlicher, als er in Wirklichkeit ist. Die dünnen Knochen der Flughand sind elastisch und durch eine kompakte Schichtung der Knochensubstanzen sehr fest, so daß sie den Biegungskräften im Flug ausgezeichnet widerstehen.

Im Vergleich zur mächtigen Brustmuskulatur der Vögel wirkt die der Fledermäuse deutlich weniger massig und voluminös. Das breite Schulterblatt und der Brustkorb mit dem nur schwach gekielten Brustbein bieten der Flugmuskulatur gute Ansatzflächen. Auffallend ist der gedrungene Brustkorb mit den vollständig verknöcherten Rippen, die über Gelenke fest mit dem Brustbein und der Wirbelsäule verbunden sind. Im Gegensatz zum Brustkorb ist die Beckenregion nur schwach ausgebildet. Dadurch liegt der Schwerpunkt des Körpers weit vorne, was wiederum eine wichtige Voraussetzung für den Flug ist.

Starke Muskulatur an einem Gerüst aus dünnen Knochen

Die Gestalt: fürs Fliegen geboren

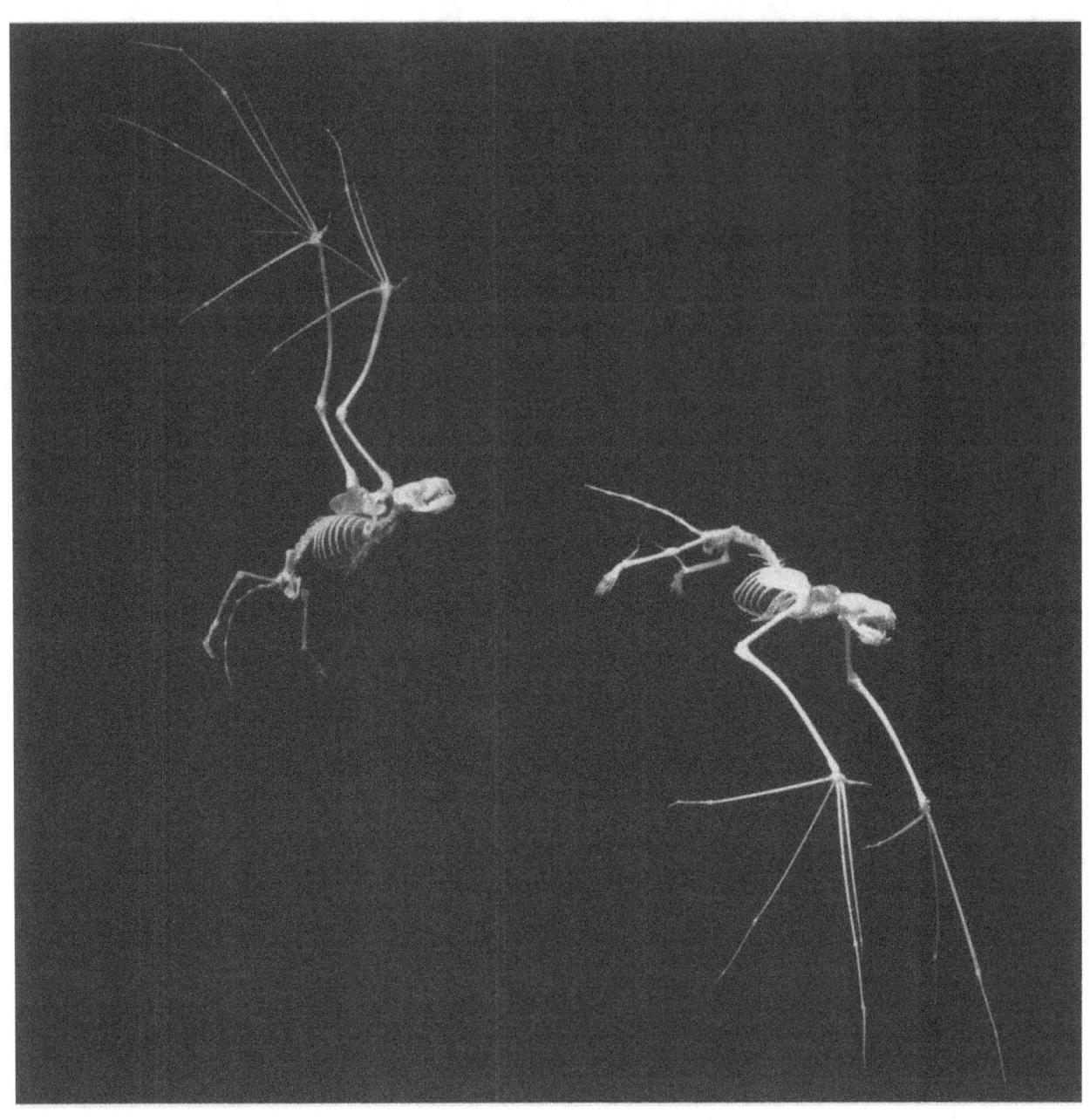

Abb. 17
Skelette vom Großen Abendsegler (*Nyctalus noctula*) in Flugstellung. Im Flügel sind deutlich die Skelettknochen der Hand mit den fünf Fingern erkennbar. Ein Fledermausskelett ist verblüffend leicht: Das Trockengewicht aller Knochen betrug bei einem 28 g schweren Großen Abendsegler (*Nyctalus noctula*) nur 1,65 g, also ca. sechs Prozent des frischtoten Tieres. Das Skelett einer Bartfledermaus (*Myotis mystacinus*), die immerhin eine Flügelspannweite von 21 cm hatte, wog sogar nur 0,41 g.

Der Hals ist zwar kurz, gestattet aber trotzdem eine große Beweglichkeit des Kopfes. Der hintere Teil der Körperwirbelsäule ist stark verknöchert und nur wenig beweglich, doch im Halsbereich hat die Wirbelsäule eine enorme Krümmungsfähigkeit. In hängender Stellung ist es den Tieren deshalb möglich, den Kopf so weit zurückzulegen, daß die Hinterhauptpartie dem ersten Brustwirbel gegenüberliegt.

In der vergleichsweise riesigen Fläche der weit aufgespannten Flügel, wirkt der Körper der Fledermaus geradezu winzig. Im Gegensatz zum Vogel sind es bei der Fledermaus eigentlich zwei Spannmasten, die Vorder- und die Hinterextremitäten, die als stabile Stützen die häutige Tragfläche erst funktionsfähig machen. Die Hauptlast tragen die Vorderextremitäten, die als Motor auch für Schub und Auftrieb sorgen. Die Unterarme sowie die Mittelhand- und Fingerknochen sind enorm verlängert. Der kräftige Knochen des Unterarmes ist die Speiche, während die Elle nur noch als kleines, zurückgebildetes Knöchelchen erkennbar ist, das am Ellbogen mit der Speiche verwächst. An den kleinen Handwurzelknochen setzen die verlängerten Mittelhandknochen der vier Finger und der Daumen an. Der Daumen selbst ist kurz und hat als einziger Finger eine Kralle. Der zweite Finger besteht nur aus dem langen Mittelhandknochen und einem Fingerglied. Dieser und der dritte Finger stehen eng beieinander und bilden gemeinsam die Vorderkante der Flügelspitze. Die Endglieder der verlängerten Finger laufen in knorpelige Spitzen aus. Durch das kräftige Schlüsselbein ist der Flügel über Gelenke mit dem Körperskelett verbunden. Den zweiten Spannmast bilden die Hinterbeine, die im Flug seitlich vom Körper abgespreizt werden, so daß die gespannten Flughäute von der Spitze der fünften Finger bis zum Ansatz des Fußes reichen. Die Lücke zwischen den Hinterbeinen wird durch das Uropatagium geschlossen, eine Flughaut, die bei allen europäischen Arten durch den Wirbelschwanz zusätzlich stabilisiert wird.

Das Plagiopatagium, die Armflughaut, bildet den Hauptteil der Tragfläche. Im Handflügel, dem Chiropteron, also zwischen den langen Strahlen der Mittelhand- und Fingerknochen, sind die Fingerflughäute, das Chiropatagium, gespannt. Am körpernahen Flügelbug, im Winkel zwischen Oberarm und Unterarm, befindet sich das Propatagium, die vordere Armflughaut. Von oben betrachtet ist der ganze Fledermauskörper von Flughaut umrahmt, nur Kopf und Hals sind noch frei.

Ein komplexer Flugapparat: Flügel, Hinterbeine und Schwanz

Die Gestalt: fürs Fliegen geboren

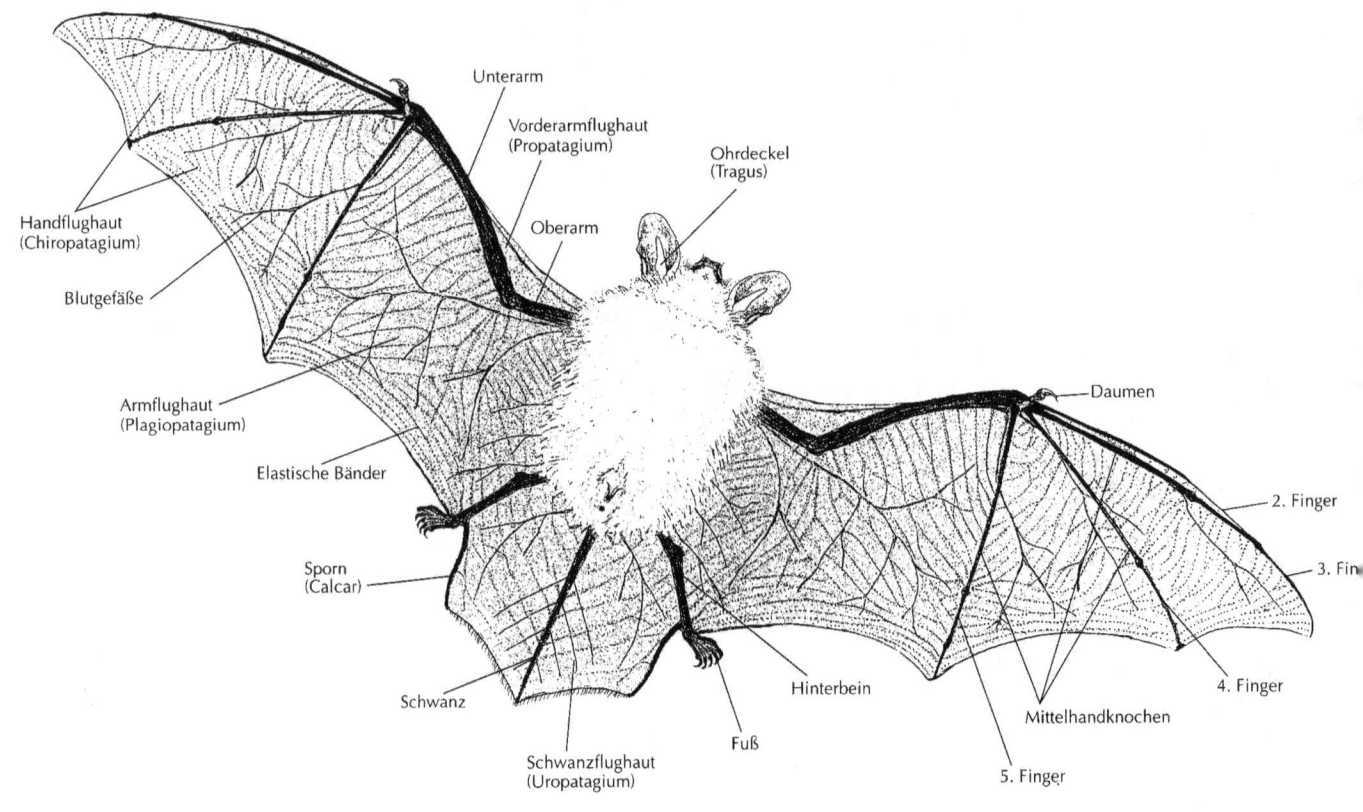

Abb. 18
Fransenfledermaus (*Myotis nattereri*) ♂.

Die Tragfläche des Flügels wird von der elastischen, formlabilen Flughaut gebildet. Die Flughaut besteht aus einer Grundmembran, die auf beiden Seiten von einer dünnen Epidermis, der Oberhaut, bedeckt wird. Bindegewebsbündel und elastische Bänder, die in bestimmten Richtungen verlaufen, bilden die Grundmembran. Bei entspannter Flughaut, zum Beispiel während der Ruhephasen, ziehen sich die elastischen Bänder zusammen und kräuseln dadurch die Flughaut. So kommt es zu einer enormen Verkleinerung der Oberfläche. In die feste und gleichzeitig elastische Grundmembran sind Blutgefäße, Muskelfasern und Nerven eingebettet. Die Tragfläche des Fledermausflügels ist, im Gegensatz zum Vogelflügel, ein durchblutetes, lebendes Gewebe, das sich bei kleineren Verletzungen rasch regeneriert.

Große Hufeisennase (*Rhinolophus ferrumequinum*).

(*Foto: Alfred Limbrunner*)

oben
Langflügelfledermaus (*Miniopterus schreibersi*).

rechts
Zweifarbfledermaus (*Vespertilio murinus*).

Bulldoggfledermaus (*Tadarida teniotis*).

Fledermäuse haben ein dichtes Fell, nur die Ohren, die Schnauze und die Flughäute sind weitgehend unbehaart. Fransenfledermaus (*Myotis nattereri*).

oben
Schwanzflughaut der Fransenfledermaus (*Myotis nattereri*) mit feinen Härchen, den «Fransen», zwischen Sporn und Schwanzspitze.

links
Wimperfledermaus (*Myotis emarginatus*).

Großes Mausohr (*Myotis myotis*).

Ein unentbehrlicher Kletterhaken: der Daumen mit spitzer Kralle (Großes Mausohr, *Myotis myotis*).

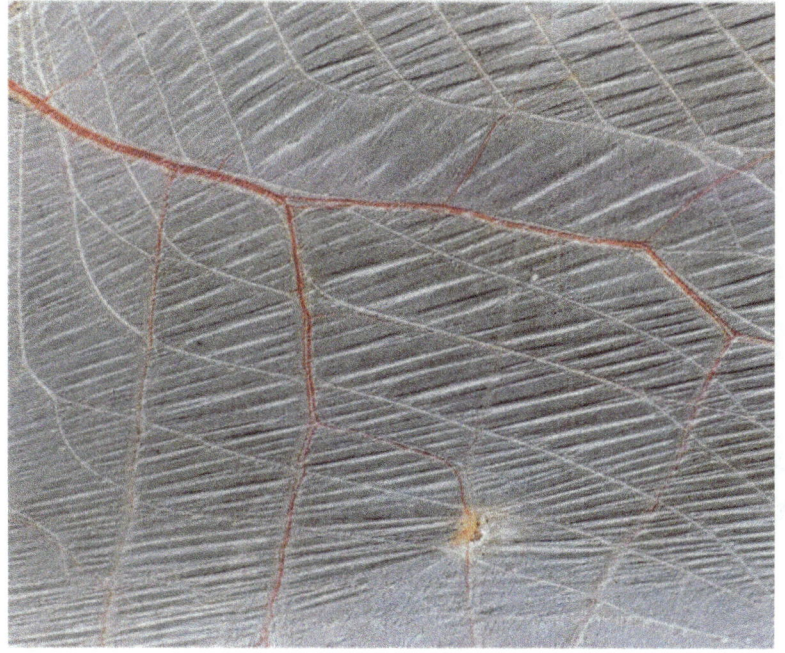

Die elastischen Bänder und Blutadern sind in der gespannten Armflughaut eines Großen Mausohrs (*Myotis myotis*) gut erkennbar. Die kleine, bereits verheilende Verletzung einer Ader stammt von einer blutsaugenden Milbe.

Braunes Langohr (*Plecotus auritus*).

Während der Ruhezeit schützen die meisten Arten die Flughaut, indem sie die Flügel eng zusammenlegen. Die langen Finger werden dabei an den Unterarm gedrückt, wobei die Endglieder unter der Armflughaut liegen. Nur die Hufeisennasen verzichten oft darauf und hüllen sich im Schlaf in die Flughaut der leicht gespreizten Finger ein.

Die Hinterbeine sind schwach, haben wenig Muskulatur und stützen den Körper beim Laufen und Klettern. Während der Ruhephasen sind sie wichtige Aufhängeorgane. Ihre Stellung zum Körper ist recht ungewöhnlich. Die Beine sind in der Längsachse so nach außen gedreht, daß die Zehen und Krallen nach hinten zeigen und die Sohlen bauchwärts orientiert sind. Diese Stellung ermöglicht den Fledermäusen ihre typische Hängehaltung an senkrechten Flächen. Alle Zehen haben kräftige, gebogene Krallen. Durch einen besonderen Sehnenmechanismus werden beim hängenden Tier die Zehen automatisch gekrümmt, so daß keine Kraft zum Halten nötig ist. So bleiben am Hangplatz gestorbene Fledermäuse dort oft hängen und mumifizieren gelegentlich sogar in dieser Stellung.

Bei neugeborenen Fledermäusen ist die fortgeschrittene Ausbildung der Festhalteorgane auffallend. Daumen und Hinterfüße haben nahezu die gleiche Größe wie die der Mutter. Dies ist wichtig, denn sofort nach der Geburt müssen sich die Jungen am Hangplatz, ihrer Geburtsstätte, gut festhalten können. Aus diesem Grund ist der Körper der kleinen Fledermaus erst dann geburtsreif, wenn die Halteorgane ihre volle Funktionstüchtigkeit entwickelt haben. Funktionstüchtige Flügel braucht das Junge zunächst noch nicht, sie können später wachsen. Außerdem wäre das lange Knochengestänge bei der Geburt äußerst hinderlich.

Alle europäischen Fledermausarten haben einen langen Wirbelschwanz, den ruhende Hufeisennasen (Rhinolophidae) gegen den Rücken, Glattnasen (Vespertilionidae) gegen den Bauch krümmen. Nur die Bulldoggfledermäuse (Molossidae) halten ihn meist leicht aufwärtsgebogen nach hinten gestreckt.

Ein langer knöcherner Sporn, der Calcar, hilft im Flug die Schwanzflughaut zu spannen. Er setzt an der Ferse an und weist von Art zu Art unterschiedliche Längen und Formen auf, die den Bedürfnissen der artspezifischen Flugtechnik entsprechen. Bei der Fransenfledermaus (*Myotis nattereri*) ist er s-förmig gebogen. Ein besonderer Hautlappen, das sogenannte Epiblema, findet sich bei einigen Gattungen an der Außenseite des Sporns. Die Knorpel- und Sehnenelemente im Epiblema verstärken die Wirkung des Sporns. Ein beson-

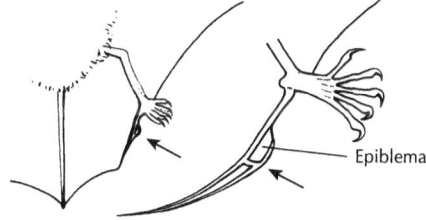

Abb. 19
Fuß mit Calcar und Epiblema einer Zwergfledermaus (*Pipistrellus pipistrellus*).

(Zeichnung: Sabine Bousani-Baur)

Die Gestalt: fürs Fliegen geboren

ders stark ausgebildetes Epiblema haben solche Arten, die mit großer Geschwindigkeit in Kurven und Schlaufen fliegen und für diese Manöver eine Versteifung des Sporns benötigen. Besonders stark ausgebildet ist es bei Arten aus der Gattung *Nyctalus* und *Pipistrellus*, bei Vertretern der Gattung *Myotis* fehlt es weitgehend, eine Ausnahme ist die Bartfledermaus (*Myotis mystacinus*).

Hängen, Fliegen, Laufen

Warum hängen Fledermäuse eigentlich kopfunter, sehen sich die Welt scheinbar verkehrt herum an? Oft wird argumentiert, daß sich die Vorderextremitäten der Tiere im Verlauf der Evolution so konsequent zu Flügeln entwickelt hätten, daß den Fledermäusen jetzt einfach nichts anderes mehr übrigbleibe, als sich ausschließlich mit den Füßen festzuhalten. Das kann so sein, und vielleicht finden sich auch noch andere gute Gründe für dieses einzigartige Verhalten. Wir können uns aber genauso fragen, was einen Vogel dazu bringt, seinen Körper im Schlaf stundenlang auf zwei dünnen Beinchen auf einem Ast zu balancieren. Wäre es nicht einfacher, das Gewicht unter dem Ast auszupendeln und hängend zu schlafen? So betrachtet scheint es unvernünftig zu sein, was Vögel da machen. Sie verfügen zwar über einen Sehnenmechanismus, der beim ruhenden Vogel ohne Kraftaufwand den Fuß fest schließen läßt. Aber dennoch muß der Körper kontinuierlich durch Muskelkraft im Gleichgewicht gehalten werden, das permanent kontrolliert und ausgeglichen werden muß. Das erfordert einen immensen Informationsfluß über das Nervensystem. Das alles kostet viel Energie, die sich die Fledermäuse sparen – bis in den Tod hinein. Sterbende Vögel fallen von den Bäumen, Fledermäuse bleiben oft hängen und können sogar in der Hängestellung tot sein und so mumifizieren. Daß sie hängen bleiben, verdanken sie einem Sehnenmechanismus im Fuß, der durch das daran hängende Gewicht der Fledermaus die äußersten Zehenglieder ohne Kraftaufwand zu Haken krümmt.

Ohne zu wissen, warum nun Fledermäuse das Kopfunterhängen erfunden haben, kann man mit Sicherheit sagen, daß es kräftespa-

Abb. 20
Ein totes Braunes Langohr (*Plecotus auritus*) hängt an der Außenwand eines Hauses. Es ist schon vor einigen Stunden gestorben, vermutlich aus Schwäche wegen einer Krankheit oder aus Nahrungsmangel im Frühjahr.

rende Vorteile bringt. Nur wenn sie alle motorischen und nervösen Kontrollsysteme zur Einhaltung einer instabilen Körperstellung nicht mehr benötigen, können sie sich gefahrlos eine energiesparende Tageslethargie oder gar einen Winterschlaf leisten. Übrigens haben einige Vögel auch schon gemerkt, daß man kopfunter günstig schlafen kann. Die kleinen asiatischen Fledermauspapageien aus der Gattung *Loriculus* tun es regelmäßig und hängen dabei sogar oft nur an einem Bein. Von meinem Büro aus habe ich schon ein paarmal Saatkrähen kopfunter an dünnen elektrischen Leitungen hängen sehen. Sie waren plötzlich umgekippt und sahen sich dann längere Zeit hängend in der Gegend um. Ob es ihnen gefallen hat? Sind es erste Schritte zu neuen Verhaltensweisen?

Der aktive Flug

Der unstete Flug der Fledermäuse mag ungeschickt und hilflos erscheinen, ist aber in Wirklichkeit eine Höchstleistung an Wendigkeit, die von kaum einem anderen Flugtier übertroffen wird. Wer schon einmal ein fliegendes Langohr in einem Zimmer zu fangen versucht hat, kann von dieser Wendigkeit berichten.

Die einzelnen Arten haben, ihren Jagdmethoden entsprechend, unterschiedliche Flugweisen und Geschwindigkeiten. Die Ohren sind im Flug immer nach vorn gerichtet – auch bei den großohrigen Arten. Es gibt zwei grundsätzlich unterschiedliche Flugtechniken: den horizontalen, vorwärtsstrebenden Geradeausflug und den stationären Rüttelflug. Dazwischen gibt es viele situationsbedingte Variationen: Sturzflüge und Steigflüge, Sprints und Stopps, plötzliche Zickzacks und Kehrtwendungen, kleinräumiges Kurvenfliegen und Saltos gehören zu den vielen artspezifischen Flugstrategien.

Diesen unterschiedlichen Flugtechniken entsprechend, haben die einzelnen Arten auch verschiedenartige Flügelformen entwickelt: schmale, lange und spitze haben die schnellfliegenden Arten, wie beispielsweise die Abendsegler (*Nyctalus sp.*), die Langflügelfledermaus (*Miniopterus schreibersi*) und die Mopsfledermaus (*Barbastella barbastellus*). Die Wimperfledermaus (*Myotis emarginatus*) und die Hufeisennasen (Rhinolophidae) können sehr langsam fliegen und extrem kleinräumig manövrieren. Ihre Flügel sind relativ kurz und breit. Die Breite eines Fledermausflügels wird maßgeblich durch die Länge des 5. Fingers, beziehungsweise des 5. Mittelhandknochens bestimmt.

Das Flugrepertoire der Fledermäuse entspricht im großen und ganzen dem der Vögel, nur das lange, über weite Strecken führende

Abb. 21
Die Breitflügelfledermaus (*Eptesicus serotinus*) ist ein Jäger im freien Luftraum.

(Foto: Jürgen Klawitter)

Segeln, wie es beispielsweise Segler, Greifvögel und Störche tun, ist bei ihnen sehr selten zu beobachten. Bei unseren europäischen Arten kann man gelegentlich Gleitphasen im Flug beobachten, beim Großen Abendsegler (*Nyctalus noctula*) beispielsweise. Allerdings sind sie immer nur sehr kurz. Große Mausohren (*Myotis myotis*), die sich beim Ausflug von ihrem Quartier aus dem hohen Kirchturm im elsässischen Oltingue mit halbgeöffneten Flügeln schräg in die Tiefe stürzten, waren auf mehrere Meter Distanz auch ohne technische Hilfsmittel leicht am surrenden Geräusch der strapazierten Flugmembranen zu lokalisieren. Bei indischen Vertretern aus der Familie Emballonuridae konnten energiesparende, bewegungslose Gleitphasen bis zu dreißig Minuten festgestellt werden, die nur gelegentlich durch Flügelschläge unterbrochen wurden. Die beobachteten Fledermäuse flogen in einer Höhe zwischen 50 und 250 m.

Abb. 22
Braune Langohren (*Plecotus auritus*) können im Rüttelflug in der Luft «stehen»bleiben.

Schnelle Flieger, wie der Große Abendsegler, erreichen im Suchflug Geschwindigkeiten von 20 km/h, im Maximum eventuell das Doppelte. Kleine Hufeisennasen (*Rhinolopus hipposideros*) dagegen fliegen langsam, etwa 8 km/h und weniger, bei Höchstgeschwindigkeit sind sie nicht schneller als 15 km/h. Aus einem langsamen Suchflug können Langohren unter Umständen stark beschleunigen und werden zu Kurzstreckensprintern. Besonders die kleinen Arten vollführen im schnellen Vorwärtsflug oft plötzliche Kehrtwendungen, um im letzten Moment ein Beutetier zu erreichen, oder um einem Hindernis auszuweichen. Das Braune Langohr (*Plecotus auritus*) und die Hufeisennasen (Rhinolophidae) beherrschen aber nicht nur den vorwärtsstrebenden Ruderflug, sondern können im Rüttelflug in der Luft «stehenbleiben». Dabei ist die Körperachse nahezu vertikal ausgerichtet. Mit dieser Flugtechnik werden neue Nahrungsquellen erschlossen. Auf diese Art und Weise können auch sitzende Insekten von senkrechten Flächen oder von Pflanzen weggeholt werden.

Im Horizontalflug werden die Flügel beim Niederschlag breitflächig nach vorn und nach unten bewegt, bis sie, noch immer ganz geöffnet, beinah parallel zueinander stehen. Beim raschen Hub werden sie zunächst ein Stück senkrecht angehoben und gleiten dann nahe dem Körper entlang nach oben und hinten, um eine neue Schlagphase einzuleiten. Beim Hub der Flügel wird die Fläche des Chiropatagiums verkleinert oder gegen den Unterarm gewinkelt. Der Ablauf dieser Rotationsbewegung ist immer sehr harmonisch und bringt dem Körper in jeder Phase einen Vortrieb. Dabei verändern sich aufgrund der Dehnbarkeit der Flughaut Form und Größe der Tragfläche.

Die körpernahen Flughäute, das Plagiopatagium, sorgen im Flug für den Auftrieb, während die Flügelspitzen mit ihren propellerähnlichen Bewegungen den Vortrieb, den Schub, unterstützen. Die Aufundabbewegung der Flügelspitzen kann im langsamen Ruderflug oder im Rüttelflug relativ groß sein, gering ist sie lediglich bei schmalflügeligen Fledermäusen. Die Ausschlagweite variiert während bestimmter Flugphasen und ist beim Großen Abendsegler (*Nyctalus noctula*) ein Erkennungsmerkmal im Flug. Für den Großen Abendsegler ist es kennzeichnend, daß er im schnellen Flug immer wieder mal die Flügel so weit nach unten führt, bis sie sich fast berühren. Beim Aufschlag werden sie dagegen nur wenig über den Körper angehoben.

Die variable Tragfläche ermöglicht den Fledermäusen nicht nur den lautlosen Flug, sondern gestattet ihnen auch eine optimale

Steuerung mit den Flügeln. Alle Richtungsänderungen werden durch entsprechende Manöver mit den Flügeln ausgeführt. Dadurch können sich die Tiere im Flug außerordentlich geschickt und wendig bewegen. Die Schwanzflughaut hat als Steuerorgan nur eine geringe Bedeutung.

Um aktiv fliegen zu können, müssen vom Fledermauskörper viele Sonderleistungen erbracht werden, an denen speziell Blutkreislauf und Atmung beteiligt sind, die kurzfristig höchsten Belastungen standhalten. Leber, Darm, Niere und bestimmte Muskel- und Gehirnpartien können besonders stark durchblutet werden. Als zentraler Motor arbeitet ein muskelreiches Herz, das zwei- bis dreimal so schwer sein kann wie das einer gleich großen Maus. Es ist, relativ gesehen, das größte und muskelreichste Säugetierherz. Dieses garantiert nicht nur die Sauerstoffversorgung aller wichtigen Systeme, sondern sichert auch den Transport der Nähr- und Ausscheidungsstoffe, der Hormone und der vielen anderen lebenserhaltenden Substanzen im Körper. Auch Wärme wird über den Blutkreislauf transportiert. Nur bei wenigen anderen Säugetieren kann die Herzschlagrate so extrem variiert werden: von etwa fünf Schlägen pro Minute im Winterschlaf bis zu mehr als 1000 pro Minute im Flug. Bemerkenswert sind die schnellen Änderungen: Von der ruhenden Fledermaus mit beispielsweise 500 Herzschlägen pro Minute, die in Sekundenschnelle auf mehr als das Doppelte ansteigen können, wenn das Tier zum Flug startet. Unser eigenes Leistungsvermögen von etwa 70 Schlägen pro Minute in der Ruhe bis zu maximal 180 bei schwerer Arbeit ist im Vergleich dazu recht bescheiden. Erstaunlich ist auch die rasche Funktionstüchtigkeit und Mobilisierung aller Organe nach dem Winterschlaf oder tiefer Tageslethargiephasen. Winterschläfer, wie beispielsweise die Großen Abendsegler (*Nyctalus noctula*), deren Körpertemperatur einige Tage unter 0°C waren, brauchen nach der Aufwärmphase keine lange Regeneration der Zellsysteme. Solche Fledermäuse können sofort alles, notfalls auch fliegen.

Verblüffende Besonderheiten gibt es auch im Blutgefäßsystem. Die Flügel werden bis zur äußersten Fingerspitze mit Blut versorgt. Allerdings ist der Blutbedarf in den großen Hautflächen des Flügels nicht immer gleich groß. Durch verschließbare Blutgefäße zwischen den Arterien und Venen, den sogenannten Anastomosen, kann der Zufluß in das weitverzweigte Kapillarsystem der Flughäute gesteuert werden. Die Anastomosen funktionieren dabei als Kurzschlußwege,

Höchstleistung im Flug: Herz und Blutkreislauf

so daß die periphere Durchblutung sehr stark und bei Bedarf auch reduziert oder sogar gestoppt werden kann. Wenn große Teile der Flügel nicht mehr durchblutet sind, wird das Blut in elastischen Venenräumen gestaut. Dies kann nützlich sein, um einen Wärme- oder Feuchtigkeitsverlust zu kontrollieren. Umgekehrt dient die große Flügelfläche oft auch als Kühlelement, wenn bei hohem Stoffwechsel überschüssige Wärme abgegeben werden muß. Dann werden die Flughäute besonders stark durchblutet. Nun sind aber beim Transport des Blutes vom Herzen bis zur entfernten Flügelspitze weite Wege zu bewältigen. Auch hier gibt es eine raffinierte Einrichtung, die den Blutfluß in den Gefäßen unterstützt. Die glatte Muskulatur in den Gefäßwänden kann sich rhythmisch und peristaltisch kontrahieren. Solche Pumpkontraktionen gibt es in den Flughautarterien und besonders stark in den Flughautvenen. Dabei können die Venen ihren Durchmesser bis zu 50 Prozent verengen, und die Pulsrate der Gefäße kann bis zu 50 Bewegungen pro Minute betragen. Im Flug, wenn die Zentrifugalkräfte das Blut im Flügel nach außen treiben, könnten natürlich solche Pumpen helfen, den Blutstrom entsprechend zu steuern. «Venenherzen» hat man diese Pumpstationen fälschlicherweise genannt, obwohl sie in allen Flughautgefäßen, den Venen und Arterien vorhanden sind. Man weiß heute zwar viel über die Blutversorgung der Flügel, dennoch scheint umstritten zu sein, wann sie optimal durchblutet sind. Es wird postuliert, daß in der Ruhe die Anastomosen weitgehend geschlossen bleiben und der Flügel nur schwach durchblutet wird. Erst im Flug, bei intensiver Bewegung, soll dann die gesamte Flügelfäche mit Blut versorgt werden.

Es wäre interessant zu wissen, ob diese Anastomosen bei einem Quartierwechsel am 4. Januar 1993, als ein Kleiner Abendsegler (*Nyctalus leisleri*) bei einer Außentemperatur von −7°C schutzsuchend in das Winterquartier der Station «Hofmatt» einflog, wirklich ganz offen waren. Dort überwinterten zu dieser Zeit ungefähr 50 Große Abendsegler (*Nyctalus noctula*). Die Flughäute des Kleinen Abendseglers haben die Kälte beim Flug offenbar gut ausgehalten. Aber angenommen, er wäre sehr langsam, vielleicht nur 8 km/h, geflogen, dann hätten die nackten Flügel aufgrund der stark kühlenden Wirkung der Luftströmung eine Temperatursenkung auf ca. −10°C ausgehalten. Kann sich ein Blutkreislauf eine so extreme, großflächige Abkühlung bei voller Blutzirkulation im Flügel überhaupt leisten? Eisgekühltes Blut in den Gefäßen einer fliegenden Fledermaus? Am 8. Januar wurde die bis dahin lethargische Fledermaus abends wieder aktiv, putzte sich ausgiebig und flog dann ab. Die Kältetoleranz ist ohne Zweifel nicht bei allen Arten gleich. Bei Temperaturen unter 0 °C werden beispielsweise die Arten aus den Gattungen *Rhinolophus* und *Myotis* eher gefährdet sein als die robusteren Arten aus den Gattungen *Nyctalus*, *Pipistrellus* oder *Eptesicus*.

Obwohl im Flug viel Sauerstoff benötigt wird, ist das Blutvolumen der Fledermäuse nicht auffallend groß. Dafür haben sie sehr viele, kleinvolumige rote Blutkörperchen, neun bis 15 Millionen pro Mikroliter Blut konnten gezählt werden; das sind deutlich mehr als die vier bis sechs Millionen rote Blutkörperchen des Menschen. Auch der Hämoglobingehalt, also die Proteine, die den Sauerstoff transportieren, ist erstaunlich hoch, er ist etwa vergleichbar mit dem des Kolibris. Der höchste Hämoglobingehalt eines Säugetieres wurde bei einer *Pipistrellus*-Art, einer Verwandten unserer Zwergfledermaus, gemessen: 0,24 g pro Milliliter Blut.

Flügelschlagrhythmus und Atmung korrelieren ebenso miteinander wie die Ruffolge der Echoortungslaute. Die Atemfrequenz im Flug beträgt, abhängig von Körpergewicht und Fluggeschwindigkeit, zwischen 150 und 600 Atemzügen pro Minute. Durch die Bewegung im Flügelschlag und durch die Kontraktionen der Brustmuskulatur wird die Ventilation unterstützt. Der Brustkorb der Hufeisennasen (Rhinolophidae) beispielsweise ist kompakter, weniger beweglich als der der Glattnasen (Vespertilionidae), so daß ihre Atembewegungen mehr mit dem Zwerchfell beziehungsweise über Bewegungen des Bauches ausgeführt werden als durch eine rhythmische Ausdehnung des Brustkorbes. Dennoch ist bei allen ruhenden, nicht lethargischen Fledermäusen die Atmung durch eine deutliche Bewegung an den Flanken erkennbar, auch bei den Glattnasen (Vespertilionidae). Bei lethargischen Fledermäusen allerdings ist sie sehr langsam und im Winterschlaf sogar so flach, daß sie mit dem bloßen Auge oft nicht mehr erkennbar ist.

Abflug und Landung

Alle Glattnasen (Vespertilionidae), mit Ausnahme der Langflügelfledermaus (*Miniopterus schreibersi*), können vom Boden aus problemlos abfliegen. Sie drücken sich mit den Hinterbeinen und den halbgeöffneten Flügeln kräftig vom Boden ab und springen dabei so hoch, daß sie den ersten Flügelschlag ausführen können. Nur die Hufeisennasen (Rhinolophidae) und die Langflügelfledermaus (*Miniopterus schreibersi*) können sich nicht auf allen vieren laufend fortbewegen. Landen sie zufällig einmal auf ebenem Boden, machen sie

Abb. 23
Breitflügelfledermaus (*Eptesicus serotinus*) vor dem Abflug. Mit den halbgeöffneten Flügeln wird sie sich kräftig vom Boden abdrücken und so in die Luft springen. Aus dem weit geöffneten Mund werden die Ortungssignale ausgestoßen.

mit den geöffneten Flügeln einige hilflos wirkende Hüpfer, um den notwendigen Bodenabstand für den Abflug zu bekommen. Auf spiegelglattem Boden haben die meisten Fledermäuse große Mühe zu starten oder schaffen es oft gar nicht. Hängende Tiere lassen sich beim Abflug natürlich einfach fallen. Diese schnelle Fluchtmöglichkeit ist bei Gefahr ein großer Vorteil.

Bei der Landung an Decken oder senkrechten Flächen machen einige Arten regelrechte Saltos. Dabei streifen sie mit den Füßen über die Landefläche und versuchen, mit den scharfen Krallen einen günstigen Halt zu bekommen. In einem ihnen unbekannten Raum können fliegende Fledermäuse stereotyp einen Halt an der glatten Decke oder der Wand suchen. Kanten und Vorsprüngen werden zwar bevorzugt angeflogen; die ideale haltbietende Landefläche zu finden macht ihnen dennoch oft Mühe. Sie erkennen eine gute Haltestruktur oft lange nicht und finden diese vermutlich in vielen Fällen nur zufällig. Es sieht also nicht so aus, daß sie die geeigneten Strukturen mit Hilfe der Echoortung präzis erkennen könnten. Die Landeversuche scheinen beim langen Suchen recht unsystematisch abzulaufen – zumal wenn die Fledermäuse verängstigt oder schon erschöpft sind. Ihr präzises Ortsgedächtnis läßt sie eine einmal erkannte gute Landefläche aber immer wiederfinden.

Abb. 24
Nur zufällig, nach vielen Landeversuchen, hat dieses Große Mausohr (*Myotis myotis*) die feinen Risse in der Wand gefunden.

Abb. 25
In einer Höhle in den Nidwaldner Voralpen haben Höhlenforscher diese Kratzspuren in 1,60 m Höhe entdeckt. Sie können eigentlich nur von Fledermäusen stammen, die hier vergeblich versuchten im Lehm Halt zu finden.

(*Foto: Philippe Morel*)

Laufen und Klettern

Fledermäuse sind nicht nur geschickte Flieger, sie können auch laufen, klettern und hangeln. Die Vorderextremitäten sind im Laufe der Evolution zwar zu tüchtigen Flügeln geworden, dienen aber vielen Arten auch zur vierfüßigen Fortbewegung. Glattnasen (Vespertilionidae) und Bulldoggfledermäuse (Molossidae) stützen sich beim Laufen auf das Handgelenk des gefalteten Flügels. Dennoch halten sich Fledermäuse nur selten am flachen Boden auf und laufen dort herum. Meist sind es verunglückte oder geschwächte Tiere, die von den überraschten Findern wegen ihrer dünnen Extremitäten im ersten Moment oft für seltsame Käfer gehalten werden.

Dagegen ist das Laufen, manchmal enorm schnell, eine normale Fortbewegungsart in den Spalten der oft engen Tagesquartiere. Das betrifft viele Arten aus den Familien der Glattnasen und der Bulldoggfledermäuse (Vespertilionidae und Molossidae) – außer der extrem flugspezialisierten Langflügelfledermaus (*Miniopterus schreibersi*). Manche Arten können sogar so schnell rennen, daß sie einer Hausmaus (*Mus musculus*) in nichts nachstehen. Beim Laufen setzen sie die Extremitäten seitlich weit vom Körper abgespreizt am Boden auf. Die Vorder- und Hinterextremitäten werden dabei paarig, diagonal entgegengesetzt vorwärtsbewegt. Beim langsamen Laufen gerät der Körper während der Vorwärtsbewegung des Hinterbeins in eine instabile Lage. Um dies zu korrigieren, wird die Schwanzspitze auf den Boden gedrückt und als vierter Bodenkontakt genutzt. Beim schnellen Laufen werden die Extremitäten noch weiter vom Körper abgespreizt, so daß der Schwanz keine Bodenberührung mehr hat.

Das Hüpfen, also einen starken Absprung vom Boden, schaffen die Fledermäuse mit ihren schwachen Hinterbeinen allerdings nicht. Dazu müssen sie die Flügel zu Hilfe nehmen. «Froschhüpfen» mit paariger, gleichzeitiger Vorwärtsbewegung der Vorder- und Hinterextremitäten sieht man selten. Wenn, dann sind die Flügel dabei gefaltet und manchmal auch leicht geöffnet. Ich habe verängstigte, wenige Tage alte Große Abendsegler (*Nyctalus noctula*) beobachtet, die so mit geschlossenen Flügeln vom Hellen ins Dunkle flüchteten. Bei Glattnasen (Vespertilionidae) können sich aus der Lethargie aufwärmende, noch nicht vollständig aktive Tiere bei Bedrohung durch Froschhüpfen flüchten. Die Flügel sind dabei leicht oder sogar ganz geöffnet.

Für laufende Spaltenbewohner, wie beispielsweise die Bulldoggfledermaus (*Tadarida teniotis*), ist die freie Schwanzspitze ein wichtiges Tastorgan. Rückwärts in einer Spalte laufend, kann so der Schwanz voraustasten, ob und wie es dort weitergeht. Auch bei einigen Glattnasen gibt es auffallende Schwanzspitzen, die nicht von Flughäuten umgeben sind. Zwei freie Schwanzwirbel finden wir bei der Alpenfledermaus (*Hypsugo savii*), bei der Breitflügelfledermaus (*Eptesicus serotinus*) und einigen anderen Arten, die sich an die Lebensweise in diesem Quartiertyp angepaßt haben. Vermutlich ertasten sie aber nicht nur die Struktur, sondern kontrollieren auch die Temperatur.

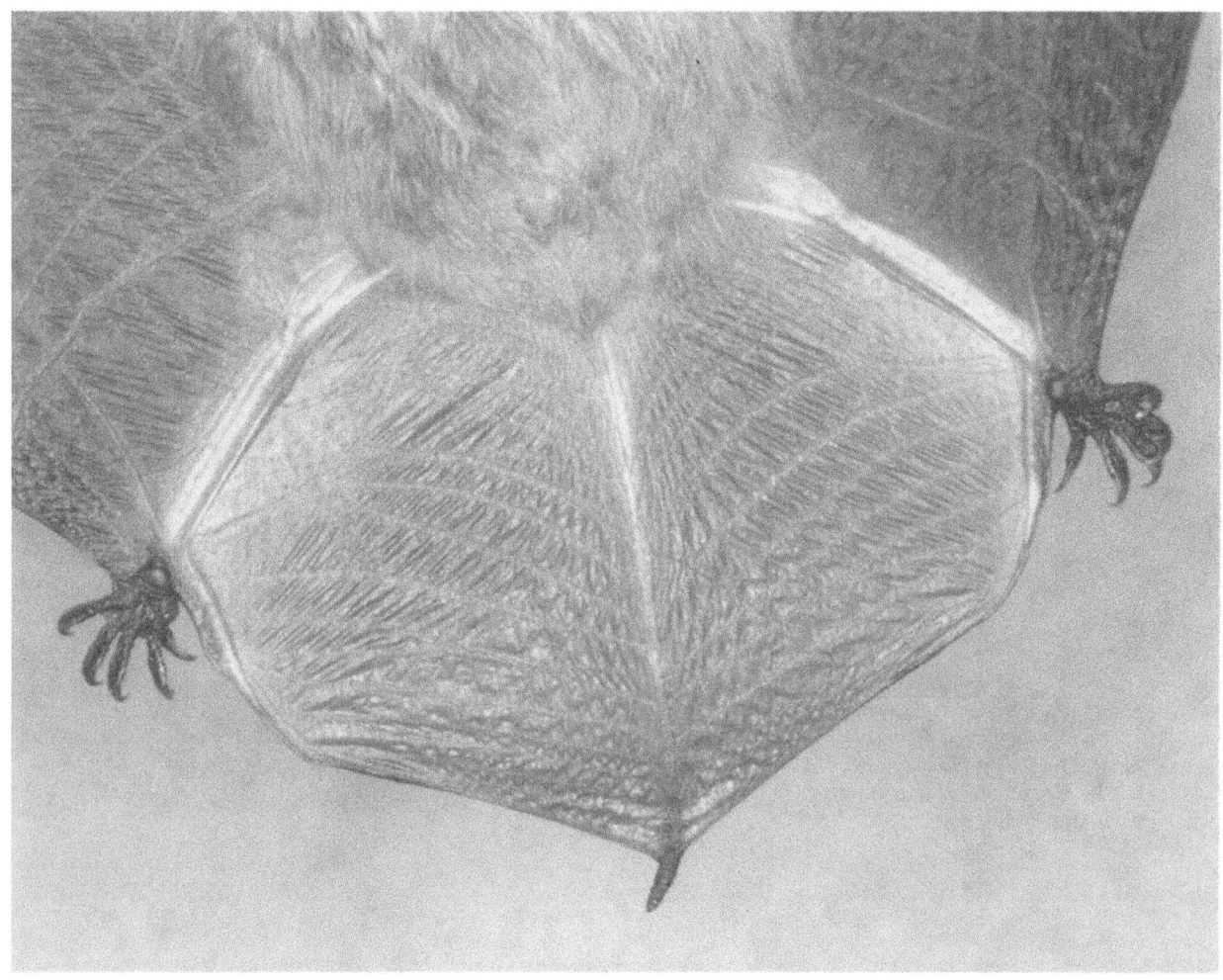

Der Bewegungsablauf beim Klettern an Wänden ist prinzipiell gleich, wie beim Laufen am Boden. Die scharfen Krallen des Daumens und der Zehen sind die einzigen Halteorgane. Oft genügen feinste Ritzen oder Unebenheiten, um den Fledermäusen Halt zu bieten. An senkrechten oder überhängenden Flächen klettern viele Arten außerordentlich geschickt. In engen senkrechten Spalten benutzt die Bulldoggfledermaus (*Tadarida teniotis*) beim Klettern ihre Unterarme auch als Streben und wird so zur erfolgreichen Kaminkletterin. Bei einigen Arten kann man immer wieder beobachten, daß sie im Quartier auch rückwärts nach oben klettern.

Abb. 26
Die freie, nicht von der Flughaut umgebene Schwanzspitze der Breitflügelfledermaus (*Eptesicus serotinus*) dient im engen Spaltquartier auch als Tastorgan.

Abb. 27
Ein junges, fast erwachsenes Großes Mausohr (*Myotis myotis*) klettert an einer senkrechten Wand. Die Daumenkrallen sind unentbehrliche Kletterhaken, mit den Hinterbeinen wird der Körper gestützt.

Hängen und Hangeln

In den Ruhephasen bevorzugen Fledermäuse die vertikale Position mit nach unten gerichtetem Kopf. Schlafende Tiere hängen oft nur an einem Bein und haben das andere an den Körper gelegt. Im engen Cluster, besonders im Winter, können Einzeltiere tage- und wochenlang in horizontaler Lage, auch auf dem Rücken liegend, oder mit dem Kopf aufwärts gerichtet ruhen.

Die Hufeisennasen (Rhinolophidae) sind geschickte Hangler. An Decken mit genügend Struktur können sie sich kopfunter an den Beinen hängend mit kleinen Hangelschritten vorwärtsbewegen. Sie tun dies manchmal über recht große Distanzen, sogar einige Meter weit. Es ist für ruhende Hufeisennasen sehr charakteristisch, daß sich aktive, aufmerksame Tiere konstant in der Längsachse ihres Körpers drehen können, manchmal bis um 180°. In Höhlen können sie sich in

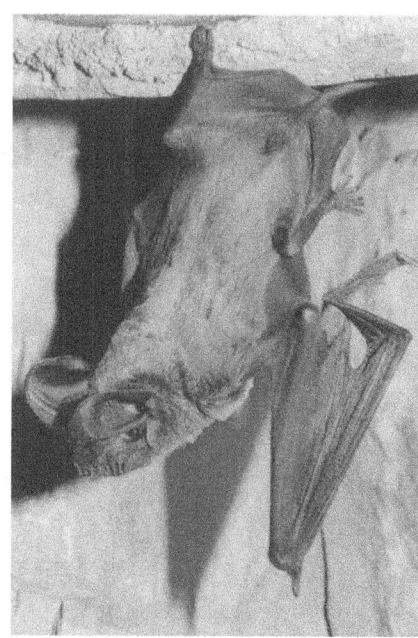

Abb. 28
Hängende Fledermäuse halten die zusammengelegten Flügel meist nahe am Körper. Um den langen, spitzen Flügel unter der Armflughaut versorgen zu können, knickt die Bulldoggfledermaus (*Tadarida teniotis*) ihre Flügelspitze an den Gelenken des 2. und 3. Fingers zuerst nach innen, dann zweimal nach außen um.

Abb. 29
Mit kleinen Hangelschritten «läuft» diese Große Hufeisennase (*Rhinolophus ferrumequinum*) an der Höhlendecke.

so enge Spaltsysteme hochhangeln, bis sie für den Beobachter nicht mehr zu sehen sind. Ich konnte das bei Winterkontrollen in natürlichen Felshöhlen mit tiefen, für Fledermäuse nicht befliegbaren Spalten und Klüften beobachten.

Bei den Glattnasen (Vespertilionidae) geschieht die Fortbewegung an horizontalen Deckenstrukturen in der Regel mit allen vieren, selten und nur ansatzweise hangeln sie mit den Hinterbeinen.

Schwimmen Fledermäuse gehen nicht freiwillig ins Wasser. Geraten sie aber doch zufällig hinein, können sie mit weitgeöffneten Flügeln vorwärtsschwimmen. Mit heftigen Flügelschlägen versuchen sie rasch ans Ufer zu kommen oder fliegen möglichst schnell von der Wasseroberfläche ab. Der Start aus dem Wasser wurde schon bei einigen Arten beobachtet. Schmalflügelige Arten dürften dazu aber kaum in der Lage sein.

Soziales Zusammenleben:
Vertrautheit, Streit und Abwehr

Juni 1995: Weithin hörbar war das schrille Gezeter der Fledermauskolonie, die im Buchen-Hallenwald bei Muttenz in einer Spechthöhle wohnte. Nur für kurze Zeit war es hin und wieder einmal ruhiger, dann schwoll das durchdringende Gezwitscher erneut an, die Streiterei ging weiter. Unverwechselbar – es waren Große Abendsegler (*Nyctalus noctula*), denn nur sie führen in ihren Baumhöhlen ein derartiges Spektakel auf. An mehreren Abenden konnte ich sie beim Ausflug zählen: zwischen 28 und 34 Tiere waren es jeweils, die innerhalb einer halben Stunde nach und nach wegflogen. Erfahrungsgemäß müßten es im Sommer in der Region Basel alles nur Männchen gewesen sein. Warum wohnten sie derart beengt in der gleichen Baumhöhle zusammen? Im selben Wald gab es noch viele leere, gute Baumhöhlen, aber trotzdem – sie saßen alle im gleichen Loch und stritten miteinander.

Dem in der Station «Hofmatt» geborenen Männchen «Gusti» hatte ich im Sommer 1992 an einem Halsband einen kleinen Sender mit Antenne angebracht. Mit einer Suchantenne konnte ich jederzeit seinen momentanen Aufenthaltsort feststellen. Auch «Gusti» hielt sich während dieser telemetrischen Beobachtung tagsüber immer wieder in solchen Männchenkolonien auf, dann war er aber auch wieder allein in weiter entfernten Baumhöhlen anzutreffen. Es muß also gute Gründe geben, solche Massenquartiere aufzusuchen. Sind es Informationszentren, Treffpunkte, um zu erfahren, wer sich gerade in der Gegend aufhält? Wohnen dort nur die Schwächeren, die von den erfolgreichen Männchen aus den guten Gebieten vertrieben wurden, oder gebietet es gelegentlich nur die Ökonomie, dort zu sein, kann so Energie gespart werden?

Was Fledermäuse nachts tun, wie sie sich im Gelände oder an den Rastplätzen verhalten, ist weitgehend unbekannt. Vermutlich gibt es große Unterschiede im Sozialverhalten der einzelnen Arten. An den Hangplätzen im Quartier sind sie tagsüber leichter zu beobachten. Dort sehen wir, daß die Vertreter der Glattnasen (Vespertilionidae) ausgesprochene Kontakttiere sind und in den Kolonien oft dachziegelartig übereinander hängen. Meist wird dann der Körperkontakt mit Partnern gesucht, wenn durch soziale Thermoregulation, bei Sicherheitsbelangen oder im sozialen Kontext dadurch Vorteile erzielt werden. Cluster werden zu allen Jahreszeiten gebildet, wobei phänologische Aspekte ihre Größe und Zusammensetzung beeinflussen. Im Winter sind die Gruppen bei vielen Arten am größten, und bei großer Kälte ist die Verklumpung am dichtesten. Hufeisennasen (Rhinolophidae) haben zu allen Jahreszeiten die Tendenz, einzeln zu ruhen, sie meiden in der Regel den Körperkontakt. Trächtige Weibchen können manchmal an kühlen Tagen aber ebenfalls nahe beieinander hängen und durch eine soziale Thermoregulation den Wärmeverlust begrenzen.

Siedlungsgemeinschaften können Fortpflanzungskolonien, in der Fachsprache «Wochenstuben» genannt, Männchenkolonien oder gemischtgeschlechtliche Winterschlafkolonien sein. Manchmal treffen sich Fledermäuse auch in saisonalen Zwischenquartieren. Im nördlichen, kühleren Europa werden die Quartiere im Laufe des Jahres mehrmals gewechselt, den saisonalen mikroklimatischen Bedürfnissen entsprechend. Im warmen Süden können die gleichen Höhlen das ganze Jahr über als Quartier dienen, allerdings werden innerhalb des Raumsystems dann oft die Hangplätze gewechselt. Auch hier gibt es saisonale Präferenzen. Die jahreszeitliche Trennung der Geschlechter, beispielsweise der Weibchen in den Wochenstuben, ist bei einigen Arten sehr deutlich, bei anderen nur gering oder regional unterschiedlich.

Leider wissen wir nur wenig über das Sozialgefüge von Kolonien mit ihren wahrscheinlich vielfältigen Funktionen. Fledermäuse sind gelegentlich ungewöhnlich gesellige Tiere, obwohl das soziale Zusammenleben in den manchmal riesigen Kolonien mit mehreren tausend Individuen sicher nicht immer reibungslos funktioniert. Wie in allen anderen Lebensgemeinschaften auch gibt es viele Individualinteressen, die hin und wieder vehement verteidigt werden. Andererseits muß natürlich ein Konsens gefunden werden, damit die erstrebte Nützlichkeit, der Vorteil einer Koloniebildung, nicht verlorengeht.

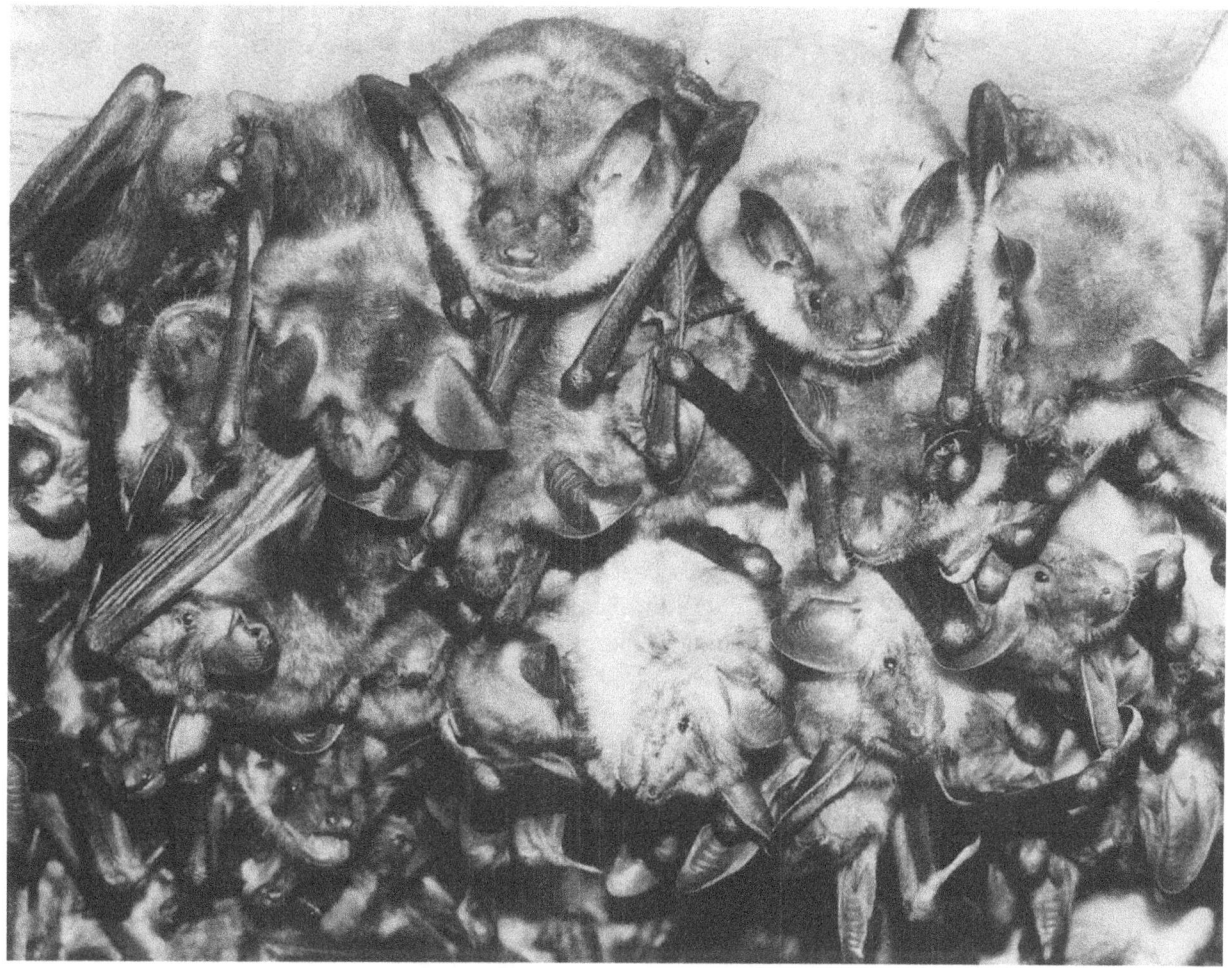

Abb. 30
Soziale Thermoregulation in einer Wochenstube des Großen Mausohrs (*Myotis myotis*).

Allein durch die Feststellung, in welcher Jahreszeit sie angetroffen wird, wie die Geschlechterverteilung ist oder ob noch nicht vollentwickelte Junge da sind, kann man ohne großen Aufwand Grundsätzliches über die Funktion einer Kolonie aussagen. Schwieriger wird es, wenn man wissen möchte, wie die soziale Struktur einer Kolonie aussieht, wie die Tiere miteinander verwandt sind oder ob es Rangordnungen gibt. Leider wissen wir darüber nur sehr wenig.

Durch die Untersuchung markierter Fledermäuse konnte nachgewiesen werden, daß sich die Tiere untereinander wiedererkennen. Sie leben also in ihren Kolonien, zumindest in den kleineren, nicht

Individuelles Erkennen

anonym zusammen. Hierzu habe ich viele eigene Beobachtungen am Großen und Kleinen Abendsegler (*Nyctalus noctula* und *Nyctalus leisleri*) und am Großen Mausohr (*Myotis myotis*) machen können.

Miteinander vertraute Individuen begrüßen sich nach der Rückkehr ins Quartier immer durch ein kurzes, aber dezidiertes Schnauzenreiben. Es ist ohne Zweifel eine geruchliche, gegenseitige Gesichtskontrolle im Dunkeln. Dadurch wird dem Partner die eigene Präsenz angekündigt. Soweit erkennbar, geschieht dies oft unabhängig vom Verwandtschaftsgrad. Längere gemeinsame Quartiernutzungen können tiefe Vertrautheiten schaffen, zum Beispiel in den Wochenstuben. Beim Großen Abendsegler (*Nyctalus noctula*) begrüßen sich auch einige Bewohner von Männchenquartieren und die Weibchen in den Hochzeitsquartieren der balzenden Männchen. Vermutlich ist das aber nicht in allen Tagesquartieren und nicht bei allen Arten so. Vor allem nicht bei wandernden Arten, die sich in den Zwischenquartieren nur kurze Zeit begegnen.

Selbstverständlich spielt das individuelle Erkennen auch in der Mutter-Kind-Beziehung eine wichtige Rolle. Wir nehmen an, daß bei den in Europa lebenden Arten die Mütter ihre eigenen, noch milchtrinkenden Jungen am Geruch und an der Stimme erkennen.

Bemerkenswert war das auffällige Erkennungsverhalten zwischen einer nicht mehr flugfähigen Mutter und ihrer 14 Monate alten, freifliegenden Tochter «Hyla» im «Hofmatt»-Quartier nach dreimonatiger, haltungsbedingter Trennung. Beide kletterten aufeinander zu, rieben sich minutenlang intensiv die Schnauzenpartien und nachfolgend auch die Ohren- und laterale Halspartien. Vermenschlicht gesehen: Sie haben sich gefreut, einander wiederzubegegnen. Dann ruhten sie lange dachziegelartig aufeinander, eng aneinandergedrückt, obwohl andere Tiere zu dieser Zeit am Hangplatz keinen Körperkontakt hatten. In den folgenden Tagen war ihr Begegnungsverhalten unauffällig, eher flüchtig.

Akustische Kommunikation

Fledermäuse sind ihren Quartieren zwar erstaunlich treu, trotzdem hat man bei individuell markierten Fransenfledermäusen (*Myotis nattereri*), Bechsteinfledermäusen (*Myotis bechsteini*) und Braunen Langohren (*Plecotus auritus*) die gleichen Weibchen in neuen Gruppierungen an verschiedenen Orten wiedergefunden. Sie müssen sich also in irgendeiner Form Informationen über die Quartiernutzung übermitteln, denn nur so ist das «Sichwiederfinden» in den neuen Quartieren zu erklären. Das einfachste wäre wohl, hintereinander herzufliegen und sich dabei akustisch zu verständigen. Die eine würde so der anderen zeigen, wo das neue Quartier ist. Und tatsächlich: wir können solche Tandemflüge bei Fledermäusen immer wieder beobachten.

Daß es bei der Besiedlung und der Entdeckung von neuen Quartieren regelrechte «Schleppereffekte» gibt, wurde von mehreren Forschern bei verschiedenen Arten beschrieben. Wir vermuten, daß die Verfolger an einem «akustischen Schlepptau» hängen, um die Führenden nicht zu verlieren. Im Herbst konnten wir in der Station «Hofmatt» oft beobachten, wie unberingte Neuankömmlinge den ansässigen Bewohnern einfach hinterherflogen und so das Quartier fanden.

Schlepper und Hinterherflieger

Vermutlich ist es auch so, daß jagende Fledermäuse – durch ihre Flugaktivität mit den spezifischen Ortungssignalen – lohnende Jagdhabitate in größerer Entfernung an andere Nahrungssuchende verraten. Ob sie allerdings dann dort geduldet werden, ist eine ganz andere Frage. Gerade bei jagenden, territorialen Männchen, beispielsweise bei Zwergfledermäusen (*Pipistrellus pipistrellus*), sind immer wieder sehr forsche Soziallaute zu hören, die andere Interessenten vermutlich abweisen sollen.

Außer den Ortungssignalen, die für das menschliche Ohr in der Regel nicht hörbar sind, produzieren Fledermäuse recht verschiedenartige Sozial- und Abwehrlaute. Sie können im Bereich des Ultraschalls sein, sind aber oft so niederfrequent, daß sie für uns nicht nur hörbar sind, sondern auch als sehr laut empfunden werden. Diese langwelligen Signale haben natürlich eine viel größere Reichweite als die Ultraschallrufe und sind deshalb für die Übermittlung von Botschaften über größere Distanzen hinweg besonders gut geeignet. Viele solcher Soziallaute wurden mittlerweile aufgezeichnet und analysiert, und einige konnten bestimmten Verhaltensabläufen zugeordnet werden. Besonders während der Balz machen die Männchen akustisch auf sich aufmerksam und zeigen den Weibchen, wo sie sie finden können. Zwischen Mutter und Kind gibt es spezifische akustische Kontakte, die allerdings noch wenig untersucht werden konnten. Verunglückte, am Boden sitzende und laut um Hilfe rufende Kinder werden meist von der eigenen Mutter wiedergeholt und im Flug zurück ins Quartier transportiert.

Weithin hörbare Wegweiser

In der Station «Hofmatt» war es oft so, daß im Bat-Detektor zuerst die Rufe von draußen Anfliegenden zu hören waren – Echoortungssignale und Sozialrufe –, die dann von den Quartierinsassen ‹beantwortet› wurden. Auf solche «akustischen Anfragen» hin konnten die Quartierinsassen vom Hangplatz aus fiepen, oder sie eilten sehr plötzlich ans Einflugloch, um von dort aus zu rufen. Nach mehrmaligen Anflügen flog der Neuankömmling dann ein. Die Rufer im Quartier sind in der Regel die ersten Rückkehrer vom Jagdflug und signalisieren so, daß weitere Einflüge erwünscht sind. Dieses Verhalten wurde in Wochenstuben, in Männchenquartieren und im Spätherbst im Winterquartier beobachtet. Solche Signale werden für einen ganz bestimmten Empfänger ausgesendet, der dann mit entsprechenden Verhaltensweisen reagiert.

Quartierlärm: Hier wohnen wir

Es gibt aber auch akustische Signale, die nicht an einzelne Empfänger gerichtet sind, sondern allgemeine Informationen an Anonyme vermitteln. Dazu gehört der Quartierlärm, den die Insassen bei sozialem Geplänkel produzieren, und der Vorbeifliegenden anzeigt, daß hier eine Kolonie seßhaft ist. Für unerfahrene Jungtiere und ganz besonders für wandernde Große Abendsegler (*Nyctalus noctula*), die in einer Nacht große Strecken zurücklegen und am Morgen in nicht vertrauten Landschaften ankommen, sind dies wichtige Orientierungshilfen, um schnell ein neues Tagesquartier zu finden. Oft folgen sie dann aber nicht nur artspezifischen Signalen, denn Große Abendsegler landen oft in Quartieren von anderen Arten, beispielsweise bei Zwergfledermäusen (*Pipistrellus pipistrellus*) oder bei Wasserfledermäusen (*Myotis daubentoni*). Manchmal scheint der Abendsegler bei der Quartiersuche ein ausgesprochener Hinterherflieger zu sein – vielleicht aus einer momentanen Notlage heraus? Beim Auffinden von Winterquartieren ist eine artspezifische Wegleitung durch Quartierlärm für diese Art besonders auffällig und vielleicht auch überlebensnotwendig. Bei nahezu allen meinen Ansiedlungsprojekten in künstlichen Sommer-, Zwischen- und Winterquartieren waren die richtungweisenden Signale der vokalisierenden Pfleglinge eine entscheidende Erfolgshilfe. Ihre Rufe zeigten den wilden Fledermäusen den Weg dorthin, wo ich sie gern haben wollte, um sie in geeigneten Quartieren beobachten zu können.

Das oft zu beobachtende Schwärmverhalten am Morgen vor dem Tagesquartier, meist nach dem letzten Jagdflug, kann verschiedene Gründe haben; auf jeden Fall ist es akustisch auffällig und ermöglicht das Zusammenfinden einer Population. Außerdem wird so einer anonymen Nachbarschaft kundgetan, daß ein Quartier momentan bewohnt ist. Das kann eine wichtige Botschaft für abzuweisende Konkurrenten oder für potentielle Interessenten, für arteigene bzw. artfremde Quartiersuchende sein. Es ist denkbar, daß dabei auch der Status des Quartiers bekanntgegeben wird, beispielsweise ob es eine Wochenstube, ein Hochzeitsquartier oder ein Winterquartier ist. Daß solche Informationen eine breite Beachtung finden, belegen die gelegentlichen Einflüge von Artfremden in traditionell besetzte Quartiere.

Schwärmverhalten vor dem Quartier

Ähnlich ist das charakteristische Schwärmverhalten einiger Arten im Herbst vor unterirdischen Quartieren. Vor Höhlen bei Basel konnte ich im Herbst schon viele Fledermäuse schwärmen sehen, die auffällig riefen und sich gelegentlich verfolgten, einige konnten von mir gefangen und kontrolliert werden. Im September 1996 waren es vor einer Höhle insgesamt sechs Arten: Braune Langohren (*Plecotus auritus*), Bechsteinfledermäuse (*Myotis bechsteini*), Wasserfledermäuse (*Myotis daubentoni*), Fransenfledermäuse (*Myotis nattereri*), Große Mausohren (*Myotis myotis*) und einmal auch die in der Region Basel seltene Wimperfledermaus (*Myotis emarginatus*) – es handelte sich übrigens ausschließlich um Männchen. Schaute ich tagsüber in diesen Höhlen nach, waren dort keine Fledermäuse zu finden, und bei den Ausflugkontrollen waren es nur einige wenige. Dieses Phänomen wurde auch von anderen Beobachtern beschrieben. Die Arbeitsgruppe von Otto von Helversen stellte in der Fränkischen Schweiz sogar zwölf Arten fest, die mit unterschiedlicher Häufigkeit vor Höhlen und Felsstrukturen schwärmten. Sie vermuteten, daß es «Rendezvous-Plätze» für die Balz sein könnten oder vielleicht auch Orientierungsmarken im Streifgebiet zwischen Sommer- und Winterquartier. An solchen akustisch auffälligen Fixpunkten könnte aber auch eine Informationsübertragung auf unerfahrene Jungtiere stattfinden.

Fledermausquartiere fallen oft durch ihre besondere Duftnote auf. Der Geruch stammt nicht nur von den Exkrementen, sondern auch von den Sekretausscheidungen der Duftdrüsen, die vor allem am Kopf und im Analbereich der Tiere zahlreich sind. Die Glattnasen (Vespertilionidae) und die Bulldoggfledermäuse (Molossidae) leben meist in engem Körperkontakt und riechen wohl deshalb besonders

Olfaktorische Kommunikation

Abb. 31
Intensiv beschnuppert dieses Große Mausohr (*Myotis myotis*) den Platz, an dem sich kurz vorher eine andere Fledermaus aufgehalten hat und zweifellos eine Duftbotschaft hinterließ.

stark. Duft ist ein eindeutiges Erkennungsmerkmal, das nicht nur Auskunft über die Artzugehörigkeit, sondern auch Informationen über das Geschlecht, die sexuelle Aktivität und vielleicht auch über den Sozialstatus gibt. Ohne Zweifel ist auch eine individuelle Erkennung möglich. Mit etwas Erfahrung können die artspezifischen Gerüche der Fledermäuse auch mit der menschlichen Nase erkannt und unterschieden werden. Aktive Fledermäuse riechen stärker als lethargische, und besonders intensiv riechen aufgeregte Tiere. Einen ganz besonderen Duft hat die Bulldoggfledermaus (*Tadarida teniotis*). Ihre Ausscheidungen erinnern an wohlbekannte Gerüche aus der Gewürzküche, nämlich an Liebstöckel, das «Maggikraut».

Viele Duftdrüsen, die sogenannten Pararhinal- und Submentaldrüsen, die meist in Kombination mit den Talgdrüsen ihre Sekrete absondern, sind auf der Schnauze und am Kinn angeordnet. An manchen sind Drüsenhaare oder sogar kleine bürstenähnliche Haarbüschel. So können die duftenden Talgsekrete gezielt auf den eigenen Körper und Quartiereingänge oder Hangplätze und, meist eher zufällig, auf Artgenossen aufgetragen werden.

Auf der Schnauze sind die kleinen Sekrettropfen sichtbar, die von der verängstigten Zweifarbfledermaus (*Vespertilio murinus*) aus den Hautdrüsen ausgeschieden werden.

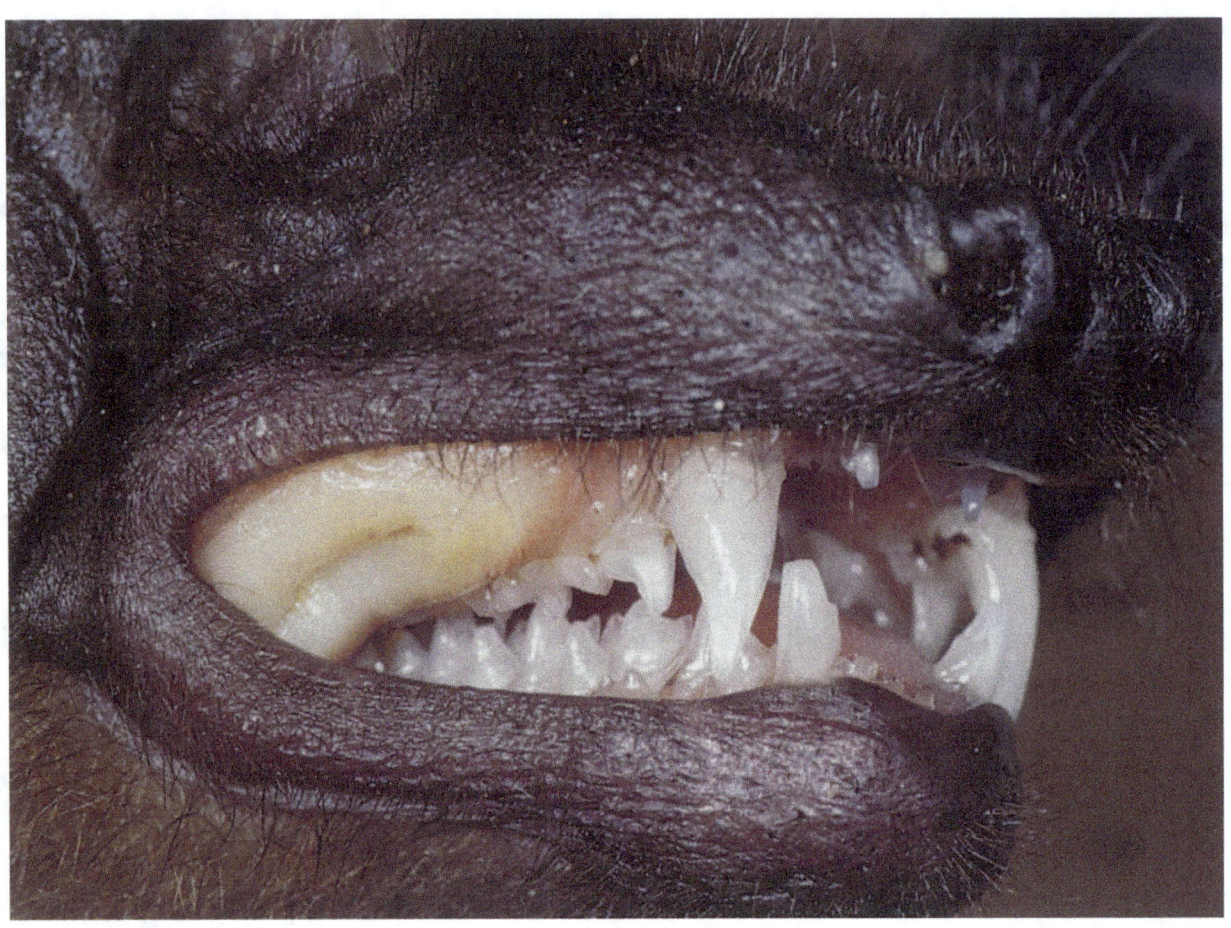

Bei sozialen Konflikten präsentieren Große Abendsegler (*Nyctalus noctula*) ihre stark riechende Buccaldrüse, indem sie den Mundwinkel öffnen.

rechts
Großer Abendsegler (*Nyctalus noctula*): Er gähnt nicht, weil er müde ist, sondern im Begriff, aktiv zu werden. Beim Gähnen entströmt dem Mund ein arttypischer Geruch, der sich im Quartier ausbreitet.

Die Gelbfärbung im Fell dieses Mausohrmännchens (*Myotis myotis*) stammt von Drüsensekreten, die sich das Tier selbst auf die Haare appliziert hat.

Am Hangplatz der Großen Mausohren (*Myotis myotis*) entsteht durch das Abreiben von Drüsensekreten ein unverwechselbarer brauner Fleck.

Nur die erwachsenen, sexuell aktiven Mausohrmännchen (*Myotis myotis*) haben so auffällige, krustig eingetrocknete Drüsensekrete unter den Augen, auf der Schnauze und gelegentlich auch auf den Ohren.

rechts
Ein etwa 8 Tage alter Kleiner Abendsegler (*Nyctalus leisleri*) kratzt sich mit dem Fuß am Rücken.

unten
Ein Großer Abendsegler (*Nyctalus noctula*) putzt die Oberseite seines Flügels. Dabei stülpt er sich den halbgeöffneten Flügel wie eine Kappe über den Kopf.

gegenüberliegende Seite
Eben erst ist dieser Große Abendsegler (*Nyctalus noctula*) flügge geworden. Vor dem Ausflug werden die Flügel oft gedehnt und gestreckt.

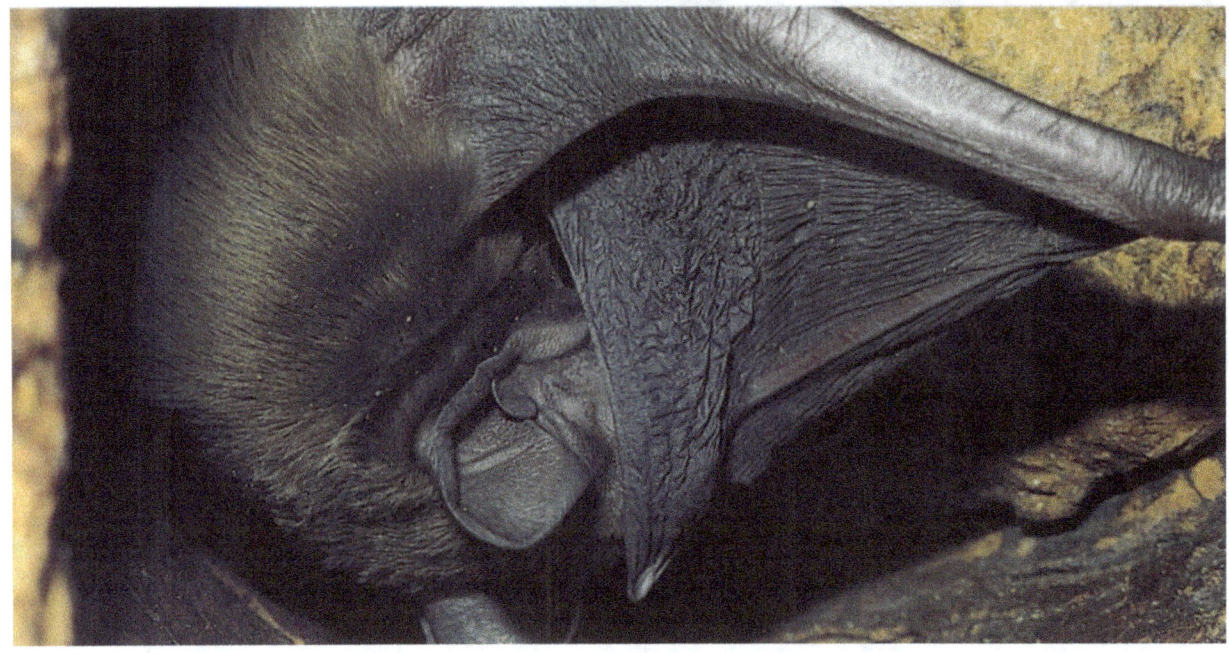

Dieses Graue Langohr (*Plecotus austriacus*) uriniert auf eine für Fledermäuse eher untypische Art...

...während der Kleine Abendsegler (*Nyctalus leisleri*) eine «korrekte» Stellung eingenommen hat.

Duftpolster im Mundwinkel

Bei Arten aus der Gattung *Nyctalus*, *Pipistrellus*, *Hypsugo* und *Vespertilio* kann man im Mundwinkel auffallende Schleimhautpolster, sogenannte Buccaldrüsen, feststellen, die stark riechende Sekrete absondern. Beim Großen Abendsegler (*Nyctalus noctula*) sind sie das ganze Jahr über bei beiden Geschlechtern unübersehbar gelblich bis weiß gefärbt (siehe Farbabb. Seite 82). Bei alten, sexuell aktiven Männchen sind sie im Sommer deutlich größer als bei den Weibchen. Die Drüsen sind dann sogar von außen als heller Fleck unter dem Auge durch die Gesichtshaut sichtbar. Die im Sommer reichlich produzierten Sekrete der Buccaldrüsen haben vermutlich eine große Bedeutung für die soziale Kommunikation. Wie Fledermäuse mit ihren Duftsekreten umgehen und wo sie diese applizieren, ist nicht einfach zu beobachten. Wiederholt mußte ich die Videoszenen anschauen, um die raschen, manchmal sehr hastigen Aktivitäten zu verstehen. Beim Putzen holen die Abendsegler mit den Hinterfüßen die Drüsensekrete vom Mundwinkel und applizieren sich diese dann in ihr Fell, meist seitlich am Körper und am Hals.

Duftende Wohnadressen

Territoriale Männchen des Großen Abendseglers (*Nyctalus noctula*) markieren durch Abreiben der Sekrete aus Buccaldrüsen – vermutlich aber auch aus Pararhinal- und Submentaldrüsen – ihr Quartier im Innern und besonders intensiv am Eingang. So nimmt das ganze Quartier den vermutlich spezifischen Geruch des Besitzers an. Interessanterweise schnüffeln Neuankömmlinge zuerst immer sehr lange und intensiv ganz oben am Hangplatz, dort wo die Füße ihren Halt finden. Bei der Kopulation und bei der sozialen Fellpflege werden mit der Mundflüssigkeit auch Duftstoffe ins Fell der Partner übertragen. Werden hier Erkennungsmarkierungen angebracht? Am Abend, wenn die Großen Abendsegler im Quartier aktiv werden, ist häufig ein charakteristisches Knallniesen zu hören. Beim heftigen Ausstoßen der Luft werden viele kleine, stark riechende Flüssigkeitströpfchen zerstäubt und so ins Quartier gesprayt. Entdeckt habe ich dies, weil abends, nach dem Abflug der Fledermäuse, die Scheibe im Quartier der Station «Hofmatt» immer trübe war und für die Videoaufnahmen oft gereinigt werden mußte. Beim Öffnen des Quartiers roch es dann atemberaubend stark nach Abendsegler. Zusammen mit Düften von Exkrementen vermischt sich das Duftspray zu einem charakteristischen Quartierduft. Am Abend vor dem Ausflug gähnen Fledermäuse auffallend viel, wobei dem geöffneten Mund ein starker Geruch entströmt, der sich im Quartier ausbreitet.

Abb. 32
Im engen Hohlraum des Balkens hat ein territoriales Männchen des Großen Mausohrs (*Myotis myotis*) sein Tagesquartier. Der dunkle Fleck am Holz stammt von Drüsensekreten der Fledermaus, die auf diese Art ihr Quartier mit einer Duftadresse markiert hat.

Taktile Kommunikation

Im Winter 1992/1993 überwinterten in der Station «Hofmatt» etwa 65 Große Abendsegler (*Nyctalus noctula*). Am 8. Dezember – es war sehr kalt, und die Winterschläfer waren eng zusammengerutscht, die Körper dicht aneinandergepreßt – begann am Vormittag ein Eichhörnchen (*Sciurus vulgaris*) am Einflugloch zu nagen und versuchte ins Quartier einzudringen. Nach einer Viertelstunde wurden wegen der Störung vier Abendsegler, die direkt über dem Einflug hingen, aktiv. Sie verließen ihren Platz und kletterten zur Hauptgruppe ins benachbarte Quartierabteil. Der erste Körperkontakt eines aktiven Abendseglers mit dem starren, tief lethargischen Cluster löste eine Kontraktionswelle aus. Die ersten gestörten Tiere reagierten durch ein Sichhöherziehen am Hangplatz, indem sie vor allem die Hinterbeine im sonst gestreckten Kniegelenk abwinkelten. Die fortschreitende Bewegungswelle, die durch die ganze Kolonie lief, war im Zeitrafferbild der Infrarot-Videoaufzeichnung als Kettenreaktion sich höherziehender Fledermäuse gut zu sehen. Schließlich war so auch die oberste Fledermaus informiert, daß unten etwas in Bewegung geraten war. Das Eichhörnchen gab nach etwa einer Stunde seine Bemühungen auf, die vier aktiv gewordenen Fledermäuse beruhigten sich und wählten einen neuen Platz im Cluster.

Interessant sind solche Beobachtungen deshalb, weil sichtbar wird, daß viele einzelne Körper Glieder einer Informationskette sein können, die das gesamte Kollektiv über bestimmte Bewegungswahrnehmungen informiert. Wenn sich im Sommer eine Fledermaus im Pulk intensiv putzt, dann wackeln viele Nachbarn mit. Sobald sich eine Fledermaus aufwärmt, sich dehnt oder gar abfliegt, ist das für die anderen eine körperlich wahrnehmbare Information. Dadurch werden friedlich entspannende, aber notfalls auch alarmierende Stimmungen erzeugt und weitergeleitet. Man kann also annehmen, daß es sich um sehr komplexe soziale Informationsstrukturen handelt. Bei zahmen, in der Hand gehaltenen Großen Abendseglern (*Nyctalus noctula*) habe ich beobachtet, daß sie sehr intensiv mit den Muskeln vibrieren können. Hält man die Fledermaus nah ans eigene Ohr, dann sind die niederfrequenten Schwingungen im Körper als dumpfes Brummen hörbar, das an das behagliche Schnurren einer Katze erinnert. Ob solche niederfrequenten Körperschwingungen nur wärmeproduzierende Aktivitäten sind oder möglicherweise auch konkrete soziale Informationen oder Botschaften beinhalten, das muß noch herausgefunden werden.

Das gesellige Zusammenleben in den Quartieren fördert unter den Bewohnern auch eine individuelle Vertrautheit, die gelegentlich an ganz spezifischen Verhaltensweisen erkennbar ist. Miteinander vertraute Tiere ruhen nicht nur sehr oft im engen Körperkontakt nebeneinander oder übereinander, sondern putzen sich auch des öfteren gegenseitig. Ich konnte bei Pfleglingen aus den Gattungen *Pipistrellus*, *Nyctalus* und *Vespertilio* und beim Großen Mausohr (*Myotis myotis*) verschiedene Formen der sozialen Pflege beobachten. Sie beleckten und beknabberten sich gegenseitig die Ohren und die seitlichen Nacken- und Schnauzenpartien. In der Station «Hofmatt» pflegten sich nur sehr vertraute, oft auch nicht miteinander verwandte Weibchen in der Wochenstube, Männchen im Männchenquartier und seltener im Herbst diesjährige Alterskumpane, also im Sommer geborene Männchen mit unterschiedlicher Herkunft. Beide Partner hatten dann ein mit Speichel verklebtes Fell, das stark roch – so wie die Sekrete der Buccaldrüsen. Bei alten, sexuell aktiven Männchen könnte die wiederholt von mir beobachtete soziale Fellpflege ein aggressionsdämpfendes Verhalten gewesen sein, das auf soziale Allianzen im Sommer schließen läßt. Es waren immer nur zwei, seltener drei vertraute Männchen, die sich gegenseitig pflegten. Weil dabei die individuellen Düfte der Männchen vermischt wurden, könnte eine neue geruchliche Identität geschaffen worden sein, die eine partner-

Soziale Pflege

schaftliche Begegnung in der warmen Jahreszeit zuließ. In einer Zeit also, in der unter den Männchen bei Territoriums- und Brunftrivalitäten viel gestritten wurde.

Vergesellschaftung mit anderen Arten

Immer wieder werden in einem Quartier zwei oder sogar mehrere Arten von Fledermäusen festgestellt. Manchmal sind es nur kurzfristige, vielleicht sogar zufällige Vergesellschaftungen, gelegentlich aber auch langfristige Koexistenzen. Fledermäuse können aus sehr unterschiedlichen Gründen in der gleichen Lokalität zusammenleben. Oft ist es wohl so, daß geeignete Quartiere in der Umgebung knapp sind, oder ein bestimmtes ist in seiner mikroklimatischen Qualität das beste im Streifgebiet. Es kann aber auch gleichwertige Quartiere geben, die den Tieren einfach nicht bekannt sind. Bei Basel nutzen territoriale Männchen des Großen Mausohrs (*Myotis myotis*) auffallend oft den gleichen Dachboden gemeinsam mit Braunen Langohren (*Plecotus auritus*). Diese sind für die Fledermäuse meist nur über sehr enge und schwierig anfliegbare Spalten zu erreichen. Sie können eigentlich nur von den viel flugtüchtigeren Langohren entdeckt worden sein – die quartiersuchenden Mausohren flogen dann vermutlich hinterher. In den Häusern nebenan gibt es übrigens oft gleichwertige oder vielleicht sogar bessere Dachräume, die nicht besiedelt sind.

Ich möchte hier erkundungstüchtige Primärsiedler unterscheiden von Arten, die als Sekundärsiedler davon profitieren und sich vielleicht sogar darauf spezialisieren. Ein solcher Sekundärsiedler könnte der Große Abendsegler (*Nyctalus noctula*) sein, der immer wieder bei anderen Arten angetroffen wird, beispielsweise in Baumhöhlen, bei der viel fluggewandteren Wasserfledermaus (*Myotis daubentoni*). Oft entdecken wir ihn auch bei Zwergfledermäusen (*Pipistrellus pipistrellus*) und bei Rauhhaut- und Weißrandfledermäusen (*Pipistrellus nathusii* und *Pipistrellus kuhlii*), in ihren Quartieren oder in benachbarten Spaltstrukturen.

Typische Vergesellschaftungen in Sommerquartieren – auf Speichern und in Kellern – gibt es bei den Großen Hufeisennasen (*Rhinolophus ferrumequinum*) und den Wimperfledermäusen (*Myotis emarginatus*). In ihrem Hauptverbreitungsgebiet werden sie regelmäßig zusammen angetroffen, sie ruhen aber nicht im engem Kontakt, sondern haben getrennte Hangplätze. In südeuropäischen Höhlen wohnen dann oft auch die Langflügelfledermaus (*Miniopterus schreibersi*), die Langfußfledermaus (*Myotis capaccinii*) und die an-

Abb. 33
Mopsfledermäuse (*Barbastella barbastellus*), Wasserfledermäuse (*Myotis daubentonii*) und ein Braunes Langohr (*Plecotus auritus*) haben sich im Massenwinterquartier Nietoperek (Polen) eng aneinandergedrängt.

(*Foto: Eckhard Grimmberger*)

deren mediterranen Arten der Hufeisennasen als Mitbewohner im gleichen Quartiersystem.

In Lettland fand Gunnar Petersons interessante Mischkolonien der Rauhhautfledermaus (*Pipistrellus nathusii*) mit Zwergfledermäusen (*Pipistrellus pipistrellus*) und Zweifarbfledermäusen (*Vespertilio murinus*). In acht von elf Wochenstuben der Teichfledermaus (*Myotis dasycneme*) waren auch Rauhhäute. Allerdings benutzten sie meist unterschiedliche Hangplätze und hatten teilweise auch nicht die gleichen Ausflugöffnungen.

In der Regel werden im gleichen Raum von den anwesenden Arten verschiedene Hangplätze benutzt, nur selten vermischen sie sich am Hangplatz. Auch der saisonale Aspekt muß in diesem Zusammenhang beachtet werden, denn kontakttolerante Verhaltensweisen, die häufig im Winterquartier auftreten, können im Sommerquartier ausgeschlossen werden oder sind nur eine seltene Ausnahme. Tatsächlich ist es in unterirdischen Massenwinterquartieren möglich, daß sich mehrere Arten mischen und als soziale Einheit im Körperkontakt gemeinsam überwintern; im Sommerquartier ist das selten.

Eine Ausnahme ist in Mitteleuropa die Vergesellschaftung von Großen Mausohren (*Myotis myotis*) und Kleinen Mausohren (*Myotis blythii*): die kleinere Art vermischt sich in der Wochenstube am Hangplatz mit der größeren Zwillingsart. Weil die beiden Arten schwierig voneinander zu unterscheiden sind, wird die Präsenz der Kleinen Mausohren möglicherweise vielerorts gar nicht erkannt. Es ist der große Verdienst von Raphaël Arlettaz, diese zwei sympatrischen, also im gleichen Habitat lebenden Zwillingsarten sorgfältig untersucht zu haben.

Abwehrverhalten

Im Quartier ist es oft eng, und meist sind die guten Plätze schon besetzt. Wer dorthin will, muß sich wehren – ebenso wie der Platzinhaber, der seinen Platz verteidigt. Will eine Fledermaus im dichten Gedränge den Platz wechseln oder hat, um zu urinieren, die Gruppe verlassen, dann ist die Rückkehr dorthin meist nicht mehr einfach. Die in ihrer Ruhe gestörten Fledermäuse können sich mitunter stark erregen und dabei laut schimpfen.

Im sozialen Zusammenleben am Hangplatz, wo in der Dunkelheit keine optische Orientierung möglich ist, kommt es natürlich zu vielen tastenden Bewegungen, beispielsweise mit den Hinterfüßen, wenn die Hangposition verbessert werden soll. Oft stoßen dann die höher hängenden Tiere die rückwärts hochkletternden mit der Schnauze wieder weg, was in Rempeleien und Schubsereien ausarten kann. Dann breitet sich die Unruhe über einen Teil oder die ganze Gruppe aus, jeder Platzwechsel kann ein Anlaß zum Schimpfen sein, so daß das Gezeter alle paar Minuten einen neuen Höhepunkt erreicht.

Die Gesellschaft ist in solchen Situationen zwar immer sehr laut, ernsthafte Beißereien sind aber eher selten. Außer mit der lauten Stimme dienen im dunklen Quartierraum auch verstärkte Duftsignale der Kommunikation. Bei den Glattnasen (Vespertilionidae) genügt dazu im nahen Kontakt der weitgeöffnete Mund, aus dem dann offensichtlich unverkennbar abweisende Duftsignale entströmen. Große Abendsegler (*Nyctalus noctula*) präsentieren ihre Buccaldrüsen durch Hochziehen und Öffnen der Mundwinkel und vokalisieren gleichzeitig.

Lokale Vertrautheit und selbstbewußtes, gezieltes Handeln bringt im Streit- und Abwehrverhalten meist größere Vorteile als körperliche Größe und Kraft. Mit geöffnetem Mund können Angriffe erfolgen, aber selten wird ernsthaft zugebissen. Meist erstarrt der Unterlegene für einige Zeit, zieht sich nach kurzer Tätlichkeit rückwärtslaufend zurück oder läßt sich einfach vom Hangplatz fallen.

Nur bei rivalisierenden, territorialen Männchen des Großen Abendseglers (*Nyctalus noctula*) und der Großen Mausohren (*Myotis myotis*) konnte ich bisher bösartige Beißereien mit Verletzungen beobachten. Bei Luftkämpfen sah ich Große Abendsegler, die ineinander verbissen auf den Boden trudelten und erst dort ihren Streit beendeten.

Eine Bedrohung durch Störenfriede versuchen Fledermäuse oft durch verstärkte Duftausscheidungen abzuwehren, die von einem lebhaften Gezeter begleitet werden. Im Notfall beißen sie kräftig zu, um sich erfolgreich zu verteidigen. Fledermäuse haben ein starkes Gebiß und können damit sehr schmerzhaft zubeißen. Lethargische Tiere halten die Kiefer lange geschlossen und lassen minutenlang nicht mehr los. Beim Zugriff von Feinden oder bei intensiven Störungen können große Arten so gellend und durchdringend rufen, daß sich das Gekreisch richtiggehend schmerzhaft auf das menschliche Ohr auswirkt. Im Winterschlaf gestörte Fledermäuse öffnen gelegentlich im Reflex die Flügel und halten sie steif weit offen. Dabei rufen sie sehr laut mit weitgeöffnetem Maul (vgl. Seite 206).

Feindabwehr

Die Verteidigungsbereitschaft der Fledermäuse ist individuell sehr verschieden, auch bei Angehörigen der gleichen Art. Vermutlich spielen dabei das Alter und der soziale Status eine wichtige Rolle. Bei einigen Arten reagieren verschreckte oder ängstliche Tiere, indem sie in einer absoluten Bewegungslosigkeit, einer Akinese, verharren – man könnte meinen, sie würden sich totstellen. Zu Forschungszwecken im Netz gefangene Fledermäuse reagierten beim Herausnehmen entweder durch heftige Abwehr mit Bissen und Gezeter oder manchmal auch mit passivem, akineseähnlichem Verhalten. In der Station «Hof-

Akinese – «sich totstellen»

Abb. 34
Verängstigte Fledermäuse können kräftig zubeißen. Dieser Große Abendsegler (*Nyctalus noctula*) zetert laut und öffnet weit seinen Mund. Zubeißen würde er erst, wenn man ihn berührt.

matt» aus dem Quartier geholte Große Abendsegler (*Nyctalus noctula*) konnten manchmal als Reaktion auf diese für sie überraschende und unerwartete Manipulation in einer Akinese verharren. Meist waren es jüngere, unerfahrene Neuankömmlinge, die dann mit offenen Augen minutenlang in der Hand bewegungslos blieben und keine der sonst typischen Haltereflexe mit den Hinterfüßen zeigten. Dieses Verhalten unterscheidet sich von der Bewegungslosigkeit halblethargischer Fledermäuse, die dabei sind, panikartig Energie zu investieren, um sich aufzuwärmen (vgl. auch Seite 182). Ob Akinese bei einer Bedrohung durch einen Prädator nun echte Vorteile bringt, müßte noch abgeklärt werden. Eckhard Grimmberger hat bisher nur bei Arten aus den Gattungen *Nyctalus* und *Pipistrellus* eine Akinese feststellen können.

Abb. 35
Kurz zuvor ist diese auf dem Rücken liegende Zwergfledermaus (*Pipistrellus pipistrellus*) in ein Zimmer geflogen. Weil sie den Ausweg nicht mehr fand, wurde sie mit einem Kescher gefangen. Als Reaktion auf dieses für sie erschreckende Ereignis stellte sie sich tot: sie verharrte länger als fünf Minuten in Akinese.

Komfortverhalten: Sich pflegen und putzen

Fledermäuse verwenden viel Zeit, um sich zu putzen. Wenn sie nicht gerade fliegen oder schlafen, dann putzen sie sich meistens – nachts und am Tag. In einer größeren Fledermauskolonie putzt sich im Sommer eigentlich immer eine, außer vielleicht am frühen Morgen, wenn es kühl und der volle Bauch mit der Verdauung beschäftigt ist. An warmen Nachmittagen herrscht oft ein reges, lärmiges Treiben am Hangplatz. Jetzt verwenden die Tiere besonders viel Zeit für die Körperpflege. Die scharfen, gebogenen Krallen der Füße bilden einen ausgezeichneten Putzkamm, der wegen der großen Beweglichkeit des Hinterbeines an allen Stellen zur Haarpflege eingesetzt werden kann. Dabei hängen die Tiere nur an einem Bein, während das andere mit raschen Bewegungen im Fell kämmt. Nach jeweils kurzen Putzphasen wird der Fuß zum Mund geführt, damit der «Kamm» mit den Lippen und Zähnen gereinigt werden kann. Mit sorgfältiger Ausdauer werden auch die Flughäute gepflegt. Spezielle Drüsen an der Schnauze scheiden ölige Sekrete aus, die beim Putzen in die Haut eingerieben werden. Einige Partien der Flughäute sind allerdings schwierig mit der Schnauze zu erreichen, doch mit unglaublicher Akrobatik stülpen sich die Tiere den eigenen Flügel über den Kopf, um dessen Oberseite Millimeter für Millimeter zwischen den Lippen zu bearbeiten. Die Putzerei läuft nicht systematisch ab, alles wirkt hektisch, denn einmal wird an der Flughaut geleckt, dann am Rücken gekratzt und wenig später ein Flügel gestreckt und gedehnt. Wenn sich mehrere eng beieinander hängende Fledermäuse gleichzeitig putzen, verliert man rasch die Übersicht und weiß nicht mehr, welcher Flügel nun wohin gehört.

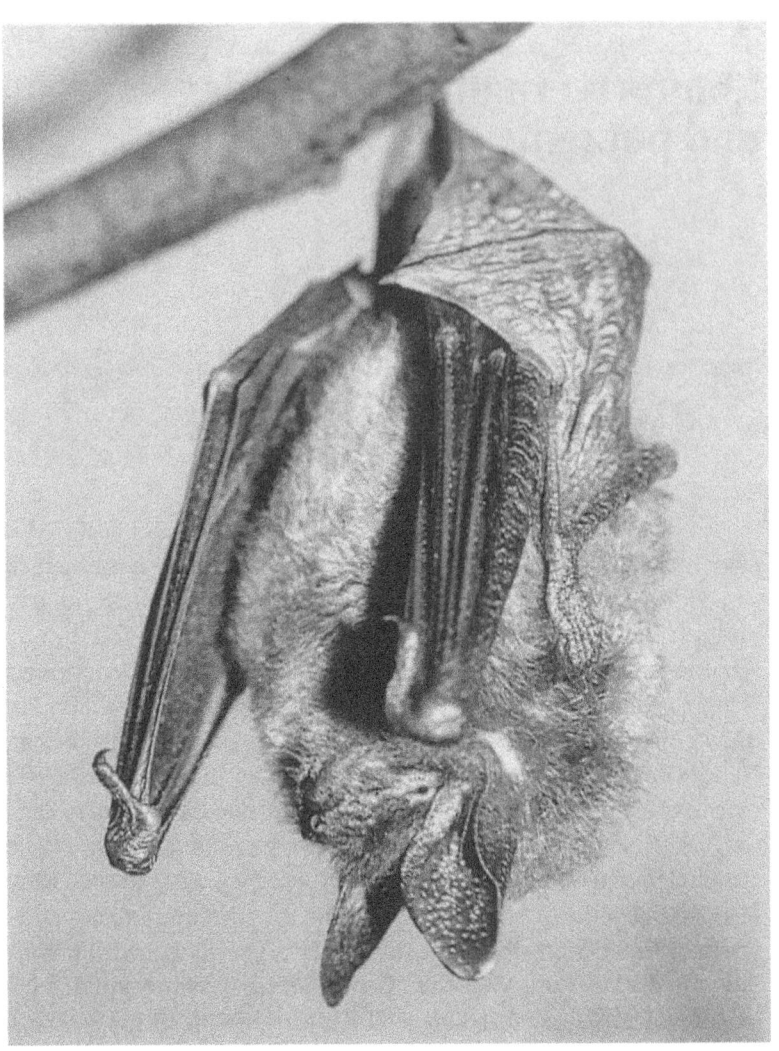

Abb. 36
Eine Wimperfledermaus (*Myotis emarginatus*) kratzt sich mit dem Fuß hinter dem Ohr.

Alle Fledermäuse haben Parasiten auf der Haut und im Fell. Diese Plagegeister werden beim Putzen natürlich auch verfolgt. Bei Nahaufnahmen mit der Infrarot-Videokamera konnte ich schon mehrmals auf dem Monitor verfolgen, wie Große Mausohren (*Myotis myotis*) mit ihren mehrspitzigen Schneidezähnen mit präzisem Griff die Parasiten, es waren die spinnenähnlichen *Spinturnix*-Milben, von ihren Flughäuten holten und sofort verzehrten.

Das Putzverhalten ist offensichtlich angeboren und wird mit zunehmendem Alter nur noch trainiert und optimiert. Bereits bei nur

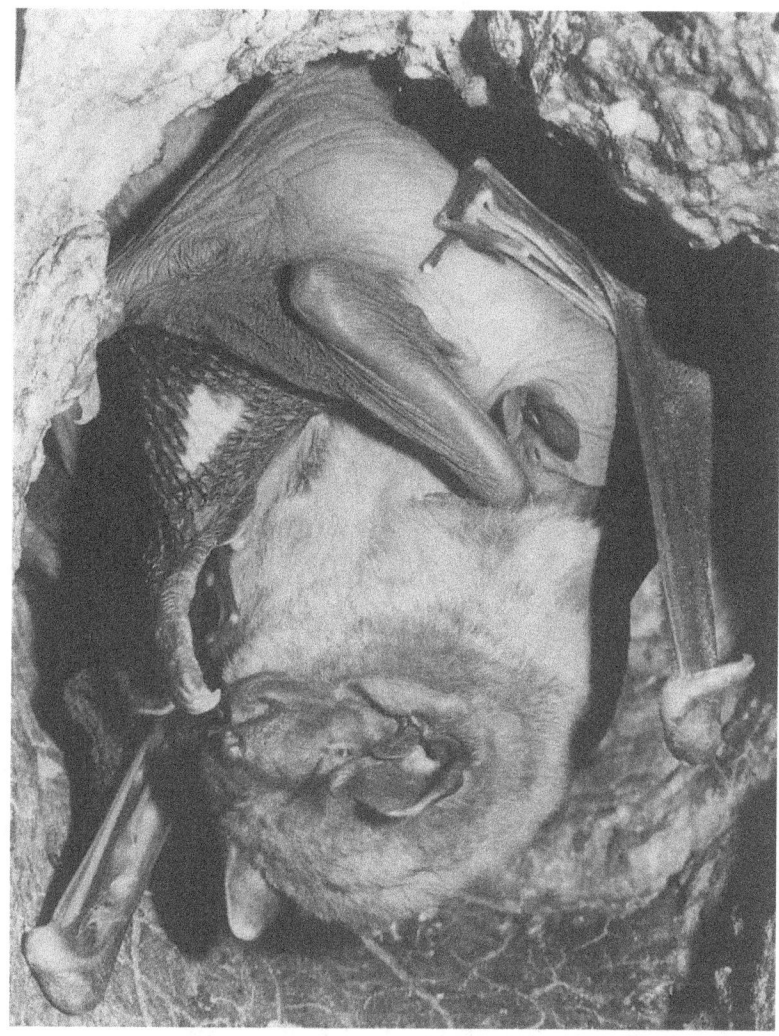

Abb. 37
Eine Abendseglermutter (*Nyctalus noctula*) putzt sich. Mit den Lippen reinigt sie die Krallen des Hinterfußes, die ihr als Putzkamm dienen.

fünf Stunden alten Neugeborenen konnte ich im Abendseglerquartier (*Nyctalus noctula*) der Station «Hofmatt» erste eigene Putzhandlungen beobachten. Dennoch werden die Jungen auch von der Mutter regelmäßig geputzt.

Im Sommer konnte ich am Hangplatz in der Station «Hofmatt» bei wilden, frei fliegenden Großen Abendseglern (*Nyctalus noctula*) oft ein gezieltes Benagen von Holz beobachten. Auch bei Pfleglingen, besonders bei solitären, brünftigen Männchen, habe ich das gleiche Verhalten feststellen können. Dabei fielen zahlreiche Späne nach

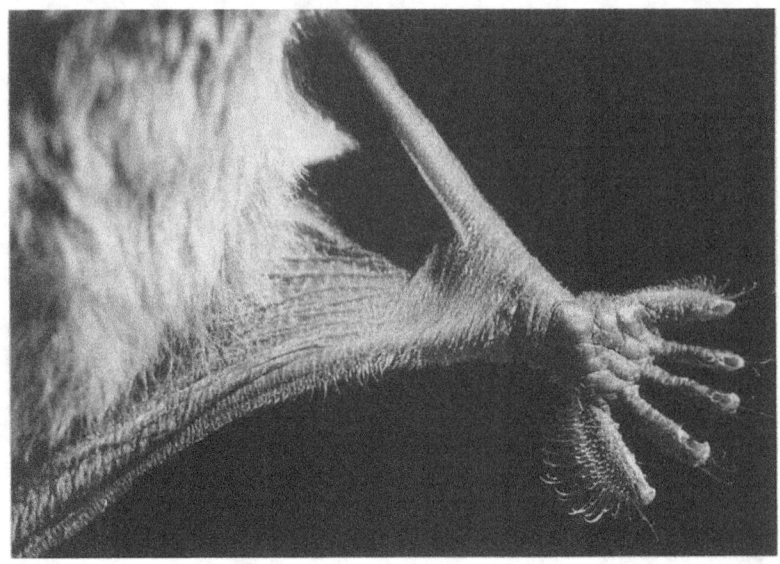

Abb. 38
Fuß einer Bulldoggfledermaus (*Tadarida teniotis*). Der Fuß dient ihr nicht nur zum Festhalten, er ist auch ein wichtiges Putzinstrument. Mit den scharfen Krallen wird sorgfältig das Fell durchgebürstet. Auffallend sind bei dieser Art die seitlichen Kämme aus steifen Haarborsten. Die langen dünnen Tasthaare an den Zehenspitzen vermitteln bei der Fortbewegung im Quartier wichtige Informationen über die Bodenstruktur.

unten. Weil keine Holzteile verzehrt wurden, könnte es sich um die mechanische Reinigung des Gebisses und des Zahnfleisches handeln. Es ist aber auch möglich, daß dieses Verhalten nichts mit der Körperpflege zu tun hat und von mir noch falsch interpretiert wird. Durch das Nagen am Holz könnte ebensogut auch die Wandstruktur des Quartierraumes aktiv bearbeitet werden (vgl. Seite 115 und 258).

Andere Reinigungsmöglichkeiten scheinen Fledermäuse nicht zu kennen. Im Wasser oder im Sand baden, wie manche Vögel, können sie nicht. Allerdings hatte ich bei den frei fliegenden Abendseglern in der Station «Hofmatt» schon oft den Eindruck, daß sie ein ‹Flugbad› im Regen zu genießen schienen. Bei mäßigem Regen sind sie im Sommer absolut nicht wasserscheu, sondern fliegen trotzdem aus. Wenn sie kurz darauf mit naßverklebtem Fell zurückkommen, schütteln sie sich und putzen sich noch intensiver.

Muß in einer Kolonie ein Tier die Blase oder den Darm entleeren, verläßt es die Gruppe und sucht sich abseits einen Platz. Es hängt sich dann mit dem Kopf nach oben gerichtet so auf, daß Urin und Exkremente nach unten fallen können. In traditionellen, seit langer Zeit bewohnten Mausohrquartieren (*Myotis myotis*) konnte ich regelrechte Toiletten der Fledermäuse entdecken. Sie hatten seit Jahren immer an derselben Stelle uriniert, bis sich ein Tropfstein aus Harnstoff gebildet hatte. Die frei an Decken hängenden Hufeisennasen

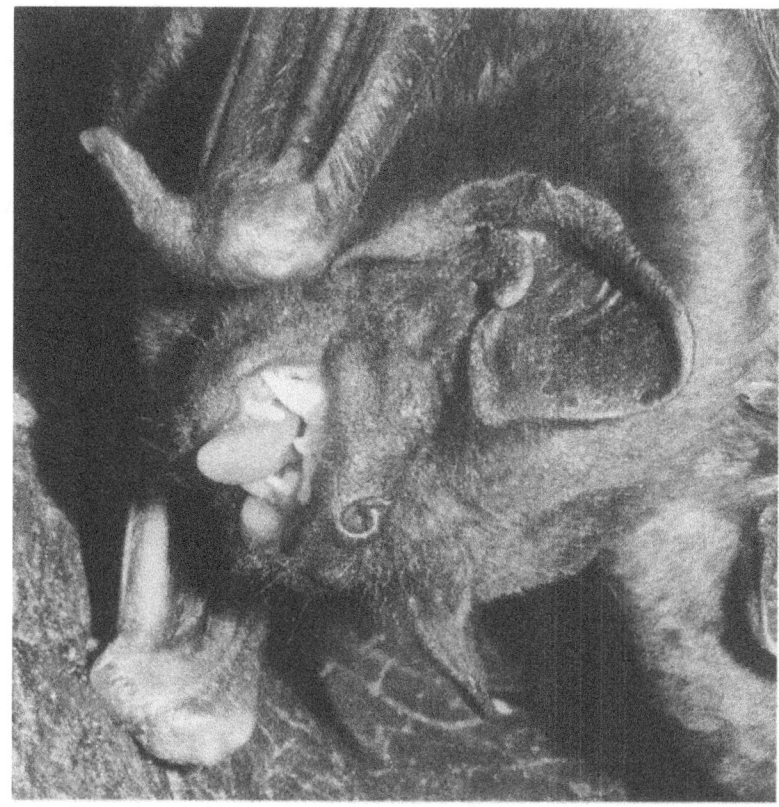

Abb. 39
«Saftkauender» Großer Abendsegler (*Nyctalus noctula*).

(Rhinolophidae) verlassen ihren Platz nicht, sondern machen bei der Kotabgabe meist nur ein Hohlkreuz und strecken den Bauch vor, wobei sie die Flügel halb öffnen. So können die Exkremente ohne Körperberührung nach unten fallen. Soweit ich beobachten konnte, bemühen sich die Bewohner in engen Quartierspalten nicht sonderlich um eine saubere, quartierschonende Abgabe von Kot und Urin. Sie erleichtern sich dort, wo sie gerade sind.

Große Abendsegler (*Nyctalus noctula*) zeigen im Quartier während der Tagesruhe oft ein sehr auffälliges Verhalten, dessen funktionelle Bedeutung noch nicht geklärt ist. Ab und zu, meist nach längeren Ruhepausen, hat eines der Tiere plötzlich den Mund voll Saft und «kaut» diesen mit hochgezogenen Lippen und leicht vorgestreckter Zunge. Es sieht so aus, als würden sie diese Flüssigkeit mit ruckenden Bauchbewegungen in den Mund würgen. Wenn es Magensaft wäre, müßte dieser auch Insektenreste beinhalten – die Flüssigkeit ist aber immer wäßrig klar, ohne feste Inhaltsstoffe. Es könnte jedoch sein, daß der Saft aus den großen Nasennebenhöhlen stammt, die anscheinend regelmäßig von sezerniertem Schleim befreit werden müssen. Da es keine eindeutige Erklärungen für dieses Verhalten gibt, wird das «Saftkauen» hier dem Komfortverhalten zugeordnet.

Lebensräume

Dunkle Dachböden, Schloßruinen, feuchte Keller oder Felshöhlen – für Menschen oft unheimlich anmutende Orte – sind nach der Vorstellung vieler Laien die typischen Lebensräume von Fledermäusen. Andere nehmen an, daß Fledermäuse eigentlich nur in Naturschutzgebieten gut leben könnten, und vermuten irgendwelche tragischen Verirrungen, wenn mitten in einem Industriegebiet eine Fledermaus umherfliegt.

Trotz ihrer geringen Größe sind Fledermäuse sehr mobile Tiere, die sich eigentlich überall zumindest kurzzeitig aufhalten können. Die Frage ist nur, warum sie an bestimmten Orten recht zahlreich sind und an anderen fast nie angetroffen werden. Schaut man in die mittlerweile umfangreichen Artenlisten und Karten mit Verbreitungsangaben, kann man feststellen, daß es hier große regionale Unterschiede gibt – in der Quantität, aber auch in der Diversität, in der Artenvielfalt. Bei allen Betrachtungen müssen demnach unbedingt auch die artspezifischen Lebensbedürfnisse mitberücksichtigt werden.

Beim Blick aus dem Fenster, bei einem Spaziergang oder während einer Bahnfahrt mag man sich vielleicht schon einmal fragen: Ob es hier wohl Fledermäuse gibt? Die Großeltern haben noch von zahlreichen Begegnungen erzählt, die sie als Kinder gemacht hatten – und heute? Es ist schon merkwürdig, in manchen Wohngebieten werden Fledermäuse oft gar nicht mehr gesehen oder bemerkt, obwohl nachweislich viele dort leben. Was ist passiert? Wahrscheinlich

Fledermäuse entdecken

haben wir unsere Lebensgewohnheiten zu sehr geändert und halten uns nicht mehr so häufig in der Dämmerung draußen auf. Früher saß die Familie am Abend oft noch gemeinsam vor dem Haus und hat geplaudert, heute lockt das Fernsehen. Zudem ist alles hell beleuchtet, auch das kleinste Nebensträßchen. Fledermäuse fliegen aber meist über den Lampen, und durch deren Licht können wir nicht schauen. Auch den Bereich neben den Lampen erkennen wir meist nicht oder nur wenig, weil sich unsere Pupillen aufgrund der Helligkeit verengen. So bleiben nahe fliegende Fledermäuse oft unsichtbar für uns, hinter dem Licht im Dunkel der Nacht verborgen. Vielleicht hat mancher Spätheimkehrer sie früher nur deshalb auf dem Nachhauseweg von der Wirtschaft im schwachen Dämmerlicht noch sehen können, weil es weniger Straßenlaternen gab. Beobachtungen, die heute im städtischen oder dörflichen Raum fast unmöglich geworden sind.

Mit Hilfe von technischen Hilfsmitteln können wir Fledermäuse aber dennoch entdecken. Mit sogenannten Bat-Detektoren, Geräten, mit denen die Ultraschallsignale der Fledermäuse für unser Ohr hörbar gemacht werden, kann man einige laut rufende Arten leicht und sogar auf größere Distanz auskundschaften. In der Forschung werden diese Geräte gelegentlich auf Autos montiert, und während der Fahrt können sogar weite Strecken nach flugaktiven Fledermäusen abgesucht werden. So bekommt man Einblicke über die häufig beflogenen Gebiete einer Region. Natürlich müssen die artspezifischen Aktivitätsmuster berücksichtigt werden. Fledermäuse, die nach einem einstündigen Jagdflug bereits wieder im Quartier sind, können also nur über eine kurze Zeitspanne hinweg registriert werden. Bei solchen Untersuchungen wurde deutlich, daß große Gebiete einer Landschaft von Fledermäusen nicht oder nur selten beflogen werden, aber auch, daß es artspezifische, saisonale Nutzungen der Lebensräume gibt.

Selbstverständlich haben Fledermauskenner verschiedene Methoden und Tricks, um ihre Schützlinge auszukundschaften und ihre Quartiere zu finden, um sie notfalls unter Schutz stellen zu können. Unproblematisch ist die systematische Suche auf Dachböden. Dort gibt es allerlei Lebensspuren zu entdecken. Am auffälligsten sind die Kothaufen unter den Tagesruheplätzen und übriggebliebene Fraßreste von eingetragenen Beutetieren. Große Kolonien verraten sich an warmen Tagen durch die lauten, manchmal weithin hörbaren Soziallaute. Bei den Herbstkontrollen der Vogelnistkästen werden immer wieder einmal darin ruhende Fledermäuse entdeckt. Meistens werden die Quartiere aber durch Zufall gefunden. Eine durch eine gute

Öffentlichkeitsarbeit sensibilisierte Bevölkerung kann bei solchen faunistischen Erhebungen mithelfen und neuentdeckte Quartiere oder Einzelfunde von Fledermäusen melden.

Leider ist trotz der vielen intensiven Nachforschungen in den vergangenen zwanzig Jahren von einigen Arten auch heute noch immer nicht bekannt, wie sie ihre Lebensräume nutzen, wo sie überall vorkommen. Für viele fehlen auch regionale Fortpflanzungsnachweise. So können wir beispielsweise von keiner der drei in Europa nachgewiesenen Abendseglerarten genau sagen, wo die Grenzen ihrer Reproduktionsgebiete zu ziehen sind. Andere Arten sind sehr selten und schwer auffindbar oder leben in unerforschten Rückzugsgebieten.

Fledermäuse besiedeln eine Landschaft meist nicht flächendeckend. Tagsüber halten sie sich in ihren Quartieren auf, oft in Kolonien vereinigt, und erst nachts breiten sie sich in der warmen Jahreszeit dann weiträumiger aus. Außer bei reinen Migrationsflügen sind sie natürlich auch nur dort zu finden, wo es Nahrung für sie gibt oder geeignete Landschaftsstrukturen eine genügende Wegleitung bei ihren Suchflügen bieten.

Nur in Landschaften mit reichem, kontinuierlichem Insektenvorkommen und mit geeigneten Quartieren können Fledermäuse erfolgreich leben und sich fortpflanzen.

Die einzelnen Fledermausarten sind an bestimmte Lebensräume gebunden, wobei besonders das Klima und die Landschaftsstruktur für eine erfolgreiche Besiedlung maßgebend sind. In warmen, mediterranen Gebieten leben aus naheliegenden Gründen mehr Fledermäuse, bezogen auf die Anzahl der Arten und der Individuen, als im Norden Skandinaviens, wo es vielleicht gerade noch einzelne Inselpopulationen der Nordfledermaus (*Eptesicus nilssoni*) oder der Brandtfledermaus (*Myotis brandti*) gibt. In den gewässerreichen Waldgebieten im Nordosten Mitteleuropas wiederum wird es mehr Fledermäuse geben als in den großflächigen Kultursteppen, die es heute überall gibt, auch im Süden.

Arten wie Zwergfledermäuse (*Pipistrellus pipistrellus*) und Große Abendsegler (*Nyctalus noctula*) sind, was ihre Existenzgrundlage betrifft, verhältnismäßig flexibel, im Gegensatz zu Hufeisennasen (Rhinolophidae) und Großen Mausohren (*Myotis myotis*), die in bezug auf veränderte Umweltbedingungen weniger anpassungsfähig sind. Zwergfledermäuse können sich auch innerhalb von großen, sich än-

Verschiedenartige Lebensräume: unterschiedliche Bedürfnisse

Lebensräume

dernden Siedlungskomplexen fortpflanzen, während die Mausohren auf Landschaftsgebiete mit traditioneller Landwirtschaft oder auf strukturreiche Waldgebiete angewiesen sind. Beide Langohrarten sind wenig wanderfreudig, und in bestimmten Gegenden kann für sie eine ökologische Trennung festgestellt werden: Das Braune Langohr (*Plecotus auritus*) bevorzugt eher Waldgebiete, während das Graue Langohr (*Plecotus austriacus*) besonders in klimatisch begünstigten, offenen Ackerlandschaften lebt. Bechsteinfledermäuse (*Myotis bechsteini*) und Kleine Abendsegler (*Nyctalus leisleri*) sind vielerorts typische Vertreter der waldbewohnenden Fledermäuse. Einige Arten haben eine auffallende Bindung an große Gewässer oder wasserreiche Landschaften. Das Hauptverbreitungsgebiet von Arten wie beispielsweise dem Kleinen Mausohr (*Myotis blythii*), der Wimperfledermaus (*Myotis emarginatus*) oder der Alpenfledermaus (*Hypsugo savii*) ist in warmen Gebieten, in Europa im mediterranen Raum. Bei uns in Mitteleuropa ist die nördliche Grenze ihrer Verbreitung, und hier können sie nur in den klimatisch begünstigten Landschaften leben; haben deshalb oft nur inselartige Vorkommen.

Die Habitatansprüche einer Art sind nicht immer gleich. So können Arten beispielsweise bei uns als typische Baumbewohner auftreten, aber in einer anderen Landschaft, wenn die Ressource Baum fehlt oder knapp ist, ohne weiteres alternative Wohnstrategien entwickeln und in Gebäuden oder Felsspalten leben. Die Bereitschaft oder die Fähigkeit, neue Ressourcen zu finden und zu nutzen, ist bei den einzelnen Arten ganz ohne Zweifel unterschiedlich ausgeprägt. Es gibt Arten, die sich eher konservativ verhalten und über sehr lange Zeit an exakt den gleichen Orten wohnen, andere sind überraschend progressiv. In der Region Basel zum Beispiel bewohnen Zwergfledermäuse (*Pipistrellus pipistrellus*) immer häufiger und erfolgreicher moderne Neubauten, und einige haben es mittlerweile sogar geschafft, dort als erste, noch vor den Mietern, einzuziehen.

Problematischer Landschaftswandel

In Landschaften, die aus volkswirtschaftlicher Sicht als wenig wertvoll beurteilt werden, können wir eine relativ große Artenvielfalt vermuten und müssen daher bei fast jeder Agrarreform mit Veränderungen oder gar Verlusten in der Fledermausfauna rechnen. In den vergangenen Jahrzehnten wurde besonders in Mitteleuropa viel verändert, aus einem vorwiegend extensiv genutzten Land wurde eine immer perfekter industrialisierte Nutz- und Produktionsfläche, in der viele Naturschätze verlorengingen. Fledermäuse, die als Kultur-

Abb. 40
Kleine Hufeisennase
(*Rhinolophus hipposideros*).

folger in der traditionellen, ländlichen Struktur optimal leben konnten, sind heute vielerorts verschwunden. Europaweit gibt es allerdings erstaunliche Unterschiede. In Kärnten war die Kleine Hufeisennase (*Rhinolophus hipposideros*) gemäß den Untersuchungen von Friederike Spitzenberger in den Jahren 1985–1989 noch mit mehreren tausend Individuen die am weitesten verbreitete Fledermausart. Im gleichen Zeitraum wird sie beispielsweise in Baden-Württemberg bereits in der Liste der ausgestorbenen Arten aufgeführt. Aber nicht nur dort, sondern auch in vielen anderen Landschaften ihres ehemaligen Verbreitungsgebietes – eben überall dort, wo die extensive Nutzung des Agrarlandes nicht mehr weitergeführt werden konnte.

Von vielen Leuten weitgehend unbeachtet entstanden vielerorts im urbanen Raum, speziell in Agglomerationsgebieten, immer wieder neue, recht gute Lebensräume, die von einigen, meist kleinen Arten, wie Zwergfledermäusen (*Pipistrellus pipistrellus*) und Langohren (*Plecotus sp.*), erfolgreich besiedelt werden konnten. Wegen einer immensen Knappheit von Brennstoffen wurden bei uns bis zur Jahrhundertwende große Waldgebiete gerodet. Mittlerweile sind diese

Der Landschaftswandel bringt auch Vorteile

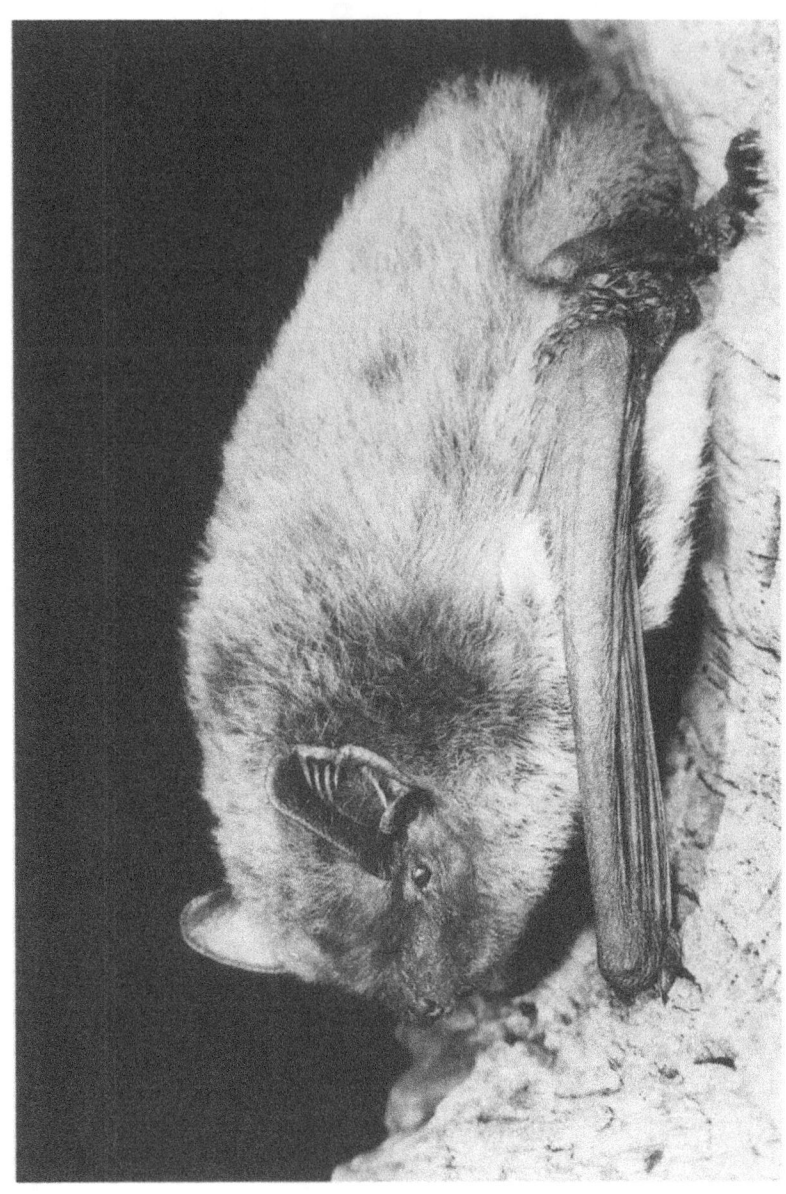

Abb. 41
Weißrandfledermaus (*Pipistrellus kuhlii*).

wieder aufgeforstet, leider meist nur mit Nadelhölzern, die für Baumfledermäuse weniger günstig sind. Im Raum Basel beispielsweise finden Waldfledermäuse in den schönen Buchenwäldern des Jura heute sicher bessere Bedingungen vor als noch vor zweihundert Jahren. Es ist also nicht so, daß alle Fledermäuse gleichermaßen unter dem Landschaftswandel gelitten haben. In großen Teilen Mitteleuropas konnte sogar eine Zunahme bei den Populationen der Wasserfledermäuse (*Myotis daubentoni*) festgestellt werden. Wir haben gute Gründe für die Annahme, daß in den zur Zeit überdüngten Gewässern gewaltige Insektenscharen gedeihen können, die den Fledermäusen als willkommene Nahrung dienen. Außerdem wurden zahlreiche Gewässer kanalisiert. Dadurch verliert die Wasseroberfläche viele Strömungsturbulenzen und wird für die Insektenjäger zum optimierten Jagdhabitat.

Von einer Klimaveränderung, einer Erwärmung, die vielleicht auch von uns Menschen mit verursacht sein könnte, scheint zur Zeit die Weißrandfledermaus (*Pipistrellus kuhlii*) zu profitieren. Diese eigentlich im mediterranen Raum beheimatete Art breitet sich mittlerweile nördlich der Alpen aus. Auf breiter Front dringt sie nach Norden vor und erobert sich neue Lebensräume. Immer mehr neue Nachweise gibt es aus Frankreich, der Schweiz und Österreich, viele aus den größeren Städten, die auf eine großräumige Arealerweiterung hinweisen. In Basel gab es bis 1985 nur wenige Einzelfunde. 1996 schien sie schon die ganze Innenstadt besetzt zu haben, und wir sammeln nun Hinweise, ob sie jetzt die schwächere Zwergfledermaus (*Pipistrellus pipistrellus*) aus dem urbanen Raum verdrängt. Es gibt also ständige Veränderungen in der Fledermausfauna, nicht nur Verluste, sondern auch Einwanderungen beziehungsweise die Ausbreitung einiger Arten, die aus dem Süden kommen oder vielleicht auch aus dem Osten, wie beispielsweise die Zweifarbfledermaus (*Vespertilio murinus*). Von ihr wurden neuerdings viel weiter westlich Fortpflanzungskolonien gefunden, als wir vor 10 Jahren noch für möglich gehalten hätten: nämlich in der französischen Schweiz, im Kanton Neuchâtel. In Dänemark konnte in den letzten Jahrzehnten die dort recht häufige Breitflügelfledermaus (*Eptesicus serotinus*) ihr Lebensareal weiter nach Norden ausdehnen.

Die Höhenverbreitung

Interessant ist die Nutzung des Lebensraumes in hügeligen, bergigen oder gar in alpinen Gebieten. In höheren Lagen ist es meist kühler und windiger, die jahreszeitliche Entwicklung der Vegetation folgt der in den Tallagen mit entsprechender Verspätung. Außerdem ist die anthropogene Landnutzung in Berggebieten deutlich weniger intensiv als im Tal oder gar in der Ebene. Das sind wichtige ökologische

Lebensräume

Faktoren, die Einfluß auf die mikroklimatische Qualität der Quartiere und auf das Nahrungsangebot für Fledermäuse haben.

Als typische Tieflandbewohner gelten die Großen Abendsegler (*Nyctalus noctula*). Der Schwerpunkt ihrer Fortpflanzungsgebiete ist in flachen, gewässerreichen Landschaften. Im Herbst und bei der Migration werden auch höhere Lagen besiedelt. Die Winterquartiere, meist in Felsspalten, befinden sich in mittleren Höhen. So fanden wir zum Beispiel ein Quartier südlich von Basel in der Löffelbergflue in 530 m ü. M., im unteren Bereich einer mächtigen, etwa 150 m hohen Felswand.

Wenn im Tal im Sommer und Herbst die Nahrung knapp wird, können Fledermäuse kurzfristig höhere Regionen aufsuchen und dort jagen. Während der Migrationszeit kann man Fledermäuse regelmäßig beim Überfliegen von Alpenpässen beobachten oder sogar fangen, wie es auf dem Col de Bretolet im Kanton Wallis alle Jahre geschieht. Dort, in 1923 m ü. M., erforschen Ornithologen der Vogelwarte Sempach den saisonalen Vogelzug. Bei Nachtfängen hatten sie nicht nur Vögel in ihren Netzen, sondern auch Fledermäuse. Meist waren es ansässige Braune Langohren (*Plecotus auritus*), seltener auch Mopsfledermäuse (*Barbastella barbastellus*), die ihre Wochenstuben weiter unten im Tal hatten. Auf der Durchwanderung dürften andere Fänglinge gewesen sein, wie Rauhhautfledermäuse (*Pipistrellus nathusii*), Zweifarbfledermäuse (*Vespertilio murinus*) und die Kleinen Abendsegler (*Nyctalus leisleri*). Auf ausgedehnten Nahrungsflügen, vielleicht auch herumstreunend, waren vermutlich die selten gefangenen Bulldoggfledermäuse (*Tadarida teniotis*) und der wenig bekannte, äußerst seltene Riesenabendsegler (*Nyctalus lasiopterus*).

Die Region Basel ist reich gegliedert: Vom Rheintal in der Stadt in 250 m ü. M. bis zu den Höhen der Juragipfel gibt es in einem kleinen Gebiet Höhenunterschiede bis zu 600 m. Die Fortpflanzungskolonien der Großen Mausohren (*Myotis myotis*) und der Zwergfledermäuse (*Pipistrellus pipistrellus*) befinden sich größtenteils in den Tallagen. Viele Sommerquartiere der beiden Arten, in denen keine Jungen aufgezogen werden – meistens sind es Männchenquartiere –, gibt es auch in den höheren Regionen. Nur die Braunen Langohren (*Plecotus auritus*) haben ihre Wochenstuben sowohl im Tal als auch oben in den Berggebieten. Das Graue Langohr (*Plecotus austriacus*) lebt am liebsten in den Niederungen, so daß es in der süddeutschen Rheinebene die häufigere der beiden Langohrarten ist.

Für den östlichen Landesteil der Schweiz hat Hans-Peter Stutz die Datensammlung der Koordinationsstelle Ost für Fledermausschutz ausgewertet. Er unterscheidet Arten, die ihre Jungen ausschließlich in einem engen Höhenbereich aufziehen, und solche, die einen weitgespannten bevorzugen. Zum ersten Typus gehören das Große Mausohr (*Myotis myotis*), die Breitflügelfledermaus (*Eptesicus serotinus*) und das Graue Langohr (*Plecotus austriacus*) mit Wochenstuben in den tiefen Lagen. Lediglich eine Art, die Nordfledermaus (*Eptesicus nilssoni*), hat ihre Wochenstuben in hohen Lagen. Beim zweiten Typus sind es die Kleine Hufeisennase (*Rhinolophus hipposideros*), die Bartfledermaus (*Myotis mystacinus*) und das Braune Langohr (*Plecotus auritus*), die ihre Jungen in höheren und mittleren Lagen aufziehen; und die Zwergfledermaus (*Pipistrellus pipistrellus*) mit Schwerpunktvorkommen in den mittleren und tiefer gelegenen Regionen.

Bemerkenswert ist der höchstgelegene Quartiernachweis einer Kleinen Hufeisennase (*Rhinolphus hipposideros*) in Kärnten auf 1426 m ü. M. Am häufigsten fand Friederike Spitzenberger diese Art aber in der submontanen Zone zwischen 600 und 700 m ü. M. Die tiefergelegenen Gebiete meiden die Tiere wahrscheinlich wegen der intensiven Nutzung des Agrarlandes. In 1270 und 1350 m ü. M. wurden in der Schweiz zwei Wochenstuben der Brandtfledermaus (*Myotis brandti*) gefunden, einer Art, die im nördlichen Europa in sehr niedrigen Lagen lebt.

Im Herbst suchen viele unterirdisch überwinternde Fledermäuse höhergelegene und deshalb auch kühlere Regionen in den Mittelgebirgen und Alpen auf, um später dort zu überwintern. Viele besuchen solche Quartiere schon ab August, verlassen sie aber zwischenzeitlich wieder. Im Alpenraum werden Lebend- oder Skelettfunde von unterirdisch überwinternden Arten aus beachtlichen Höhen gemeldet, beispielsweise die Bartfledermaus (*Myotis mystacinus*) aus der Rottalhöhle in 2480 m ü. M.

Quartiere als wichtige Teillebensräume

Fledermäuse bauen sich kein Nest und können ihre Aufenthaltsorte architektonisch nicht verändern. Ihre Quartiere sind vorgegebene Räumlichkeiten, die den aktuellen mikroklimatischen Bedürfnissen der Fledermäuse entsprechen und ihnen Schutz und Deckung bieten müssen. Einige südamerikanische, tropische Fledermausarten richten sich allerdings einen geschützten Hangplatz ein, indem sie große Blätter so biegen, daß sie darunter wie unter einem Zelt ruhen können. Die neuseeländische Art *Mystacinus tuberculata* ist in jeder Beziehung eine ungewöhnliche Fledermaus, die mausähnlich schnell am Boden rennen kann und in hohlen, morschen Bäumen wohnt. Dort soll sie sich Tunnels und Gänge graben können und dabei auch ihre Zähne zu Hilfe nehmen. Ich habe Große Abendsegler (*Nyctalus noctula*) dabei beobachtet, wie sie mit den Daumenkrallen morsches Holz im oberen Teil ihrer Baumhöhle wegkratzten. Oft nagen sie am Holz, besonders die Männchen, so daß die Spuren im harten Holz sichtbar bleiben und losgebissene Holzteile im Quartier auf dem Boden liegen. Ob dies nun eine bewußte Quartiergestaltung ist oder im Kontext mit anderen Verhaltensabläufen gesehen werden muß, sei vorläufig dahingestellt. Fledermäuse können die Struktur ihrer Behausung insofern verändern, indem sie sie durch lange Besiedelung abnutzen. Insbesondere weiche, leicht krümelnde Baumaterialen, wie sie zu Isolationszwecken in Gebäuden verwendet werden, können abbrechen, wodurch die Hohlräume verändert bzw. vergrößert werden.

Abb. 42
Wochenstube mit Wimperfledermäusen (*Myotis emarginatus*) unter dem Giebel auf einem Dachboden.

Raumquartiere und Spaltenquartiere

Den arttypischen Bedürfnissen entsprechend, können die Quartiere in ihrer räumlichen Struktur und im Mikroklima sehr verschieden sein. Grundsätzlich lassen sich zwei Grundtypen unterscheiden. Auffällig, und für den Beobachter begehbar, sind die Raumquartiere, an deren Deckenstruktur sich die Fledermäuse bevorzugt hängen und dadurch meist gut sichtbar sind. Es können riesige Hallen in Höhlen oder unterirdischen Bauwerken sein, aber auch große Hohlräume in Bäumen, auf Dachböden sowie Innenräume in Türmen und anderen, vom Menschen geschaffenen Raumstrukturen. Im Gegensatz dazu stehen kleinräumige oder enge Spaltenräume, die in Felsen, unter Dächern, hinter Fensterläden oder an Gebäudefassaden oft zwar eine große Ausdehnung haben, in denen Fledermäuse aber nicht fliegen können.

Im Quartier können bei ruhenden Tieren zwei unterschiedliche Verhaltensmuster beobachtet werden: Frei hängend, ohne weitere Körperkontakte mit dem Kopf nach unten, oder enge Spalten bewohnend, vertikal bzw. horizontal ausgerichtet. Viele Arten wählen je nach Bedürfnis aber auch verschiedene Positionen. Einige hängen gern an senkrechten Wänden, die sie mit der Bauchseite berühren,

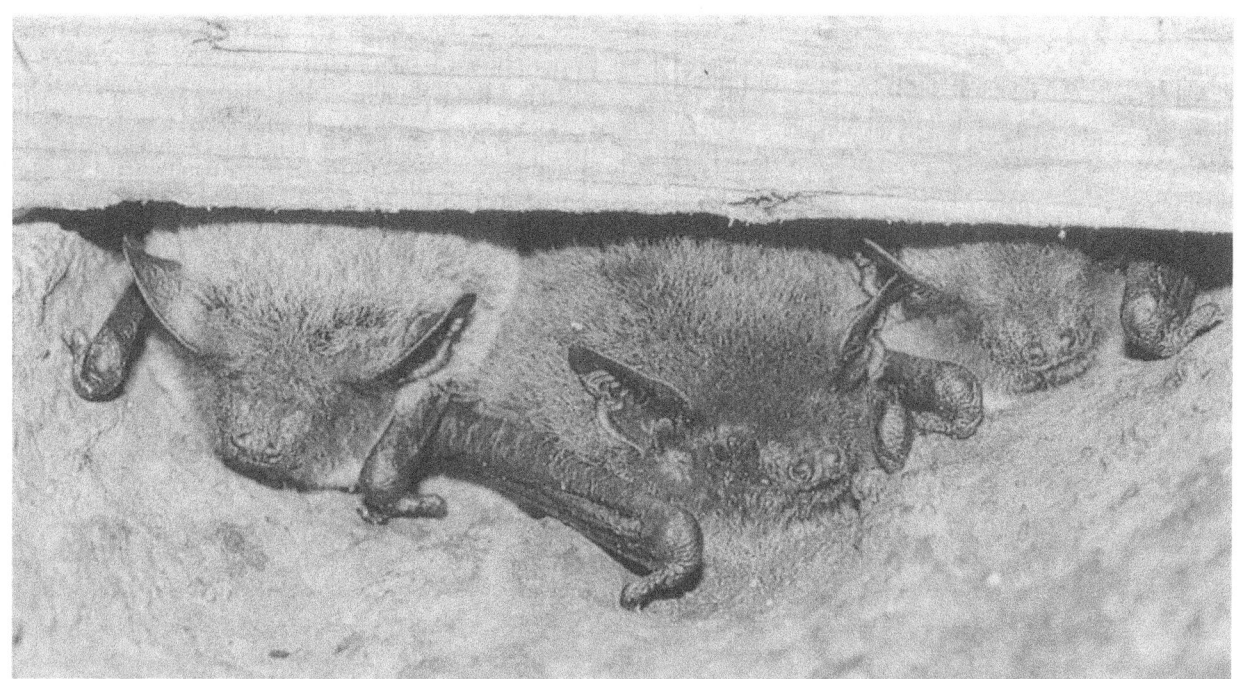

Abb. 43
Weißrandfledermäuse (*Pipistrellus kuhlii*) in einem engen Spaltquartier, dessen lichte Weite nur wenig mehr als 2 cm beträgt.

und manche Spaltenbewohner suchen bevorzugt so enge Quartiere, in denen sie mit Bauch und Rücken einen engen Kontakt zu den Quartierwänden haben.

Auch mikroklimatisch gibt es wichtige, sehr unterschiedliche Grundeigenschaften in den Quartieren. Relativ temperaturstabile Quartiere unterscheiden sich von solchen, deren Innenklima weitgehend von der aktuellen Witterung bestimmt wird. Weil Fledermäuse oft zu drastischen Sparmaßnahmen im Energieverbrauch gezwungen werden, sind Wechsel zu mikroklimatisch günstigeren Quartieren bei einigen Arten recht häufig. Generell unterscheiden wir warme Sommerquartiere von kühlen bis kalten Winterquartieren Einige Arten pendeln in der Übergangszeit oder bei außergewöhnlichem Wetterwechsel zwischen den Saisonquartieren oder suchen andere Zwischenquartiere auf. Die Entfernung zwischen den Quartieren hängt vom Wanderverhalten der einzelnen Art ab. Oft werden etablierte Quartiere von einer Populationen jahrelang, immer zu den gleichen Jahreszeiten, besetzt. Einzelne Tiere können sehr quartiertreu sein und gelegent-

Saisonbetrieb im Quartier

Quartiere als wichtige Teillebensräume

lich sogar ihr ganzes Leben in jeweils den gleichen Saisonquartieren verbringen.

Es ist nicht einfach, die Strategien der Quartiernutzung kurz und treffend zu beschreiben, denn es gibt zu viele artspezifische Besonderheiten, oft zeitlich parallel verlaufende Nutzungsbedürfnisse und lokale Ausnahmen. Dennoch lassen sich Wochenstubenquartiere, in denen die Jungen aufgezogen werden, und auch die Winterschlafquartiere bei den meisten einheimischen Arten deutlich von anderen zwischenzeitlich genutzten Tagesquartieren unterscheiden. Bei einigen Arten etablieren sich reife Männchen in meist kleinräumigen Hochzeits- oder Balzquartieren, in die sie dann die Weibchen locken. Dort können sie sehr territorial sein und die Quartiere gegenüber Konkurrenten verteidigen.

Ruhe- und Rastplätze

Oft halten sich ruhende Fledermäuse an Orten auf, die nicht als eigentliches Quartier bezeichnet werden können. Es sind nächtliche Aufenthaltsräume und Rastplätze während einer Unterbrechung der Jagd. Dabei können immer wieder exakt die gleichen Orte aufgesucht werden. Vom Großen Mausohr (*Myotis myotis*) kenne ich im Schloß Wildenstein bei Basel unter einem Gewölbedurchgang einen traditionellen Rastplatz, der während der Nacht nur für einige Stunden besetzt ist. Morgens zeugt noch der Kothaufen unter dem mittlerweile leicht braun gefärbten Hangplatz von der kleinen Verdauungspause, die die Fledermäuse sich hier gegönnt haben. Beim Grauen Langohr (*Plecotus austriacus*) habe ich das gleiche Verhalten auf einem Dachboden beobachtet. Weil dorthin auch Beutetiere mitgebracht und aufgefressen wurden, lagen am Boden nicht nur Kot, sondern auch abgebissene Schmetterlingsflügel. Tagsüber hielten sich die Fledermäuse niemals dort auf, sondern hingen auf dem Dachboden der benachbarten Kirche. Auch bei Wasserfledermäusen (*Myotis daubentoni*) kann man unter Brücken solche Rastplätze finden. Vermutlich weitgehend unbemerkt, haben alle Arten solche Plätze, und einige besetzen diese sogar traditionell.

Wenn der Herbst gekommen ist, zeigen einige Fledermausarten ein erstaunlich variables Verhalten in der Wahl ihrer Tagesruheplätze, an denen sie manchmal bis zum kalten Winter ausharren. In den Herbst- und Wintermonaten finden wir in der Region Basel, besonders in der Stadt selbst, häufig die Rauhhautfledermaus (*Pipistrellus nathusii*). Meist sind es Einzeltiere in manchmal ungewöhnlichen, klimatisch unsicheren Verstecken. Oft werden sie in gestapeltem

Brennholz gefunden, auch zwischen den Vorratssäcken im Rheinhafen wurden sie von den Hafenarbeitern mehrmals aufgespürt. Sie sind aber auch oft unter dünnen Fassadenverkleidungen, zwischen gestapelten Blumentöpfen oder anderem, auf Wohnungsterrassen aufbewahrtem Material, unter loser Baumrinde, zwischen aneinandergestellten Holzstangen und zwischen Gartenwerkzeugen. Einmal war sogar eine unter einem Stein im offenen Gelände. Scheinbar können sie überall sein, auch wo man sie eigentlich nicht vermutet. Nicht etwa weil sie verunglückt wären oder aus Mangel an geeigneten Unterschlupfen; nein, sie suchen ohne ersichtliche Not wiederholt solche ungewöhnlichen Plätze auf. Wie eine Rauhhautfledermaus, die wochenlang auf einer Terrasse zwischen dem Tuch eines aufgerollten Sonnenschirms hing, und das, obwohl es schon recht kalt war. Im Januar 1997 wurde bei Außentemperaturen von −10°C eine Rauhhautfledermaus (*Pipistrellus nathusii*) sogar unter einem Fußabstreifer vor einer Waschküche gefunden. Topfit war sie, mit viel Vorratsfett im Nacken.

Höhlen

Höhlen sind weltweit für Fledermäuse der wichtigste Quartiertyp, in dem sich nicht nur die meisten Arten, sondern auch die Mehrzahl aller Fledermäuse tagsüber aufhalten. Einige Höhlen in den subtropischen und tropischen Regionen sind berühmt geworden, weil sie mehrere Millionen Fledermäuse beherbergen, die jede Nacht ausfliegen, um zu jagen. Außer den natürlichen Höhlen sind es noch zahlreiche von Menschen geschaffene unterirdische Bauten, wie Bergwerksstollen, Militäranlagen, Kanalisationen, Keller oder Grabanlagen. Diese können in Landschaften, wo natürliche Höhlen fehlen, zu Quartieren werden, die eine zentrale Funktion haben – beispielsweise als Winterquartier. Berühmt sind die unterirdische Festungsanlage Nietoperek in Polen, in der etwa 30 000 Fledermäuse überwintern, aber auch die Kalkberghöhlen von Bad Segeberg oder die Spandauer Zitadelle mit ebenfalls vielen tausend Wintergästen, vorwiegend Wasserfledermäusen (*Myotis daubentoni*) und Fransenfledermäusen (*Myotis nattereri*). Weil natürliche und künstliche Höhlen ein wichtiges ökologisches Element sind, werden die dort wohnenden Fledermäuse als lithophil, d.h. gesteinsliebend bezeichnet.

Die Temperaturen in den Höhlen oder einzelnen Höhlenabschnitten können sehr unterschiedlich sein. So sind nach unten führende Höhlen, aus denen die warme Luft aufsteigt und entweicht, eher kalt. Sie werden «Eiskeller» genannt, weil sich unten die kalte

Luft ansammelt. Nach oben führende Höhlen mit blinden Gängen werden zu «Backöfen», weil sich dort die Wärme staut. Wenn in Höhlenabschnitten Durchzug herrscht, sind es «Windlöcher», die von Fledermäusen für die Tagesruhe meist gemieden werden. Manche Höhlen sind sehr feucht, stehen sogar teilweise unter Wasser. Es sind also viele Faktoren, die das Höhlenklima beeinflussen und für Fledermäuse zu mehr oder weniger wertvollen Aufenthaltsorten machen können. Fortpflanzungskolonien werden eher in «Backöfen» und Winterschlafplätze in «Eiskellern» zu finden sein. Zu trockene Höhlenabschnitte werden weniger oder gar nicht von Fledermäusen besiedelt. Winterschlafende Fledermäuse fand man auch im Bodengeröll zwischen groben Gesteinsbrocken. Hier könnte das feuchtere und kühlere Milieu am Boden der Anlaß gewesen sein, solche eher ungewöhnliche Plätze aufzusuchen.

Fledermäuse suchen grundsätzlich die ihren aktuellen klimatischen Bedürfnissen entsprechenden Hangplätze auf. Im Winter finden wir in der Nähe des Höhleneingangs Arten, die Witterungsschwankungen ertragen. Im mittleren Höhlenteil sind die Wetterwechsel kaum noch bemerkbar. Freihängende Tiere sind oft voller Tautropfen, die sich bei Temperaturschwankungen und hoher Luftfeuchtigkeit bilden. Im hinteren Teil der Höhle, in dem eher konstante Klimabedingungen herrschen, halten sich die kälteempfindlichen Arten auf. Höhlen bieten in der Regel alle Strukturen, die Fledermäuse suchen. Arten, die gerne an den Decken großer Räume hängen, finden ebenso geeignete Hangplätze, um große Kolonien zu bilden, wie die Spaltenbewohner, die sich als Solitäre in oft nicht mehr einblickbaren Strukturen verstecken.

In warmen Klimazonen bieten Höhlen für viele Arten ausreichend temperierte Quartiere, um sie das ganze Jahr über bewohnen und dort auch die Jungen großziehen zu können. Die Langfußfledermaus (*Myotis capaccinii*) ist in Europa eine typische Höhlenfledermaus, die nur im mediterranen Raum siedelt. Die natürlichen Höhlen und anthropogenen unterirdischen Anlagen sind in Mitteleuropa bis auf wenige Ausnahmen zu kühl. Dort werden wir vergeblich nach Wochenstuben suchen. Fledermäuse, die ausschließlich Höhlen bewohnen und versuchen, nördlich der Alpen zu leben, können nur zeitweilige Gäste sein. Dazu gehört die Langflügelfledermaus (*Miniopterus schreibersi*). Die Hufeisennasen (Rhinolophidae) sind ebenfalls typische Höhlenbewohner, und in warmen Regionen können sie das ganze Jahr über dort wohnen. In Mitteleuropa finden wir sie aber nur im Winter in Höhlen, im Sommer wohnen sie auf

Abb. 44
Großes Mausohr (*Myotis myotis*) im Winterschlaf in einer Felshöhle.

warmen, dunklen Dachböden. Ähnlich ist es bei einigen Arten aus der Gattung *Myotis*, beispielsweise den Großen und Kleinen Mausohren (*Myotis myotis* und *Myotis blythii*), den Wimperfledermäusen (*Myotis emarginatus*) und den Teichfledermäusen (*Myotis dasycneme*). Andere Arten aus der Gattung *Myotis* sind Baumbewohner, also arboricol, und nur im Winter in unterirdischen Quartieren; auch in den wärmeren Regionen ihres Verbreitungsgebietes. Typische Vertreter dieser Gruppe sind mit gewissen Einschränkungen die Fransenfledermaus (*Myotis nattereri*) und die Bechsteinfledermaus (*Myotis bechsteini*). Obwohl in Mitteleuropa in den Sommermonaten die Höhlen eigentlich unbewohnt sind, wenn man von solitären Männchen einiger Arten absieht, können manchmal bereits ab August massenhaft an den Höhleneingängen schwärmende Fledermäuse gesichtet werden. Das Artenspektrum ist regional verschieden, darunter sind auch Arten, die seltener in Höhlen wohnen, beispielsweise die Zwergfledermaus (*Pipistrellus pipistrellus*). Dieses Verhalten hat, so wird stark vermutet, etwas mit der Paarung und der Informationsvermittlung über potentielle Winterquartiere zu tun.

Felswände mit Spalten

Noch wenig untersucht sind Fledermäuse, die ihre Quartiere in Spalten von Felswänden haben. Diese Spalten unterscheiden sich von ähnlichen Steinstrukturen in Höhlen eigentlich nur dadurch, daß sie vom offenen Luftraum her frei für die Fledermäuse anfliegbar sind. Die mikroklimatischen Eigenschaften korrespondieren mehr mit der aktuellen Witterung, wie es in Höhlen nicht möglich ist. Erst ab einer gewissen Tiefe, geschützt durch die Eigenwärme des Felsens, sind auch Felsspalten frostsicher.

Große Abendsegler (*Nyctalus noctula*) und Zwergfledermäuse (*Pipistrellus pipistrellus*) überwintern dort vermutlich viel häufiger, als angenommen wird. Weil im «Suchbild» der Fledermäuse die Spalten in Außenfassaden von Gebäuden und in Felswänden einander sehr ähnlich sind, könnten beide Quartiertypen über ein ähnliches oder gleiches Artenspektrum verfügen.

Eine charakteristische Bewohnerin von Felsspalten ist in Europa die Bulldoggfledermaus (*Tadarida teniotis*). Diese schnelle Fliegerin kann mit ihren langen, schmalen Flügeln die Felsspalten problemlos anfliegen. Da sie im Flug nicht kleinräumig manövrieren kann, hätte sie bereits in mittelgroßen Höhlen erhebliche Schwierigkeiten, dort Spalten zu besiedeln. Wen wundert es also, daß man sie bis jetzt nur in sehr großen Höhlenhallen beobachtet hat?

Abb. 45
Gebiet des Amselgrundes im Elbsandsteingebirge in der Sächsischen Schweiz: Oben, wo die lange senkrechte Felsspalte endet, haben Große Abendsegler (*Nyctalus noctula*) ein traditionelles Winterquartier. Unter dieser Felswand wurde ein schwedischer Fledermausring gefunden.

Quartiere in Bauwerken

Durch seine Bauten hat der Mensch für einige Fledermausarten neue Quartiertypen geschaffen. Dabei entstanden Räumlichkeiten, deren mikroklimatische Eigenschaften in mancher Hinsicht den natürlichen Höhlen- und Spaltenstrukturen gleichwertig oder zumindest ähnlich sind. Leerstehende, dunkle Dachböden sind ein nahezu gleichwertiger Ersatz für warme Höhlen, in denen Junge erfolgreich aufgezogen werden können, obwohl die Luftfeuchtigkeit meist geringer ist und der tägliche Temperaturgradient recht instabil ist. Die Große und die Kleine Hufeisennase (*Rhinolophus ferrumequinum* und *Rhinolophus hipposideros*), Mausohren (*Myotis myotis* und *Myotis blythii*) und Wimperfledermäuse (*Myotis emarginatus*) sind in Mitteleuropa zu Kulturfolgern geworden und wohnen jetzt oft mit uns unter einem Dach. Allein das Quartierangebot «Dachboden» genügte, daß sich einige Arten weit über ihr ursprüngliches Verbreitungsgebiet hinaus ansiedeln konnten.

Die Fortpflanzungskolonien haben hohe klimatische Ansprüche an ihre Quartiere. Die wärmsten Stellen finden sie am Firstbalken oder in den Turmspitzen. Nur an sehr heißen Tagen hängen sie weiter unten und weichen dem Wärmestau aus. Ihr Wärmebedürfnis läßt sie manchmal ungewöhnliche Quartiere besiedeln. So hatte sich im badischen Ettenheim eine große Wochenstube des Großen Mausohrs (*Myotis myotis*) auf dem Gelände einer Möbelfabrik in einem durch Heizrohre erwärmten Kellerraum angesiedelt. Auch vereinzelte Große Hufeisennasen (*Rhinolophus ferrumequinum*) sind gelegentlich dort. In Ziefen, etwa 15 km südöstlich von Basel, lebt eine Wochenstube mit über 100 Mausohrweibchen (*Myotis myotis*) in einem Miniaturdachstuhl, der ein Volumen von nur 1,5 m^3 hat. Das Quartier ist unter dem Dach eines Transformatorenturmes, dessen elektrische Anlage offensichtlich so viel Wärme abstrahlt, daß er für die Fledermäuse attraktiv ist. Erstaunlich ist, daß die benachbarten, zum Teil denkmalgeschützten Häuser mit prächtigen alten und ungestörten Dachstühlen nicht genutzt werden. Nur einige Männchen haben dort ihr Hochzeitsquartier in den Zapflöchern der Balken.

Hufeisennasen (Rhinolophidae) kriechen nicht durch enge Spalten und brauchen deshalb genügend große Öffnungen, um ungehindert ein- und ausfliegen zu können. Sie wohnen daher bevorzugt in vielgestaltigen, oft verwinkelten Räumen mit unterschiedlichen Temperaturen. Der Witterung entsprechend, werden dann die Hangplätze genutzt. Bei der Kleinen Hufeisennase (*Rhinolophus hipposideros*) haben Sommer- und Winterquartier meist eine geringe räumliche

Abb. 46
Wochenstube mit Großen Mausohren (*Myotis myotis*) in einem beheizten Kellerraum in Ettenheim (Baden-Württemberg).

Distanz zueinander, im besten Fall sind sie sogar im gleichen Gebäudekomplex.

Genau wie in den natürlichen Höhlen auch, werden auf den Dachböden die dort vorhandenen Spalten oft als Quartiere genutzt. Manchmal von solitären Männchen oder auch von kleinen Kolonien. Das im Sommer vermutlich ursprünglich arboricole Braune Langohr (*Plecotus auritus*) lebt häufig auf Dachböden. Die Tagesverstecke sind dort aber meist auch wieder in Spalten oder kleinen Räumen zwischen Balken oder unter Brettern. Die eigentlichen Hangplätze der Langohren sind manchmal nur nach langem Suchen zu entdecken. Ich habe einmal eine kleine Kolonie auf einem Dachboden in einer alten Ledertasche, die dort seit Jahren an einem Stützbalken hing, gefunden.

Einzelne Männchen bevorzugen Hangplätze in den Hohlräumen von Balkenverstrebungen und verraten sich nur durch einen kleinen Kothaufen am Boden. Langohren, Wasser-, Zweifarb- und Breitflügelfledermäuse leben sehr versteckt und verkriechen sich gern in Hohlräumen und Spalten des Dachstuhls. Diese Arten brauchen nicht unbedingt eine freie Durchflugöffnung, sondern können durch Spalten ein- und auskriechen.

Die Außenfassade eines Gebäudes entspricht im Angebot an Spaltenstrukturen in mancher Beziehung dem von Felswänden. Generell ist dort aber die Luftfeuchtigkeit weniger hoch, und in beheizten Häusern ist es in Mauerspalten im Winter sicher etwas wärmer als in natürlichen Strukturen. Dementsprechend findet man Fledermausquartiere in schwer zugänglichen Teilen von Bauwerken oder alten, spaltenreichen Mauerwerken. Das potentielle Artenspektrum ist groß, denn grundsätzlich können in Hausfassaden und Mauern alle lithophilen Spaltenbewohner leben. Auch die ursprünglich arboricolen Arten; nicht nur, weil an den Häusern viel Holzmaterial eingebaut sein kann, sondern auch aufgrund der mikroklimatischen Vorteile warmer Häuser. Darüber hinaus dürfte auch das vielfältige Nahrungsangebot im dörflichen und städtischen Siedlungsbereich die Fledermäuse zu Kulturfolgern gemacht haben.

Völlig unkompliziert verhalten sich bei der Quartiersuche die Zwergfledermäuse (*Pipistrellus pipistrellus*) und im Süden auch die Weißrandfledermäuse (*Pipistrellus kuhlii*). Im Gegensatz zu den eher konservativen Dachbodenbewohnern entdecken und besiedeln sie ständig neue Quartiere – in Rolladenkästen, unter Flachdächern und hinter Fassadenverkleidungen. Oft handelt es sich um relativ neue Häuser. Die stolzen Besitzer sind oft nicht begeistert, wenn unerwartet einige Dutzend oder noch mehr Zwergfledermäuse als Untermieter einziehen. Weil sie unter dem Einflugspalt zum Quartier oft zahlreiche, dunkle Kotkrümel an die saubere Hauswand kleben, werden sie als störend empfunden. Insbesondere kleine Männchengruppen und auch Einzeltiere sind oft nicht wählerisch und wohnen auch in engen, wenig tiefen Spalten moderner Betonbauten. Zu große, plötzliche Kälte und Lufttrockenheit können solche Bewohner gefährden.

Die Mehrzahl der gebäudebewohnenden Fledermäuse sind nur Sommergäste, im Gegensatz zum Großen Abendsegler (*Nyctalus noctula*), der Spaltenquartiere an Gebäuden auch als Winterquartier

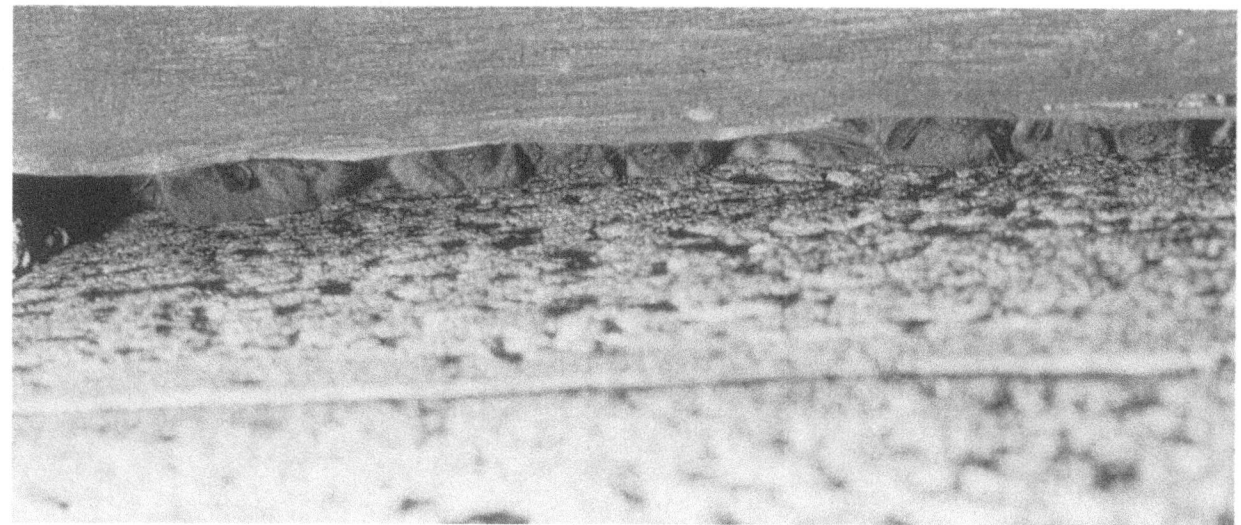

Abb. 47
Zwergfledermäuse (*Pipistrellus pipistrellus*) im Winterquartier des Freiburger Münsters. Im engen Spalt zwischen der Mauer und den Holzdielen der Turmtreppe halten sie sich versteckt, nur die Nasen der vordersten Fledermäuse sind sichtbar.

nutzt. Vereinzelt können große Männchengesellschaften auch schon im Spätsommer dort wohnen. In Landschaften, wo verkarstete Felsstrukturen fehlen und für die nicht migrationsfreudigen Arten zu weit entfernt sind, werden immer häufiger in Gebäuden Winterschläfer gefunden. In Nordostdeutschland, in Demmin, wurde von Eckhard Grimmberger und Heinz Bork ein Winterquartier mit etwa 3000 Zwergfledermäusen (*Pipistrellus pipistrellus*) beschrieben, die alljährlich in einer Kirche Unterschlupf fanden. Im Hahnenturm des Freiburger Münsters überwintern jährlich etwa 800 Zwergfledermäuse. Sie versammeln sich vermutlich dort so zahlreich, weil der nahe Schwarzwald nur geringfügig verkarstet ist und wenig gute Möglichkeiten zum Überwintern bietet. Nicht von Zwergfledermäusen besiedelt ist dagegen das Basler Münster. Die Mehrzahl der Tiere aus dieser Region überwintert wahrscheinlich im nahegelegenen, stark verkarsteten und spaltenreichen Felsen des Jura.

In Hohlräumen und Dehnungsfugen von Brücken, auch in modernen Betonbrücken, werden in jüngster Zeit immer häufiger Fledermäuse entdeckt. Ihre Nutzungsstrategien können sehr unterschiedlich sein, meist sind es Winterquartiere. Das größte ist wohl der Brückenkopf der Levensauer Brücke, die sich über den Nord-Ostsee-Kanal bei Kiel spannt. Dort hat Carsten Haarje mehr als 5000 winterschlafende Große Abendsegler (*Nyctalus noctula*) gezählt (siehe Abb. 74, Seite 232).

Abb. 48
Ein Kleiner Abendsegler (*Nyctalus leisleri*) hat sich in den obersten Teil seiner Baumhöhle zurückgezogen.

Großes Mausohr (*Myotis myotis*).

Teil einer 1300-köpfigen Wochenstube des Großen Mausohrs (*Myotis myotis*) auf dem Dachboden in Gargazon 270 m ü. M. (Südtirol).

oben
Mischkolonie mit Großen Mausohren (*Myotis myotis*) und Kleinen Mausohren (*Myotis blythii*) in Laax, 1080 m ü. M. (Graubünden, Schweiz). In der Bildmitte sind die Großen Mausohren an den breiteren Ohren zu erkennen.
(*Foto: René Güttinger*)

links
Nur selten werden Große Mausohren (*Myotis myotis*) in Baumhöhlen entdeckt.

oben
Junge Bartfledermäuse (*Myotis mystacinus*) können sich auch in 15 mm engen Spalten verstecken.

rechts
Fransenfledermaus (*Myotis nattereri*) in einem Mauerloch.

Nur in unterirdischen Quartieren oder im Sommer bei nächtlichen Ruhepausen an Rastplätzen können Bechsteinfledermäuse (*Myotis bechsteini*) so freihängend beobachtet werden.

oben
Die Spur des ausfließenden Urins führt vom Einflugloch des Wochenstubenquartiers der Wasserfledermäuse (*Myotis daubentoni*) bis zum Fuß der Buche.

oben rechts
Wasserfledermaus (*Myotis daubentoni*).

unten rechts
Ein Großer Abendsegler (*Nyctalus noctula*) verläßt sein Tagesquartier.

Winterschlafkolonie: Kleiner Abendsegler (*Nyctalus leisleri*).

Zweifarbfledermaus (*Vespertilio murinus*).

Erstaunlicherweise wurden auch Wochenstuben und Winterquartiere des Großen Mausohrs (*Myotis myotis*) in größeren Hohlräumen, meist in den Brückenköpfen, gefunden. Grundsätzlich können sich alle spaltenbewohnenden Arten in Brückenstrukturen aufhalten; häufig ist es die Zwergfledermaus (*Pipistrellus pipistrellus*), und im Süden die mediterranen Arten, wie zum beispielsweise die Bulldoggfledermaus (*Tadarida teniotis*) und die Weißrandfledermaus (*Pipistrellus kuhlii*).

Alte Bäume mit Höhlen, Spalten und sich ablösender Rinde sind wichtige Lebensstätten für viele Fledermausarten. Hier finden sie Sommer- und Winterquartiere. Beide Abendseglerarten (*Nyctalus noctula* und *Nyctalus leisleri*), Braune Langohren (*Plecotus auritus*), Bechstein-, Fransen- und Wasserfledermäuse (*Myotis bechsteini, Myotis nattereri* und *Myotis daubentoni*) bevorzugen alte Specht- oder Fäulnishöhlen, die über dem Einflugloch einen nach oben erweiterten Innenraum haben. In diesem hängen die Tiere an kühlen Tagen weit oben, wo sich die aufsteigende Wärme staut und widrige Witterungseinflüsse am wenigsten bemerkbar sind. Kot und Urin können nach unten fallen und füllen mit der Zeit den unteren Höhlenraum. Die flüssigen Exkremente laufen aus und bilden eine charakteristische, unverkennbare feuchte Strieme unter dem Ausflugloch. Besonders feucht scheint es bei den Wasserfledermäusen zuzugehen, sie urinieren wohl mehr als andere Arten, denn gerade an ihren Quartieren gibt es an den glatten Stämmen der Buchen manchmal feuchte Striemen, die aus 10 Meter Höhe und mehr bis zum Boden führen (siehe Farbabb. S. 134).

Alte Bäume bieten Wohnraum

Im Laufe der Zeit hat sich in der Vorstellung vieler Fledermauskundler ein Bild darüber entwickelt, wie die typische Fledermaushöhle in einem Baum aussehen müßte. Die Beschreibung für das optimale Baumhöhlenquartier – so, wie es oben beschrieben wurde – trifft tatsächlich auf die große Mehrzahl der Quartiere zu, die ich bei meinen Untersuchungen kennengelernt habe. Nun haben in den letzten Jahren junge Forscher mit Hilfe der Radiotelemetrie Fledermäuse in Baumquartieren aufspüren können, die absolut nicht diesem klassischen Bild entsprechen. Im Rhein-Main-Gebiet fanden Olaf Godmann und Malte Fuhrmann sehr bemerkenswerte

Ungewöhnliche Baumquartiere

Abb. 49
In diesen Betonmasten bei Tenero, im Tessin, wohnen Große Abendsegler (*Nyctalus noctula*). Vermutlich gibt es in diesem Gebiet nicht genügend geeignete Baumhöhlen.

Baumquartiere des Braunen Langohrs (*Plecotus auritus*) und der Bechsteinfledermaus (*Myotis bechsteini*) am Stammfuß von Bäumen. Die Einflugöffnungen befanden sich nur wenig über dem Boden, fast ebenerdig. An einer Fachtagung bei Schaffhausen zeigten andere Forscher ähnliche Quartiere von Wasserfledermäusen (*Myotis daubentoni*), mit der Besonderheit, daß diese in extrem dünnen Buchen waren, deren Stammdurchmesser in Brusthöhe gerade 10–20 cm betrug. Viele der in dieser Region entdeckten Baumquartiere waren auch in dickeren, älteren Bäumen. Die unerwarteten Funde von Quartieren in derart schmächtigen Bäumchen zeigen, daß einige Fledermausarten ein sehr variables Suchverhalten haben können. Allerdings können aus verschiedenen Gründen nicht alle Arten eine so große Plastizität im Verhalten haben, weil es beispielsweise ihre artspezifische Flugtechnik nicht zuläßt. Der Große Abendsegler (*Nyctalus noctula*) muß sich in dieser Beziehung konservativer verhalten und ist deshalb auch weniger anpassungsfähig.

Die mikroklimatischen Bedingungen in einer Höhle hängen vom Standort, vom Alter und der Größe des Baumes ab, außerdem natürlich von der verbliebenen Dicke der sich innen ständig zersetzenden Höhlenwände und der Anzahl der Einflugöffnungen. Mit einem Wärmebildgerät konnten sich Ingo Rieger und Hansueli Alder nachts die Wärmeabstrahlung an Bäumen anschauen und stellten fest, daß Buchen die wärmsten Bäume im Wald waren.

Viele Fledermausarten verkriechen sich im Sommer gern unter lose Rindenstücke oder in Holzspalten. Diese vor Kälte ungeschützten Quartiere verlassen sie dann vor dem Wintereinbruch wieder.

Es wird vermutet, daß Konkurrenzdruck zur Besiedlung von minderwertigen Quartieren führen kann. Fledermäuse müssen sich nicht nur in der Wohnkonkurrenz gegen artgleiche Fledermäuse behaupten, sondern auch dem Druck durch andere Fledermausarten standhalten, die ebenfalls eine große Zahl von Quartieren benötigen. Außerdem wohnen viele Vogelarten, die meist stärker sind als Fledermäuse, in Baumhöhlen und vertreiben sie. Ähnliches droht den Fledermäusen von anderen Kleinsäugern wie Eichhörnchen (*Sciurus vulgaris*), Siebenschläfer (*Glis glis*) und staatenbildenden Insekten. In der Station «Hofmatt» konnte ich beobachten, wie eingeflogene Wildbienen (Apidae) die Großen Abendsegler (*Nyctalus noctula*) sehr ängstigten. Fledermäuse können aber auch von diesen Insekten profitieren. Schon zweimal bekam ich im Winter aus gefällten Bäumen

große Waben von verwilderten Bienen, in denen sich Rauhhautfledermäuse (*Pipistrellus nathusii*) und einmal ein Kleiner Abendsegler (*Nyctalus leisleri*) versteckt hatten. Hier nutzten die Fledermäuse ganz offensichtlich die isolierende Wirkung der Waben als Kälteschutz (siehe Farbabb. Seite 199).

Vogelfreunde haben schon früh bemerkt, daß immer wieder Fledermäuse, manchmal sogar ganze Kolonien, in Vogelnistkästen einflogen und im Laufe der Zeit zu ständigen Bewohnern wurden. Daraus schloß man, daß die Fledermäuse unter Wohnungsnot litten, und entwickelte die ersten Fledermauskästen, die erfolgreich getestet werden konnten. Zu den ersten, die einen Raumkasten bauten und die

Abb. 50
Dieser Vogelnistkasten wurde zur Todesfalle. Drei Kleine Abendsegler (*Nyctalus leisleri*) waren dort eingeflogen, und weil sie an den glatten Wänden nicht hochklettern konnten, war das Ausflugloch (rechts im Bild) für sie unerreichbar.

Künstliche Fledermausquartiere

Abb. 51
«Mitten am hellen Tag erschienen Fledermäuse an der Öffnung eines unserer Kästen. Wir konnten beobachten, daß im Kasten eine aggressive Stimmung herrschte», schreibt Magdalena Wehrli aus Môtier am Murtensee (Schweiz) im Juli 1994 und schickte mir dieses Bild. Vermutlich machte die Hitze den Zwergfledermäusen (*Pipistrellus pipistrellus*) im Kasten an der Hauswand zu schaffen. Einige sind bei den Beißereien anscheinend aus dem Kasten gefallen und haben sich am Boden verkrochen. Am nächsten Tag waren die Fledermäuse ausgezogen, und der Kasten blieb leer.

(*Foto: Magdalena Wehrli*)

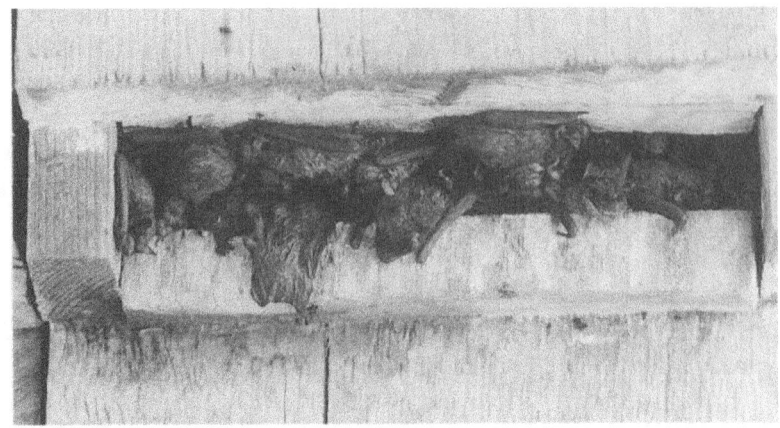

Besiedlungsstrategien auch wissenschaftlich untersuchten, gehörten Brigitte und Willi Issel. Im Laufe der Zeit wurden Flachkästen entwickelt. Die ersten Modelle waren aus Holz, heute gibt es sie auch aus Holzbeton. Letztere haben gute mikroklimatische Eigenschaften und sind so widerstandsfähig, daß sie auch von Spechten nicht zerstört werden können. Alle Kastentypen haben das Einflugloch unten, die Fledermäuse finden dann genau wie in einer idealen Fledermaus-Baumhöhle im oberen Teil einen günstigen Hangplatz.

Im Fledermausschutz werden besonders in Deutschland viele künstliche Fledermaushöhlen aufgehängt und fürsorglich betreut. Dadurch konnten schon zahlreiche Kolonien angesiedelt werden. Besonders in solchen Regionen mit reinen Monokulturen von Nadelhölzern. In diesen Forsten gibt es wenig natürliche Baumhöhlen, weshalb das Kastenangebot hier besonders willkommen war.

Mit baumbewohnenden Fledermäusen wurden außerordentlich wertvolle Forschungsarbeiten begonnen, denn nun waren bei Kastenkontrollen Einblicke in die Populationsstrukturen möglich, die in Bäumen bisher unmöglich gewesen waren. Viele biologische Basisinformationen verdanken wir den Betreuern von Fledermauskästen. Weil der Zugang zu den Fledermäusen jetzt einfacher war, konnten viele beringt werden. Sehr intensiv haben dies Günter Heise und Axel Schmidt noch in der DDR getan. Sie siedelten nicht nur sehr erfolgreich die Rauhhautfledermäuse (*Pipistrellus nathusii*), den Großen Abendsegler (*Nyctalus noctula*) und einige andere Arten an, sondern konnten auch mehrere tausend Fledermäuse individuell markieren. Dadurch gab es mit der Zeit eine Fülle wertvoller Migrationsdaten, und sie gewannen einmalige Einblicke in populationsbiologische Vorgänge.

Von eigenen positiven Erfahrungen aus der Region Basel zu berichten ist nicht lohnenswert. Im Gegenteil, ein 1978 gestarteter Großversuch verlief eher frustrierend. Die Fledermäuse umflogen die Holzkästen zwar, ignorierten sie aber auf peinliche Art. Der einzige Kasten, der von Großen Abendseglern (*Nyctalus noctula*) besiedelt wurde, hing nicht lange, denn bald hatte ihn ein Buntspecht (*Dendrocopus major*) regelrecht in Einzelteile zerlegt. Die Kästen, die heute noch hängen, werden von den Fledermäusen immer noch nicht beachtet und dienen immer häufiger Hornissen und Wespen als Wohnung. Heute weiß ich, daß ich damals die falschen Orte für die Kästen ausgesucht habe. Die Großen Abendsegler (*Nyctalus noctula*) und Wasserfledermäuse (*Myotis daubentoni*) wohnen in der Region Basel bevorzugt in höhergelegenen Gegenden, in den Wäldern der nahen Jurahänge. Außerdem, und das ist vermutlich noch viel entscheidender, herrscht hier keine dramatische Wohnungsnot für Baumfledermäuse.

Nicht mein eigener Mißerfolg läßt mich heute die Ansiedlungsversuche mit Fledermauskästen generell kritischer beurteilen, sondern unter anderem auch eine Beobachtung, die ich an Pfleglingen gemacht habe. Dabei nutzten Große Abendsegler (*Nyctalus noctula*) ihre Krallen auf Holzbeton deutlich schneller ab als beispielsweise Große Mausohren (*Myotis myotis*) und Wasserfledermäuse (*Myotis daubentoni*). Ich habe festgestellt, daß bei der ersten Art die Krallen deutlich langsamer wachsen als bei den beiden anderen. Abendsegler können ihre Krallen auf rauhem, steinähnlichem Substrat unter bestimmten Umständen in kurzer Zeit so abnutzen, daß sie nicht mehr klettern und sich im Quartier aufhängen können. Andere Forscher meldeten Zweifel an der Übertragbarkeit meiner Beobachtungsergebnisse auf Freilandsituationen an, so daß wir nun weitere Daten dazu sammeln und präsentieren müssen. Immerhin weist Otto v. Helversen bereits 1989 in seinem Schlüssel zur Bestimmung der einheimischen Fledermäuse darauf hin, daß in Holzbeton-Nistkästen wohnende Braune Langohren (*Plecotus auritus*) kürzere Daumenkrallen haben können. Dies ist bemerkenswert, denn die Länge der Daumenkralle gilt unter anderem auch als Unterscheidungsmerkmal der beiden Langohrarten.

Abb. 52
Hinterbein des Großen Mausohrs
(*Myotis myotis*) mit scharfen Krallen
an den Zehen.

Ernährungsräume

Eine reichliche Auswahl an geeigneten Saisonquartieren und ein kontinuierliches Nahrungsangebot zeichnen die optimalen Lebensräume aus. Allerdings besetzen Fledermäuse diese in sehr unterschiedlicher, meist artspezifischer Manier. Genaugenommen ist keine Art bei uns in Europa ein Alleskönner, bei allem Opportunismus, den Fledermäuse manchmal demonstrieren. Sie besetzen eine mehr oder weniger schmale ökologische Nische, in der sie versuchen, sich erfolgreich zu behaupten. Ihre Nahrung werden sie sich dort holen, wo sie für sie am leichtesten zu bekommen ist. Leider haben wir immer noch nur geringe Kenntnisse, wie Fledermäuse die guten Nahrungsressourcen überhaupt in Erfahrung bringen, wie intensiv sie sie nutzen und unter welchen Voraussetzungen sie sie sogar gegen Konkurrenten verteidigen.

Weiträumige Jagdhabitate

Fledermäuse, die im freien Luftraum jagen, sind mit dem bloßen Auge manchmal recht gut zu beobachten, besonders wenn der Himmel bewölkt ist und sie sich auch in der Nacht gut gegen die hellen Wolken abzeichnen. Genaue Aussagen, Artbestimmungen und kontinuierliche Ereignisbeobachtungen sind so jedoch nicht möglich. Mit Hilfe von Scheinwerfern, Nachtsichtgeräten und Bat-Detektoren kann man nützlichere Informationen erhalten. Zumindest darüber, wo und wie lange die Tiere sich in einem bestimmten Jagdgebiet aufhalten. Wenn die Fledermäuse im Rahmen einer Forschungsarbeit auch noch individuell markiert werden, mit Reflektoren oder gar mit Telemetriesendern, dann sind wertvolle Einblicke möglich. Die Ar-

Abb. 53
Großes Mausohr (*Myotis myotis*).

beit ist allerdings oft unglaublich mühsam, denn Fledermäuse sind nicht nur sehr mobil, sondern manchmal auch recht schnell, wenn sie ihre Jagdgebiete weiträumig wechseln. In der Ostschweiz untersucht René Güttinger schon seit einigen Jahren die Habitatnutzung der Großen Mausohren (*Myotis myotis*). Sie haben den Forscher schon oft hart geprüft, indem sie in der gleichen Nacht mehrmals ihre Jagdgebiete weiträumig wechselten. Viele der telemetrierten Fledermäuse flogen regelmäßig im hügeligen, wenig übersichtlichen Gebiet 10 bis 15 km weit, um für einen Teil der Nacht in einem Wald oder auf einer Wiese nach Beute zu jagen. Die hoch fliegenden Großen Abendsegler (*Nyctalus noctula*) sind da einfacher zu beobachten – könnte man meinen. Aber ihre Habitatnutzung ist so flexibel, daß es nur in ebenen Gebieten möglich ist, den Kontakt mit diesen schnellen Fliegern nicht zu verlieren. Als erste haben Jochen Schwarz in Schleswig-Holstein und Fritz Kronwitter in Bayern ihre Ernährungsräume untersucht. Auch sie mußten sich in der Nacht immer beeilen, um den ebenfalls weiträumig jagenden, manchmal hoch, dann wieder tief fliegenden Fledermäusen folgen zu können. Die holsteinischen entzogen sich übrigens gelegentlich der Verfolgung, indem sie zwischendurch in die damalige DDR flogen. Ich selbst habe die Abendsegler im sehr schwierigen Gelände der Basler Region telemetriert. Dabei zeigte sich, daß der Große Abendsegler

(*Nyctalus noctula*) den Luftraum nicht nur zweidimensional weiträumig nutzt, also weit wegfliegt, sondern auch in unerwartet großer Höhe jagen konnte. Im Herbst flog ein telemetriertes Weibchen am hellichten Tag im Sonnenschein in mindestens 300 Meter Höhe über dem Naturhistorischen Museum, zwischendurch sogar auch höher.

Es geht aber nicht immer so spektakulär zu. Bedeutend leichter und mit großer Regelmäßigkeit können wir Fledermäuse über ruhig fließenden Gewässern beobachten. In diesem Jagdhabitat, das manchmal geradezu ein Treffpunkt für Fledermäuse sein kann, ist die artspezifische Nutzung des Luftraumes sehr gut zu beobachten. Ganz nah über der Wasserfläche jagen die Wasserfledermäuse (*Myotis daubentoni*), etwas höher, in 2 bis 15 m Höhe, die Zwergfledermäuse (*Pipistrellus pipistrellus*) und viel höher, in 20 m und mehr, die Abendsegler (*Nyctalus noctula*), die bei ihren charakteristischen Sturzflügen auch immer wieder in tiefere Regionen vorstoßen – manchmal bis nah an die Wasseroberfläche.

Gewässer, ein wichtiger Treffpunkt

Solche Aufteilungen des Luftraumes erinnern an die Jagdstrategien der Vögel, an Schwalben, die in niedrigen und mittleren Höhen jagen, und an die Segler in größeren Höhen. Diese Jäger, Vogel und Fledermaus, sieht man übrigens gelegentlich auch gemeinsam jagen. Insbesondere im Sommer kann man in den frühen Morgenstunden bei schönem Wetter erste Schwalben und letzte Fledermäuse gemeinsam jagen sehen. Jeden Herbst, bis Mitte Oktober, jagen in Basel an sonnigen, nahezu wolkenlosen Nachmittagen hoch über dem Rhein, in etwa 50–100 m Höhe, zahlreiche Große Abendsegler (*Nyctalus noctula*) und Alpensegler (*Apus melba*) – die einen als Einzeljäger, gut sichtbar, aber nur im Bat-Detektor hörbar, die anderen im Verband fliegend und laut trillernd. Dieses über den Rheinbrücken jährlich wiederkehrende Naturschauspiel wird von den zahlreichen Passanten aber nicht bemerkt. Aufgrund ihrer generell unterschiedlichen Aktivitätsmuster nutzen die tagaktiven Vögel und die nachtaktiven Fledermäuse jedoch nur selten gleichzeitig den Luftraum.

Auch mit guten technischen Hilfsmitteln sind im Wald jagende Fledermäuse schwierig zu beobachten. Der Wald scheint nach den Gewässern vielerorts eine sehr wichtige Ressource zu sein, die von vielen Fledermausarten, zumindest temporär und in sehr unterschiedlicher Weise, genutzt wird. Laubmischwälder sind wegen ihres

Der Wald, ein kaum erforschter Jagdraum

Ernährungsräume

Abb. 54
Die Bechsteinfledermaus (*Myotis bechsteini*), eine typische «Waldfledermaus», die bevorzugt in lichten Laubwäldern jagt.

Insektenreichtums für die Tiere sicherlich wertvoller als reine Nadelholz-Monokulturen. Wenn es in letzerem aber hin und wieder zu Insektenplagen kommt, werden die Fledermäuse als geschätzte Vertilger begrüßt.

Reichgedeckter Tisch im Stadtgebiet

In Gebieten mit moderner Landwirtschaft, mit den gewaltigen Verlusten an Strukturen und Vielfalt in der Landschaft, finden immer weniger Fledermausarten Nahrung. Dagegen scheint das Insektenvorkommen in den Randgebieten von Siedlungsagglomerationen, in Vororten mit vielen Gärten, ausreichend und vor allem konstanter zu sein. Hier können sich kleine Fledermausarten, besonders die Zwergfledermäuse (*Pipistrellus pipistrellus*), erfolgreich ernähren. Die von Insekten angeflogenen Straßenlaternen sind wichtige Jagdhabitate und dürfen als Nahrungslieferanten für Fledermäuse nicht unterschätzt werden. Aus Naturschutzgründen sind sie für die Insekten selbst natürlich nicht wünschenswert. Wer sich das die Straßenbeleuchtungen umfliegende Artenspektrum der Insekten genauer anschaut, merkt rasch, daß diese manchmal von sehr weit hergeflogen sein müssen. Oft sind es Zweiflügler, Eintags- und Köcherfliegen, aber auch Nachtschmetterlinge, die sich in anderen Lebensräumen entwickelt haben. Der städtische Siedlungsraum ist in manchen Monaten des Jahres, vor allem im Frühjahr und Herbst, wärmer als die weitere Umgebung. Nicht nur das Licht, sondern auch die Wärme lockt Insekten in manchmal schier unglaublichen Mengen an, besonders wenn ein größeres Gewässer in der Nähe ist. Für viele Prädatoren gibt es dann reichlich Nahrung, auch für Fledermäuse. Deshalb sind in vielen Städten im Herbst deutlich mehr Fledermäuse als in den anderen Jahreszeiten.

Jagende Fledermäuse, manchmal in überraschend großer Zahl, kann man oft an recht unromantischen Orten entdecken: über Mülldeponien, unter Autobahnbrücken, über lichtstarken Beleuchtungsanlagen von Parkplätzen und Sportanlagen. Dort sind sie viel häufiger als in manchen Naturschutzgebieten, gepflegten Parks oder ruhigen Friedhöfen. Nur da, wo sie viel Nahrung zu günstigsten Konditionen finden, werden sie bevorzugt jagen.

Nachtflieger

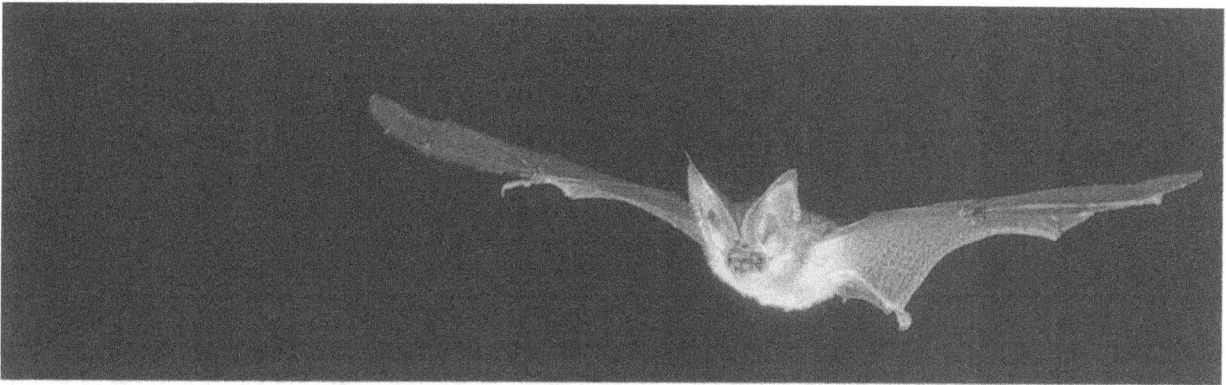

Es ist noch gar nicht so lange her – gerade etwa 20 Jahre –, da war es noch äußerst schwierig, im Gelände fliegende Fledermäuse zu entdecken. Nur wer einen günstigen Ort wußte, konnte sie am Nachthimmel bei ihren unsteten Jagdflügen beobachten. Mit Hilfe moderner Technik ist es jetzt möglich geworden, die flinken Nachtjäger leichter zu finden und sie auch akustisch zu erleben: zu hören, wie sie mit einem fast unglaublichen Lärm auf Insektenjagd gehen. Mit recht kleinen, batteriebetriebenen Geräten, den sogenannten Bat-Detektoren, kann Ultraschall für unsere Ohren hörbar gemacht werden – die bis anhin stille Nacht wird damit zu einem manchmal unglaublichen Geräuschspektakel, das von Insekten, vielleicht von Fledermäusen, aber auch ungewollt von uns selbst produziert wird. Das Aneinanderreiben unserer Fingerkuppen wird zum lauten Schleif-

Abb. 55
Braunes Langohr (*Plecotus auritus*).

lärm, die aus der Nase ausströmende Luft zur beängstigenden Pfeife und der vorher nicht beachtete Schlüsselbund in der Hosentasche zum störenden Klangkörper. Überall scheint Ultraschall zu sein – viel Neues gibt es da zu entdecken. Nicht nur für Neueinsteiger, sondern auch für routinierte Fledermausbeobachter ist es immer wieder faszinierend, wenn über einer hellen Straßenlampe jagende Fledermäuse akustisch entdeckt werden, aber dennoch den Blicken verborgen bleiben. Wenn es drei oder mehr Zwergfledermäuse oder Abendsegler sind, produzieren sie manchmal im Lautsprecher des Detektors einen unglaublichen Lärm, der frappierend an das Geprassel in einer brutzelnden Pfanne mit Pommes frites erinnert.

Bat-Detektoren machen Ultraschall hörbar

Heute gibt es verschiedene Ultraschalldetektoren, die im Handel als gebrauchsfähiges Gerät erhältlich sind oder aber auch von geschickten Händen nach Bauplänen selbst gebaut und gelötet werden können. Sie alle haben ein spezielles Mikrophon, ein signalverarbeitendes Elektronikteil und einen Signalausgang – einen Lautsprecher oder Kopfhörer. Meist kann noch ein Tonbandgerät angeschlossen werden. Drei verschiedene Gerätetypen sind im Gebrauch, wobei der preisgünstige, recht handliche Frequenzüberlagerungsdetektor im Gelände am häufigsten zum Einsatz kommt. Bei diesem Detektor wird das vom Ultraschallmikrophon aufgenommene Signal mit einem im Gerät erzeugten Signal gemischt, dessen Frequenz mit einer Wählscheibe eingestellt werden kann. Die bei der Mischung entstehende Differenz zwischen der geräteinternen Frequenz und der des Ortungsrufes wird mittels verschiedener elektronischer Tricks genutzt, um mit einem Oszillator einen für unser Ohr hörbaren, neuen Ton entstehen zu lassen. Vom Gerät erhält man also ein hörbar gemachtes, umgewandeltes Ultraschallsignal der Fledermaus, dessen ungefähre Tonhöhe auf der Wählscheibe oder einer Digitalanzeige abgelesen werden kann. Mit den recht empfindlichen Geräten kann man Fledermäuse im Gelände aufspüren und die Höhe der Ortungssignale, die Signalfolge und deren Rhythmus feststellen. In einigen Fällen ist sogar eine Artbestimmung möglich.

Nach einem anderen Prinzip arbeiten die Frequenzteilerdetektoren. Der Ortungsruf einer Fledermaus wird hier nach der Umwandlung durch das Ultraschallmikrophon in seiner vollen Frequenzbandbreite weiterverarbeitet. Das Gerät teilt diese Signalfrequenz elektronisch herunter – vereinfacht gesagt, die Schallschwingungen werden mit Hilfe eines elektronischen Digitalzählers um einen bestimmten

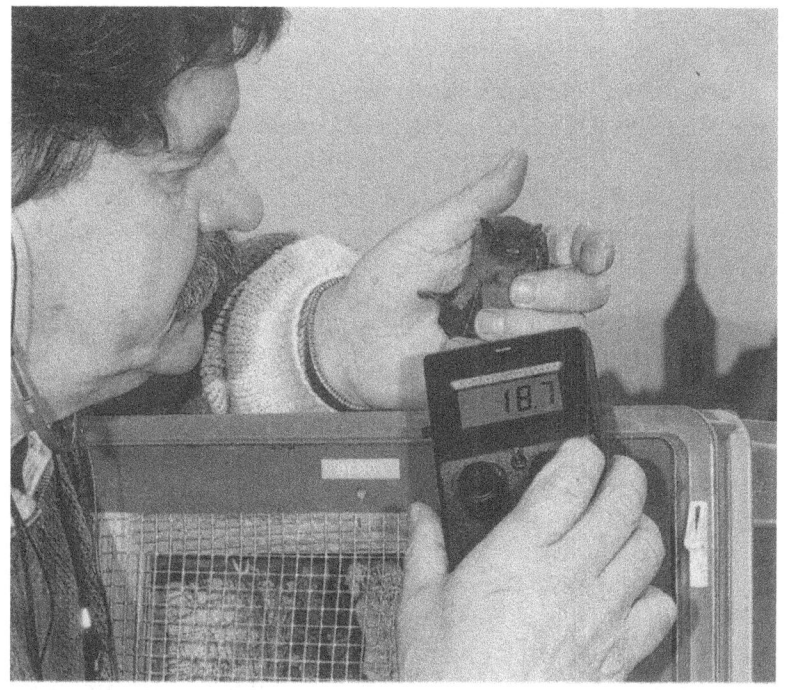

Abb. 56
Fledermausexkursion in Basel: Die Ortungs- und Sozialrufe eines Pfleglings, eines nicht mehr flugfähigen Großen Abendseglers (Nyctalus noctula), werden mit dem Bat-Detektor hörbar gemacht.

(Foto: Erika Gebhard)

Faktor dividiert, zum Beispiel durch zehn. Jede zehnte Signalschwingung am Eingang wird dann als einzige Schwingung zum Ausgang weitergegeben. So entstehen auf elektronischem Weg beispielsweise aus Ortungsrufen mit einer Tonhöhe von 50 kHz neue 5 kHz-Signale, die jetzt für uns hörbar sind. Diese Geräte sind zwar weniger empfindlich, dafür können die breitbandigen Ausgangssignale für wissenschaftliche Analysen schon recht gute Dienste leisten. Beide Gerätetypen, der Überlagerungsdetektor und der Frequenzteiler, sind relativ preisgünstig und somit für ein breites Publikum erschwinglich.

Vorläufig noch viel teurer, aber natürlich auch bedeutend besser sind die neuerdings entwickelten Digitalspeicherdetektoren. Diese professionellen Geräte haben einen digitalen Speicher, der eine Signalfolge zur zeitweiligen oder dauernden Speicherung aufnehmen kann. Bei einer verlangsamten, programmierbaren Wiedergabe ist das gespeicherte Signal hervorragend zur Analyse geeignet, weil es ein naturgetreues, zeitlich gedehntes Abbild des aufgenommenen Signals ist. Zur Auswertung gibt es immer kleinere Zusatzbauteile und eine spezielle Software, die beispielsweise in einem Laptop installiert werden können.

Die Echoortung, ein aktives Orientierungssystem

Im Laufe der Evolution haben Fledermäuse ein aktives Orientierungssystem entwickelt, das selbsterzeugte Signale als Informationsträger nutzt. Die zurückkehrenden Echos analysiert das außerordentlich leistungsfähige Hörsystem so perfekt, daß Fledermäuse bei absoluter Dunkelheit die Distanz, die Richtung, die Form, die Größe, die Struktur und die Eigenbewegung der reflektierenden Ziele wahrnehmen können. Da jede Art unter verschiedenen ökologischen Bedingungen lebt und arttypische Ernährungsgewohnheiten hat, müssen unterschiedliche Ortungsprobleme gelöst werden.

Die Entdeckung der Echoortung

Der italienische Forscher Lazzaro Spallanzani begann schon 1793 mit Fledermäusen zu experimentieren und suchte nach einer wissenschaftlichen Erklärung für die Echoortung. Er ließ Fledermäuse, denen er undurchsichtige Kappen über den Kopf gezogen hatte, in der Dunkelheit fliegen. Sie konnten sich nicht mehr orientieren, ganz im Gegensatz zu Tieren, denen er das Augenlicht zerstört hatte. Da blinde Fledermäuse Hindernisse also scheinbar umfliegen konnten, verstopfte der Genfer Arzt Louis Jurine, der von den Versuchen Spallanzanis gehört hatte, diesen Tieren die Ohren. Jetzt waren auch sie hilflos und orientierungslos. Spallanzani wiederholte die Versuche und brachte im Ohrverschluß zusätzlich kleine Messingröhrchen an, so daß er die Tiere mit geöffneten oder verschlossenen Röhrchen fliegen lassen konnte. Immer wenn die Röhrchen geöffnet waren, umflogen die geschickten Nachtflieger die Hindernisse, waren sie aber verschlossen, fanden die Fledermäuse ihren Weg nicht. Eine Erklärung für das Phänomen konnte Spallanzani jedoch nicht geben.

Es dauerte noch mehr als hundert Jahre, bis 1920 der englische Physiologe Hartridge die Vermutung aussprach, daß Fledermäuse hochfrequente Schallsignale, die für den Menschen nicht hörbar sind, ausstoßen und sich an deren Echos orientieren. Daß dies wirklich der Fall ist, konnte erst 1938 der Amerikaner Donald R. Griffin mit geeigneten Apparaturen nachweisen. Die anfängliche Vermutung, daß die Echoortung der Fledermäuse nur eine recht grobe und ungenaue Orientierung ermögliche, bestätigte sich nicht. Die Erforschung der vielen Rätsel hat mittlerweile zahlreiche Forschungslabors in den USA, England, Rußland und Deutschland beschäftigt. Erst vor etwa 15 Jahren intensivierte man auch die Arbeit an wilden, frei fliegenden Fledermäusen. Durch die rasche Entwicklung technischer Hilfsgeräte, wie Nachtsichtgeräten oder automatisierten Registrationsanlagen, wurden die Beobachtungsmöglichkeiten wesentlich verbessert. Viele Forscher haben in den vergangenen Jahren eine große Fülle erstaunlicher Ergebnisse auf diesem Spezialgebiet präsentiert. Es erfordert natürlich immer mehr Professionalität, mehr technische und administrative Infrastrukturen, um das Begonnene weiterführen zu können; die Forschungsresultate der letzten Jahrzehnte geben uns nur erste Einblicke in die Mannigfaltigkeit dieses hochentwickelten Orientierungssystems.

Außer den Ortungssignalen erzeugen Fledermäuse zahlreiche Soziallaute. Im Flug und besonders am Hangplatz können sie für uns hörbare und oft sehr laute Rufe von sich geben. Diese haben ohne Zweifel eine große Bedeutung für das soziale Zusammenleben. Leider wurde mit der Erforschung dieser Laute erst ansatzweise bei einigen Arten begonnen, so daß die Bedeutung der Signale in ihrem sozialen Kontext von uns noch zu wenig verstanden wird. Der manchmal auffallende Lärm in den Tagesquartieren zeigt zum Beispiel Artgenossen den Weg zu ihnen bisher unbekannten Räumlichkeiten, und oft umschwärmen rufende Fledermäuse ihr Quartier noch lange, bis sie einfliegen. Solche akustischen Auffälligkeiten sind auch als Wegleitungen für unerfahrene Jungtiere von großer Bedeutung. Weithin hörbar sind die Balzrufe der territorialen Männchen, mit denen sie das Interesse der Weibchen wecken wollen (vgl. Seite 245).

Innerhalb der Mutter-Kind-Beziehung produzieren die kleinen Jungen niederfrequente, für uns hörbare Verlassenheitslaute, an denen sie von den Müttern erkannt werden. Bei den Hufeisennasen (Rhinolophidae) wird angenommen, daß diese Signale eine Vorstufe zur Entwicklung der Ortungslaute sind. Bei anderen Arten tritt aber schon früh ein zusätzlicher Lauttyp auf, der sich dann zum eigentlichen Ortungslaut entwickelt. Das anfänglich niederfrequente, eher lange Signal ändert sich bei zunehmendem Alter der Jungen: die Frequenz der Laute steigt, und sie werden kürzer.

Soziallaute

Die Ortungslaute

Jede Fledermausart produziert für sie typische Laute, die im Kehlkopf erzeugt und bei einigen Arten durch den Mund und bei anderen durch die Nase ausgestoßen werden. Meist sind es intensive Ultraschallaute, deren tiefster Frequenzteil bis in den Hörbereich des Menschen reichen kann. Auch Frequenzstrukturen, Schalldruck und

Zeitdauer der Signale sind artspezifisch. Die Ortungslaute können zusätzlich noch Obertöne – harmonische Frequenzen – enthalten, die ein ganzzahliges Vielfaches der Grundfrequenz sind. So können der Grundfrequenz von 20 kHz noch die Frequenzen 40, 60 und 80 kHz als zweite, dritte und vierte Harmonische überlagert sein. Die Hauptenergie liegt nicht immer in der Grundfrequenz, sondern auch in der zweiten oder dritten Harmonischen.

Die Ortungslaute haben oft einen enormen Schalldruck. Vor dem Kopf gemessen, kann dieser mehr als 100 Dezibel betragen. Die im freien Luftraum jagenden Abendsegler (*Nyctalus sp.*) und Breitflügelfledermäuse (*Eptesicus serotinus*) rufen beispielsweise sehr «laut», «Flüsterer» sind dagegen die nahe an der Vegetation oder dicht über dem Boden jagenden Braunen Langohren (*Plecotus auritus*) und Bechsteinfledermäuse (*Myotis bechsteini*).

Es gibt zwar viele Variationen und Übergänge, doch lassen sich zwei Grundtypen von Ortungslauten unterscheiden:

Frequenzmodulierte Signale (FM-Signale)

FM-Signale sind meist von sehr kurzer Zeitdauer und dauern nur wenige Millisekunden. Anhand der Laufzeit des rückkehrenden Echos kann sehr präzis die Entfernung zu Objekten gemessen werden. Innerhalb von etwa 1 bis 5 ms kann die Frequenz um mehr als eine Oktave absinken. So produzieren zum Beispiel alle bei uns heimischen Vertreter der Glattnasen (Vespertilionidae) abwärts frequenzmodulierte Laute – FM-Signale genannt –, deren Frequenzbereich von etwa 8 bis 160 kHz und manchmal noch höher reicht. Die Bulldoggfledermaus (*Tadarida teniotis*) erzeugt als einzige europäische Art Ortungslaute unter 15 kHz, die wir mit dem bloßen Ohr noch gut wahrnehmen können. Der Frequenzverlauf der FM-Signale ist bei ihr und einigen anderen im freien Luftraum jagenden Arten so flach, daß es beinahe konstantfrequente Laute sind. Für Kinder sind auch die Ortungssignale des Großen Abendseglers (*Nyctalus noctula*) noch teilweise hörbar, da sie vom Ultraschallbereich manchmal bis auf 15 kHz hinab in den Hörbereich junger Menschen reichen. Die Zwergfledermaus (*Pipistrellus pipistrellus*) hat Ortungslaute, die in bestimmten Ortungssituationen bei einer Tonhöhe von 150 kHz beginnen.

Konstantfrequente Signale mit frequenzmoduliertem Schlußteil (CF/FM-Signale)

Das Signal besteht aus einem langen Hauptteil, der mehr als 50 ms dauern kann und eine konstante, artspezifische Frequenz hat (CF-Signal). Dem CF-Teil kann ein frequenzaufwärts modulierter Teil

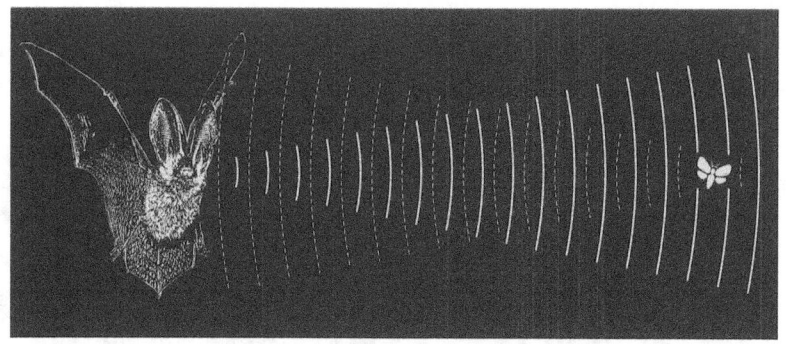

Abb. 57a
Echoortung. Eine fliegende Fledermaus sendet ihre Ortungslaute aus (weiße Linien), die von einem Nachtfalter reflektiert werden. Die rückkehrenden Echos (gestrichelte Linien) werden vom Hörsystem wahrgenommen und ausgewertet.

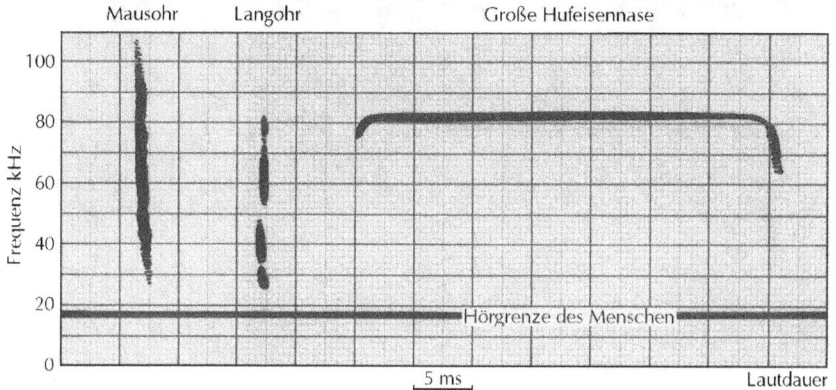

Abb. 57b
Ortungslaute des Großen Mausohrs (*Myotis myotis*), Braunen Langohrs (*Plecotus auritus*) und der Großen Hufeisennase (*Rhinolophus ferrumequinum*).
15–18 kHz ist die oberste Hörgrenze des Menschen.

1 kHz = 1000 Schwingungen pro Sekunde.
1 ms = 1 Tausendstelsekunde

vorausgehen, der meist sehr kurz ist. Am Schluß des Reintones folgt ein ebenfalls kurzer, abwärts frequenzmodulierter Endteil. Diese Ortungslaute sind für die Hufeisennasen (Rhinolophidae) charakteristisch. Sie werden nur durch die Nase ausgestoßen, wobei der häutige Nasenaufsatz als Schalltrichter dient und die Schallwellen bündelt. Die Große Hufeisennase (*Rhinolophus ferrumequinum*) ortet zum Beispiel mit einem CF-Element bei 83 kHz, die Kleine Hufeisennase (*Rhinolophus hipposideros*) bei 107 kHz.

Das Muster der aufeinanderfolgenden Ortungslaute ist bei allen Arten veränderlich und an bestimmte Ortungssituationen angepaßt. Glattnasen (Vespertilionidae) senden im Normalflug nur etwa 10 FM-Signale pro Sekunde aus. Bei der Verfolgung eines Insekts erhöhen sie die Sendefolge bis auf 50 Laute in der Sekunde (vgl. Seite 175). Die Ruffolge ist so gestaltet, daß die Echos das Ohr immer in den Sendepausen erreichen. Bei den Hufeisennasen (Rhinolophidae) überlappen sich während der Jagd die langen CF-Signale

Entfernungen messen und Objekte erkennen

Abb. 58
Großes Mausohr (*Myotis myotis*); sendet die Ortungslaute durch den geöffneten Mund aus.

zeitlich mit den Echos. Allerdings erreicht der FM-Teil des Signals das Ohr immer in den Sendepausen.

Das Gesicht vieler Fledermausarten erscheint uns fremdartig, wobei besonders die unterschiedlichen Größen und Formen der Ohren auffallen. Diese große Vielgestaltigkeit ist nur der äußere, leicht erkennbare Hinweis für die enorme Anpassung an die Bewältigung der unterschiedlichsten Ortungsprobleme. Im Versuch konnte nachgewiesen werden, daß einige Arten dünne Drähte von nur 0,08 mm Durchmesser orten können. Es sind viele Besonderheiten des Hörsystems, die solche außergewöhnliche Leistungen ermöglichen. Die Ohrmuscheln sind wirksame Schalltrichter und fangen auch sehr leise Echos auf, und durch das Auswerten der Laufzeit, der Intensität und des Klangs der mit beiden Ohren aufgefangenen Echos können Ort und Beschaffenheit der Ortungsziele bestimmt werden. Innenohr, Nervensystem und Gehirn sind hochspezialisierte Stationen für die Weiterleitung der Echoinformationen und deren Verarbeitung. Diese Vorgänge müssen in unwahrscheinlich kurzer Zeit ablaufen, denn das Echo von einem nur 16 cm entfernten Objekt erreicht das Ohr schon eine Millisekunde nach dem Aussenden des Ortungsrufes. Besonders in der Schlußphase der Annäherung erhöht sich die Ruffolge gewaltig, und in kürzester Zeit müssen die ein-

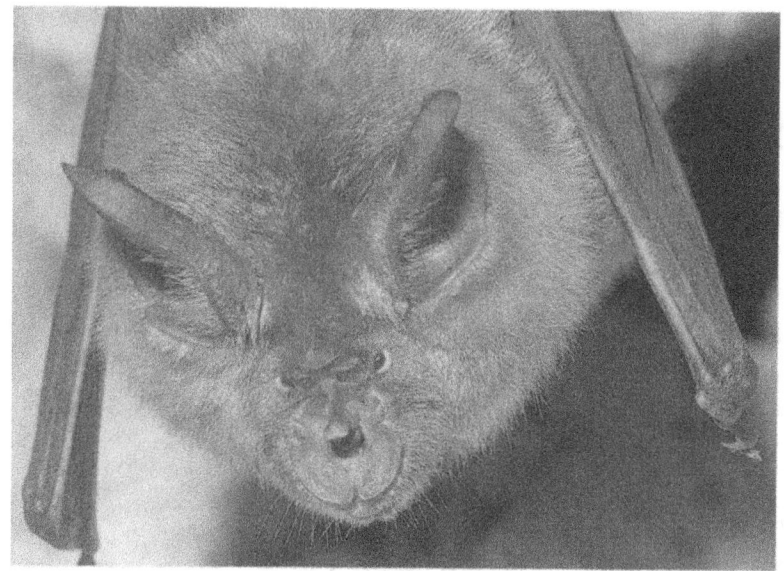

Abb. 59
Große Hufeisennase (*Rhinolophus ferrumequinum*); sendet die Ortungslaute durch die Nase aus.

gehenden Informationen für ein koordiniertes Flugmanöver verwertet werden.

Wesentlich für die akustische Fixierung des Zielobjektes ist es, daß alle eintreffenden Reize differenziert auswertbar sind. So muß die Fledermaus die viel leiseren Echos zwischen ihren lauten, eigenen Ortungsrufen wahrnehmen können. Dies macht sie mit hochempfindlichen Nervenzellen, sogenannten «Echodetektoren», die nur auf schwache Reize stark reagieren können. Andere unwichtige Echowahrnehmungen aus der Umgebung des Zielobjektes können bei der Reizauswertung ebenfalls unterdrückt werden. So bleibt die jagende Fledermaus mit ihrem Ortungssystem ausschließlich auf das Ziel fixiert.

Hufeisennasen haben in ihrem Hörsystem einen extrem schmalbandigen Filter, der nur auf einen engen Frequenzbereich abgestimmt ist und dort die beste Wahrnehmung ermöglicht. Bei der Großen Hufeisennase (*Rhinolophus ferrumequinum*) ist dieser Filter im Bereich von 82,0–83,5 kHz. Nur diese Frequenzen hört sie am besten. Wenige Kilohertz über oder unter diesem Bereich ist die Lautwahrnehmung um ein Vielfaches schlechter.

Frequenzmodulation durch Dopplereffekte

Abb. 60
Eine Große Hufeisennase (*Rhinolophus ferrumequinum*) bei der Jagd. Zwei Aufnahmen in einem Zeitabstand von ca. 1/10 s.

(*Foto: Martin Trappe*)

Entsprechend der Fluggeschwindigkeit einer Hufeisennase erfährt das Signalecho eine zweifache Frequenzänderung: sie wird in Abhängigkeit von der Fluggeschwindigkeit höher. «Dopplereffekt» nennt man diese Frequenzverschiebungen, die von dem Physiker Christian Doppler 1842 beschrieben wurden. Sie entstehen durch Relativbewegungen zwischen einer Schallquelle und einem Empfänger. Eine alltägliche Beobachtung veranschaulicht den Dopplereffekt: Nähert sich uns ein schnell fahrendes Auto, wird der Ton des Motorengeräusches stetig höher, und wenn das Auto an uns vorbeigefahren ist, wird er wieder tiefer: bei der Bewegung auf uns zu werden in einer Zeiteinheit mehr Schallwellen empfangen, als in der gleichen Zeiteinheit ausgesendet werden. Sobald sich die Schallquelle entfernt, entsteht der umgekehrte Effekt.

Die bei fliegenden Hufeisennasen (Rhinolophidae) entstehenden Dopplereffekte bewirken eine unerwünschte Anhebung der Echofrequenz. Dadurch käme die Echofrequenz des CF-Teiles oberhalb des empfindlichen Hörbereiches zu liegen. Um dies zu verhindern, senkt die Hufeisennase im Flug, ihrer Geschwindigkeit entsprechend, die Frequenz des Ortungssignals so weit ab, bis die durch Dopplerverschiebung bewirkte Frequenzanhebung ausgeglichen ist. Das Echo liegt dann im Bereich der optimalen Wahrnehmung. Die Hufeisennase kompensiert also die Dopplerverschiebung durch Absenken des Sendesignals. Von Hans-Ulrich Schnitzler wurde diese faszinierende Problemlösung der Hufeisennasen entdeckt.

Durch das Konstanthalten der Echofrequenz schaffen sich die Fledermäuse einen «Träger», auf dem die von Flügelbewegungen der Beuteinsekten bewirkten Frequenz- und Amplitudenmodulationen sitzen. Diese Modulationen sind Anzeiger für flatternde Beute. Wie Untersuchungen gezeigt haben, verfolgen Hufeisennasen nur Insekten, die mit den Flügeln schlagen, während stillsitzende Beutetiere nicht als solche erkannt werden.

Sehvermögen

Der Schallkegel einer kleinen Fledermaus reicht nicht besonders weit. Bei der Mehrzahl der Arten vielleicht 10 m, bei vielen sogar noch weniger. Nur bei einigen schnellen Fliegern, wie beispielsweise beim Großen Abendsegler (*Nyctalus noctula*), können es maximal bis zu 50 m sein. Eine weiträumige Orientierung ist mit dieser Ausrüstung nicht gut möglich. Trotz des geringen Sehvermögens können sich Fledermäuse sehr wohl auch optisch orientieren. Sie sind selbstverständlich nicht blind, wie von vielen Laien immer wieder vermutet wird. Die meisten Arten haben allerdings sehr kleine Augen mit einem nur schwach entwickelten Sehvermögen. Im Dressurversuch konnten verschiedene Arten die Formen von Gegenständen unterscheiden, aber keine Farben. Langohren (*Plecotus sp.*), Abendsegler (*Nyctalus sp.*), Breitflügelfledermäuse (*Eptesicus serotinus*) und Bulldoggfledermäuse (*Tadarida teniotis*) haben verhältnismäßig große Augen, die sie zweifellos auch im Flug zur Orientierung gebrauchen. Vermutlich können sich aber auch alle anderen Arten im Flug optisch orientieren – vielleicht ist es nur die Wahrnehmung einer schemenhaften Kontur von linearen Strukturen, die sich als Kontrast von der Umgebung markant abhebt.

Das Ortsgedächtnis

Eine jagende Fledermaus sendet fortwährend Signale aus und empfängt die Echos, die ihr viele punktuelle Informationen bringen. Da der Schallkegel relativ eng ist und die Ortungslaute in der Regel nicht weit reichen, ist das Wahrnehmungsfeld der Fledermäuse sehr begrenzt. Die Ultraschallorientierung hat gegenüber dem Sehen den Nachteil, daß nicht augenblicklich ein vollständiges Raumbild gewonnen wird. Verfolgt eine Fledermaus eine Beute, hält sie ihren Schallsender immer auf diese gerichtet und nimmt gleichzeitig wenig von der übrigen Umwelt wahr. Wenn Fledermäuse trotzdem so gewandt in ihrem Lebensraum jagen, dann deshalb, weil sie entweder in Höhen jagen, in denen keine Hindernisse zu erwarten sind, oder weil sie bereits alle Hindernisse auf ihrer Jagdroute sehr gut kennen. In vielen Laborversuchen und durch Freilandbeobachtungen konnte nachgewiesen werden, daß Fledermäuse oft nach dem Gedächtnis fliegen. Sie umflogen noch tagelang Hindernisse, die sie einmal kennengelernt hatten, obwohl diese bereits weggeräumt waren. Dieses präzise Ortsgedächtnis, das in kurzer Zeit eine erfaßte Struktur der Umwelt speichert, ist neben der Echoortung eine wichtige Orientierungshilfe der Fledermäuse.

Die strikte Beharrlichkeit, mit der einmal kennengelernte Strukturen wieder gesucht werden, ist bemerkenswert. Im Sommer 1987 ließ ich in Basel von unserer Terrasse aus handaufgezogene Fransenfledermäuse (*Myotis nattereri*) frei fliegen. Als erste akustische Rückfindehilfe diente ein laut tickender Wecker, der immer neben dem Wohnbehälter gestanden hatte und dessen konstantes Geräusch Teil ihrer vertrauten Umwelt geworden war. Außerdem blieben bei den ersten Ausflugversuchen noch einige Alterskumpane im Quartier zurück, so daß auch ihre Soziallaute eine akustische Wegleitung boten. Die ersten Ausflüge und die Rückkehr funktionierten problemlos. Es war eine wunderbare Erfahrung, zahme, frei fliegende Fledermäuse zu haben, die von der Hand abflogen und dann selbständig in ihre Wohnung zurückkehrten. Selbstverständlich wollte ich dies auch fotografisch dokumentieren, und weil der Wohnbehälter für dieses Vorhaben ungünstig plaziert war, hängte ich ihn etwa einen halben Meter tiefer auf. Das war ein Fehler, denn die beiden ersten flüggen Fledermäuse suchten genau an der ursprünglichen Stelle das Einflugloch zum Quartier. Wiederholt flogen sie an, rüttelten und unternahmen Landungsversuche – die neue, jetzt tiefer gelegene Einflugöffnung fanden sie nicht mehr. Erst als der Wohnbehälter

Abb. 61
Vergeblich sucht die eben flügge gewordene Fransenfledermaus (*Myotis nattereri*) das tiefer aufgehängte Quartier am gewohnten Ort.

wieder an der alten Stelle hing, funktionierte die Rückkehr auf Anhieb. Die Fledermäuse hatten sich beim Anflug primär das akustische, vielleicht auch das optische Abbild ihres Quartiers mit der genauen Position des Einflugloches sowie eine großräumige Struktur eingeprägt. Wahrscheinlich mit einer präzisen Konstellation gewisser Fixpunkte an der Hausfassade und vermutlich auch auf der Terrasse mit ihren diversen Gegenständen und Zierpflanzen. Als die Position des Quartiers verändert worden war, führten wichtige Leitlinien nicht mehr zum vertrauten Einfluglöch.

Oft sind die Quartiere weit von den traditionell genutzten Jagdhabitaten entfernt. Damit sie ihre Jagdreviere erreichen, ohne sich zu verfliegen, nutzen Fledermäuse oft die gleichen «Flugstraßen». Sie führen an linearen Landschaftsstrukturen entlang wie Alleen, Büschen, Gebäudereihen oder einzelnen Fixpunkten wie freistehenden Bäumen. An diesen Landschaftsstrukturen können sie sich akustisch und viele Arten auch optisch präzis und sicher orientieren. Um nicht über unstrukturiertes Gelände fliegen zu müssen, nehmen kleine Arten auch weite Umwege in Kauf. Südlich von Basel hat eine Population Wasserfledermäuse (*Myotis daubentoni*) ihr Quartier in einem Buchenwald, der 100 m höher liegt als das Flußtal. Die 1,5 km lange Flugstraße zum Jagdhabitat führt zunächst an Waldwegen entlang,

Flugstraßen

dann am Berghang über die Baumwipfel des dichten Waldes, einer Bachschlucht folgend, bis zum Tal. Dort fliegen die Fledermäuse in geringer Höhe, etwa 1–2 m hoch, nahe entlang einer Bachvegetation bis zum Fluß. Die offenen Acker- und Wiesenflächen im Flußtal werden von ihnen nie überflogen. Wir haben schon mehrere Schulklassen gleichzeitig an solchen Flugstraßen entlang aufgestellt. Die Schülerinnen und Schüler hatten nicht nur ein optisches, sondern auch ein spannendes akustisches Erlebnis, wenn ca. 100 Wasserfledermäuse innerhalb einer halben Stunde an den verschiedenen Bat-Detektoren mit laut knatternden Ortungssignalen vorbeipatroullierten.

Ein ähnliches Flugverhalten hat man mittlerweile bei vielen Arten beobachten können. Bartfledermäuse (*Myotis mystacinus*) fliegen in mittlerer Höhe, einige Meter über dem Boden. Weil sie manchmal recht früh, bei gutem Licht ausflogen, konnte ich ihnen im Elsaß schon im Laufschritt einige hundert Meter weit bis in ihr Jagdhabitat folgen: Viehweiden mit Obstbaumbestand. Ein solches Unterfangen ist bei den Großen Mausohren (*Myotis myotis*) unmöglich, denn sie fliegen nicht nur viel schneller, sondern oft mit großer Schnelligkeit bodennah, und dann fast immer dicht an linearen Vegetationsstrukturen entlang. Wenn man ihre regelmäßig benutzten Flugstraßen kennt, kann man sie an günstigen Stellen vorbeihuschen sehen. Mit halsbrecherischer Geschwindigkeit können sie ihnen vertrauten Leitstrukturen folgen und manchmal durch enge Durchlässe flitzen, die geringer als ihre Flügelspannweite sind. Nach einer solchen Beobachtung an einer Hecke bin ich schon tags darauf nachschauen gegangen, um mir das Unfaßbare im Tageslicht genauer anzusehen. Das Loch in der Buchenhecke, durch das die Mausohren geflogen waren, war zwischen den unregelmäßig abgebrochenen Ästen gerade etwa 25 cm breit und wenig mehr als 50 cm hoch.

Bei saisonalen Wanderungen finden einige Arten auch über sehr große Distanzen immer wieder zu bestimmten Quartieren zurück, in denen sie jahrelang kontrolliert werden können. Auch diese erstaunliche Sinnesleistung der Fledermäuse ist noch nicht erforscht.

Gefräßige Insektenjäger

Fledermäuse können potentielle Beutetiere nur dann erkennen, wenn diese aktiv sind. Als Flugkörper, die sich im Luftraum bewegen, werden sie mit dem Echoortungssystem lokalisiert und verfolgt. Aber auch durch passives Hören werden die Flug-, Lauf- oder Freßgeräusche der Insekten geortet und diese dann mit speziellen Jagdtechniken erbeutet.

Beim Jagdflug unterscheidet man drei Phasen der Echoortung: Während der Suchphase sind etwa 4–12 Signale pro Sekunde zu hören – die Folge der Ortungslaute hat einen ziemlich regelmäßigen Rhythmus. Nach der Entdeckung eines Beutetieres wird in der Verfolgungsphase die Ruffolge auf etwa 40–50 Signale pro Sekunde erhöht. In der abschließenden Fangphase benötigt die Fledermaus noch mehr und noch präzisere Informationen, und deshalb werden die Signale in dichter Folge ausgestoßen. Bei diesem, dem sogenannten «final buzz», sind die Signale sehr kurz. Beim Ergreifen des Insekts ortet die Fledermaus für kurze Zeit nicht mehr. Solche Fanghandlungen, die insgesamt weniger als eine Sekunde dauern, sind im Gelände auch mit einfachen Bat-Detektoren gut zu hören. Durch Auszählen der «buzzes» lassen sich mit geringem Aufwand wertvolle Hinweise auf die Ergiebigkeit und Attraktivität eines Jagdhabitates erarbeiten.

Fledermäuse können ihre Beute zwar direkt mit den Zähnen ergreifen, meistens wird diese aber mit Hilfe der Flügel zum Munde geführt. Große Beutetiere werden oft kurz in die Tasche der Schwanzflughaut gebracht, um sie dort besser fassen zu können. Bei im freien Luftraum jagenden Arten sind solche Fanghandlungen mit entsprechenden Flugmanövern zwar oft zu beobachten, sie laufen aber so schnell ab, daß sich die Vorgänge mit bloßem Auge meist nicht interpretieren lassen. Genaue Analysen sind nur mit aufwendigen Techniken möglich, wie mit speziellen Hochgeschwindigkeits-Filmkameras oder durch Mehrfachbelichtungen von Filmen mit Stroboskopblitzen.

Einige Arten benutzen die Tasche der Schwanzflughaut als Kescher, nachdem das Beutetier zuvor im Flug mit den Hinterfüßen vom Substrat abgehoben wurde. Eine für einige Zeit in Pflege genommene Fransenfledermaus (Myotis nattereri) lernte sehr rasch, Mehlkäferlarven von der Hand zu holen. Weil die Larve für die Fledermaus erkennbar sein mußte, zwirbelte ich den Insektenkörper leicht zwischen den Fingerkuppen. Dadurch entstanden zarte Geräusche, die eine Signalwirkung hatten. Im Vorbeiflug versuchte die Fledermaus mit den Füßen die Larve aus den Fingerkuppen der hingehaltenen Hand herauszukratzen. Sobald sie dies geschafft hatte, benutzte sie die Schwanzflughaut als Widerlager, indem sie sich im Flug mit dem Kopf zum Schwanz beugte und in der sich bildenden Tasche die Insektenlarve mit dem Mund faßte. Für einige Zeit flog die Fledermaus deshalb «blind» im Geradeausflug durch den Raum. Aber nur kurz, denn schnell hatte sie ihre Beute zwischen den Zähnen und flog mit knisternden Kaugeräuschen auf einer Warteschleife im Kreis herum, bis alles aufgezehrt war. Ganz anders verhielten sich Braune Langohren (Plecotus auritus). Sie blieben im Rüttelflug in der Luft vor der hingehaltenen Hand stehen und versuchten die Lage des Insektes zuerst genauer zu lokalisieren. Manchmal gelang der Zugriff direkt mit den Zähnen, meist landeten sie aber auch kurz, umhüllten dabei die Hand mit den Flügeln und dem Schwanz. Wenn die losgelassene Larve dann nicht sofort gepackt werden konnte, spürten sie oft die Lage des fallenden Körpers auf den Flughäuten und holten ihn beim Wegflug von dort weg. In bewundernswerter Schnelligkeit lief dieser Vorgang ab. Im vertrauten Flugraum flogen die Langohren mit einem großen Nahrungsbrocken immer an den gleichen Ruheplatz und verzehrten dort hängend ihre Beute.

Unter natürlichen Bedingungen dürften solche Fanghandlungen ähnlich sein. In der Fachsprache wird dieses Jagdverhalten als «gleaning» bezeichnet. Dieses Ablesen der Beute von einem Substrat ist eine hochspezialisierte Jagdstrategie, die nur von einigen Arten in sehr spezifischer Weise beherrscht wird. Bei diesen Fanghandlungen landen die Fledermäuse nur kurz oder oft auch gar nicht. Sie werden also nicht durch längere Lauf- und Kletteraktivitäten versuchen, an ihre Beute zu kommen.

Es kann zur Sisyphusarbeit werden, wenn man herausfinden will, wovon sich die Fledermäuse ernähren. Freilandbeobachtungen an fliegenden Fledermäuse bringen keine befriedigenden Resultate. Bessere sind zu erwarten, wenn man unter Ruheplätzen nach Insektenresten sucht, die die Tiere beim Verzehr abgebissen haben und die nach unten gefallen sind. Meist sind es Flügel von Schmetterlingen, lange Beine von Käfern oder die Flügeldecken. Unter den Fraßplätzen der Langohren (*Plecotus sp.*) findet man oft eine große Vielfalt von Resten, aus denen sich umfangreiche Speisekarten rekonstruieren lassen. Sind die Fledermäuse mit allen Beutetieren zum untersuchten Ruheplatz geflogen? Ist die Artenliste der Beutetiere repräsentativ? Wahrscheinlich nicht, denn die großen Falter oder Käfer gibt es nicht immer im Jahr, und zwischendurch werden ohne Zweifel auch kleine Insekten verzehrt, die keinen bestimmbaren Abfall liefern.

Schon früh begannen Forscher in den Kotpillen der Fledermäuse nach unverdaulichen Resten der Beutetiere zu suchen und versuchten die kleinen, nahezu bis zur Unkenntlichkeit zerbissenen Dokumente mit den mutmaßlichen Beutetieren in Verbindung zu bringen. Es wurden dann auch Bruchstücke gefunden, die mehr oder weniger eindeutig einer Insektenordnung, seltener einer Familie oder sogar Art zugeordnet werden konnten. Kleine Fühlerreste, Bruchstücke der Beinchen, Flügelreste, Eier aus dem Bauch der Insektenweibchen – alles wurde genau untersucht. Aus der Häufigkeit bestimmter Bruchstücke in Untersuchungsreihen ergaben sich dann Hinweise auf die bevorzugte Nahrung der Fledermausarten. Bei der Durchführung solcher Analysen braucht man nicht nur viel Geduld und Erfahrung, sondern auch eine große Arten- und Formenkenntnis. Eine der umfassendsten Beutelisten auf der Basis von Kotanalysen erarbeitete Andres Beck, der insgesamt 19 Fledermausarten untersuchte. In den letzten Jahren wurden zwar immer genauere Nahrungslisten der einzelnen Arten zusammengestellt, aber dennoch bleiben viele Fragen unbeantwortet. Problematisch ist schon allein die Beschaffung des Analysenmaterials, denn meist muß es aus den Tagesquartieren der Fledermäuse geholt werden. Die Frage ist nun, ob gerade dieses Quartier eine repräsentative Aussage zur Ernährung zuläßt, denn viele Fledermäuse ruhen nach dem ersten Jagdflug am Abend nicht im Tagesschlafquartier aus, sondern an einem schwer auffindbaren Ruheplatz, vielleicht in der Nähe des Jagdgebietes, und geben dort schon die ersten Exkremente ab. Verzehrt eine Fledermaus am Abend immer die gleichen Insekten wie beim zweiten Jagdflug am Morgen

Eine Kotanalyse verrät die Ernährungsgewohnheiten

Abb. 62
Der Schmetterlingsflügel wurde vom Braunen Langohr (*Plecotus auritus*) abgebissen und wird dann als letztes Zeugnis einer nahrhaften Mahlzeit am Boden liegenbleiben.

vor der Heimkehr ins Tagesquartier? Haben die Männchen, die oft nicht im gleichen Gebiet wie die Weibchen wohnen, andere Ernährungsstrategien? Hier gibt es noch viel zu erforschen.

Jäger im offenen Luftraum

Einige Fledermausarten haben sich auf die Jagd im freien Luftraum spezialisiert. Dazu gehören die drei Arten aus der Gattung *Nyctalus* und die Bulldoggfledermaus (*Tadarida teniotis*) sowie mit Einschränkung auch die Arten aus den Gattungen *Eptesicus*, *Vespertilio*, *Hypsugo* und *Pipistrellus*, wobei letztere gelegentlich sehr nahe an der Vegetation jagen. Bei allen Luftjägern ist eine erstaunliche Vielfalt im Verhalten möglich, natürlich immer im Rahmen ihrer flugtechnischen Möglichkeiten. So kann ein Braunes Langohr (*Plecotus auritus*) sowohl als «Gleaner» an Mauern und Pflanzen auf Nahrungssuche unterwegs sein, aber auch im freien Luftraum den Nachtfaltern nachstellen.

Ein typischer Jäger im freien Luftraum ist der Große Abendsegler (*Nyctalus noctula*). Sein Jagdverhalten konnte gut untersucht werden, weil er schon früh am Abend, im Dämmerlicht, unterwegs ist. Im Bat-Detektor sind FM-Signale bei 18–25 kHz auch auf große Distanz, bis 50 m weit, gut zu hören. In charakteristischer Folge wechseln Rufe von je einem kurzen höherfrequenten und einem längeren tieferfrequenten Ruf ab, die als «plip-plop» im Lautsprecher des Gerätes ertönen. Im hohen Suchflug über freiem Gelände sind oft nur die bis 25 ms langen «Beinahe-CF-Laute» zu hören. Bei schweizerischen Untersuchungen stellten Sandra Gloor und Andres Beck fest, daß der Große Abendsegler sich hauptsächlich von kleinen und mittelgroßen Insekten ernährt, obwohl er zu den größten einheimischen Fledermausarten gehört. Große Käfer sind vor allem im Frühjahr und Herbst wichtige Beutetiere, wenn kleine Schwarminsekten seltener auftreten. Äußerst unterhaltsam ist es, dieser Fledermaus im April und Mai am frühen Abend beim Fang von Maikäfern zuzuschauen. Offensichtlich ist es nicht einfach, die große Beute zu ergreifen, denn Maikäfer (*Melolontha sp.*) sind etwa eineinhalbmal so lang wie der Schädel des Jägers, also ein riesiger Brocken. Wenn dieser dann erfolgreich zwischen den Zähnen mit raschen Kaubewegungen zerkleinert wird, hört man auch auf größere Distanz das knisternde Brechen des Insektenpanzers. Sorgfältig und recht artistisch wird die Beute im Mund ohne Hilfsmittel so gedreht, daß alle Flügel und die Beine abgebissen werden können. Diese Reste kann man mit etwas Glück im Gegenlicht der untergehenden Sonne auf den Boden fallen sehen. Ich konnte schon beobachten, wie Abendsegler die aus der Wiese aufsteigenden und dem Waldrand zustrebenden Maikäfer sehr ungestüm verfolgten. Dabei kam es vor, daß Abendsegler in das Laubwerk der Bäume gerieten und regelrecht zwischen den Ästen nach unten purzelten.

Viele kleine und mittelgroße Fledermausarten jagen in mittlerer Höhe. Die Zwergfledermaus (*Pipistrellus pipistrellus*) kann in geringer Höhe (in etwa 3–10 m), oft in engen, kleinräumigen Schlaufen bei Straßenlampen, um Bäume und Gebäude oder über Wasserflächen jagen, dann auch wieder recht hoch in etwa 20 m Höhe an linearen Vegetationsstrukturen wie beispielsweise siedlungsfernen Waldwegen entlang.

Fledermäuse sind recht opportunistische Jäger, und manchmal verfolgen mehrere Arten am gleichen Ort die gleichen Insekten. Sie werden aber, wie bereits erwähnt, immer nur dort ihr Jagdglück versuchen, wo sie in kurzer Zeit viel Beute machen können. Obwohl wir in der Nacht den Insektenflug nicht verfolgen können, müssen wir annehmen, daß diese nicht gleichmäßig im Luftraum verteilt sind. Großräumige Windströmungen, eine lokale Thermik oder Fallwinde können die Insektendichte maßgeblich beeinflussen.

Dabei werden vor allem die schwachen Fluginsekten, oft sind es ganze Schwärme, über große Distanzen verdriftet und dann in Waldlichtungen, Schneisen oder im Windschatten von Wäldern, vielleicht auch Gebäudekomplexen zusammengeweht. Fledermäuse können so entstandene Ansammlungen von Insekten entdecken und intensiv bejagen.

Laufkäfer werden vom Boden geholt

Egal bei welcher Fledermausart man sich die Ernährungsstrategie genauer anschaut, immer wird man irgendwelche Besonderheiten und unerwartete Merkwürdigkeiten entdecken. Als Anton Kolb in den 50er Jahren erstmals berichtete, daß das Große Mausohr (*Myotis myotis*) Laufkäfer (Carabidae) vom Boden aufnehme, nahm die Fachwelt davon zwar Kenntnis, aber erst 25 Jahre später wurde diese erstaunliche Jagdstrategie genauer untersucht.

Verschiedene Forscher bestätigten durch Kotanalysen, daß zum Teil flugunfähige Laufkäfer, aber auch Grillen (Gryllidae), Maulwurfsgrillen (*Gryllotalpa gryllotalpa*), große Schnaken (Tipulidae) und andere bodennah lebende Großinsekten von dieser Fledermausart erbeutet werden. Bei einer Analyse des Kotes aus einer Wochenstube südlich von Basel fand Karin Hirschi heraus, daß die Mausohren in dieser Region bevorzugt in Wäldern jagten, weil sie einige stenöke, nicht flugfähige Waldformen dieser Käfer nachweisen konnte. Bei Fütterungsversuchen im Labor verzehrten die 32–35 g schweren Fledermäuse in einer Nacht etwa 10 g Laufkäfer, bis zur völligen Sättigung waren das ungefähr fünf riesige Lederlaufkäfer (*Carabus coriaceus*) oder zehn Laufkäfer der Größe *Carabus auronitens* oder aber 40 mittelgroße von der Größe des *Abax ovalis*. Es hätten auch 25 Mistkäfer (*Geotrupes stercorosus*) sein können, diese Blatthornkäfer (Scarabaeidae) sind aber, wie viele andere auch, in dieser Region eher selten geworden, weil das Vieh größtenteils im Stall gefüttert und nicht mehr auf die Weiden geführt wird. Vom Jagdflug ins Quartier zurückkehrende Mausohren riechen übrigens sehr stark und unverwechselbar nach dem Sekret der Laufkäfer. Die größte mitteleuropäische Fledermausart holt sich also ihre Nahrung vom Boden. Sie entdeckt die Insekten nicht durch Echoortung, sondern durch passives Hören. Die lokalisierbaren Schallinformationen sind Raschelgeräusche bei der Fortbewegung und beim Nahrungserwerb der Insekten.

Erst durch verschiedene telemetrische Untersuchungen wurden weitere aufregende Aspekte bekannt. In Nordbayern telemetrierten Alois Liegl und Otto v. Helversen erstmals ein Großes Mausohrweibchen, das mit einer durchschnittlichen Geschwindigkeit von etwa 24 km pro Stunde in einen 6 km entfernten Wald flog und dort jagte.

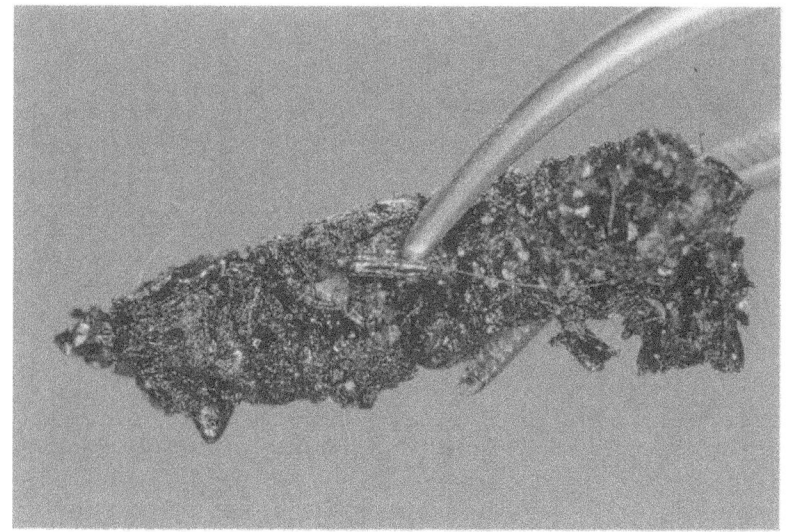

Abb. 63
Kotpille des Großen Mausohrs (*Myotis myotis*). Die etwa 10–15 mm langen Exkremente sind im trockenen Zustand meist krümelig und unterscheiden sich deutlich vom harten Nagetierkot. Gut sind hier die großen Chitinreste von verzehrten Insekten und einige beim Putzen verschluckte Körperhaare der Fledermaus zu erkennen.

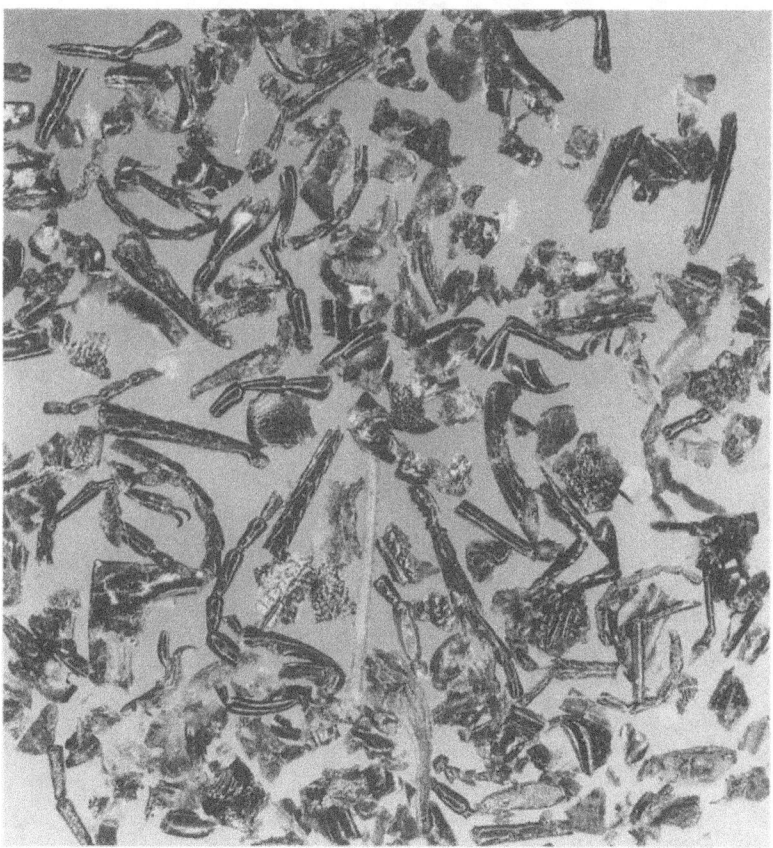

Abb. 64
Zerlegter Kot des Großen Mausohrs (*Myotis myotis*) unter der Lupe. Deutlich sind die Gliederteile von Laufkäfern (Carabidae) zu erkennen.

Gefräßige Insektenjäger

Abb. 65
Seit Jahren wurde unter dem Hangplatz der etwa 300köpfigen Mausohr-Wochenstube (*Myotis myotis*) nicht mehr gereinigt. Der höchste Gipfel des Kothaufens maß 80 cm. Rechts oben ist im Gebälk auch ein «Urintropfstein» zu erkennen.

Abb. 66
«Urintropfstein» in einer Wochenstube des Großen Mausohrs (*Myotis myotis*). Weil die Tiere jahrelang die gleiche «Toilette» benutzten, ist aus dem Harn ein tropfsteinähnliches Gebilde entstanden.

Abb. 67
Querschnitt durch einen 4 cm langen Urintropfstein. Deutlich sind begrenzte Ablagerungsringe zu sehen, die einen periodisch bedingten Zuwachs anzeigen.

In der Schweiz haben Raphaël Arlettaz im Wallis und René Güttinger in der Ostschweiz das Jagdverhalten der Großen Mausohren genauer untersucht und beobachteten noch weiträumigere Jagdaktivitäten. Die Tiere wurden nicht nur in Wäldern, sondern auch außerhalb auf gemähten Fettwiesen, manchmal auch auf Ackerflächen gesehen. Im Wallis bilden das Große (*Myotis myotis*) und das Kleine Mausohr (*Myotis blythii*) Mischkolonien. Daher war es natürlich interessant herauszufinden, ob und wie sich diese beiden so ähnlichen Arten im Jagdverhalten unterscheiden. Raphaël Arlettaz fand heraus, daß beide ein «gleaning»-Verhalten zeigen, wobei die größere Art ein Generalist ist und jede erreichbare, günstige Beute vom Boden holt und die kleinere Art hauptsächlich von der steppenartigen Vegetation an den Trockenhängen des Rhoneufers Insekten abliest, bevorzugt Laubheuschrecken (Tettigoniidae). Er hat aber auch beide Arten nebeneinander über Wiesen jagen sehen. Zur Ernährungsökologie dieser Fledermäuse hat Arlettaz so viele Daten gesammelt, daß er mit diesen allein ein hochinteressantes Buch füllen konnte.

Weil sich die klimatischen Bedingungen am Boden gelegentlich sehr stark von denen im offenen Luftraum unterscheiden, sind die saisonalen Jagdaktivitätsmuster der Fledermäuse entsprechend angepaßt. Am 20. Juni 1996 verließen südlich von Basel etwa 250 Große Mausohren (*Myotis myotis*) ihre Wochenstube nicht, weil es seit einigen Tagen sehr kühl gewesen war. Dies störte eine knapp 100köpfige Zwergfledermauskolonie (*Pipistrellus pipistrellus*) im etwa 3 km entfernten Nachbardorf absolut nicht, denn an diesem Abend flogen alle aus. Für die Großinsekten am Boden war es zweifellos zu kalt, um aktiv zu werden, dagegen flogen auch bei diesen Temperaturen noch massenhaft kleine Insekten über dem Fluß, die von den Zwergen bejagt werden konnten.

Reiche Beute über stehenden und ruhig fließenden Gewässern

Im Kapitel über Ernährungsräume haben wir bereits erfahren, daß größere Wasserflächen oft Treffpunkte von Fledermäusen sind. In unterschiedlicher Höhe teilen sich mehrere Arten den Luftraum. Die unterste Zone, dicht über der Wasserfläche, bejagt die Wasserfledermaus (*Myotis daubentoni*). Ohne Hilfsmittel entdeckt man sie nur zufällig, wenn sie für einen Moment über hell reflektierendes Wasser fliegt. Im Bat-Detektor sind ihre Ortungslaute bei etwa 45 kHz am besten zu hören. Wenn man den Tieren im Licht eines starken Scheinwerfers zusehen kann, wie sie, dicht über dem Wasser fliegend, in großen Flugschlaufen ihre Beute suchen, dann ist das Spektakel perfekt. Nur über ruhig fließendem Wasser können sie in großer Zahl beobachtet werden. Dann können es aber schon einmal fünf oder auch mehr Wasserfledermäuse pro hundert Meter ufernahes Jagdgebiet sein; und das über Kilometer hinweg. In den badischen Rheinauen bei Karlsruhe hat Elisabeth Kalko mit einer transportablen Mehrfachblitzanlage und simultaner Aufzeichnung der Ortungsrufe das spezialisierte Echoortungs- und Jagdverhalten der Wasserfledermaus genau untersucht. Mit Hilfe ihrer großen Füße und der Schwanzflughaut fängt die Fledermaus knapp oberhalb oder direkt von der Wasseroberfläche weg kleine Beuteinsekten. Nach dem Fang wird die Beute in der Schwanzflughauttasche geborgen und dann verzehrt. Bei Fängen, die deutlich oberhalb der Wasseroberfläche stattfinden, fangen sie die Insekten manchmal auch mit einem Flügel und leiten sie anschließend in die Schwanzflughaut. Ohne technische Hilfsmittel sind diese Fanghandlungen gar nicht wahrnehmbar, denn alles geschieht in unwahrscheinlicher Schnelligkeit. Die Beutetiere sind Fliegen (Diptera), hauptsächlich Zuckmücken (Chironomidae), Schnabelkerfe (Hemiptera) und Netzflügler (Neuroptera).

Eine ganz andere Jagdstrategie läßt sich bei den Hufeisennasen (Rhinolophidae) beobachten. Sie sind oft Ansitzjäger und warten an einem guten Beobachtungsort hängend auf vorbeifliegende Insekten. Dabei drehen sie sich fortwährend in der Längsachse hin und her und suchen mit den Ortungslauten die Umgebung ab. Mit ihren langen CF-Signalen haben sie sich auf die Detektion flügelschlagender Insekten spezialisiert. Im Rhythmus des Flügelschlages eines Nachtfalters wird der CF-Ton des Ortungssignals in wechselnder Intensität, einem Blinklicht ähnlich, so reflektiert, daß eine Erkennung der Beute auch vor akustisch unruhigem Hintergrund, wie etwa leicht bewegtem Blattwerk, möglich wird. Fliegende Insekten erzeugen also eindeutig identifizierbare Echostrukturen, auf die die Fledermäuse spontan reagieren. Sobald ein Falter vorbeifliegt, wird er mit einem schnellen Flugmanöver ergriffen und dann am Ansitzplatz hängend verzehrt. Auch Hufeisennasen trennen unverdauliche Flügel und Beine ab, die dann nach unten fallen. Beim Verzehr von großen Insekten können Hufeisennasen, wenn sie es eilig haben, Nahrungsbrocken auch in den Backentaschen aufbewahren und sie später gut durchkauen und schlucken.

Hufeisennasen haben breite Flügel, die sie zu akrobatischen Flugmanövern befähigen. Sie können sowohl im Rüttelflug von der

Die Ansitzjäger

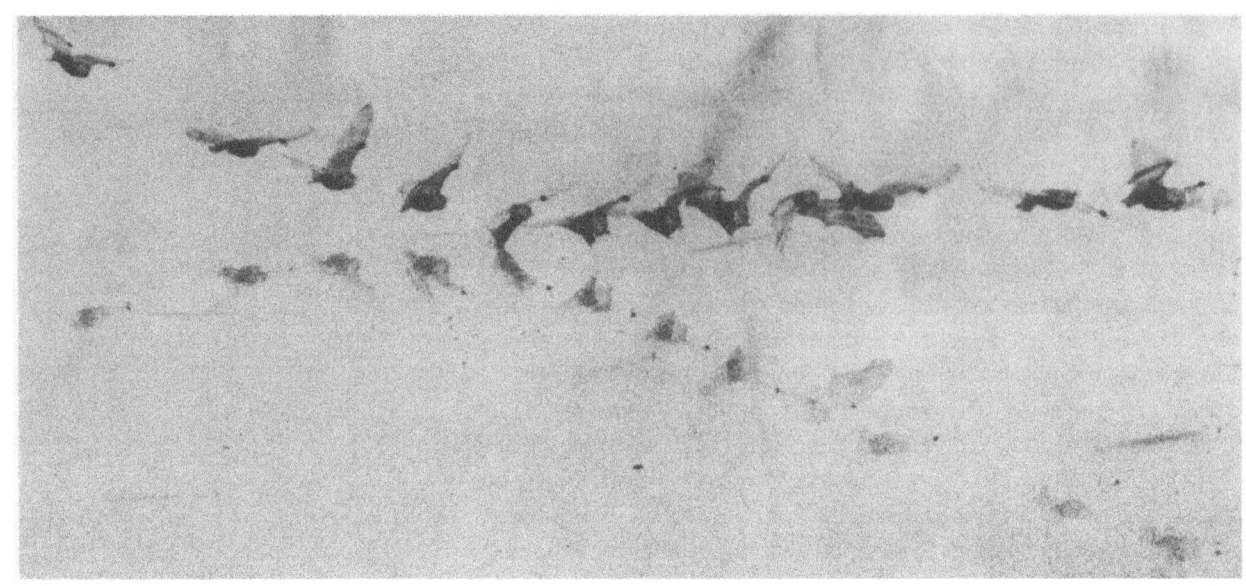

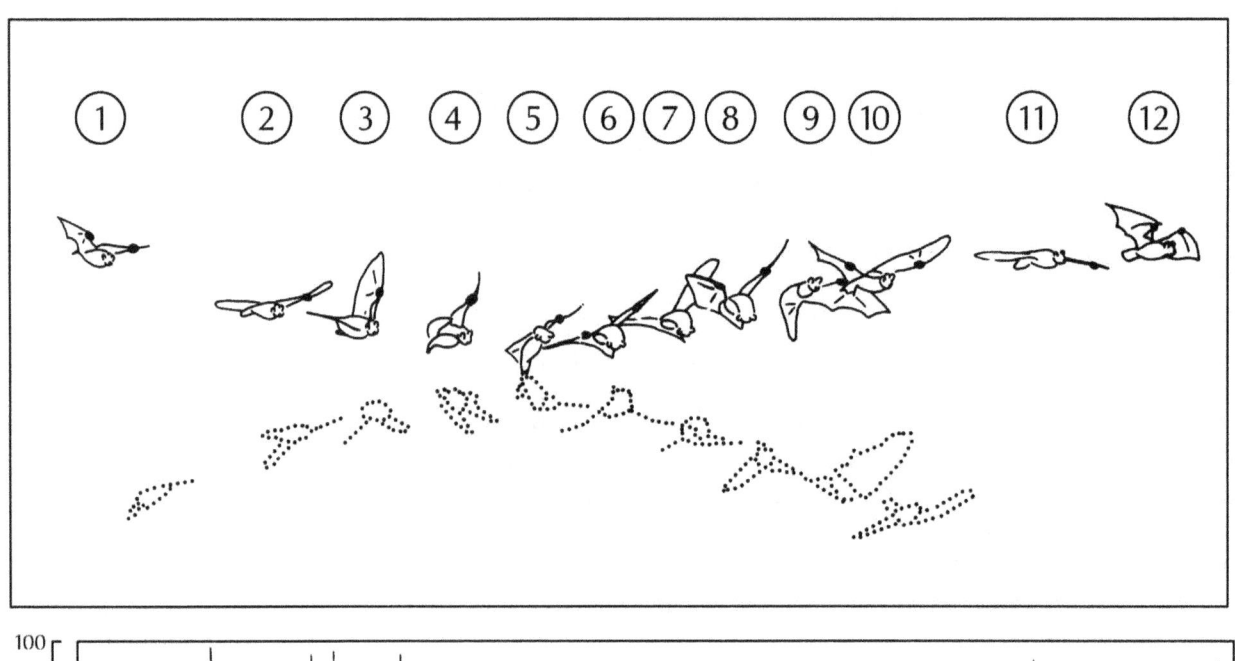

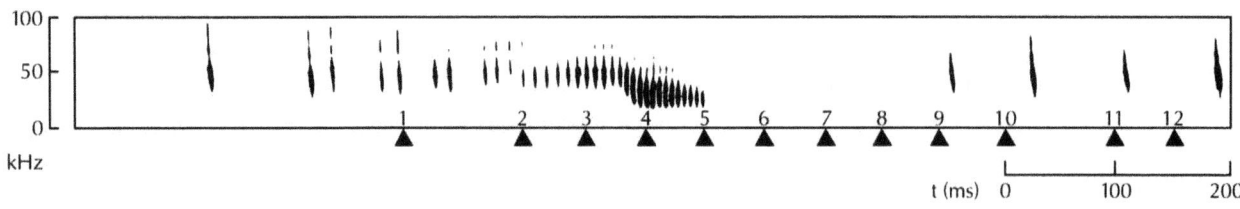

Vegetation Nahrung holen als auch aus dem freien Luftraum beim vegetationsnahen Suchflug.

Im Kot von Wimperfledermäusen (*Myotis emarginatus*) wurden von Andres Beck Überreste von Fliegen (Diptera) und auch von Spinnen (Arachnida) gefunden, die offensichtlich eine wichtige Nahrungsgrundlage sind. Das hatten auch schon andere Forscher festgestellt, aber niemand weiß genau, wie die Fledermäuse Spinnen lokalisieren können. Wimperfledermäuse sind unglaublich wendige Flieger, die auf kleinstem Raum hin und her zirkulieren und deshalb auch problemlos ein Substrat sorgfältig absuchen können. An den Ohrmuscheln haben Wimperfledermäuse auffallende, kleine körnchenartige Erhebungen mit winzigen Härchen. Das müssen Sinneshaare sein, die auch zahlreich auf den Flughäuten zu finden sind. Werden damit Luftströmungen wahrgenommen, die im kleinräumigen Flug wichtige Informationen vermitteln? Solche Beobachtungen weisen auf mögliche Spezialisierungen im Flugverhalten hin, beantworten aber nicht, wie lautlose, dicht am Substrat sitzende Beutetiere detektiert werden können.

Im Kot von Braunen Langohren (*Plecotus auritus*) fanden wir die typischen, vielgliedrigen Beine von Weberknechten (Opiliones). Auch

Ernährungskünstler

Abb. 68 (linke Seite)
Jagdsequenz einer Langfußfledermaus (*Myotis capaccinii*) nach Mehrfachblitzaufnahmen. Die Zeitdauer zwischen den Aufnahmen beträgt 45 ms. Nur zwischen Bild 1 und 2 sowie zwischen Bild 10 und 11 beträgt sie 90 ms. Die Fledermaus trägt reflektierende Markierungsringe an den Flügeln. Die Langfußfledermaus ist auf die Insektenjagd über Gewässern spezialisiert und fängt ihre Beute meist knapp oberhalb oder direkt von der Wasseroberfläche. Nachdem sie ein Insekt mit Hilfe ihres Echoortungssystems ausfindig gemacht hat, fliegt sie es zielgerichtet an und verringert dabei kontinuierlich ihre Flughöhe (Bild 1–4). Die Beute wird dann mit den großen Füßen und der Schwanzflughaut eingekeschert (Bild 5). Gleich darauf beugt die Fledermaus ihren Kopf in die aus der Schwanzflughaut gebildete Tasche, um das Insekt im Flug zu verspeisen (Bild 6–8). Danach kehrt sie wieder in den Suchflug zurück (Bild 9–12).
Die Langfußfledermaus ortet mit kurzen, frequenzmodulierten Echoortungssignalen (FM). Die Anzahl der Ortungslaute wird im Anflug auf die Beute deutlich gesteigert (Bild 1). Während der sog. «Terminalphase» wird kurz vor dem Erreichen der Beute die maximale Dichte an Ortungslauten erreicht (Bild 2–5). Solange die Fledermaus mit dem Herausholen der Beute aus der Flughauttasche beschäftigt ist, können keine Ortungslaute registriert werden (Bild 6–8). Die Ortung setzt mit dem Beginn des Suchfluges wieder ein (Bild 9–12). Eine ähnliche Jagdstrategie hat die Wasserfledermaus (*Myotis daubentoni*).

(*Foto, Grafik und Legende: Elisabeth Kalko*)

hier die Frage: Wie entdecken sie diese Beutetiere? Schon mehrmals habe ich diesen Fledermäusen vom Fenster aus zugeschaut, wie sie unter mir vor einer Hauswand im Rüttelflug in der Luft stehen blieben und dann auch hin und wieder etwas abzulesen schienen. Sie kamen auch einmal neugierig bis dicht vor mein Gesicht und rüttelten, so daß ich den Flugwind spüren konnte. Vermutlich hatten sie mein Atemgeräusch gehört und wollten nachschauen, was das für eine ungewohnte Sache ist. Demnach waren sie auch im passiven Hören sehr aufmerksam.

Bedrohte Schmetterlingsjäger

Aufgrund der Form der langen und spitzen Flügel könnte man vermuten, daß Mopsfledermäuse (*Barbastella barbastellus*), ebenso wie andere spitzflügelige Arten, weite, ausgedehnte Jagdflüge unternehmen. Im Kanton Wallis telemetrierte Antoine Sierro insgesamt 12 Individuen, um ihre Jagdgewohnheiten zu erkunden. Überraschenderweise entfernten sie sich im Sommer nicht weiter als 300–400 m von ihrem Tagesquartier, im Herbst und Frühjahr aber bis zu 1,5 km. In den nahegelegenen Kiefernwäldern erbeuteten sie fast ausschließlich Nachtschmetterlinge (Lepidoptera). Mopsfledermäuse haben sehr schwache Kiefer und können robustere Insekten nicht zerkleinern. Wenn man sie als Pflegling in Obhut nehmen muß, hat man große Schwierigkeiten, sie mit Mehlkäferlarven zu ernähren, weil auch diese ihnen beim Zerkleinern große Mühe bereiten. Die viel kleineren Zwergfledermäuse (*Pipistrellus pipistrellus*) haben damit vergleichsweise keine Probleme.

Die Mopsfledermaus ist ein Nahrungsspezialist, der unter dem Rückgang der gesamten Schmetterlingsfauna leidet. Deshalb vermutet Sierro, daß Straßenbeleuchtungen eine «Mitschuld» an der Gefährdung der in ganz Mitteleuropa äußerst bedrohten Mopsfledermaus haben könnten. Es verenden zahlreiche vom Licht der Leuchtkörper angelockte Nachtfalter, die dann im großen Nahrungskreislauf fehlen. Vielerorts werden genau aus diesem Grund verbesserte Leuchtkörper montiert, die keine Insekten mehr anlocken. Nun vermutet aber Jens Rydell in Schweden, daß einige Fledermausarten, die an Straßenbeleuchtungen jagen und von der opulenten Nahrungsquelle zu profitieren gelernt haben, gerade aus diesem Grund nicht in ihrer Existenz bedroht seien, wie beispielsweise Arten aus den Gattungen *Nyctalus*, *Eptesicus*, *Vespertilio* und *Pipistrellus*. Muß man daraus schließen, daß nun wiederum die neuen Lampen, an denen keine Insekten mehr schwärmen, die Fledermäuse in Bedrängnis bringen?

Feindvermeidung der Insekten

Fledermäuse sind geschickte Jäger, und für ein verfolgtes Insekt gibt es meist kein Entkommen mehr. Im Laufe der Evolution haben aber einige Insektenarten raffinierte Abwehrmechanismen entwickelt. Eulenfalter (Noctuoidea) und Spanner (Geometroidea) haben seitlich am Körper nach hinten gerichtete Gehörorgane. Die Ortungsrufe einer Fledermaus können sie auf Distanzen bis zu 35 m hören. In einer Fluchtreaktion versuchen sie im Zickzackflug den Zugriff des Jägers zu vermeiden. Der dichte Pelz einiger Motten reflektiert die Ortungslaute schlecht, so daß sie nicht so leicht entdeckt werden. Florfliegen (Chrysopidae) haben in den Radialadern ihrer zarten Flügel je ein winziges Tympanalorgan, mit dem sie ebenfalls Ultraschall wahrnehmen können. Es sind die kleinsten bisher bekannt gewordenen Gehörorgane bei Insekten. Fliegende Florfliegen reagieren sofort auf Ultraschall, schließen die Flügel und lassen sich im Sturzflug nach unten fallen. So entkommen sie meist dem Ultraschallbereich der Fledermaus, bevor sie von ihr detektiert werden können. Bärenspinner (Arctiidae) signalisieren den Fledermäusen sogar ihre Ungenießbarkeit, indem sie selbst Ultraschallaute von sich geben und nicht mehr verfolgt werden.

Wieviel Wasser brauchen Fledermäuse?

Durstige Fledermäuse können wie Schwalben im Flug Wasser schöpfen. Dabei fliegen sie in mit schräggestellter Körperachse, den Kopf tiefer gehalten, über das Wasser und tauchen mit dem Kinn ein. Einige Arten können ihren Wasserhaushalt vermutlich weitgehend über die Nahrungsaufnahme regulieren. Flugmanöver, die auf ein Trinken von der Wasseroberfläche schließen lassen, wurden von mir im Sommer nach dem ersten Jagdflug, meist in der zweiten Nachthälfte beobachtet. Allerdings fliegen Fledermäuse, die tagsüber in sehr warmen Quartieren wohnen, schon vor Jagdbeginn zu einer Tränke und trinken.

Fledermäuse brauchen viel Nahrung

Aktive Fledermäuse haben einen raschen Stoffwechsel und brauchen deshalb in der warmen Jahreszeit viel Nahrung. Der Magen kann so prall gefüllt werden, daß der Inhalt ein Fünftel des Eigengewichtes der Fledermaus ausmacht. Nach den ersten Jagdflügen am Abend konnten in der Station «Hofmatt» beim Großen Abendsegler (*Nyctalus noctula*) Gewichtszunahmen bis zu 5 g registriert werden. Nach einem Jagdflug von ungefähr 90 Minuten wog ein Männchen 31,5 g, das waren 4,5 g mehr als vor dem Start. Ein Rückschluß auf die effektive Menge der Nahrungsaufnahme ist jedoch schwierig, weil im Flug bereits Kot und Urin abgegeben werden kann.

Eine 10 g schwere Fledermaus kann in einer Saison mindestens 300 g Insekten vertilgen. Eine Kolonie von 50 Tieren benötigt also mindestens 15 kg Insekten. Das ist eine riesige Menge, die in einer bestimmten Landschaft kontinuierlich verfügbar sein muß, damit eine Population erfolgreich überleben kann. Der Kot der Fledermäuse besteht ausschließlich aus den zerkleinerten unverdaulichen Resten von Insekten, und die großen Haufen unter den Hangplätzen von Mausohrkolonien demonstrieren eindrucksvoll ihren gewaltigen Nahrungsbedarf. Eine Kolonie von 100 Großen Mausohren (*Myotis myotis*) kann in einer Nacht etwa 4000 mittelgroße Laufkäfer (Carabidae) verzehren. Weil die Laufkäfer und ihre Larven räuberisch leben und an günstigen Tagen Nahrungsmengen bewältigen, die ihrem Körpergewicht entsprechen, muß die Gesamtproduktion einer Nahrungskette enorm groß sein, bis allein nur die Raubinsekten satt werden. Von diesen sind wiederum viele notwendig, um ein einziges Mausohr zu ernähren.

Die Verdauungsorgane

Im Epithel der Speiseröhre hat man Verhornungen entdeckt, die wahrscheinlich zum Schutz vor harten und scharfkantigen Nahrungsteilen dienen. Sie sind insbesondere beim Großen Mausohr (*Myotis myotis*) ausgeprägt, das sich hauptsächlich von großen Käfern ernährt und diese beim Verzehr mit den Zähnen mechanisch nur wenig zerkleinert. Nicht so beim Großen Abendsegler (*Nyctalus noctula*) und der Breitflügelfledermaus (*Eptesicus serotinus*), beide Arten verzehren zwar auch oft große Käfer, zerkleinern diese aber besser oder schneiden die Extremitäten mit ihren scharfen Zähnen sorgfältiger ab und lassen sie fallen. Der leere Magen ist bohnenförmig und enorm dehnungsfähig, so daß Fledermäuse in kurzer Zeit nahezu unglaubliche Mengen an Nahrung aufnehmen können.

Das Darmrohr beschreibt vom Magenausgang bis zum Enddarm mehrere Schlaufen und kann grobmorphologisch nicht in verschiedene Abschnitte gegliedert werden. Es ist bei den meisten Arten etwa zwei- bis dreimal so lang wie die Kopf-Rumpf-Länge. Bei Zwergfledermäusen (*Pipistrellus pipistrellus*), Großen Abendseglern (*Nyctalus noctula*) und Breitflügelfledermäusen (*Eptesicus serotinus*) ist der Darm vergleichsweise kurz, bei der Wasserfledermaus (*Myotis daubentoni*) dagegen mit etwa fünffacher Kopf-Rumpf-Länge auffallend lang.

Pragmatische Energiesparer

Es gibt Zeiten im Jahr, da ist es still um die Fledermäuse, man sieht sie nicht, denkt auch nicht an sie, und dann kommt es plötzlich zu einer unerwarteten Begegnung. Vielleicht bringt die Katze eine in die Wohnung, oder sie ist ganz einfach überraschend da, niemand weiß, woher sie kommt und warum gerade jetzt. Verunglückte Fledermäuse kann man zu allen Jahreszeiten und überall finden – auch mitten im Winter, oder in der Stadt. Das ist in der Region Basel genauso wie in vielen anderen städtischen Ballungsgebieten. Bei den außergewöhnlich tiefen Temperaturen im Januar 1997 waren es allerdings etwas mehr Tiere als sonst. Immerhin wurden 16 Rauhhautfledermäuse (*Pipistrellus nathusii*), zwei Zwergfledermäuse (*Pipistrellus pipistrellus*), eine Weißrandfledermaus (*Pipistrellus kuhlii*), ein Graues Langohr (*Plecotus austriacus*) und ein Kleiner Abendsegler (*Nyctalus leisleri*) bei mir in Obhut gegeben, um sie zu pflegen und später wieder freizulassen. Dazu kam noch eine Baumfällung, bei der Große Abendsegler (*Nyctalus noctula*) entdeckt wurden: 59 Winterschläfer, die in einer hohlen Eiche, am Stadtrand, dicht bei der Landesgrenze in Weil am Rhein, überwinterten. Entdeckt hat man all diese Fledermäuse nur durch Zufall. Die Funde lassen erahnen, daß es vielerorts heimliche und unbemerkte Verstecke geben muß, in denen Fledermäuse versuchen, die kalte Jahreszeit zu überleben. Ohne Zweifel gibt es viele riskante Überwinterungsstrategien, die im Lebensraum Stadt ausprobiert werden und sich dann in manchen Situationen als sehr selektiv erweisen. Wie viele sind wohl in diesem Winter gestorben, ohne daß es jemand bemerkt hat?

Am 24. Januar 1997 erreichte mich ein Telefonanruf: in der Bernoullistraße in Basel sei eine Fledermaus in ein Schlafzimmer eingeflogen und fände den Weg ins Freie nicht mehr. Bei meinem Besuch am Nachmittag hing der Irrgast immer noch am Vorhang, eine längliche Fellkugel mit kleinen spitzen Ohren. Der Fund entpuppte sich als Graues Langohr (*Plecotus austriacus*), eine in Basel seltene Art, die seit 13 Jahren nicht mehr nachgewiesen worden war. Die vermeintlichen spitzen Ohren waren die Ohrdeckel, und die Ohren selbst hatte die Fledermaus zunächst noch am Körper unter den Unterarmen verborgen. Das kleine Tier war lethargisch und steif, sein Körper fühlte sich kalt an, hatte ungefähr 18°C, so wie die Raumtemperatur. Die Augen hatte die Fledermaus schon seit der ersten Berührung weit geöffnet, langsame, pumpende Atembewegungen waren an den Körperflanken zu sehen. Als ich sie auf den Rücken drehte, tastete sie mit den Hinterbeinen recht hilflos und träge nach einem Halt. Bei den Manipulationen in der Hand vokalisierte sie mit charakteristischen Zischlauten, und schließlich kamen auch die riesigen Ohren zum Vorschein. In den folgenden Minuten wurde die Atmung heftiger, der kleine Körper zitterte, und an den wie Widderhörnern gekrümmten, halbgeöffneten Ohrmuscheln war ein pulsendes Vibrieren zu beobachten. Ganz offensichtlich wurden in der Fledermaus alle Lebenskräfte mobilisiert, wie unter Schwerarbeit schien sie sich aufzuwärmen. Innerhalb von acht Minuten waren die Atembewegungen so schnell geworden, daß sie als Einzelbewegungen fast nicht mehr erkennbar waren. Plötzlich richtete sie ihre Ohren steif auf, und hätte ich sie nicht an den Hinterbeinen festgehalten, wäre sie weggeflogen. Die Fledermaus war stark dehydriert und hatte großen Durst; vermutlich wurde sie deshalb mitten im Winter flugaktiv und flog in die Wohnung ein. Nach der nächsten Wetterbesserung ließ ich sie einige Tage später beim Fundort in der Innenstadt wieder frei.

Homoiothermie und Poikilothermie	Die Beobachtungen am Grauen Langohr in der Bernoullistraße beschreiben einen kleinen Ausschnitt des komplexen, wundersamen Verhaltensrepertoires, durch das sich Fledermäuse von vielen anderen Säugetieren unterscheiden, und das sie so außergewöhnlich macht. Es ist ihre erfolgreiche Anpassungsfähigkeit, die sie auch widrige, nahrungslose Lebensperioden überstehen läßt. Diese Überlebensstrategien und die damit verbundenen, oft artspezifischen Verhaltensleistungen sind manchmal schwierig zu verstehen, vieles ist

auch noch unerforscht und kann vorläufig nicht plausibel erklärt werden.

Säugetiere und Vögel erzeugen im Körper mit ihrem Stoffwechsel Eigenwärme. Nur so können die Lebensprozesse nahezu unabhängig von den tages- und jahreszeitlichen Schwankungen der Umgebungstemperatur ablaufen. Durch aktive Wärmeregulationen werden die Schwankungen der Körpertemperatur auf ±2°C begrenzt, auch dann, wenn die Umgebungstemperaturen erheblich variieren. Der Stoffwechsel wird dabei, auch in Ruhe, auf einem relativ hohen Niveau stabilisiert. Diese thermoregulatorischen Vorgänge kann sich der Organismus auf Dauer nur leisten, wenn er nach außen eine genügende Isolation, eine dicke Fettschicht, ein Fell oder ein Federkleid hat.

Die Fähigkeit, mit einem hohen Ruhestoffwechsel bei wechselnden Umweltbedingungen leben zu können, haben nur Vögel und Säugetiere. Sie sind homoiotherm, «warmblütig», im Gegensatz zu den «kaltblütigen», d.h. poikilothermen Reptilien und Amphibien, deren Körpertemperatur der Umgebungstemperatur entsprechend schwankt. Sie haben keine wärmeisolierende Außenhülle am Körper und können die Körpertemperatur nur durch die günstige Wahl ihrer Aufenthaltsorte, durch Farbwechsel oder Änderungen der Hautdurchblutung regulieren und so versuchen, im optimalen Temperaturbereich zu bleiben. Wenn es Reptilien oder Amphibien einmal zu kalt wird, haben sie keine Möglichkeit, sich selbst aufzuwärmen. Ihr Körper kühlt aus und hat nach einiger Zeit die gleichen Werte wie die Umgebungstemperatur, so daß die Tiere in Kältestarre fallen.

Die homoiothermen Tiere dagegen können durch eine Erhöhung des Stoffwechsels ihre Temperatur auf dem notwendigen Sollwert regulieren. Dies kann durch Muskelarbeit oder Muskelzittern, aber auch durch biochemische Prozesse, wie etwa Fettverbrennung, geschehen. Dazu brauchen die Tiere aber immer viel Energie. Damit diese «Heizkosten» nicht zu teuer werden, wählen auch homoiotherme Tiere ihre Aufenthaltsorte so aus, daß die Energiebilanz möglichst günstig bleibt. Temperaturstabilisierend wirken auch Veränderungen der Atemfrequenz, Aufplustern der Haare oder Federn und Veränderungen der Körperoberfläche, beispielsweise eine kugelförmige Schlafstellung. Manche Tiere können sich auf saisonale Streßsituationen mit hohem Energieverbrauch vorbereiten, indem sie große Fettvorräte in ihrem Körper anlegen.

Der Torpor, eine Energiesparmaßnahme

Wenn über einen längeren Zeitraum hinweg Nahrungsmangel herrscht, müssen homoiotherme Tiere ihr Verhalten grundsätzlich ändern, damit ihre hohen Energieumsätze aufrechterhalten werden können. Vögel wandern oft ab, um ergiebigere Nahrungsressourcen aufzusuchen. Als spezielle Anpassung an Kälte und Nahrungsmangel in den gemäßigten Zonen können sich einige homoiotherme Säugetiere und Vögel in einen energiesparenden physiologischen Zustand versetzen, der als «Torpor» bezeichnet wird. Dieser zeichnet sich durch eine Senkung der Körpertemperatur und Reduktion des Stoffwechsels aus, außerdem ist die Erregbarkeit reduziert, und die Tiere sind weitgehend inaktiv. Das Absenken der Körpertemperatur wird nicht durch eine Kältebelastung erzwungen, sondern geschieht kontrolliert, gesteuert durch körpereigene Stoffwechselprozesse. Einige «Warmblüter» können sich also heterotherm, d.h. wechselwarm, verhalten und ihren Körper scheinbar wie «Kaltblüter» auskühlen lassen. Die Unterschiede sind nicht immer vordergründig erkennbar, zeigen sich aber dann, wenn ein lethargisches, d.h. ein torpides Tier fähig ist, sich selbst wieder aufzuwärmen. Dies können nur einige homoiotherme Tiere, beispielsweise alle Fledermäuse, die in den klimatisch gemäßigten Zonen leben. Von den europäischen Nagetieren sind es Hamster (*Cricetus cricetus*), Ziesel (*Citellus citellus*), Murmeltier (*Marmota marmota*), alle Schläfer (Gliridae), die Birkenmäuse (Zapodidae) und unter den Insektenfressern einige Spitzmäuse (Soricidae) und der Igel (*Erinaceus europaeus*). Unter den Vögeln können beispielsweise Segler (Apodidae), Kolibris (Trochilidae) und Ziegenmelker (Caprimulgidae) in Kältestarre fallen und so Nahrungsengpässe oder Kälteperioden überdauern. Sobald torpide Tiere wieder ihre Normaltemperatur erreicht haben, sind sie in einem gleichwarmen, d.h. «euthermen» Zustand.

Dauert die Kältestarre nur kurze Zeit, tritt sie beispielsweise tageszyklisch auf, dann spricht man von einem «Ruhetorpor» oder einer «Tageslethargie». Wenn sie sich bei tiefen Temperaturen über mehrere Tage oder Wochen hinzieht, ist es der «Winterschlaf». Beim sogenannten «Winterschlaf» halten die Tiere ihre Körpertemperatur auf einem bestimmten, niedrigen Sollwert, den sie permanent kontrollieren. Wird dieser Wert durch Kälteeinwirkung unterschritten, kann er durch die Erzeugung von Eigenwärme stabilisiert werden. Wenn es notwendig ist, kann sich der Körper auch wieder vollständig erwärmen. Die oft genannte «Winterruhe», beispielsweise der Bären (Ursidae), die ihre Körpertemperatur dabei nicht unter 30 °C absinken lassen, folgt einem anderen Mechanismus, dessen Erklärung hier zu weit führen würde.

Die Tageslethargie

Die in den gemäßigten Klimazonen lebenden Fledermäuse sind tüchtige Energiesparer. Sie müssen es auch sein, denn bei kaltem Wetter oder langen Regenperioden sind ihre Beutetiere inaktiv, können deshalb nicht aufgespürt werden, und somit gibt es auch nichts zu fressen. Da hilft nur die Flucht in die Tageslethargie. Vom Frühjahr bis in den Spätherbst hinein kann man bei Fledermäusen tageszyklische Schwankungen der Körpertemperatur beobachten. Dabei werden die täglichen Aktivitätsphasen auf ein Minimum reduziert; schon kurz nach einer Verdauungsperiode lassen sich die Tiere auskühlen und gleichen ihre Körpertemperatur der kühleren Temperatur im Quartier an. Beträgt diese zum Beispiel 20°C, dann sinkt die Körperwärme von etwa 39°C nach der Flugaktivität auf ca. 22°C ab. Dadurch vermindert sich die motorische Reaktionsfähigkeit, die lethargischen Tiere können nicht mehr fliegen und sich nur noch langsam kriechend vorwärtsbewegen. Das bedeutet aber auch, daß bei einer Bedrohung eine schnelle Flucht nicht mehr möglich ist. Fledermäuse reagieren dann oft mit lauten Abwehrrufen, wobei einige Arten dabei die Flügel spreizen. Die recht hilflosen Tiere öffnen sofort ihre Augen und versuchen dann kriechend dunkle Verstecke zu erreichen. Auf dem Rücken liegenden tief lethargischen Fledermäusen gelingt es nicht, sich sofort umzudrehen, sondern sie versuchen zunächst einmal mit langsamen kompensatorischen Umkehrbewegungen, mit den Krallen Halt zu finden. In solchen Situationen erhöhen sie möglichst schnell und mit großer Energieinvestition ihre Körpertemperatur auf den Normalwert. Das normale, tageszyklische Aufwärmen in der warmen Jahreszeit verläuft dagegen energiesparender, aber auch viel langsamer.

Tagsüber können Fledermäuse in ihren Quartieren manchmal dichte Klumpen bilden, sogenannte Cluster. Durch dieses enge Zusammenleben begrenzen sie mögliche Wärmeverluste, und der enge Körperkontakt ermöglicht die sogenannte soziale Thermoregulation. Bei der Clusterbildung entsteht ein großer Körper mit vergleichsweise kleiner Abstrahlungsfläche für die selbstproduzierte Körperwärme. Diese kann dadurch ökonomischer genutzt werden. Solche energiesparenden Vorteile sind vor allem bei Verdauungsphasen nach dem Jagdflug und während der Tragzeit in den Wochenstuben der Weibchen von großer Bedeutung. Diese soziale Thermoregulation beobachten wir bei allen Vertretern der Familie der Glattnasen (Vespertilionidae), seltener bei den Hufeisennasen (Rhinolophidae); von der

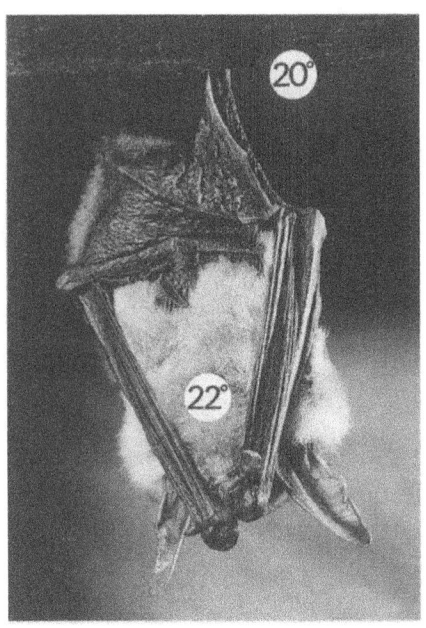

Abb. 69
Großes Mausohr (*Myotis myotis*) in der Tageslethargie.

(Foto: Wolfgang Suter)

Bulldoggfledermaus (*Tadarida teniotis*) soll sie nach Beobachtungen von Raphaël Arlettaz überhaupt nicht praktiziert werden.

Die Tageslethargie hat noch eine zusätzliche, wichtige biologische Bedeutung, denn Fledermäuse können diese energiesparende Fähigkeit nicht nur bei Nahrungsmangel gewinnbringend einsetzen, sondern auch präventiv, um Fettvorräte zu sammeln. Dabei reduzieren sie ihre tägliche Aktivität im Quartier auf ein Minimum, suchen möglichst kühle Hangplätze auf und ruhen dann meist nicht im Körperkontakt, sondern einzeln. Die während der Kältestarre gesparten energietragenden Substanzen können dann im körpereigenen Fettpolster deponiert werden.

Oft wird die Tageslethargie der Fledermäuse auch als Tagesschlaflethargie bezeichnet. Doch die Hinzufügung des Wortes ‹Schlaf› beschreibt den physiologischen Zustand im Torpor absolut falsch. Denn während der Tageslethargie sind die Fledermäuse sehr oft wach, sie haben die Augen offen, putzen sich, vokalisieren, laufen, klettern, reagieren auf die Geschehnisse in ihrer Umgebung und zeigen eigentlich fast alle Verhaltensweisen, die bei euthermen Fledermäusen im Quartier am Hangplatz zu beobachten sind. Sie tun dies alles mit einer ihrer Körpertemperatur entsprechenden Langsamkeit und können deshalb natürlich auch nicht fliegen. Vermutlich schlafen sie bei längeren inaktiven Lethargiephasen. Die Inaktivität der Tiere sollte aber nicht zu der Annahme verführen, daß sie immer schlafen würden. In der Literatur konnte ich noch keine konkreten Hinweise darauf finden, wann und ob Fledermäuse einen echten, restituierenden Schlaf im Torpor machen. Wir sollten uns bemühen, den Torpor sprachlich genauer zu beschreiben. Das gelingt nicht immer, denn auch ich erwische mich ärgerlicherweise immer wieder beim Gebrauch des Wortes «aufwachen», wenn ich das Aufwärmen einer torpiden Fledermaus beschreibe, obwohl ich weiß, daß sie schon längst wach ist. Das gleiche gilt für das Wort «Winterschlaf», denn auch hier wird suggeriert, die Fledermäuse würden den ganzen Winter verschlafen. Die Inaktivität im Winter ist eine konsequente Energiesparmaßnahme, die permanent kontrolliert werden muß. Die ‹Schläfer› können bei plötzlichen Klimaveränderungen oder durch andere Störungen in echten Streß geraten, der bewältigt werden muß. Der Winter wird also nicht einfach «verschlafen», sondern mit vielerlei Tricks überlebt.

Eine präzisere Nomenklatur wäre vor allem im Fledermausschutz wichtig, denn sie könnte Fehleinschätzungen, zum Beispiel bei Kontrollaktivitäten in Tages- oder Winterquartieren, vermeiden helfen.

Torpide Fledermäuse reagieren auf störende Wahrnehmungen erst nach einer großen Verspätung, oft erst dann, wenn der Beobachter längst weg ist und meint, unbemerkt geblieben zu sein. Auch bei Untersuchungen an torpiden Fledermäusen im Labor wird dieses Verhalten unterschätzt. Beim Umgang mit lethargischen Pfleglingen lernte ich, daß sogar sehr stark ausgekühlte Tiere eine hohe Wahrnehmungsfähigkeit haben und aufgrund einer kontinuierlichen «Wachsamkeit» ihr Lethargieverhalten im Vergleich zu wildlebenden Fledermäusen verändern können. Ein relativ instabiles und situationsspezifisches, vielleicht sogar durch Erfahrungswerte angepaßtes Verhalten im Torpor beobachtete ich beim Großen Abendsegler (*Nyctalus noctula*) und beim Großen Mausohr (*Myotis myotis*). Bei der amerikanischen Fledermaus *Artibeus jamaicensis* vermuteten Studier und Wilson, sie verändere sogar ihre «metabolic personality» in der Gefangenschaft.

Der Winterschlaf

Im Herbst, wenn die Tage kürzer und die Nächte kälter werden, verlängern die Fledermäuse ihre Torporphasen, der Organismus bereitet sich allmählich auf den Winterschlaf vor. Jetzt müssen sie viel fressen, dürfen aber nur wenig von den energietragenden Substanzen der erbeuteten Nahrung für das tägliche Leben verbrauchen, damit die körpereigenen Energievorräte rasch wachsen können. Das Fett wird unter der Haut und im Bauchraum angelegt. Besonders dick ist ein Polster unter der Nackenhaut, das sich bei voller Ausbildung bis über die Schulterblätter ausdehnt. Wegen seiner ungewöhnlichen Färbung wird es als «braunes Fettgewebe» bezeichnet. Die Zellen enthalten große Mitochondrien und viele kleine Fetttröpfchen. Das braune Fettgewebe verbrennt Fette und erzeugt dabei Wärme. Diese Wärmeproduktion aus Fett wird als «zitterfreie» Thermogenese bezeichnet, weil hierbei keine Muskelarbeit beteiligt ist. Diese ist in der Anfangsphase, beim Aufwärmen aus dem Torpor, der primäre Wärmeerzeuger. Die Fettanteile einer winterschlafbereiten, gesunden Fledermaus betragen etwa ein Viertel ihres Körpergewichts und manchmal noch mehr. Die Beschaffung der Fettvorräte setzt eine erfolgreiche Jagdtätigkeit voraus. Dabei geraten die Fledermäuse manchmal in Leistungskonflikte, denn im Herbst steht auch die Paarungszeit und einigen Arten noch eine weite saisonale Migration bevor. Für die unerfahrenen Jungtiere ist dies die entscheidende, selektive Zeit. Sie müssen jetzt nicht nur erfolgreich ihren weiträumigen Lebensraum erkunden, lernen sich im sozialen Zusammenleben zu behaupten, sondern auch durch eine genügende Vorratsbeschaffung ihr Überleben im Winter und im Frühjahr sichern. Dieser gewaltigen Herausforderung sind viele nicht gewachsen und sie sterben. Ihre Mißerfolge sind die Erklärung für die große Sterblichkeit im ersten Lebensjahr.

Es gibt, soweit ich weiß, keine systematischen Langzeitbeobachtungen darüber, wie sich Fledermäuse im Oktober und November verhalten und in welcher Relation ihre individuellen Aktivitätsmuster zur aktuellen körperlichen Konstitution stehen. Gehen fette Fledermäuse früher ins Winterquartier? Wieviel Flugaktivität leisten sie sich noch? Es gibt zahlreiche Berichte von jagenden Fledermäusen während der kalten Jahreszeit. Noch im November und Dezember wurden Zwergfledermäuse (*Pipistrellus pipistrellus*), Große Abendsegler (*Nyctalus noctula*) und andere Arten am Nachmittag oder in der Nacht bei der Jagd beobachtet. In der Station «Hofmatt» kontrollierte ich im Spätherbst auf der immer sauber geputzten Bodenfläche die Jagdausbeuten von *Nyctalus noctula* anhand der Menge des heruntergefallenen Kotes. In den Jahren 1993 bis 1996 habe ich die letzten frischen Kotkrümel in der Zeit zwischen dem 31. Oktober und dem 11. November gefunden. Danach fand ich nur noch einzelne Kotpillen, maximal acht Stück, und das, obwohl mehr als 30 Tiere in der Station waren. Obwohl die Flugaktivität hoch war, jagten die Tiere also kaum noch. Am 30. November 1996 flogen, bei einer Temperatur von ca. 4°C, an den Waldrändern in der Nähe von Basel riesige Mengen von Frostspannern (Geometridae). Die Abendsegler flogen an diesem Abend nicht aus, und wenn sie in anderen Nächten, beispielsweise bei Föhn, unterwegs waren, kümmerten sie sich einfach nicht um die zahlreichen Nachtinsekten. Da keine Kotreste auf dem Boden zu finden waren, wußte ich, daß sie nicht jagten. Es könnte also sein, daß es sich für ‹fette›, auf den Winter bereits gut vorbereitete Fledermäuse nicht lohnt, den bereits leeren Darm erneut mit Nahrung zu belasten und ihn unter zusätzlichem Energieaufwand wieder zu entleeren. Sind es also nur Einzeltiere, die noch Defizite an Vorratsfett für den Winter haben und diese lebensbedrohende Situation noch spät zu korrigieren versuchen? Die Bedeutung einiger Jagdaktivitäten in den Wintermonaten wird vielleicht von manchen Forschern überbewertet, weil keine Vergleiche zur Gesamtaktivität der lokalen Populationen möglich sind.

Wie die Großen Abendsegler (*Nyctalus noctula*) ihren Winterspeck anlegen, konnte ich im Herbst 1995 genauer verfolgen. Es waren vor allem die Tagflüge in der Sonne (vgl. Seite 219) und die zeitigen Jagdflüge am Abend über dem Rhein, die sehr ergiebig waren und den Speckansatz im Nacken in wenigen Tagen gewaltig wachsen ließen. Von August bis Oktober konnte ich insgesamt 111 Abendseglerweibchen wiegen, die bei meinen balzrufenden Lockmännchen in der Innenstadt von Basel eingeflogen waren. Nur 26 g Körpergewicht war der Mittelwert von 74 Weibchen, die in den ersten beiden Monaten bis zum 30. September gewogen wurden. Bei einer Gruppe von 17 Weibchen im Zeitraum vom 1. bis 15. Oktober war der Mittelwert schon 32 Gramm, also beachtliche 6 g mehr. In der zweiten Oktoberhälfte wurde bei weiteren zwanzig Tieren keine Zunahme des Durchschnittsgewichtes festgestellt. Demnach hatte die Mehrzahl der Abendsegler in der zweiten Oktoberhälfte ihr Überwinterungsgewicht bereits erreicht.

Für eine erfolgreiche Vorbereitungsphase ist nicht nur eine gute Ausbeute im Nahrungserwerb entscheidend, sondern auch die Wahl der günstigen Winter- oder Zwischenquartiere. Keinesfalls dürfen sie zu warm sein, denn sonst ist eine energiesparende Auskühlung des Körpers während der Tagesruhe nicht mehr möglich. Die Fledermausarten, die unterirdisch überwintern, suchen sich ihre Hangplätze im Herbst den Tagestemperaturen entsprechend aus. Um von den kalten Außentemperaturen profitieren zu können, wählten Große Hufeisennasen (*Rhinolophus ferrumequinum*) bei Basel noch im Oktober Hangplätze nahe am Höhleneingang; im Winter hielten sie sich dann weiter hinten, in einer temperaturstabilen Umgebung auf. Viele unterirdische Quartiere, wie beispielsweise Bunker oder Keller, sind aufgrund der gespeicherten Wärme auch im Herbst noch lange Zeit für die Fledermäuse ungeeignet und werden später, meist erst nach längeren Kälteperioden, als Winterquartier genutzt.

Auch im Sozialverhalten zeigen Fledermäuse im Herbst spezifische, energiesparende Strategien. In der Station «Hofmatt» hingen die Großen Abendsegler (*Nyctalus noctula*) nur während der Verdauung in einen kompakten Cluster zusammen. Einige Stunden später ruhten alle einzeln, berührten sich nicht mehr und stützten sich auch in auffälliger Weise weit von der Wand ab, die durch ihre Speicherwärme etwas wärmer war als die Luft.

Winterquartiere, eine große Vielfalt

Man kann zwischen zwei Typen von Winterquartieren unterscheiden: einerseits den unterirdischen mit konstant niedrigen Temperaturen und andererseits den oberirdischen Verstecken mit Temperaturen, die weitgehend den wechselnden Klimabedingungen entsprechen. Selbstverständlich gibt es eine Vielzahl von Variationen, so daß viele Quartiere nicht eindeutig einem bestimmten Quartiertyp zugeordnet werden können. Das Problem fängt schon an, wenn es um die Frage geht, bei welcher Breite oder Tiefe eine Felsspalte noch eine Spalte ist oder schon eine Höhle. Entscheidend sind mikroklimatische Eigenschaften wie Temperatur, Luftfeuchtigkeit, Luftzirkulation und Lichtexposition. In allen Fällen sollten die winterschlafenden Fledermäuse in ihren Unterkünften vor Räubern möglichst gut geschützt sein.

Hufeisennasen (*Rhinolophus sp.*), Wimperfledermäuse (*Myotis emarginatus*) und Langflügelfledermäuse (*Miniopterus schreibersi*) halten sich im Winter weit hinten, in den relativ temperaturstabilen, durchzugsfreien Bereichen einer Höhle auf. Sie meiden Temperaturen unter 6°C und brauchen ständig eine hohe Luftfeuchtigkeit. Andere Arten sind weniger empfindlich und halten sich auch in Bereichen mit großen Temperaturschwankungen auf. Dort tritt auch gelegentlich Tau auf, so daß das Fell der Fledermäuse mit vielen Wassertropfen bedeckt ist. Betaute Große Mausohren (*Myotis myotis*) und verschiedene kleine Arten aus der Gattung *Myotis* sind keine Seltenheit (siehe Farbabb. Seite 351). Am Eingang von unterirdischen Quartieren halten sich Arten auf, die eine mäßige Kälte um 0°C besser ertragen oder sie sogar bevorzugen, wie die Mopsfledermaus (*Barbastella barbastellus*) oder die Breitflügelfledermaus (*Eptesicus serotinus*).

Den meisten Winterquartieren sieht man bei einer schnellen Besichtigung gar nicht an, ob und wie viele Wintergäste sie beherbergen. Diese sind oft tief in engen Spalten eingezwängt, und bei genauer Suche entdeckt man allenfalls ein winziges Fellstück, das zwischen dem engen Gestein die Anwesenheit einer Fledermaus verrät. Auch im Bodengeröll verbergen sich Fledermäuse. Meist ist es dort kühler und die Luftfeuchtigkeit höher, was zum Beispiel für Wasserfledermäuse (*Myotis daubentoni*) wichtig ist. Es kann auch vorkommen, daß sich Fledermäuse bei der Suche nach geeigneten Quartieren verirren und an für sie gefährlichen Orten überwintern. In Basel haben Bauarbeiter Wasserfledermäuse (*Myotis daubentoni*) und Große Mausohren (*Myotis myotis*) schon in Kellerrohbauten und zwischen Backsteinen auf Großbaustellen gefunden.

Von den unterirdisch überwinternden Arten kann man nur die frei an Decken und Wänden hängenden durch eine gezielte Suche in ihren Winterquartieren entdecken. Die Spaltenbewohner entziehen sich zu oft unserer Nachforschung, als daß Bestandsschätzungen möglich wären. Da bleiben nur die Kontrollbeobachtungen im Einflugbereich des unterirdischen Systems, um einen ungefähren Einblick in die Besiedlungsstrategien zu erhalten.

Die oberirdischen Überwinterer verbergen sich in Spaltstrukturen oder kleinen Hohlräumen im Holz, zwischen Steinen oder künstlichen Baustoffen. Die Rauhhautfledermaus (*Pipistrellus nathusii*) ist in dieser Beziehung recht unkompliziert. Man hat sie schon in den unterschiedlichsten Winterquartieren gefunden: in hochgelegenen Baumhöhlen, engen Spalten in Bodennähe und unter den unterschiedlichsten Materialien. Sie kann sich eigentlich überall dort aufhalten, wo sie mit Rücken und Bauch in Kontakt mit dem Substrat ruhen kann. In der Region Basel werden geeignete Ruheplätze oft schon im Herbst bezogen, so daß ein Umzug in ein spezifisches Winterquartier vielfach nicht mehr stattfindet. Hierin unterscheiden sich die Rauhhautfledermäuse von den meisten anderen mitteleuropäischen Arten. Nur selten gibt es kleine Gruppen, die oft auch nicht in nahem Körperkontakt ruhen. Meistens sind es Einzeltiere, in manchmal wenig geschützten Unterschlupfen, den Prädatoren und dem Wetter ausgesetzt. Häufig werden sie von Katzen entdeckt, von ihnen herausgeholt und verletzt oder gar getötet; aber auch strenge Frostperioden können sie gefährden. Quartierwechsel sind vermutlich die Regel, besonders dann, wenn es ihnen wegen Kälte, manchmal auch wegen zuviel Wärme oder gar wegen Störungen zu ungemütlich wird. Bei strengem Frost flogen auch schon Rauhhautfledermäuse in die Station «Hofmatt» ein, um dort, zwischen den Großen Abendseglern (*Nyctalus noctula*) ruhend, auf bessere Zeiten zu warten.

Der Große Abendsegler überwintert in Baumhöhlen, Felsspalten und Spalten an Bauwerken. Der Einflug ins Winterquartier erfolgt einzeln oder in kleinen Gruppen, so daß die Ansammlung nur langsam wächst. Auffallend viel Flugaktivität herrscht am ersten wärmeren Abend nach einer Kälteperiode. In der Station «Hofmatt» flogen die Abendsegler bei fast jedem Wetter ein, im hellsten Schein des Vollmondes und sogar bei Schneefall, aber nicht im Regen. Die letzten Einflüge sind, wetterabhängig, gegen Ende Dezember. Der gestaffelte Einflug in das meist kleinräumige Quartier scheint auch aus Energiegründen von Bedeutung zu sein, denn viele gleichzeitig aktive, d.h. warme Fledermäuse würden den Quartierraum zu stark aufwärmen, was negative Folgen für die Energiebilanz hätte. Neuankömmlinge werden bereits wenige Stunden nach der Ankunft lethargisch. Bei großer Kälte werden enge, kompakte Cluster gebildet, doch sobald es im Quartier zu warm wird, meiden die Tiere den Körperkontakt. Bei Großen Abendseglern (*Nyctalus noctula*), die in

Felsspalten bei Basel überwinterten, hat Laurent Perrin festgestellt, daß sie oft ihren Hangplatz wechselten, um sich eine optimale Temperatur zu suchen. Sie hatten die Wahl innerhalb eines Gradienten, der von der aktuellen Außentemperatur bis in beständig frostsichere Bereiche in etwa einem Meter Spaltentiefe reichte.

Baumhöhlen sind für einige Fledermausarten wichtige Winterquartiere. Diese werden von uns aber meist erst entdeckt, wenn die Bäume gefällt worden sind. In Mitteleuropa überwintert der Große Abendsegler (*Nyctalus noctula*), es können kleine Gruppen, aber auch große Kolonien mit einigen hundert Individuen sein, regelmäßig in Baumhöhlen. Der Kleine Abendsegler (*Nyctalus leisleri*) wird nur sehr selten im Winterquartier gefunden. Um so erstaunlicher war es, als am 3. Februar 1997 bei Basel in einer gefällten Buche 30 Winterschläfer entdeckt wurden. Auch bei der Rauhhautfledermaus (*Pipistrellus nathusii*) sind Nachweise von Massenquartieren in Bäumen nicht häufig. In der Region Basel bestand die größte entdeckte Kolonie aus 18 Tieren. Gelegentlich überwintert auch die Zwergfledermaus (*Pipistrellus pipistrellus*) in hohlen Bäumen. Eine ungewöhnliche Winterschlafgemeinschaft wurde am 28. Januar 1976 bei Graz in einer gefällten Fichte entdeckt. Der Kern des 20 m hohen Baumes war von der Wurzel durch Rotfäule spitzkegelartig bis in eine Höhe von 2,5 m ausgehöhlt. Nach Angaben von Otto Kepka wurden in dieser Höhlung von den Forstarbeitern etwa 2700 Zwergfledermäuse (*Pipistrellus pipistrellus*) und vier Große Abendsegler (*Nyctalus noctula*) gefunden.

Der Winterschlaf, ein Leben auf Sparflamme

Bei Körpertemperaturen zwischen 10° und 0°C sinken alle Lebensprozesse auf ein minimales, der jeweiligen Außentemperatur entsprechendes Niveau. Die Tiere sind dann äußerst hilflos. Je tiefer die Temperatur, um so effizienter die Energieersparnis, könnte man meinen. Allerdings gibt es ganz offensichtlich artspezifische Unterschiede in der Kältetoleranz: Temperaturen im Frostbereich, die für den Großen Abendsegler (*Nyctalus noctula*) absolut kein Problem darstellen, sind für die Hufeisennasen (Rhinolophidae) und die meisten Arten aus den Gattungen *Myotis*, *Plecotus* und *Miniopterus* bereits lebensbedrohlich.

Wie sich die Atmung, die Herzschlagfrequenz und der Energieumsatz winterschlafender Fledermäuse verändern kann, wurde fast ausschließlich im Labor untersucht. Dazu wurden die Fledermäuse bei simulierten Winterschlafbedingungen in kleine Behälter gesetzt, in denen die Aktivitäten der verschiedenen Organe, beispielsweise

Herz und Lunge, unter verschiedenen Kältebelastungen gemessen werden konnten. Die Reaktionen waren sehr aufschlußreich: Das Herz einer Großen Hufeisennase (*Rhinolophus ferrumequinum*) schlug bei einer oral gemessenen Temperatur von etwa 6°C nur 22mal in der Minute. Mit 48 Herzschlägen pro Minute wurden beim Großen Abendsegler (*Nyctalus noctula*) unter ähnlichen Bedingungen deutlich höhere Werte festgestellt. Natürlich wurde die Atmung entsprechend reduziert. Vermutlich gibt es bei sehr tiefen Körpertemperaturen immer wieder lange Apnoephasen – das heißt, die Tiere atmen dann überhaupt nicht mehr. Beim Großen Mausohr (*Myotis myotis*) wurden Atempausen bis zu 90 Minuten festgestellt.

Leider gibt es noch keine vergleichenden Beobachtungen an wild lebenden Fledermäusen. Deshalb wissen wir nicht genau, bei welchen Kältewerten die Grenze ihrer Belastbarkeit erreicht ist und wie sie sich dann genau verhalten. In der Station «Hofmatt» konnte ich wilde, eingeflogene Große Abendsegler (*Nyctalus noctula*) nahezu täglich, also bei allen Wetterbedingungen störungsfrei im Winterschlaf beobachten. Während vier Winterperioden, von 1993 bis 1997, lief die Infrarot-Videoaufzeichnung im Zeitrafferbetrieb Tag und Nacht, und gleichzeitig wurde mit Meßfühlern an verschiedenen Stellen alle 10 Minuten die Temperatur gemessen und auf einem kleinen Datenspeicher registriert. Ich konnte beobachten, daß sich der «natürliche» Winterschlaf allein schon in der Sensitivität der Winterschläfer und in deren temperaturabhängigem Aktivitätsmuster deutlich von den Torporsituationen im Labor unterscheidet. Im Cluster der Winterschläfer waren die kollektiven Reaktionen auf äußere Reize interessant, wie zum Beispiel auf extreme Kältebelastungen oder auf verschiedenartige Störungen durch Quartierinsassen oder artfremde Störenfriede. Reaktionen mit Spontanaufwärmungen von Einzeltieren übertrugen sich auf andere, manchmal sogar auf die ganze Kolonie. Bleiben derartige Massenreaktionen aus, beruhigte sich das einzelne, bereits aktiv gewordene Tier bald wieder. Erstaunlich belastungsfähig war die Kolonie bei großem Lärm, der bei Umbauarbeiten mit Preßlufthammer im Dezember 1996 unten am Turm entstand oder wenn wieder einmal ein Eichhörnchen (*Sciurus vulgaris*) am Eingangsloch nagte und versuchte ins Quartier zu gelangen. Einzeltiere hätten unter vergleichbaren Bedingungen die Unterkunft sicherlich verlassen, so kam es aber nur zu einigen wenigen Einzelaktivitäten, die Kolonie als Gesamtheit reagierte nicht.

Auch bei erhöhten Kältebelastungen war das kollektive Verhalten bemerkenswert. Vom 26. Dezember 1996 bis zum 5. Januar 1997 lag die Temperatur im kompakten Pulk relativ konstant bei −2°C, obwohl die Quartiertemperaturen während dieses Zeitraums Tiefstwerte bis zu −8°C erreichten. Sehr präzis regelten die Fledermäuse ihre Körpertemperatur durch eigene Wärmeproduktion auf einem für sie offensichtlich günstigen Niveau, das beachtliche 2° bis 3°C unter Null lag. Am 29. und 30. Dezember 1996 erreichten die Temperaturen im Quartier ihren Tiefstwert. In mehreren Etappen wurden in den Nächten zuvor einige einzeln hängende Fledermäuse aktiv und drängelten sich in den Hauptpulk. Einmal waren es zwölf gleichzeitig. Sie erzeugten dabei eine so große Unruhe, daß die Quartiertemperatur einige Stunden auf +6°C anstieg. Nach etwa 10 Stunden war wieder absolute Ruhe eingekehrt, die 91 Winterschläfer hatten sich zu einem großen Klumpen zusammengedrängt und reagierten im folgenden bei tieferen Temperaturen nicht mehr mit spontanem Aufwärmen. Im Winter zuvor war es sogar so gewesen, daß nach einer längeren Schönwetterperiode die Temperatur im Pulk noch einige Stunden unter −1°C betrug, während die Außentemperatur im Quartier bereits auf +5°C war. Die Fledermäuse waren also kälter als ihre Umgebung. Dieses Verhalten ist bemerkenswert, denn bei allen mir bekannten Laboruntersuchungen tolerierten Große Abendsegler (*Nyctalus noctula*) solche tiefen Körpertemperaturen nicht, sondern begannen sich bereits bei etwa 2°C aufzuheizen und wurden eutherm. Vermutlich reagieren Einzeltiere im Labor schon früher, weil ihnen die vertrauensbildende Geborgenheit in der Kolonie fehlt. Es darf nicht verschwiegen werden, daß trotz der großen Kältetoleranz einiger Arten bei extremer, anhaltender Kälte mit Temperaturen unter −10°C immer wieder viele Fledermäuse in ihren oberirdischen Quartieren erfrieren. Geschwächte Große Abendsegler (*Nyctalus noctula*) verließen die Quartiere zu Fuß und wurden dann erfroren im Schnee aufgefunden.

Die Thermoregulation der Fledermäuse in unterirdischen, frostsicheren Quartieren ist sicher weniger problematisch. Bei der Wahl eines bestimmten Hangplatzes entscheidet sich die Fledermaus für einen bestimmten Temperaturbereich, dessen Konstanz im voraus weitgehend einschätzbar ist. Nahe beim Eingang sind größere Schwankungen zu erwarten, und in der zweiten Winterhälfte auch tiefere Temperaturen als im thermostabilen Inneren einer Höhle. Ohne Zweifel gibt es arttypische Präferenzen und individuelle Traditionen. Durch die Markierung von Fledermäusen wurde schon mehrfach nachgewiesen, daß Einzeltiere in Höhlen über Jahre hinweg genau die gleichen Hangplätze besetzten.

Kleine Hufeisennase (*Rhinolophus hipposideros*) im Winterschlaf.
(*Foto: Eckhard Grimmberger*)

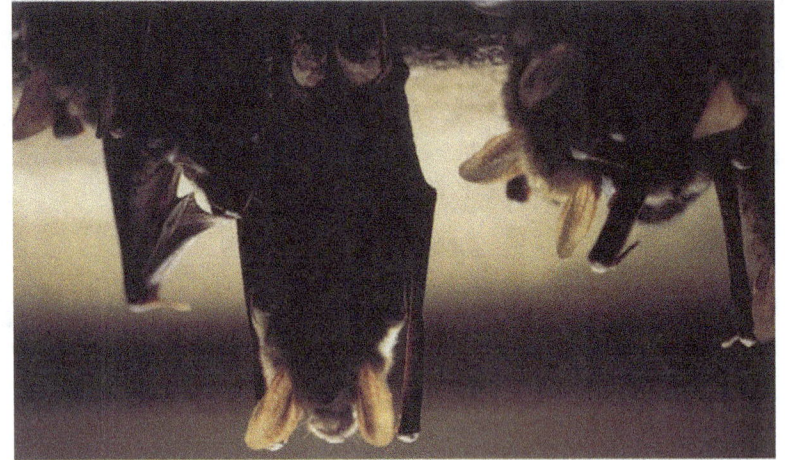

oben
Durch soziale Thermoregulation versucht diese Kolonie des Großen Mausohrs (*Myotis myotis*) im September Energie zu sparen.

rechts
An einem offenen, von der Sonne beschienenen Fenster haben Große Mausohren (*Myotis myotis*) im September ein warmes Plätzchen gefunden.

gegenüberliegende Seite
Diese torpiden Braunen Langohren (*Plecotus auritus*) haben ihre Ohren unter den Flügeln verborgen, um sie vor dem Austrocknen zu schützen. Nur die steifen Ohrdeckel sind noch sichtbar.

gegenüberliegende Seite
Wie ein Wandteppich wirkt diese Winterschlafkolonie des Großen Mausohrs (*Myotis myotis*) im Fledermausmassenquartier der Festungsanlage Nietoperek in Polen. (Foto: Eckhard Grimmberger)

oben
In einem Eiskeller hat ein Großes Mausohr (*Myotis myotis*) in einem engen Spalt des Gemäuers ein sicheres Winterquartier gefunden.

links
Dicke Tautropfen haben sich an den winterschlafenden Fledermäusen, einer Wasserfledermaus (*Myotis daubentoni*) und einem Großen Mausohr (*Myotis myotis*), gebildet.
(Foto: Eckhard Grimmberger)

Winterschlafkolonie des Großen Abendseglers (*Nyctalus noctula*) in der Station «Hofmatt».

In einer Baumhöhle zwischen Bienenwaben hatten diese Rauhhautfledermäuse (*Pipistrellus nathusii*) ein kältegeschütztes Winterquartier – bis der Baum gefällt wurde.

Bechsteinfledermäuse (*Myotis bechsteini*)
im unterirdischen Winterquartier.

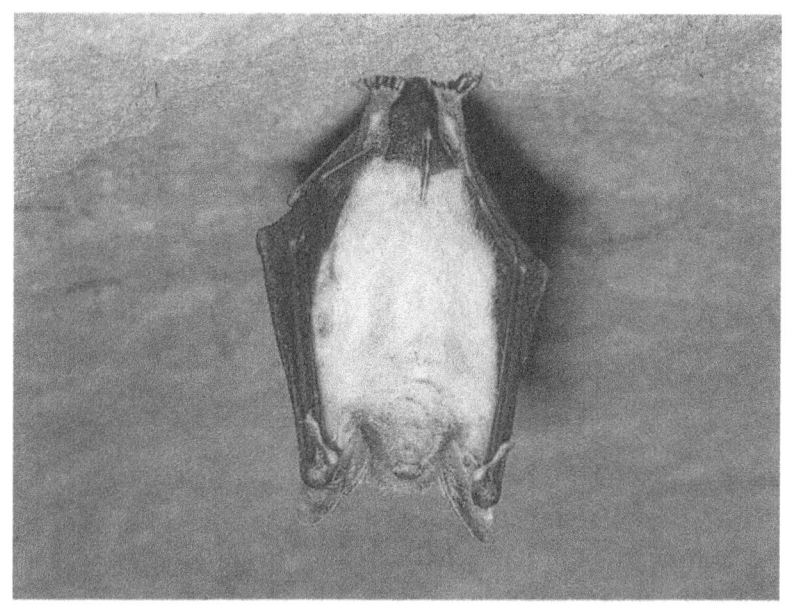

Abb. 70
Großes Mausohr (*Myotis myotis*) im Winterschlaf. Es ist ein Weibchen, denn deutlich ist eine angetretene Milchzitze zu erkennen.

In einem Stollen bei Basel glaubte ich bei einem nicht markierten Großen Mausohr (*Myotis myotis*) auch eine traditionelle Bindung an einen Hangplatz entdeckt zu haben. An genau der gleichen Steinritze hing in drei aufeinanderfolgenden Winterkontrollen ein einzelnes Großes Mausohr (*Myotis myotis*), und schon bei der ersten Begegnung waren mir dessen angetretene Milchzitzen aufgefallen; sie hatte also im Sommer gesäugt. Im dritten Jahr waren aber keine Zitzen mehr zu sehen, und bei einem vorsichtigen Blick unter die Schwanzflughaut zeigte sich, daß es ein Männchen war. Ich hatte nun zwar keinen Beleg für eine Rückkehr des gleichen Tieres, aber dafür einen, daß diese Stelle für Mausohren ein besonders günstiger Platz gewesen sein mußte. Denn Fledermäuse haben ein sehr feines Empfinden bei der Bewertung der mikroklimatischen Eigenschaften eines Ortes, und ganz besonders sensibel reagieren sie auf Luftströmungen.

Bei der Betrachtung einer winterschlafenden Kolonie mag man sich fragen: Hängen die Tiere eigentlich zufällig nebeneinander, so wie es gerade kommt? Gibt es irgendwelche erkennbaren Ordnungsprinzipien oder soziale Strukturen, die eine Winterschlafkolonie charakte-

Verhalten im Winterquartier

risieren? Im Februar 1992 hingen in der Station «Hofmatt» dicht aneindergedrängt, oben in einer Ecke des Quartiers, 35 Große Abendsegler (*Nyctalus noctula*). Es war nach einer Wärmeperiode wieder bedeutend kälter geworden, die Temperaturen sanken unter 0°C. Außen, am Rand des Clusters, waren vorwiegend Männchen, in der Mitte und im gut geschützten Quartierwinkel hingen die 16 Weibchen. Diese überraschende Aufteilung glaubte ich mit einer längeren Aktivität der Männchen erklären zu können, wobei die meist lethargischen Weibchen zunehmend in die Ecke abgedrängt worden wären. Ohne Zweifel hatten dadurch die Weibchen die besseren, die geschützteren Ruheplätze bekommen. Vermutlich entstand in diesem Winter diese Geschlechtertrennung aber eher zufällig, denn später konnte die interessante Beobachtung nie mehr bestätigt werden.

Die aktiven, im Quartier herumkletternden Abendsegler konnten sich sehr rücksichtslos zwischen die lethargischen Tiere drängen, um einen geschützten Platz zu erreichen. Tief lethargische Tiere hingen oft nur an einem Fuß oder auch gar nicht mehr und hielten sich ausschließlich durch den Gegendruck der anderen am Platz. Durch das Herumlaufen der aktiven Fledermäuse wurden einzelne Winterschläfer immer wieder regelrecht ausgeklinkt und fielen nach unten. Es konnte eine Stunde und länger dauern, bis sie wieder nach oben geklettert waren, was sie entweder noch im torpiden Zustand taten oder sich zuerst vollständig erwärmten. Dramatisch enden solche Abstürze in anderen Quartieren, wenn die Winterschläfer in Wasseransammlungen oder in Felsspalten mit glatten Wänden fallen. Oft können sich die Tiere nicht mehr befreien und verenden.

Durch Infrarot-Videobeobachtungen und Temperaturmessungen an der Körperoberfläche von Großen Abendseglern (*Nyctalus noctula*) wurde deutlich, daß sie gelegentlich auch bei tiefen Körpertemperaturen im Winterquartier aktiv sind und dann Verhaltensweisen zeigen, die eigentlich nur im euthermen Zustand zu erwarten sind. In der Station «Hofmatt» zeigten die Abendsegler bei Hauttemperaturen um 10°C noch fast das ganze Repertoire ihres Putzverhaltens. Bei diesen Aktivitäten hatten sie die Augen geöffnet, auch in der Dunkelheit. Im Gegensatz zu den sonst sehr schnellen, hastigen Kratzbewegungen verliefen diese im Torpor extrem langsam, wie in Zeitlupe. Eine ganze Kratzsequenz dauerte, in Abhängigkeit von der aktuellen Körpertemperatur, bis zu drei Sekunden, aber auch länger. Ohne technische Hilfsmittel sind solche Beobachtungen gar nicht möglich, weil alles so fürchterlich langsam geht. Nur wenn das Videoband schnell abgespielt wird, sind die Verhaltensabläufe richtig interpre-

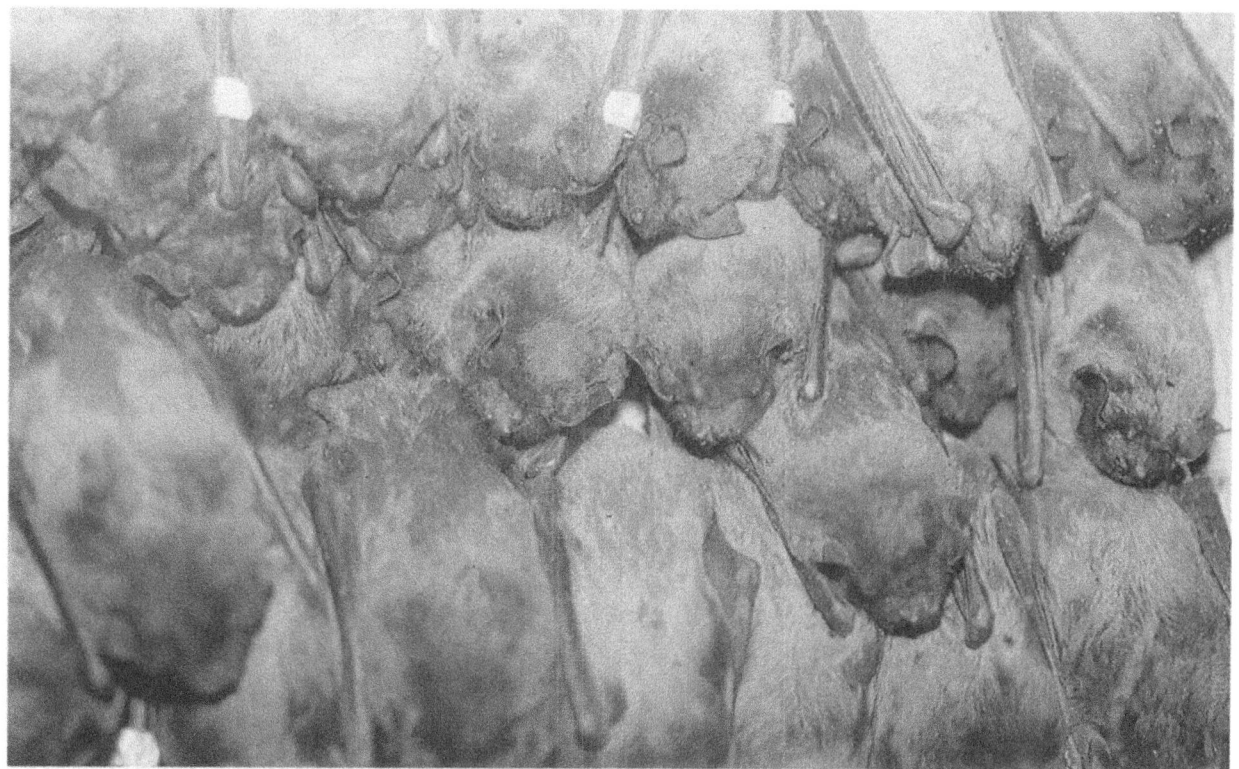

Abb. 71
Große Abendsegler (*Nyctalus noctula*) in der Station «Hofmatt» im Januar 1994. Die dichtgedrängt hängenden Fledermäuse konnte ich durch die Glasscheibe gut beobachten.

tierbar. Hinzu kam, daß die Tiere nach ein paar Putzsequenzen eine Pause machten oder machen mußten, so als sei die kalte Muskulatur ermüdet und müßte langsam regeneriert werden. Nur selten reinigten die lethargischen Tiere wie üblich die Krallen des Fußes, des «Kamms», mit den Zähnen, beziehungsweise mit der Zunge. Dieses Putzverhalten ist sehr erstaunlich, denn in Ausnahmefällen habe ich es auch bei Quartiertemperaturen von nur wenig über 0°C beobachten können. Am 10. Dezember 1996 um 14.30 Uhr, bei einer Quartiertemperatur von 1°C, kratzte sich ein Abendsegler extrem langsam am Bauch, ein anderer ‹wischte› sich mit dem Unterarm übers Ohr, die anderen Tiere, etwa 80 Winterschläfer, hingen stocksteif im Quartier. Warum ist ihnen das Putzen noch so wichtig? Ab Januar bis zum Ende des Winterschlafes, bei Quartiertemperaturen unter 10°C, wurden die Ruhephasen ohne Aktivität zunehmend länger, tagelang verharrte der ganze Pulk in Unbeweglichkeit. Rasche Temperaturanstiege ließen immer einige Tiere aktiv werden, die aber nicht unbedingt

Pragmatische Energiesparer

einen Platzwechsel vornahmen. Vollständig aktive, eutherme Tiere wurden oft auch beim Urinieren beobachtet.

Häufig war im Winterquartier auch ein anderes verwunderliches Verhalten zu sehen: Die lethargischen Abendsegler streiften dabei stereotyp mit einer kleinen ‹Fellbürste›, die alle Abendsegler an der Innenseite ihres Unterarmes haben, über ein Ohr. Das gleiche ‹Ohrwischen› kann auch bei euthermen, aktiven Tieren beobachtet werden. Weil es sehr rasch abläuft, ist es für den Beobachter unauffällig und wird meist nicht beachtet. Es sieht so aus, als würden sie sich mit den Streif- oder Wischbewegungen die Ohren putzen. In Lethargie streiften die Tiere mit langsamen vertikalen, von unten nach oben führenden Kopfbewegungen das Ohr wiederholt am hochgehaltenen, dann nach unten geführten Unterarm ab. Oft wurde auch nur der Tragus bearbeitet. Diese Handlungen wurden manchmal minutenlang unterbrochen, um sie dann am anderen Ohr wieder fortzusetzen. Bei bestimmten Situationen, zum Beispiel nach einer Kälteperiode oder bei einem Temperaturanstieg, waren es oft mehrere ‹ohrwischende› Fledermäuse, die gleichzeitig ihrer mysteriösen Tätigkeit nachgingen. Dies war dann stundenlang die einzig sichtbare Aktivität in der Kolonie. Oft habe ich, sogar mit der Lupe, durch die Glasscheibe des «Hofmatt»-Quartiers hindurch, in die Ohren der winterschlafenden Abendsegler geschaut. Nie habe ich etwas gesehen, das putzenswert gewesen wäre. Also, warum putzen sie sich? Weshalb investieren sie soviel Aktivität? Wenn man stundenlang in der Kälte vor den steifkalten Abendseglern sitzt, sucht man unweigerlich nach Erklärungen, von denen manche vielleicht merkwürdig anmuten. Ich dachte schon daran, daß bei Temperaturänderungen Unterschiede im Luftdruck zwischen Innenohr und atmosphärischer Umgebung entstehen könnten, besonders bei lethargischen Tieren, die sich lange Zeit nicht bewegen. Bei meinen Gedankengängen hatte ich deshalb schon vermutet, daß sie sich auf diese Weise einen Druckausgleich verschaffen könnten. Das «Ohrenwischen» könnte ein Ersatz für das sein, was Taucher tun, wenn sie kräftig schlucken, um sich über die Eustachische Röhre einen Druckausgleich zu verschaffen. Haben Fledermäuse vielleicht sogar ein Barometer im Ohr? Luftdruckänderungen als Wettervorhersage nutzen zu können, das wäre auch für Fledermäuse nützlich. Zu Hause relativiere ich derlei Gedanken dann wieder – wahrscheinlich sind es doch nur Milben, die im Ohr jucken. Wer wohl herausfinden wird, was sie nun wirklich bezwecken, diese «Ohrwischer»?

Abbruch des Winterschlafes

Schon früh wurde bekannt, daß in den Massenwinterquartieren eigentlich auch immer einzelne aktive Fledermäuse anzutreffen sind. Weil sie in den unterirdischen Quartieren herumflogen, vermutete man, daß diese Tiere kurz auf Nahrungssuche gewesen wären. Doch schon vor 60 Jahren stellte Martin Eisentraut fest, daß Magen und Darm im Winter, mit Ausnahme einiger Kotballen am Ende des Darmes, vollkommen leer und nur mit einem gelblichen Schleim gefüllt waren. Er bezweifelte daher, daß die Fledermäuse wegen der Nahrungsaufnahme im Winter flugaktiv geworden seien. Wir wissen heute, daß alle Winterschläfer mehrmals ihren Winterschlaf unterbrechen, aktiv werden, um dann erneut in der Torpidität zu verharren, und es gibt viele Erklärungsversuche für dieses zyklische Erwachen, aber keine gesicherten Erkenntnisse. Man kann zwei verschieden induzierte Erwärmungsvorgänge unterscheiden: eine Erwärmung, die durch äußere Reize ausgelöst wird, beispielsweise durch krasse Temperaturänderungen, durch alarmierende taktile, akustische oder vielleicht auch durch olfaktorische Wahrnehmungen, und die spontane Erwärmung, die endogen gesteuert wird und bei der die Erwärmungszeit meist länger dauert.

In der Station «Hofmatt» beobachtete ich einzelne, spontan aktiv gewordene Große Abendsegler (*Nyctalus noctula*), die im Quartier herumkletterten, urinierten, sich putzten und manchmal sogar ausflogen. Nach etwa 10 bis 20 Minuten kamen sie wieder zurück, und weil einige beringt gewesen waren, war die Identifizierung als «Hofmatt»-Bewohner gesichert. Bei zwei Direktbeobachtungen hatten die Rückkehrer eine nasse Kinn- und Halspartie. Sie könnten am Fluß, der knapp 300 Meter entfernten Birs, im Flug getrunken haben. Anschließend wühlten sich die Tiere wieder in den Pulk, wurden ruhig und bewegten sich nach etwa einer Stunde überhaupt nicht mehr.

Deutliche Erwärmungen signalisieren den Fledermäusen in oberirdischen Quartieren das Herannahen des Frühlings. In manchen Jahren werden die Winterquartiere in sehr kurzer Zeit von allen Bewohnern verlassen, kaum eine kehrt dann nach dem ersten Flug im Frühjahr wieder zurück. Ich habe es in «Hofmatt» aber auch schon erlebt, beispielsweise im Frühjahr 1996, daß viele Tiere zunächst wieder zurückkehrten. Bis zu zwei Wochen konnte es dann noch dauern, bis die Mehrzahl das Quartier geräumt hatte. Meist sind es am Abend nur einige wenige Abendsegler, die als erste aktiv werden, durch ihr Herumklettern die anderen stören und offensichtlich den Signalreiz zum Aufwärmen verstärken. Solche Beob-

Abb. 72
Bechsteinfledermaus (*Myotis bechsteini*). Sie wurde im Winterschlaf gestört, spreizt in der Abwehr die Flügel und ruft laut. Es ist typisch für lethargische Fledermäuse, daß sie in einer ersten Reaktion auch die Augen öffnen.

achtungen sind mit der Infrarot-Videokamera absolut störungsfrei möglich.

Fledermäuse in unterirdischen Quartieren schauen offensichtlich bei ihren kurzen Flugaktivitäten auch am Eingang nach, wie die aktuelle Wettersituation ist. Woher sie nun aber genau wissen, daß der Winter vorbei ist, das muß wohl noch abgeklärt werden. Denkbar sind außer klimatischen Signalen auch endogene Alarmmelder, wie beispielsweise die kritische Abnahme der Fettvorräte. Bevor die allerletzte Reserve aufgebraucht ist, müssen sie sich auf jeden Fall aufwärmen, sonst bleiben sie in der Kälte gefangen und sterben. Häufige Störungen im Überwinterungsquartier können die Abnahme beschleunigen, weil die Tiere ihre Fettvorräte vorzeitig aufbrauchen mußten. Aus diesem Grund müssen die Quartiere und ihre Bewohner besonders geschont werden, damit Störungen keine unnötigen Energieverluste verursachen.

Jahreslauf

Schon seit vielen Jahren beobachten wir die Mausohr-Wochenstube (*Myotis myotis*) im Haus der Familie Lachat, etwa 20 km südlich von Basel. Jedes Jahr wiederholt sich dasselbe Schauspiel: pünktlich im Frühjahr, meist schon Ende März, sind die ersten Weibchen da. Man sieht sie anfangs noch nicht, sondern hört nur ihre Sozialrufe. Sie verbergen sich in den engen Spalten zwischen Ziegeldach und Gemäuer. Wir wissen nicht, wo sie den Winter verbringen, aber Jahr für Jahr können wir das gleiche Jahresprogramm beobachten, dessen Grundmuster nur aufgrund der unregelmäßig auftretenden Schlechtwetterperioden variiert. Woher wissen die Fledermäuse, wann was zu tun ist, damit die Jungen pünktlich flügge werden oder der notwendige Winterspeck rechtzeitig angesetzt ist?

Aufmerksame Beobachter merken schnell, daß Fledermäuse zu gewissen Jahreszeiten immer ähnliche Aktivitätsmuster haben und die nahezu gleichen Jagdhabitate und Quartiertypen nutzen. Diese Verhaltensrhythmen werden im Jahreslauf zweifellos durch äußere Faktoren beeinflußt, die dann als wichtige Zeitgeber, d.h. als entsprechende Auslöser wirken: die wechselnde Tageslänge (Lichteinfluß) und die Temperatur spielen ebenso eine Rolle wie die saisonal unterschiedliche Verfügbarkeit von Beutetieren.

Bei Fledermäusen, die in menschlicher Obhut leben, kann man immer wieder beobachten, daß ihr ‹Saisonprogramm› nicht mit dem von frei lebenden übereinstimmt. So kann es passieren, daß im Winter verunglückte und dann in der warmen Stube gepflegte Große Abendseglerweibchen (*Nyctalus noctula*) viel zu früh, eventuell schon im Winter, trächtig werden. Was ist passiert? Die Wärme und die üppige Nahrung waren für die Fledermaus eindeutige Frühlingssignale, sie ovulierte, und dann liefen alle weiteren Prozesse automatisch ab, aber eben zeitverschoben, zu früh. Im Rahmen unserer Öffentlichkeitsarbeit habe ich gelegentlich nicht flugfähige Abendseglermännchen aus ihrem Winterquartier geholt und den Besuchern gezeigt. Als Entschädigung für die Störung bekamen die Fledermäuse dann wieder etwas Futter. Es wurde bald deutlich, daß solche unnatürlichen Unterbrechungen auch das endogene Jahresprogramm der Männchen durcheinanderbringen können. Sie begannen zu früh mit der Spermatogenese, manchmal schon im Mai, und hatten im Juni ihren Haarwechsel bereits abgeschlossen. An solchen Pfleglingen waren keine phänologischen Beobachtungen möglich, und ihr Einsatz bei Forschungsprojekten, zum Beispiel als «singende» Lockmännchen, mußte mit den entsprechenden Vorbehalten geschehen. Wenn nach längerer Pflege eine Fledermaus wieder in die Freiheit entlassen werden soll, muß früh überprüft werden, ob ihr saisonales Jahresprogramm noch stimmt.

Jahreskalender der Fledermäuse

Die im Jahreslauf wechselnden Aktivitätsmuster sind zweifellos artspezifisch, deshalb werden wir bei einer Kleinen Hufeisennase (*Rhinolophus hipposideros*) ganz andere phänologische Beobachtungen machen können als bei einem Großen Abendsegler (*Nyctalus noctula*). Auch die Geschlechter organisieren sich unterschiedlich und reagieren entsprechend auf die saisonalen Umweltsignale. Trotz der vielen möglichen Ausnahmen und arttypischen Besonderheiten sind einige allgemeingültige Aussagen möglich, die den Jahresablauf der Fledermäuse charakterisieren. Der nachfolgende Stichwort-Kalender soll für mitteleuropäische Verhältnisse gelten. Er beginnt im Herbst, weil in dieser Jahreszeit ein Reproduktionszyklus gerade abgeschlossen ist und ein neuer anfängt.

August

Wochenstuben lösen sich auf – Migration – Spermatogenese – Paarung – Haarwechsel
Adulte Weibchen beenden den Haarwechsel. Bei Juvenilen beginnt Jugendhaarwechsel.
Bei reifen Männchen noch Spermatogenese. Hochzeitsquartiere sind besetzt, die Balz beginnt.
Mancherorts in Häusern Masseninvasionen von Zwergfleder-

mäusen (*Pipistrellus pipistrellus*), andere Arten schwärmen vor unterirdischen Quartieren.
Im Nordosten beginnt die Migration, im Südwesten (Schweiz) kommen ab Monatsmitte die ersten Großen Abendsegler (*Nyctalus noctula*) an, etwas später die Rauhhautfledermäuse (*Pipistrellus nathusii*).

September

Migration – Paarung
Hochbetrieb in den Hochzeitsquartieren. Diesjährige streunen umher, erkunden die Umwelt.
Erste Tagflüge beim Großen Abendsegler (*Nyctalus noctula*).
Migration voll im Gang. Wochenstuben vielerorts aufgegeben.
Nur noch ein Jagdflug in der Nacht, meist am Abend.
Verschiedene Arten schwärmen vor unterirdischen Quartieren.

Oktober

Migration – Paarung – Überflüge ins Winterquartier
Migration kommt zum Abschluß, ebenfalls die Aktivität in den Balzquartieren. Letzte Tagflüge bei sonnigem Wetter.
Verschiedene Arten schwärmen vor unterirdischen Quartieren.
Erste Ankünfte im Winterquartier (*Myotis sp.* und andere).
Lethargiephasen werden länger.

November

Überflüge ins Winterquartier – Paarung – Winterschlaf
Höhlenfledermäuse besiedeln Winterquartier.
Erste Abendsegler (*Nyctalus noctula*) im Winterquartier.
Paarungen auch im Winterquartier.
In Abhängigkeit vom Wetter erste Winterschlafphasen.

Dezember

Überflüge ins Winterquartier – Winterschlaf – Paarung
Abendsegler (*Nyctalus noctula*), Zwergfledermäuse (*Pipistrellus pipistrellus*), Rauhhautfledermäuse (*Pipistrellus nathusii*) in Föhngebieten an warmen Abenden oft noch flugaktiv.
Winterschlaf beginnt.

Januar

Winterschlaf
Nur noch selten Quartierwechsel. Nur noch geringe Aktivitäten, seltene Kopulationen im Winterquartier.

Februar	Winterschlaf Im Südwesten verlassen am Monatsende bei warmem Wetter erste Winterschläfer ihr Winterquartier. Sonst geringe Aktivität.
März	Winterschlaf – Überflüge ins Zwischenquartier – Winterquartiere werden aufgegeben. Erstankömmlinge in den Wochenstuben. Migration beginnt. Im Südwesten ist die Rückwanderung unauffällig.
April	Wochenstuben werden besetzt – Ovulation und Befruchtung – Tragzeit – Migration Lange, kritische Hungerperioden bei Schlechtwetter. Weibchen von Abendseglern (*Nyctalus noctula*) und Rauhhautfledermäusen (*Pipistrellus nathusii*) wandern nach Nordosten. Wochenstuben mehrheitlich besetzt.
Mai	Wochenstuben etabliert Trächtige Weibchen in den Wochenstuben. Männchen jetzt solitär, in Männchenkolonien oder vereinzelt in Wochenstuben.
Juni	Geburt – Beginn der Spermatogenese Bei «Schafskälte» oft große Verluste. Männchen werden teilweise territorial. Nächtliche Flugaktivität mehrheitlich bimodal.
Juli	Junge werden flügge – Reife Männchen sind territorial – Spermatogenese – Haarwechsel Nächtliche Flugaktivität mehrheitlich bimodal. Haarwechsel der Männchen am Monatsende abgeschlossen, beginnt jetzt bei den Weibchen. Erste Weibchen verlassen die Wochenstuben. Häufige Quartierwechsel.

Tagesrhythmen und Aktivitätsmuster

Fledermäuse sind nachtaktive Tiere, abgesehen von einigen lokalen oder situationsbedingten Ausnahmen. Verschiedentlich hat man versucht, Erklärungen dafür zu finden, warum sie nicht auch am Tag fliegen und die vorhandenen Nahrungsquellen nutzen. Im wesentlichen werden drei Argumente genannt: Zunächst einmal die große Nahrungskonkurrenz durch tagaktive Vögel, dann die Bedrohung durch Greifvögel und schließlich die Gefahr einer Überhitzung der ungeschützten Flügel durch die Sonne. Keine der drei Begründungen hält für sich allein den vielen Gegenargumenten und Einzelbeobachtung stand, so daß wohl neben der entwicklungsgeschichtlichen Vorgabe, die einer Fledermaus gebietet, nachtaktiv sein zu müssen, alle Möglichkeiten weiter diskutiert werden können. Dies ist sehr spannend, weil gerade europäische Fledermäuse spektakuläre Flugaktivitäten im Tageslicht zeigen.

Eine weitere spannende Frage ist die: Woher wissen Fledermäuse, die in einer dunklen Höhle wohnen, wie draußen die momentanen Lichtverhältnisse sind? Man nimmt an, daß im Tier durch den Beginn von Dunkelheits- bzw. Tageslichtphasen eine innere Uhr, ein endogener, zeitlich geringfügig variierender 24-Stunden-Rhythmus, eingestellt wird, die den Aktivitätsrhythmus der Fledermaus steuern kann. Vor allem bei Höhlenfledermäusen hat man solche 24stündigen, sogenannte circadiane Rhythmen untersucht und beschrieben. Bei diesen Fledermäusen konnte auch beobachtet werden, daß immer wieder einige Tiere zum Ausgang flogen, als würden sie nachschauen, wie die momentanen Lichtverhältnisse sind. Dieses Verhalten, bei dem die innere Uhr mit den realen Tagesverhältnissen synchronisiert werden soll, hat man «Light-sampling» genannt.

Fledermäuse haben artspezifische Präferenzen in bezug auf den Zeitpunkt des abendlichen Ausfluges. Einige Arten fliegen recht früh aus, wenn es noch hell ist, andere dagegen erst bei nahezu vollkommener Dunkelheit. In der Literatur wird oft berichtet, wie ungemein genau jede Art ihre Ausflugszeit Tag für Tag einhält – Fledermauskolonien seien präzise Chronometer. Das hat wohl seine Richtigkeit bei höhlenbewohnenden Arten. Fledermäuse, die ich in der Basler Region genauer kennenlernen konnte, waren in dieser Beziehung gar nicht sehr zuverlässig. Es gab insofern charakteristische Merkmale, daß beispielsweise die Großen Abendsegler (*Nyctalus noctula*) meist vor den Wasserfledermäusen (*Myotis daubentoni*) und Großen Mausohren (*Myotis myotis*) ausflogen, aber die jeweilige Pünktlichkeit in bezug auf den Sonnenuntergang war nicht überzeugend. Ganz offensichtlich wurde der Ausflugstermin auch maßgeblich von anderen Faktoren beeinflußt.

Fledermäuse der gleichen Art, die in warmen, von der Sonne beschienen, oberirdischen Quartieren hausen, werden in der Regel beispielsweise früher ausfliegen als die Bewohner von kühleren Unterkünften.

Der Tageszyklus

Seit zehn Jahren kann ich in der Station «Hofmatt» wild lebende Fledermäuse zu allen Tages- und Jahreszeiten störungsfrei beobachten. Eine dort installierte Infrarot-Videokamera mit programmierbarer Zeitrafferaufzeichnug ermöglicht außerdem Tag und Nacht die automatische Aufzeichnung der Aktivitäten. Zusätzlich werden alle zehn Minuten die Temperaturen an verschiedenen Stellen gemessen und auf einem kleinen elektronischen Datensammler gespeichert. Heute gehöre ich zu den wenigen Beobachtern, die Fledermäuse über eine lange Zeitperiode hinweg sozusagen rund um die Uhr kennenlernen durften.

Meine Beobachtungen und Kontrollen im Turm versuche ich zeitlich möglichst variabel zu gestalten. Das hat seine guten Gründe, denn Pfleglinge, die in meiner Obhut lebten, haben mir beigebracht, daß sie auf bestimmte, regelmäßig wiederkehrende Ereignismuster sehr präzis reagieren und durch mein Verhalten unbemerkt ihren Tagesrhythmus verändern. Da kann es schon einmal zu unerwünschten Effekten kommen, die einer Dressur gleichen. Vor einigen Jahren hatte ich im Naturhistorischen Museum Basel auf einer Dachterrasse eine kleine Voliere mit pflegebedürftigen Großen Abendseglern (*Nyctalus noctula*), die jeden Mittag recht pünktlich zur gleichen Zeit ihr Futter bekamen. Das waren Mehlkäferlarven, die in eine große Futterschale gegeben wurden. Von ihrem Kasten aus hörten die hungrigen Fledermäuse die krabbelnden Insektenlarven, kamen dann auch am Tage heraus und fraßen. Wenn ich später als gewohnt mit dem Futter kam, saßen alle schon in der Schale, in ihrem «Jagdgebiet» sozusagen, und warteten dicht aneinandergedrängt auf die Verpflegung. Das war mir eine Lehre, und seither habe ich an vielen Details im Verhalten gelernt, daß nicht nur ich als Beobachter die Fledermäuse anschaue, sondern sie auch mich wahrnehmen und irgendwie auf meine Anwesenheit und meine Manipulationen reagieren können. Jetzt weiß ich, daß nicht nur Ergebnisse von Laboruntersuchungen, sondern auch die von Felduntersuchungen auf solche unbemerkten Einflüsse durch den Untersucher sensibel hinterfragt werden sollten.

Man kann den Tageszyklus aktiver Fledermäuse grob in zwei unterschiedliche Phasen aufteilen: erstens den Tagesaufenthalt im Quartier und zweitens die nächtliche Phase mit Flugaktivitäten, die durch Ruhepausen unterbrochen sein kann. Dieses Grundmuster muß im Jahreslauf in unseren Breiten natürlich den aktuellen klimatischen Bedingungen angepaßt werden. Der Grund ist einfach: die Aktivitätszyklen der Fledermäuse müssen aus naheliegenden Gründen mit den Hauptaktivitäten ihrer Beutetiere korrelieren. Woher wissen aber die Fledermäuse, wann dies der Fall ist? Das habe ich mich schon oft gefragt, denn manchmal flogen die Großen Abendsegler (*Nyctalus noctula*) beispielsweise auch bei Vollmond aus, obwohl ich davon ausgegangen war, das Ausfliegen sei unter den gegebenen Umständen ungünstig. Dennoch kamen sie mit vollen Bäuchen wieder heim. Sie haben also ihre eigenen Erfahrungen und angelernten Kenntnisse, und darüber hinaus sind viele Verhaltensmuster zweifellos angeboren.

Tagesruhe und Aktivitäten im Quartier

Fledermäuse schlafen viel, heißt es, und deshalb werden sie auch so alt. Ich bezweifle diese Aussage und wage die Behauptung, daß sie nicht wesentlich mehr schlafen als andere Tiere auch. Allerdings rechne ich die Tageslethargie und den Winterschlaf nicht als echten «Schlaf», denn dieser muß ja eine Regeneration, eine Restitutionsphase für den Körper sein. Der Torpor dagegen ist eine notwendige Energiesparmaßnahme, bei der die wachen Fledermäuse reduziert aktiv sein können und in gewissen Situationen sogar unter Streß stehen.

Bei den Euthermen, also Fledermäusen mit normaler Körpertemperatur, sind die Schlafphasen nicht immer einfach zu erkennen. Falls die Tiere in der Tageslethargie echte Schlafphasen haben sollten, dann wird eine Beurteilung noch viel schwieriger. Auf jeden Fall haben Große Abendsegler (*Nyctalus noctula*) im Schlaf die Augen geschlossen, bewegen sich wenig, und bei euthermen, schlafenden Abendseglern sind oft stereotype Kopfdrehungen, zuckende Bewegungen mit den Ohren oder den Unterarmen zu sehen. Das sind ähnliche Schlafbewegungen, wie wir sie auch bei anderen Säugetieren kennen. Wache Fledermäuse haben die Augen offen, auch im stockdunklen Quartier, wenn es überhaupt nichts zu sehen gibt. Da sind interessante Beobachtungen mit der Infrarot-Videokamera möglich. Bei ruhenden Tieren reflektieren die Augen das IR-Licht nicht, die Pupillen sind demnach weitgehend geschlossen. Dagegen reflektieren sie bei aktiven Tieren, die kurz vorher noch geflogen sind, sehr stark – wie Sterne leuchten sie auf dem Bildschirm. Demnach sind die Pupillen weit offen, obwohl es auch jetzt im Quartier nichts zu sehen gibt.

Nun kann man sich schon die Frage stellen: Wann schlafen die Fledermäuse jetzt tatsächlich? Nach meinen Beobachtungen tun sie es meist nur für kurze Phasen, oft tagsüber oder nachts während der Ruhepausen. Im Sommer, bei warmem Wetter, sind die Aktivitätsphasen von den Ruheperioden am leichtesten zu unterscheiden. Lange Schlafperioden gibt es morgens, meist bis zum späten Vormittag. Dann ist es auch am ruhigsten in der Kolonie. Später wird es hektischer, denn zwischendurch putzt sich immer wieder eine Fledermaus oder uriniert und stört durch den Platzwechsel die anderen. Am Nachmittag gibt es bei einzelnen sicher immer noch kurze Schlafphasen, aber die Turbulenzen nehmen in der Regel bis zum Abend zu. Leider gibt es noch keine individuellen Aktivitätsprotokolle, die über die tatsächlichen Schlaf-, Ruhe- und Aktivitätsphasen Auskunft geben. Auf jeden Fall ist die Aktivität im Quartier von mehreren Faktoren abhängig: Quartiertemperatur, Größe und Status der Kolonie sowie die aktuelle körperliche Verfassung der einzelnen Tiere. Ganz eindeutig haben aber laktierende Mütter und sexuell aktive Männchen im 24-Stunden-Zyklus die kürzesten Ruhe- und Schlafpausen.

Bei kühlem Wetter und bei langen Tageslethargieperioden sind die Aktivitätsphasen entsprechend kurz. Eine über mehrere Stunden, vielleicht sogar Tage andauernde Inaktivität ist bei solitären Tieren und natürlich auch bei Kolonien oder Einzeltieren im tiefen Winterschlaf oft zu beobachten. Es ist schon erstaunlich, daß auch bei niedrigen Temperaturen in den Kolonien immer wieder ein Tier aktiv ist. Dadurch werden die individuellen Aktivitätsmuster deutlich, die es trotz einer Synchronisation der sozialen Verhaltens- und Aktivitätsmuster gibt.

Die Flugaktivität

Es ist schwer zu beurteilen, wann im Jahr die größte Flugaktivität herrscht. Ist es im Sommer bei warmer Witterung und gutem Nahrungsangebot oder im Herbst während der Balz und der Migration? Eigentlich müßten sie bei knappen Nahrungsressourcen mehr fliegen, um satt zu werden, als bei optimalen Bedingungen. Wann fällt die Entscheidung, ob sie nun weiter in der Tageslethargie verharren oder sich aufwärmen, um einen Flug zu wagen? Das sind spannende Fragen, die noch untersucht werden sollten. Sicher ist, daß im Sommer bei warmem Wetter alle ausfliegen.

Die Aktivitätsmuster von Weibchen hat man bei einigen Arten bereits genauer beobachtet. Die trächtigen sind in der Regel nur einmal pro Nacht flugaktiv, und zwar in der Abenddämmerung. Die von mir beobachteten hochträchtigen Abendseglerweibchen (*Nyctalus noctula*) flogen in den ersten warmen Nächten nach Schlechtwetterperioden notfalls in der frühen Morgendämmerung noch ein zweites Mal aus. Auch die säugenden Weibchen flogen bei günstigem Wetter zweimal, manchmal auch dreimal in der gleichen Nacht aus, um ausreichend Nahrung zu beschaffen, die sie für die enorme Milchproduktion brauchten. Im Herbst, wenn die Nächte wieder kälter werden, fliegen Fledermäuse in der Regel nur einmal aus, um zu jagen.

Außer bei den reinen Jagdflügen fliegen sie viel bei den in dieser Jahreszeit häufigen Quartierwechseln, bei der Migration und bei Balzaktivitäten.

Die nächtlichen Ruhepausen verbringen Fledermäuse oft nicht im Tagesquartier. Nur säugende Weibchen und territoriale Männchen kehren mit Sicherheit dorthin zurück. Von vielen Arten kennt man traditionelle Ruheplätze, die lange Zeit von der gleichen Fledermaus, manchmal sind es auch mehrere Individuen, nur nachts aufgesucht werden. Große Mausohren (*Myotis myotis*) habe ich in einer Schloßanlage unter einem Torbogen, Wasserfledermäuse (*Myotis daubento-*

ni) unter Autobahnbrücken und Graue Langohren (*Plecotus austriacus*) auf Dachböden an solchen Nachtruheplätzen gefunden. Bei diesen und anderen Ruheplätzen war am Hangplatz oft ein deutlicher brauner Fleck zu sehen, oder es lag Kot auf dem Boden. Spuren also, die die regelmäßige Anwesenheit der Fledermäuse dokumentierten. Tagsüber waren die ungeschützten Ruheplätze nie und die in Räumen nur ausnahmsweise besetzt. Manchmal scheint es auch so zu sein, daß Baumhöhlen von Großen Abendseglern (*Nyctalus noctula*) nachts bei Ruhepausen getestet werden, um sie später einmal als reguläres Tagesquartier zu nutzen. Ganz sicher gibt es auch Ruhestrategien, bei denen Hangplätze spontan, irgendwo an günstigen Stellen in der Nähe des Jagdhabitats, gewählt werden. Solche Verhaltensweisen kann man im Freien nur zufällig entdecken, oder im Rahmen eines Forschungsprojektes, wenn die Fledermäuse telemetriert werden. Ganz plötzlich kann die Peilrichtung des Sendersignals stationär bleiben, weil die Fledermaus nicht mehr fliegt. Wenn man dann genauer nachforscht, stellt sich heraus, daß sie an einer Mauer, an einem Baum oder sonstwo hängt und sich für einige Zeit ausruht.

Aus- und Einflugverhalten

Es ist aufregend und auch spannend, Fledermäuse zu beobachten, die vom Quartier ausfliegen oder nach einem Jagdflug wieder nach Hause kommen. Da die Tiere durch die Beobachtung nicht belästigt werden, kann eigentlich jeder Naturfreund diesem Vergnügen nachgehen. Am besten wählt man einen Standort direkt unter der Ausflugöffnung, der einen freien Blick zum Abendhimmel ermöglicht. Die fliegenden Fledermäuse können dann auch ohne Scheinwerfer im Dämmerlicht gut wahrgenommen werden. Man muß manchmal lange warten, bis die erste Fledermaus ausfliegt. Plötzlich und überraschend kann sie erscheinen, und kaum wurde sie wahrgenommen, ist sie auch schon weggeflogen.

Aus kleinräumigen Quartieren, aus Baumhöhlen oder Spalten, kann man das Gezeter der Kolonien gut hören. Meist wird es vor dem Ausflug etwas ruhiger, und nur gelegentlich sind noch Sozialrufe zu hören, die auf kleine Konflikte innerhalb der Gruppe hinweisen. Sie fliegen einzeln oder in kleinen Gruppen ab, und es kann eine Stunde und länger dauern, bis die letzte Fledermaus das Quartier verlassen hat. Fledermäuse, die ihr Tagesquartier in großen Räumlichkeiten haben, fliegen sich vor dem Ausflug manchmal regelrecht ein. Braune Langohren (*Plecotus auritus*) habe ich schon einige Stunden vor dem Verlassen der Tagesquartiere auf den Dachböden fliegen sehen.

Spektakulär sind diese Flugmanöver in den großen Kolonien der Großen Mausohren (*Myotis myotis*). Nach kurzen Flügen auf dem Dachboden kehren sie wieder zum Hangplatz zurück, putzen sich, um dann erneut zu starten. Irgendwelche sind immer flugaktiv, so daß ein gewaltiger Betrieb herrscht. Manche der Tiere nutzen diese Phase auch, um ihre Blase zu entleeren. Bei Verhaltensbeobachtungen im Quartier mußte ich daher schon oft diverse Geräte in Sicherheit bringen, weil es regelrecht Urin regnete.

In einem Haus in Laufental bei Basel, in dem wir schon seit längerem Fledermäuse beobachten, verlassen die Mausohren das Quartier durch enge, quadratische Löcher an der Stirnseite des Hauses. Diese lediglich 10 x 10 cm großen Öffnungen durchfliegen sie mit angelegten Flügeln und mit einer atemberaubenden Geschwindigkeit und Eleganz.

Die Abflugstrategien richten sich nach dem aktuellen Nahrungsbedarf. An warmen Abenden, insbesondere wenn an den Tagen zuvor kühles Wetter gewesen ist, werden alle in kurzer Zeit ihr Quartier verlassen haben, weil sie großen Hunger haben. Bei seinen Forschungen hat Fritz Kronwitter allerdings beobachtet, daß Große Abendsegler (*Nyctalus noctula*) von einem Männchenquartier zeitlich versetzt abflogen; woraus er schloß, daß das Jagdrevier sozusagen im Schichtbetrieb besucht werde. Es könnte also durchaus sein, daß unter bestimmten Bedingungen zuerst die dominanten Tiere ausfliegen und dann erst die schwächeren. Letztere hätten nach dem ersten Flugbetrieb bei der Jagd weniger Konkurrenzstreß.

Manchmal hat man bei Ausflugsbeobachtungen das Gefühl, daß die Zeit für den ersten Abflug bereits gekommen sei, doch am Ausflugsloch regt sich noch nichts. Doch dann, ganz plötzlich, umkreist ein Tier das Quartier und verschwindet wieder. Es muß aus einem anderen Versteck gekommen sein. Doch jetzt fliegen auch die ersten Fledermäuse aus dem beobachteten Quartier ab, und die anderen folgen. Tatsächlich gibt es bei den Wasserfledermäusen (*Myotis daubentoni*) und den Großen Abendseglern (*Nyctalus noctula*) immer wieder sogenannte ‹Abholer›, die früh am Abend an den Quartieren vorbeifliegen und dort durch ihre Rufe die Abflugbereitschaft ihrer Artgenossen erhöhen. Ob diese Frühflieger mit ihren Vorbeiflügen eine bestimmte Absicht verfolgen, ist noch nicht geklärt.

Abfliegende Fledermäuse sind meist nur kurz sichtbar, und jede Art hat eigene Flugstrategien, um in ihr Jagdhabitat zu kommen. Nur die hochfliegenden Arten, beispielsweise Breitflügelfledermäuse (*Eptesicus serotinus*) oder Abendsegler (*Nyctalus noctula*), kann man längere Zeit im Flug beobachten und die Richtung des angestrebten Jagdhabitats erahnen.

Ohne Zweifel ist die beginnende Dunkelheit für die Fledermäuse ein wichtiges Signal, das sie motiviert auszufliegen. Einige Arten wie Breitflügelfledermäuse (*Eptesicus serotinus*) und Bartfledermäuse (*Myotis mystacinus*) fliegen erstaunlich früh aus, manchmal schon vor Sonnenuntergang; andere erscheinen viel später, beispielsweise die Hufeisennasen (Rhinolophidae). Fledermäuse können sich nur an den Lichtwerten orientieren, die sie vom Quartier aus wahrnehmen können. Vor allem bei Baumquartieren gibt es Standorte mit auffällig unterschiedlichen Lichtexpositionen. Tatsächlich flogen Große Abendsegler (*Nyctalus noctula*) bei meinen Beobachtungen von stark beschatteten Baumquartieren früher aus als von solchen, die von der Abendsonne länger angestrahlt wurden.

Welchen Einfluß Licht auf den Ausflugsbeginn haben kann, erlebte ich in der Station «Hofmatt», als mir ein Mißgeschick passierte. In dem kleinen Turmzimmer gibt es elektrisches Licht, das bei Servicearbeiten kurzfristig eingeschaltet wird. Im Juni 1991 hatte ich nun vergessen, dieses Licht zu löschen, und 16 frei fliegende Fledermäuse waren die ganze Nacht über dem hellen Licht ausgesetzt. Da es für sie nicht dunkel wurde, flogen sie natürlich auch nicht aus. Später bemerkte ich, daß bei Videobeobachtungen auch das recht helle Licht des Monitors das Ausflugsverhalten der Tiere beeinflußte, denn ihr Abflug verzögerte sich bis zu einer halben Stunde. Seitdem schirme ich bei Direktbeobachtungen mit der Videokamera alles Licht sorgfältig ab. Fledermäuse registrieren also anscheinend den abnehmenden Lichtwert zwischen Quartierinnerem und Außenwelt. Um so erstaunlicher ist es, daß sie bei ihren üblichen Tagesflügen im Herbst diesen Umstand ignorieren und auch bei hellem Sonnenschein ausfliegen. Und auch das helle Licht bei Vollmond hindert sie, entgegen vieler Vermutungen, nicht daran, das Quartier zu verlassen. Allerdings sieht man in hellen Mondnächten nur selten fliegende Fledermäuse, weil sie den ebenfalls lichtscheuen Fluginsekten folgen und diese hauptsächlich im beschatteten, dunklen Luftraum jagen.

Aber nicht nur die einsetzende Dunkelheit motiviert die Fledermäuse, am Abend aktiv zu werden, sondern auch der Temperaturanstieg im Quartier. Oft konnte ich feststellen, daß außerhalb der Quartiere, im Freien, das Temperaturmaximum bei schönem Wetter am frühen Nachmittag erreicht wurde, im Quartierraum aber erst viel später. Manchmal dauerte es mehrere Stunden, bis die Wärme durch das Dach oder die Mauern ins Innere gedrungen war. Die Isolationsqualität des Baumaterials beeinflußt die Durchwärmung und Abkühlung der Quartiere natürlich wesentlich. In der Station «Hofmatt» wird das tägliche Temperaturmaximum im Juni erst nach 20 Uhr erreicht, und ich konnte beobachten, daß die zunehmenden Aktivitäten der Fledermäuse mit dem Temperaturanstieg korrelieren. Zweifellos nutzen die konsequenten Energiesparer eine Temperaturerhöhung als «Wärmelift», um ihren in der Tageslethargie ausgekühlten Körper «kostengünstig» zu erwärmen. So läßt sich vielleicht auch eine Vielzahl von ungewöhnlichen Flugaktivitäten erklären, insbesondere in der kalten Jahreszeit. Oft handelt es sich dabei nur um Quartierwechsel und nicht um Jagdflüge. Bei Föhntagen im November und Dezember konnte ich in der Region Basel beim Großen Abendsegler (*Nyctalus noctula*) häufig solche Flüge beobachten.

Bei kalter Witterung fliegen Fledermäuse nur aus, um das Quartier zu wechseln oder um zu trinken. Insbesondere im Spätherbst, wenn die Tiere lange Lethargiephasen für kurze Zeit unterbrechen, starten sie zu Trinkflügen von 10 bis 20 Minuten Dauer. Bei heftigem Regen und Sturm bleiben sie meist in ihrem Quartier und verharren in der Ruheposition. In der Station «Hofmatt» schaute gelegentlich ein hungriges Tier nach draußen, um sich zu vergewissern, ob es immer noch regnete. Doch sobald die Regengeräusche nachließen, wurden die Fledermäuse aktiv und flogen ab.

Fledermäuse brauchen nach den Jagdflügen relativ lang, bis sie sich entschließen, in ihr Quartier einzufliegen. Wiederholt wird die Einflugöffnung angeflogen, manchmal landen die Tiere kurz, fliegen wieder weg oder umkreisen in großen Kreisen das Quartier, wobei sie deutlich hörbare Soziallaute von sich geben. Diese Flugmanöver wiederholen sich, so daß einzelne ein Quartier bis zu 50mal anfliegen. Insbesondere am Morgen, nach dem letzten Jagdflug, kann man viele Fledermäuse beobachten, die ihr Quartier umschwärmen.

Tagflüge

Tagaktive Fledermäuse sind weit weniger selten, als man vermutet. In England wertete John R. Speakman 420 Tagflug-Beobachtungen aus, und er vermutet, daß primär Nahrungsmangel der auslösende Faktor ist. Auf dem Kontinent interpretieren die meisten Forscher das Tagflugverhalten des Großen Abendseglers (*Nyctalus noctula*) als Migrationsflüge. Warum Fledermäuse gelegentlich tagaktiv sind, konnte bis jetzt also noch nicht übereinstimmend geklärt werden.

In «Hofmatt» fielen mir die tagaktiven Großen Abendsegler schon früh auf. Genauer untersucht habe ich ihr Verhalten aber erst im Herbst 1993. Merkwürdig war, daß die Tiere nur im Sonnenschein ausflogen, und weil ich einige der Tiere beringt hatte und gut kannte, wußte ich, daß sie nicht krank oder unterernährt waren. Warum flogen sie also aus? Während sie im Sommer eine eindeutige Dämmerungs- bzw. Nachtaktivität zeigten, änderten sie mit der Zeit ihr Verhalten, flogen nachts und manchmal eben auch am Tag. Unter Tagflug verstehe ich ein Flugverhalten, das mindestens eine Stunde vor der Dämmerung beginnt. Von September bis November 1993 konnte ich 14 Tagflüge registrieren; die Größe der Kolonie variierte in dieser Zeit zwischen vier und 22 Individuen, darunter viele unberingte Tiere, die sich nur kurz in der Station aufhielten. Der früheste Abflug von elf Tieren war am 7. Oktober gegen 11 Uhr. Eine Stunde später kamen bereits die ersten dieser Gruppe mit prallgefüllten Bäuchen wieder zurück, und manche flogen am Nachmittag erneut aus. Die Abendsegler waren ausschließlich tagsüber flugaktiv und verließen das Quartier in der folgenden, recht kühlen Nacht nicht mehr. Während ihrer Tagflüge hatte zumindest für kurze Zeit die Sonne geschienen, und meist war es windstill gewesen. Bereits Stunden vor dem Abflug versammelten sich die teilweise noch lethargischen Tiere am Ausflugloch und wurden dort zunehmend aktiv; während die euthermen Tiere in die Sonne hinausschauten und zu horchen schienen. Dabei verkeilten sich manchmal zwei oder drei der Horcher regelrecht im Ausflugloch. Ein vergleichbares Verhalten habe ich abends noch nie beobachtet; ich vermute daher, daß sich die Tiere am Summen der Insekten orientiert haben, was sie dann schließlich zum Abflug bewegt hat. Einzeln oder in kleinen Gruppen flogen sie ab, wobei ihre Rückkehr unauffällig und schnell erfolgte, ohne die Anflugmanöver zu wiederholen.

Jetzt galt es herauszufinden, wie das Beutespektrum dieser Tagesjäger aussah. Ich isolierte also vier tagaktive Männchen und sammelte 24 Stunden lang ihren Kot, der von Andres Beck auf Insektenreste hin untersucht wurde. In allen Kotpillen entdeckte er die charakteristischen Chitinteile von Baumwanzen (Pentatomidae, Hemiptera) und in 32 Prozent die von Fliegen, hauptsächlich Schwebefliegen (Syrphidae, Diptera). Bei all diesen Insekten handelt es sich um solche, die in großer Zahl im Herbst bei Sonnenschein fliegen.

Große, geradeaus fliegende Insekten, die zwar in relativ geringer Dichte, aber zahlreich in der Luft verteilt sind, könnten die Erklärung für den oft beobachteten, geradlinigen Flug der jagenden Abendseg-

Abb. 73
Station «Hofmatt» am 13. Oktober 1993, 13.30 Uhr: Im hellen Sonnenschein fliegt ein Großer Abendsegler (*Nyctalus noctula*) ab. Etwa eine Stunde später kamen die ersten «Tagflieger» mit gefüllten Bäuchen zurück.

ler sein. Der hohe Ertrag dieser Jagdflüge war eindeutig an den dicken Bäuchen der Heimkehrer erkennbar. Es war also nicht akuter Nahrungsmangel, weshalb die Großen Abendsegler von «Hofmatt» am Tag ausflogen, sondern die opportunistische Nutzung einer Nahrungsquelle. An den letzten Tagesausflügen im Jahr beteiligten sich auch solche Tiere, die man, ohne spotten zu wollen, als «fette Möpse» bezeichnen konnte. Man muß jedoch auch betonen, daß es zu dieser Zeit ebenso fette Fledermäuse gab, die oft tagelang inaktiv blieben und sich nicht von der Stelle rührten. Einige wohlbeleibte Weibchen, die abseits vom Pulk oder sogar allein in einem Quartier ruhten, fielen mir besonders auf; darunter auch ein beringtes Tier, das im Oktober knapp drei Wochen lang in Lethargie verharrte.

Ein faszinierendes Jagdverhalten konnte ich an einem telemetrierten Weibchen beobachten, das sich mit sechs anderen im Hochzeitsquartier von «Lan» auf der Dachterrasse des Naturhistorischen Museums in Basel aufhielt. Am 7. Oktober 1995 schien tagsüber die Sonne, der Himmel war wolkenlos. Um 16.42 Uhr flog das einen Sender tragende Weibchen mit vier weiteren vom Quartier aus. Nach ein paar großen Flugschlaufen entfernten sie sich sehr hoch fliegend, und schon bald war das Telemetriesignal nur noch schwach aus Südwesten und dann gar nicht mehr zu hören, also außerhalb der Reichweite meines Telemetriesystems. Erfahrungsgemäß sind das im freien Luftraum mindestens 5 km. Um 17.30 Uhr, eine dreiviertel Stunde später, war das Signal wieder da, aber der Sender schien stationär über dem Museum zu bleiben – es war jedoch keine Fledermaus zu sehen. Mit einem starken Fernglas suchte ich auf dem Rücken liegend den blauen Himmel ab, und entdeckte kleine Pünktchen, die ab und zu zu sehen waren und dann wieder im Dunst verschwanden. Das waren Abendsegler! Sie flogen meist geradlinig in mindestens 200–300 m Höhe, und wenn sie aus dem Blickfeld verschwanden, waren sie sicher noch viel höher. Später flogen sie dann wieder tiefer über dem Rhein, und um 18.55 Uhr, in der Abenddämmerung, kehrte das telemetrierte Weibchen ins Quartier zurück. Dieser Jagdflug dauerte insgesamt 128 Minuten. Zwei Weibchen aus dem «Lan»-Quartier beteiligten sich nicht am Tagflug; sie flogen erst um 18.08 Uhr aus. Am nächsten Tag schien ebenfalls die Sonne, aber von diesem Quartier beteiligte sich keine Fledermaus am Tagflug, obwohl am Himmel um 16.00 Uhr jagende Abendsegler zu sehen waren. Das telemetrierte Weibchen flog um 18.12 Uhr aus und jagte dann, wie an den folgenden Abenden auch, ausschließlich in Museumsnähe über dem Rhein. Dabei patrouillierte es flußabwärts und aufwärts hin und her, fast so wie ein Bauer auf dem Acker, der seine Ernte einbringt.

Nahezu unglaubliche Massen von tagfliegenden Großen Abendseglern (*Nyctalus noctula*) beobachtete Heinz Wissing an mehreren Tagen im September und Oktober über einem Truppenübungsplatz bei Landau in der Pfalz. Am 17. September 1989, zwischen 18.45 und 19.10 Uhr, wurde die Zahl auf etwa 1000 jagende Fledermäuse geschätzt. An anderen Tagen waren es weniger, doch auch am 22. Oktober wurden noch über 300 Tiere gezählt. Aus vielen Gebieten Mitteleuropas, vor allem über großen Gewässern oder ausgedehnten Ebenen, werden im Herbst mittlerweile ähnliche Massenansammlungen von tagfliegenden Großen Abendseglern gemeldet. Das Tagflugphänomen ist auch im Frühjahr und auch bei anderen Arten gelegentlich zu beobachten, besonders nach langanhaltendem kühlem Wetter. Tagesjagdflüge im Herbst müssen beim Großen Abendsegler (*Nyctalus noctula*) als ein normales, etabliertes Verhaltenselement gewertet werden, das maßgeblich zur Bildung des Vorratsfetts für den Winterschlaf dient. Im Herbst, wenn die Nächte kühler sind, werden am Tag in der Sonne die massenhaft schwärmenden Insekten als Beutequelle genutzt. Quartierwechsel sind tagsüber sicher nicht häufig, kommen aber immer wieder vor, nicht nur beim Großen Abendsegler (*Nyctalus noctula*), sondern auch bei Zwergfledermäusen (*Pipistrellus pipistrellus*), Weißrandfledermäusen (*Pipistrellus kuhlii*), Rauhhautfledermäusen (*Pipistrellus nathusii*) und bei anderen, weniger leicht zu beobachtenden Arten.

Einen bemerkenswerten Quartierwechsel vollzog ein Großer Abendsegler, ein beringtes Weibchen, am 3. Januar 1997 am Mittag um 12.40 Uhr bei Sonnenschein, aber bei einer Temperatur von −3 °C. Von einem unbekannten Quartier flog es in die mit mehr als 90 Winterschläfern besetzte Station «Hofmatt» ein. Die Nacht zuvor war sehr kalt gewesen, mit Temperaturen unter −10 °C. Vermutlich nutzte das Weibchen die Erwärmung durch die Sonne, um sich selbst aufzuheizen und ins «Hofmatt»-Quartier zu fliegen.

Die Gefahr, von einem Beutegreifer verfolgt zu werden, ist für Fledermäuse tagsüber natürlich weitaus größer als nachts. Oft wurde schon beobachtet, daß Taggreifvögel, Möwen und Krähen, die im freien Luftraum fliegenden Großen Abendsegler (*Nyctalus noctula*) zu fangen versuchten, was ihnen auch oft gelang. Ich habe aber auch schon gesehen, wie eine Zwergfledermaus (*Pipistrellus pipistrellus*) von einem Haussparz (*Passer domesticus*) verfolgt wurde, und im Tessin beobachtete meine Frau, wie am Nachmittag eine Rauchschwalbe (*Hirundo rustica*) eine Fledermaus, vermutlich eine Weißrandfledermaus (*Pipistrellus kuhlii*), heftig attackierte. Es muß für die Großen Abendsegler offensichtlich gute Gründe geben, daß sie trotzdem tagsüber ausfliegen. Es ist wahrscheinlich, daß auch andere Arten dieses Verhalten zeigen, im geschützteren Milieu des Waldes beispielsweise. Relativ ungefährdet könnten sie dort vom großen Reichtum an tagaktiven Insekten profitieren und sich im Herbst, wenn die Nächte kalt sind, das notwendige Depotfett für den Winterschlaf besorgen. Inwieweit Fledermäuse sich tatsächlich so verhalten, wurde bisher nicht untersucht. Man müßte eben einmal nachsehen – tagsüber...

Wanderer und Seßhafte

Schon früh haben verschiedene Forscher vermutet, daß Fledermäuse jahreszeitliche Wanderungen unternehmen. Diese Annahme wurde durch zahlreiche Beobachtungen bestärkt, bei denen im Herbst am Tag fliegende Fledermäuse gesehen wurden, oft gemeinsam mit ziehenden Vögeln, vor allem mit Mehl- und Rauchschwalben. Selbstverständlich wußte man bereits, daß es traditionell besetzte Saisonquartiere gibt, in denen sich jedes Jahr nur zu bestimmten Zeiten Fledermäuse aufhalten, der zwischenzeitliche Aufenthaltsort der Tiere blieb jedoch unbekannt.

Erst Martin Eisentraut begann 1932 in Europa mit der individuellen Markierung von Fledermäusen, wie sie in der Ornithologie schon längere Zeit mit Erfolg praktiziert wurde. Er entwickelte leichte, ringähnliche Aluminiumklammern, in die eine Nummer eingraviert war und die am Unterarm der Fledermäuse befestigt werden konnten. In den ersten fünf Jahren konnte er mehr als 5000 Fledermäuse in einem unterirdischen Massenwinterquartier bei Berlin markieren, und bereits im Sommer 1933 kam die erste Fundmeldung, es war ein Großes Mausohr (*Myotis myotis*), das 100 km vom Winterquartier entfernt gefunden wurde. Von vielen Forschern wurde diese Methode übernommen, und einige zigtausend Fledermäuse sind seither beringt worden. Man holte sich damals die Fledermäuse hauptsächlich aus dem Winterquartier und einige Arten auch aus den Wochenstuben. Erst als erkannt wurde, daß Fledermäuse durch verschiedenartige Umwelteinflüsse in ihrer Existenz bedroht waren, wurden auch die Markierungsversuche kritischer bewertet. Zunächst verzichtete man auf die Störungen in den Winterquartieren, dann auch auf die in anderen sensiblen Lebensbereichen der Fledermäuse, wie beispielsweise den Wochenstuben. In einigen Ländern Europas wurde das Markieren sogar vollständig verboten, und in anderen ist es nur noch mit amtlicher Ausnahmebewilligung möglich. Obwohl heutzutage zahlreiche Forscher von sich aus auf das Markieren verzichten, gibt es Forschungsprojekte, bei denen diese Art der Kennzeichnung unerläßlich ist. Außer der erwähnten Nummer tragen die Ringe heute auch eine Aufschrift der jeweiligen nationalen Dokumentationszentrale. Die Ziele der Projekte sind genau definiert, und es wird eine optimale Datengewinnung angestrebt, ohne daß die Tiere eine Einbuße ihrer körperlichen Fitneß und Lebensqualität erleiden.

Durch die individuelle Markierung konnten bis heute viele Einzeldaten gewonnen werden, die die saisonalen Migrationen belegen. Besonders wertvoll sind solche Nachweise, bei denen die Zeitspanne zwischen Beringung und Wiederfund kurz ist. Dies sind beweiskräftige Dokumente für spezifische Migrationsstrategien. Leider gibt es davon nur wenige, weil die Wiederfunde selten sind. Die Anzahl der Fernfunde beträgt meist weniger als ein Prozent der insgesamt markierten Tiere. Die Antworten auf viele Fragen zur Migration, der Populationsbiologie und der Etho-Ökologie liegen also noch in der Zukunft.

Dank der Wiederfunde markierter Fledermäuse haben wir Informationen über das Zugverhalten sammeln können. In einer Grobeinteilung können wir extreme Langstreckenwanderer wie die Großen Abendsegler (*Nyctalus noctula*) und die Rauhhautfledermäuse (*Pipistrellus nathusii*) von eher standorttreuen Kurzstreckenwanderern unterscheiden, wie zum Beispiel von Großen und Kleinen Hufeisennasen (*Rhinolophus ferrumequinum* und *Rhinolophus hipposideros*), von Braunen und Grauen Langohren (*Plecotus auritus* und *Plecotus austriacus*) und Wimperfledermäusen (*Myotis emarginatus*). Weil die europäischen Fledermäuse bei ihren Wanderungen nicht wie Vögel bessere Nahrungsräume aufsuchen, sondern von ihren Sommeraufenthalten primär zu Landschaften mit geeigneten Winterquartieren fliegen, sind auch die Wanderungszwänge und Distanzen regional sehr unterschiedlich. Es hat sich gezeigt, daß es darüber hinaus auch geschlechtsspezifische Unterschiede geben kann. Trotz der großen Anstrengungen ist es heute noch nicht möglich, von den einzelnen Arten ein verbindliches Bild ihrer saisonalen Mobilität zu zeichnen. Vom Kleinen Abendsegler (*Nyctalus leisleri*) und der Zweifarbfledermaus (*Vespertilio murinus*) kennen wir für den größten Teil ihres europäischen Verbreitungsgebietes noch nicht einmal die Überwinterungsstrategie. Gravierende Wissenslücken gibt es aber auch hinsichtlich der Arten, die in manchen Regionen gar nicht so selten sind. Darüber hinaus gibt es im Sommer in einigen Gebieten eine großräumige Trennung der Geschlechter, und wir haben keine Kenntnisse, wo die Tiere jeweils geboren wurden, und auch nicht davon, wie und wo sie sich zur Paarung zusammengefunden haben. Eigentlich darf man bei keiner europäischen Fledermausart allzu genau hinterfragen, welches Ausmaß die regionalen Mobilitäten und die Migrationen, Zuwanderungen oder Abwanderungen, haben und wie sie phänologisch zu terminieren sind. Zu schnell wird offenbar, wie wenig wir bis jetzt wissen.

Interessante, grundlegende Gedanken zur Migration der Fledermäuse präsentierte 1969 der russische Forscher Peter P. Strelkov. Er hatte ein großes Datenmaterial von Wiederfunden und Beobachtungen aus dem europäischen Teil der damaligen UdSSR. Er unterschied Weitstreckenwanderer von stationären bzw. nicht oder nur wenig wandernden Arten, die fast ausnahmslos in unterirdischen Quartieren überwinterten. Es waren Vertreter aus den Gattungen *Rhinolophus*, *Myotis*, *Barbastella*, *Plecotus* und *Eptesicus*. Im Gegensatz zu ihnen verließen sechs Arten der Gattungen *Nyctalus*, *Pipistrellus* und *Vespertilio* ihre Sommereinstandsgebiete in den nördlichen und zentralen Landesteilen und überwinterten in südlichen, zum Teil weit entfernten Regionen. Den Grund für die weiten Wanderungen sah Strelkov darin, daß diese Arten unterirdische Quartiere weitgehend meiden würden und die Erfrierungsgefahr in den oberirdischen im Winter zu groß war. Demnach waren sie sozusagen gezwungen, abzuwandern, um in klimatisch günstigeren Regionen in ihren artspezifischen Quartieren bei geringerer Frostgefahr hibernieren zu können. Bemerkenswert ist seine Feststellung, daß in Zentralrußland in den Sommerpopulationen der Zwergfledermäuse (*Pipistrellus pipistrellus*) und des Kleinen Abendseglers (*Nyctalus leisleri*) überhaupt keine adulten Männchen waren und bei den Großen Abendseglern (*Nyctalus noctula*) und Rauhhautfledermäusen (*Pipistrellus nathusii*) die Zahl der Weibchen deutlich überwog. Das heißt, daß bei einigen Fledermausarten alle oder ein Teil der Männchen abwandern und später nicht mehr zurückkehren.

Ähnliche Migrationen stellen wir auch in Mitteleuropa fest, wo das Klima im Winter stark von den atlantischen, milderen Luftströmungen beeinflußt ist. Der Verlauf der 0°C-Januarisotherme zeigt ungefähr, wo die Grenze zwischen kaltem und gemäßigtem Winterklima verläuft. In diesem Grenzgebiet, und auch westlich und südlich davon, haben Überwinterer in oberirdischen Quartieren eine gute Überlebenschance. Die Energiebilanz kann im Winterschlaf aber auch ins Defizit geraten, wenn die Quartiere zu warm sind. Deshalb gibt es vermutlich eine südwestliche Grenze der günstigen Wintergebiete. Fernwanderer, die zu weit nach Süden oder Südwesten in warme Regionen fliegen, müßten dann durch zusätzliche Jagdaktivitäten den notwendigen Energiebedarf decken.

Die Zwergfledermaus (*Pipistrellus pipistrellus*) wird im westlichen Europa, im Gegensatz zu den Befunden von Strelkov, nicht zu den Fernwanderern gezählt. Unklar ist auch die Situation bei drei Arten, die Strelkov zu den weit wandernden zählt. Der Kleine Abendsegler (*Nyctalus leisleri*) kommt in Irland zahlreich vor und wandert dort wohl nicht. Fernfunde gibt es aus Mitteleuropa bisher erst fünf. Am weitesten flog ein von Axel Schmidt am 4. August 1993 in Ostbrandenburg beringtes diesjähriges Weibchen, das in einer Luflinienentfernung von 1052 km in Frankreich, etwa 60 km südwestlich von Grenoble, nach nur 51 Tagen wiedergefunden wurde. Ebensowenig Daten gibt es über die weiträumigen Migrationen der Zweifarbfledermaus (*Vespertilio murinus*). Am 29. Juli 1988 wurde von Matti Masing in Estland ein juveniles Männchen markiert, am 13. November 1988 entdeckte man es in der österreichischen Stadt Steyr hinter einem Fensterladen: es war 1440 km weit geflogen! Vom seltenen Riesenabendsegler (*Nyctalus lasiopterus*) haben wir aus Westeuropa keine Migrationsdaten, er wurde in den Alpen, auf dem Col de Bretolet im Wallis, von Villy Aellen einige Male nachgewiesen. Es könnten weit umherstreunende Individuen gewesen sein.

In Landschaften mit ausgedehnten Ebenen gibt es keine natürlichen Felshöhlen. Deshalb verlassen im Herbst viele dort lebende Fledermäuse ihr Reproduktionsgebiet und fliegen zu den nächsten Berggebieten, in denen sie geeignete Strukturen finden. Ein gutes Beispiel dafür sind die Teichfledermäuse (*Myotis dasycneme*), die in den nördlichen Niederlanden und in Westfriesland ihre Wochenstuben haben. Sie fliegen nach Süden und Südosten bis zu 300 km weit nach Südlimburg, in die Eifel und in die Randbereiche der westfälischen Mittelgebirge. Natürlich überwintern sie seit Jahrhunderten auch in unterirdischen Anlagen, die von Menschen geschaffen wurden – in Stollen, Minen, Kellern und Bunkern. Solche Anlagen sind auch für viele andere Arten das Ziel ihrer oft weiten Flüge durch Landschaften mit wenig geeigneten Winterquartieren. Die Knappheit solcher Ressourcen in Landschaften des norddeutschen und polnischen Tieflandes erklärt die weiten Flüge von sonst eigentlich nicht wanderfreudigen Arten sowie die Massenansammlungen in einzelnen Quartieren. In manchen, wie zum Beispiel im westpolnischen Fledermausreservat Nietoperek, sind es viele tausend Winterschläfer: Wasserfledermäuse (*Myotis daubentoni*), Fransenfledermäuse (*Myotis natteri*), Große Mausohren (*Myotis myotis*) und ausnahmsweise auch in großer Zahl die sonst seltenen Mopsfledermäuse (*Barbastella barbastellus*). Ähnliche Massenansammlungen gibt es auch in Norddeutschland, beispielsweise in den Kalkhöhlen von Bad Segeberg und in der Spandauer Zitadelle, aber nicht im Süden Mitteleuropas, wie etwa in der Schweiz; und sie können eigentlich auch nicht erwartet werden, weil es zu viele gute, gleichwertige Unterkünfte gibt. In den zahlreichen Höhlen und Felsspalten der Mittelgebirge und Alpen verteilen sich die Winterschläfer auf viele Quartiere.

Von der thermophilen Langflügelfledermaus (*Minipterus schreibersi*) kennt man zahlreiche weiträumige Quartierwechsel, die aber keine echten saisonalen Wanderungen sind. Während der warmen Jahreszeit kann diese ausschließlich in Höhlen wohnende Art bei normalen Quartierwechseln in kurzer Zeit große Distanzen zurücklegen. Eine Population suchte bis 1958 im Winter eine Höhle bei Sasbach im südbadischen Kaiserstuhlgebiet auf, um dort zu überwintern. Die Beringungsergebnisse ergaben, daß die Tiere zu einer Großpopulation gehörten, die ein riesiges Streifgebiet hatte; von der Oberrheinischen Tiefebene bis zum Schweizerischen und Französischen Jura und bis weit nach Süden zur Saône. Gelegentlich flogen sie sogar in Höhlen der Kantone Wallis und Bern ein. Die meisten Quartiere auf schweizerischem Gebiet sind jedoch seit einigen Jahren verwaist.

Bis zum Ende des Zweiten Weltkriegs überwinterte in der Frauenkirche zu Dresden eine vielköpfige Kolonie des Großen Abendseglers (*Nyctalus noctula*). Es waren mehr als 500, in manchen Jahren vielleicht sogar 1000 und mehr Fledermäuse. In dieser ungewöhnlich großen Winterschlafgesellschaft begann Wilhelm Meise im Winter 1934/35 mit Markierungsversuchen. Von insgesamt 600 beringten Tieren erhielt er vier Meldungen von Fernfunden, die erstmals weite Migrationen belegten; und zwar von Dresden in nordöstlich gelegene Sommergebiete: zwei Fledermäuse flogen ins heutige Polen, eine sogar 750 km weit nach Litauen, und nur eine wählte eine andere Richtung, sie wurde 280 km nordwestlich bei Peine tot aufgefunden.

Der Große Abendsegler (*Nyctalus noctula*), ein Weitstreckenzieher

Seit Kriegsende bis heute wurden in Europa wahrscheinlich mehr als zehntausend Große Abendsegler beringt. Die mittlerweile zahlreichen Wiederfunde gestatten zwar Einblicke in das Migrationsverhalten, es sind allerdings auch viele neue Fragen aufgetaucht. Von etwa 500 in den Niederlanden von Sluiter und van Heerdt in den sechziger Jahren markierten Großen Abendseglern wurden vier Tiere mehr als 200 km südsüdwestlich in Belgien und Frankreich wiedergefunden, darunter auch ein Weibchen im 900 km entfernten Bordeaux. Trotz dieser Fernfunde vermuten niederländische Forscher, daß ein Teil der Tiere nicht wandert und im Gebiet überwintert.

Die meisten Daten zur Migration wurden seit den siebziger Jahren durch die intensive Forschungsarbeit von Günter Heise und Axel Schmidt geliefert, die in nordostdeutschen Sommereinstandsgebieten bei Prenzlau und Frankfurt/O. viele Weibchen und Jungtiere beiderlei Geschlechts beringen konnten. Diese und zahlreiche weitere Fernfunde von anderen Forschern belegen eine bevorzugte Migrationsbewegung nach Süden und Südwesten. Zum Beispiel wurde ein am 8. August 1974 bei Prenzlau beringtes Weibchen 38 Tage später 890 km entfernt in der Schweiz auf dem Hahnenmoospaß lebend kontrolliert.

Bis vor wenigen Jahren fehlten Fernfunde von Abendseglern, die vom südwestlichen Überwinterungsgebiet, beispielsweise aus der Schweiz, nach Nordosten zurückgewandert waren. Seit 1985 habe ich im Raum Basel etwa 1500 Große Abendsegler beringt, und einige wenige wurden im fernen Nordosten wiedergefunden. Die erste aufregende Rückmeldung kam aus Nordpolen. Ein Weibchen wurde im Juni 1989 bei Włocławek, 1000 km von Basel entfernt, gefunden. Im Herbst 1988, 286 Tage zuvor, hatte ich es in Münchenstein bei Basel markiert. Inzwischen sind vier Weibchen 770 km weit zu Günter Heise nach Prenzlau zurückgeflogen. Vermutlich wurden sie dort geboren, denn in den letzten Jahren wurde bestätigt, daß es eine direkte Anfluglinie zu mir nach Basel gibt. Zwei beringte Weibchen kamen aus Prenzlau hier an, eines in die Station «Hofmatt» und eines zu meinem balzrufenden Männchen «Lan», das sein Hochzeitsquartier auf der Dachterrasse des Naturhistorischen Museums hat (vgl. Seite 255). Dort wurde es mit der Infrarot-Videokamera bei der Kopulation beobachtet.

Die durch Fernfunde bestätigte Rückwanderung der Weibchen nach Nordosten waren wichtige Belege. Schon zu Beginn der achtziger Jahre habe ich festgestellt, daß in der Region Basel im Sommer nur Männchen leben. Diese großräumige Geschlechtertrennung wurde mittlerweile für die ganze Schweiz und weite Teile Süddeutschlands bestätigt. Die Jungenaufzucht findet also weiter nordöstlich statt. Im Herbst wandern die Weibchen und die diesjährigen Jungtiere ein. Im Frühjahr ziehen die Weibchen dann wieder weg. Nach meinen Beobachtungen bleibt zumindest ein Teil der Männchen für längere Zeit hier. Wie aber ihr Lebenslauf aussieht, wissen wir nicht.

Das oben geschilderte Bild der saisonalen Migration darf nur als Schema, als vereinfachtes Ereignismuster gesehen werden. In Wirklichkeit ist alles viel komplizierter, und manches ist noch schwer verständlich. So konnte ich im Herbst 1996, vom 4.–6. September, in Basel auf dem Areal des Naturhistorischen Museums mit Lockmännchen insgesamt 33 Große Abendsegler fangen und sie beringt sofort wieder freilassen. Vier davon konnten in den folgenden drei Monaten wieder an einem anderen Ort festgestellt werden: Am 21. September 1996, also nur 16 Tage später, wurde ein Männchen in einem Nistkasten 90 km nördlich in Südbaden, bei Lahr, entdeckt. Ein Weibchen wurde am 21. Dezember 1996 ebenfalls nördlich von Basel, in Freiburg im Turm des Münsters gefunden. Zwei waren also im Herbst wieder nordwärts geflogen, zwei andere blieben aber nachweislich in der Region. Ein Männchen hing im Dezember in der Station «Hofmatt» in einer Winterschlafkolonie mit 91 Tieren und ein Weibchen zur gleichen Zeit in einer 25köpfigen Winterkolonie im Naturhistorischen Museum. Unerwartet weiträumig streunten einzelne aus diesem Kollektiv im Überwinterungsareal herum. Vermutlich ist die Mobilität der Großen Abendsegler viel größer, als wir annehmen. Was suchen die Tiere? Winterquartiere, Sexualpartner oder neue Nahrungsräume? Unter den in der ersten Septemberwoche gefangenen Tieren waren übrigens auch vier beringte Weibchen, die im Jahr zuvor schon bei «Lan» im Hochzeitsquartier gewesen waren. Es gibt mittlerweile viele Belege, daß die Tiere wieder zurückkommen und jahrelang im gleichen Quartier überwintern, beispielsweise «Hofmatt», wo einige Weibchen drei und eines sogar fünf Jahre hintereinander überwinterten.

Die Primärquartiere des Großen Abendseglers sind Baumhöhlen und Felsspalten. Um für den Winter relativ frostsichere Quartiere zu finden, muß er die weiten Ebenen im nördlichen Mitteleuropa verlassen und in wärmere Gebiete nach Südwesten oder aber zu den nächsten Mittelgebirgen wandern. Da diese Fledermaus durch unsere Bautätigkeit viele Spaltstrukturen findet, die den Felsspalten ähnlich sind, wurde in den letzten Jahrhunderten das Quartierangebot

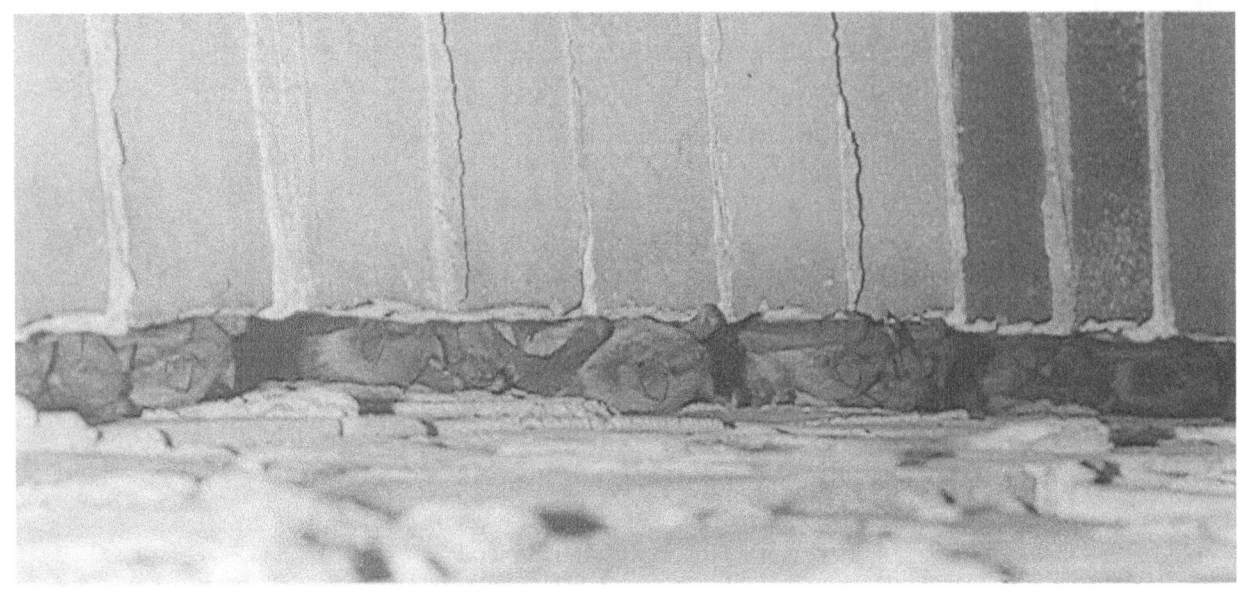

Abb. 74
Winterkolonie des Großen Abendseglers (*Nyctalus noctula*) im Brückenkopf der Levensauer Kanalhochbrücke bei Kiel.

(*Foto: Carsten Haarje*)

wesentlich größer. Denn der Abendsegler überwintert jetzt auch in Gesteinsspalten an Gebäuden, Brücken und Mauern. Er müßte eigentlich nicht mehr so weit wandern, um geeignete Quartiere zu finden. Die Frage ist nun, warum tut er es trotzdem?

Die überraschende Entdeckung der großen Winterkolonie in der Levensauer Kanalhochbrücke bei Kiel durch Carsten Haarje zeigt, daß auch weit im Norden erfolgreiche Überwinterungen möglich sind. Allerdings belehrt ein Blick auf die Temperaturkarte, daß dieses Winterquartier mit mehr als 5000 Abendseglern im Bereich der 0°C-Januarisotherme liegt, also im Winter in etwa die statistischen Temperaturmittelwerte hat wie beispielsweise Basel. Bei Kiel überwintern vielleicht die Populationen aus Dänemark oder Schweden. Nun wurde aber 1987 von Manfred Wilhelm unter einem Felsspalten-Winterquartier in der Sächsischen Schweiz der Ring eines in Schweden von Rune Gerell beringten Abendseglers gefunden. Demnach können also auch schwedische Abendsegler mehr als 500 km weit wandern.

Oft wird vermutet, daß weite Wanderungen viel Kraft kosten und an der Substanz der Fledermäuse zehren. Bei den vielen Lockfängen im August und September ist mir nie ein gravierender Unterschied in der körperlichen Verfassung der neu eingewanderten Weibchen und der ansässigen Männchen aufgefallen. Warum auch? Große Abendsegler sind sehr tüchtige Flieger und legen zweifellos jede Nacht bei ihren Jagdflügen große Strecken zurück. Wenn sie einen Teil ihrer Flugaktivität in eine geradlinige Migration investieren und vielleicht noch von günstigen Windverhältnissen profitieren, dann sollte der Mehraufwand nicht allzu dramatisch sein. Bei einer eher bescheidenen nächtlichen Investition von etwa drei Flugstunden könnten gut 50 km zurückgelegt werden. Das wären in sieben Tagen 350 km, ungefähr die Distanz, die ein diesjähriges, im Sommer geborenes Weibchen im August 1989 im Flug von Erlangen nach Basel zurücklegte. Diese markierte Fledermaus wurde übrigens im nächsten Jahr wieder in ihrem Geburtsquartier bei Erlangen nachgewiesen. Als Auslöser für weite Wanderungen könnten außer der Suche nach geeigneten Winterquartieren aber auch soziale und ernährungsrelevante Aspekte eine wichtige Rolle spielen.

Was die Großen Abendsegler können, so scheint es, können die viel kleineren Rauhhautfledermäuse noch viel besser. Es ist schier unglaublich, wie weit diese etwa 8–10 g schweren Fledermäuse mit ihren relativ breiten Flügeln bei ihren saisonalen Wanderungen fliegen können. In Lettland von Gunnar Petersons und seinen Mitarbeitern beringte Rauhhäute wurden in den Niederlanden, in Südfrankreich und auch in Norditalien, in Südtirol, gefunden. Das sind nur einige der extremen Endpunkte der manchmal bis zu 2 000 km weiten Flüge.

Rauhhautfledermäuse (*Pipistrellus nathusii*), die Weitstreckenzieher

Seit Mitte der achtziger Jahre werden im Baltikum intensiv Rauhhautfledermäuse beringt, die dort in ornithologischen Forschungsstationen quasi als ‹Beifänge› aus den dort aufgestellten Reusen geholt wurden. Schon in den ersten Jahren (1985–1988) konnten bei Pape etwa 5000 Tiere beringt werden. Davon wurden einige südwestlich wieder aufgefunden, die Mehrzahl in den Niederlanden und Frankreich. Bemerkenswert ist, daß sich ein Teil dieser Fledermäuse bereits in den baltischen Ländern auf der Wanderschaft befindet und aus noch weiter nordöstlich gelegenen Landschaften kommt. Weil auch in Nordostdeutschland und in Schweden viele Tiere beringt wurden, sammelte sich ein ansehnliches Datenmaterial an, das das nahezu vollständige Verlassen der Reproduktionsgebiete im Herbst und die Rückwanderung der Weibchen im Frühjahr belegt. In welchem Ausmaß die Männchen in ihre Geburtsgebiete zurückfliegen, ist noch nicht bekannt. Es könnte sein, daß viele außerhalb, irgend-

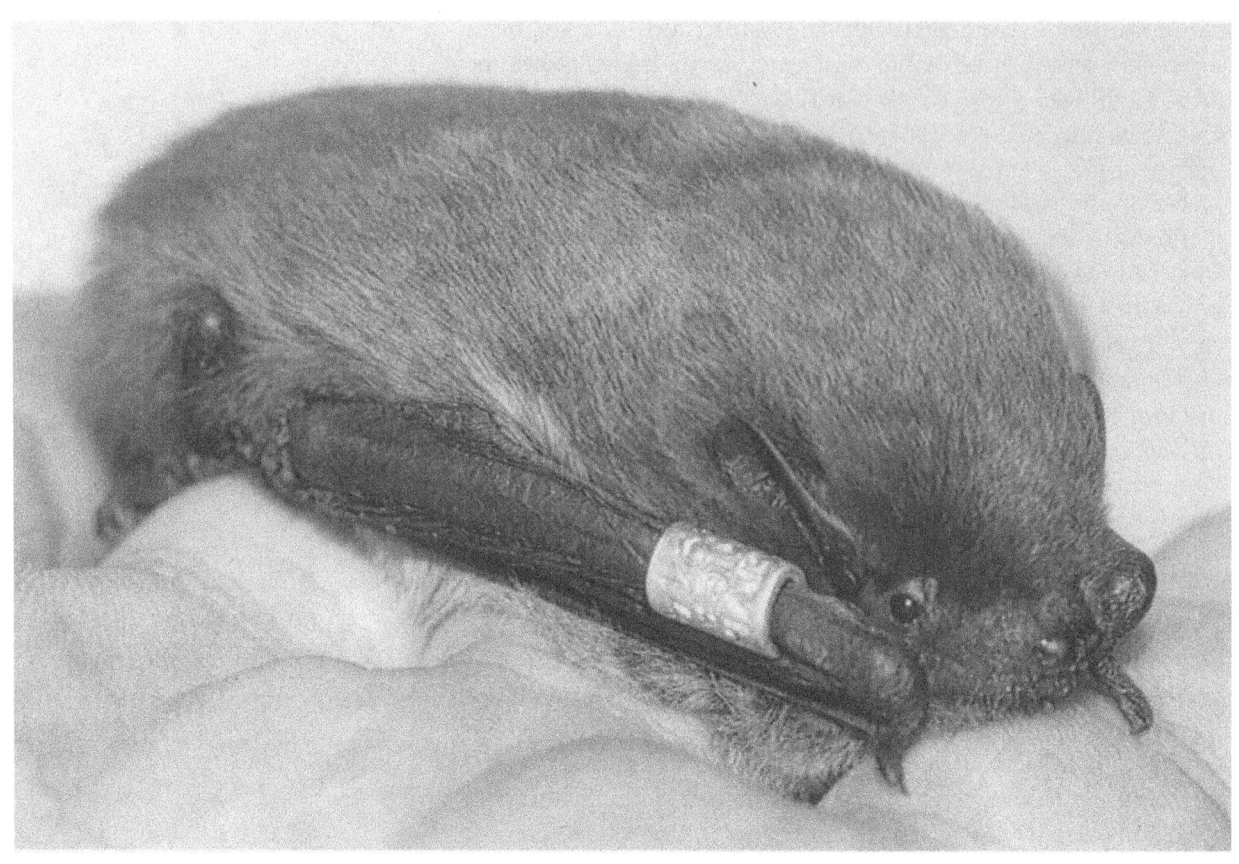

Abb. 75
Rauhhautfledermaus (*Pipistrellus nathusii*): Sie wurde in Lettland beringt und in Weil am Rhein unversehrt einer Katze abgenommen.

wo im Gebiet der ausgedehnten Wanderwege, seßhaft werden und dort in ihren Hochzeitsquartieren auf migrierende Weibchen warten. Während des Herbstzuges werden in großer Zahl solche vermutlich durchziehende Rauhhäute in den Quartieren der balzrufenden Männchen gefunden – bereits in Lettland, viele auch in Deutschland, in vielen Untersuchungsgebieten – auf breiter Front von nordöstlich gelegenen bis zu westlichen und südlichen. Bei Frankfurt a. M. fanden Dieter Kock und Hans Schwarting am 2. September 1986 ein Weibchen in einem Fledermauskasten, das 14 Tage zuvor in Schweden von Rune Gerell beringt worden war. Es hatte demnach pro Nacht 55,5 km zurückgelegt, bis es im hessischen Paarungsgebiet kontrolliert wurde. Als Rekordflug muß die Leistung eines Weibchens gewertet werden, das in 14,5 Nächten von Pape nach Heilbronn 1115 km weit flog. Das sind erstaunliche 76,9 km pro Nacht, wobei das Tier aber sicherlich sehr viel weiter geflogen ist, denn es ist kaum vorstellbar, daß die Fledermaus die ganze Strecke auf einer schnurgeraden Fluglinie hinter sich brachte.

Die Rauhhautfledermaus galt früher vielerorts als seltene Art. Durch die intensivere Forschungstätigkeit wird sie jetzt oft nachgewiesen und ist in manchen Gebieten zu bestimmten Jahreszeiten eine der häufigsten Arten. So auch in der Region Basel. In der wissenschaftlichen Sammlung des Naturhistorischen Museums gibt es von früher nahezu keine Fundbelege, dafür aber solche von Zwergfledermäusen (*Pipistrellus pipistrellus*). Heute ist es so, daß in den Wintermonaten nahezu keine aufgefundenen Zwerge gebracht werden, dafür aber viele Rauhhäute. Sie überwintern in großer Zahl im und am Rande des Ballungsgebietes, meist einzeln oder in kleinen Gruppen. Ihre Ruheplätze haben sie oft an für Fledermäuse sehr ungewöhnlichen Orten, wie zum Beispiel in gestapeltem Brennholz. Dort werden sie leicht von Katzen entdeckt und erbeutet. Solche Opfer sind die ersten Fundbelege im Herbst. Nach den Daten dieser Funde scheinen die Weibchen der Rauhhautfledermäuse im Herbst etwa zwei bis drei Wochen nach den Großen Abendseglern (*Nyctalus noctula*) in der Region Basel anzukommen. Die ersten werden Jahr für Jahr etwa in der zweiten Septemberwoche tot oder pflegebedürftig ins Museum gebracht. Während des Winters häufen sich seit 20 Jahren viele Fundmeldungen von zufällig gefundenen, verunglückten, eingeflogenen oder, was seltener ist, in gefällten Bäumen entdeckten Rauhhautfledermäusen. Die letzten Tiere werden noch im Mai gebracht, danach scheinen sich im Stadtgebiet und in der Umgebung keine Rauhhautfledermäuse mehr aufzuhalten. Ich habe allerdings im Juli in höhergelegenen Buchenwäldern am Rande des Jura einzelne brünftige Männchen durch Netzfang nachweisen können. Eines, das ich beringt am 11. Juli 1991 als hochbrünftiges, mit großen Buccaldrüsen, freigelassen hatte, fing ich am gleichen Platz im nächsten Sommer ein zweites Mal. Es könnte also sein, daß sich im Sommer, bisher unbemerkt, noch mehr Männchen in solchen Buchenwäldern aufhalten.

Auch in anderen schweizerischen Städten werden im Winter oft Rauhhautfledermäuse gefunden, besonders viele erhalten die Fledermausschützer in Zürich. Die Temperaturen im Ballungsgebiet Basel unterscheiden sich im Herbst, wenn die Nächte kühler werden, deutlich von denen in der weiteren Umgebung. In manchen Nächten betragen die Temperaturunterschiede 5°C und mehr. Deshalb vermute ich, daß einwandernde Fledermäuse unter der deutlich wahrnehmbaren «Wärmeglocke» regelrecht hängenbleiben und dann nicht mehr weiterziehen. Dies könnte eine Erklärung für die erstaunlich große Zahl der Wintergäste sein, die aufgrund der bisher eingegangenen Fundmeldungen eigentlich in jedem geschützten Hinterhof der Stadt zu vermuten sind.

Fortpflanzung

Obwohl man sich in der Forschung seit bald 140 Jahren mit der Fortpflanzungsbiologie der Fledermäuse beschäftigt, ist es noch nicht gelungen, auch nur von einer einzigen in Europa lebenden Art eine vollständige Beschreibung der saisonalen Abläufe und der geschlechtsspezifischen Strategien vorzulegen. Besonders kompliziert sind diese in den gemäßigten Klimazonen, weil die kalte Jahreszeit, die die Fledermäuse größtenteils im Winterschlaf verbringen, im jährlichen Sexualzyklus eine markante Zäsur verursacht. Dadurch entstandene Probleme haben die Tiere im Laufe ihrer Entwicklungsgeschichte auf manchmal verblüffende Art gelöst.

Wichtige Erkenntnisse wurden Ende des vergangenen Jahrhunderts gewonnen, als durch die Weiterentwicklung des Mikroskops Histologie, Zytologie und Embryologie an Bedeutung gewannen. In den vergangenen Jahrzehnten waren es die Bereiche Physiologie, Ethologie und Ökologie, die weitere wichtige Informationen brachten, und seitdem die Molekularbiologie in den Vordergrund getreten ist, dürfen wir auf neue, spannende Ergebnisse hoffen. Denn bald können wir durch DNA-Fingerprinting feststellen, wie die Verwandtschaftsverhältnisse in einer Population oder Kolonie aussehen oder welches der rivalisierenden Männchen schließlich der Vater geworden ist.

Generell haben wir in der Forschung eine Vielzahl an neuen und faszinierenden Vergleichsmöglichkeiten, so daß die Beschäftigung mit der Soziobiologie so spannend ist wie die Lektüre eines guten Krimis. Im Wettbewerb der Geschlechter wird der Kampf um eine erfolgreiche Fortpflanzung mit aller Härte und allen erdenklichen Tricks geführt, auch bei den Fledermäusen.

Erkennen der Geschlechter

Bei vielen Tieren unterscheiden sich Männchen und Weibchen durch äußere Merkmale. Das kann verschiedene Gründe haben: beispielsweise spezielle Tarnungen der Weibchen als Anpassungen an den Lebensraum. Unterschiede können aber auch in der sozialen Kommunikation eine wichtige Rolle spielen, wenn das Sende- und Empfangssystem auf optischen Signalen beruht. Auffallend und oft recht spektakulär ist das bei vielen Vögeln und einigen vorwiegend tagaktiven Säugern. Mit einer imponierenden Körpergröße, buntgefärbten Mustern oder außergewöhnlich großen Federn, Schnäbeln, Hörnern und Geweihen werben die Männchen um eine Partnerin oder versuchen potentielle Rivalen einzuschüchtern. Aber nicht nur das Geschlecht wird auf diese Art und Weise deutlich gemacht, sondern auch der soziale Status und die Rangordnung innerhalb der Gruppe. Bei nachtaktiven Tieren, insbesondere bei den Fledermäusen, sind es oft geruchliche, also olfaktorische Mitteilungen. Diese meist über Drüsen ausgeschiedenen Düfte und Botenstoffe, sogenannte Pheromone, übermitteln die Botschaften und können beim Empfänger sehr spezifische Reaktionen auslösen. In bestimmten Situationen können einige Fledermausarten auch ein weitreichendes akustisches Signal aussenden, einen Schrei, eine charakteristische Ruffolge oder vielleicht auch einen «Gesang». Da aber die olfaktorische und akustische Wahrnehmung des Menschen vergleichsweise schlecht ausgebildet ist, haben wir fast keinen Zugang zu dieser Welt der sozialen Interaktion. Wir können jedoch technische Hilfsmittel nutzen, wie beispielsweise Bat-Detektoren, um eigentlich Unhörbares für uns hörbar zu machen. Die Welt der Signaldüfte aber bleibt uns weitgehend verborgen.

Die Fledermausmännchen haben einen deutlich ausgebildeten, bei den meisten Arten gut sichtbaren Penis. Im vorderen Teil des Penis befindet sich ein winziger Knochen, das Baculum, dessen charakteristische Form meist arttypisch ist und daher dem Wissenschaftler bei toten Tieren die Artbestimmung erleichtert. Zum Beispiel bei schwierig voneinander zu unterscheidenden Arten wie dem Braunen und dem Grauen Langohr (*Plecotus auritus* und *Plecotus austriacus*). Allerdings muß das Baculum für eine solche Artbestimmung sorgfältig herauspräpariert werden.

Folgt man den statistischen Auswertungen, sind bei vielen Fledermausarten die Weibchen etwas größer und schwerer als die Männchen. Alle Maßangaben variieren aber individuell und können manchmal stark differieren.

Der Sexualzyklus

In den Tropen sind die Lebensbedingungen in der Regel so gut, daß die Fledermäuse zweimal jährlich oder auch öfter gebären und erfolgreich Junge aufziehen. Die Weibchen können demnach mehrmals im Jahr ovulieren, sie sind polyöstrisch. Die Brunft, der Östrozyklus, muß zeitlich so liegen, daß später im Jahr die Geburt, die Jungenaufzucht und das Selbständigwerden der Jungen mit dem besten saisonalen Nahrungsangebot möglich ist.

Bei uns, also in den gemäßigten Klimazonen, ovulieren die Fledermausweibchen nur einmal im Jahr; sie sind monöstrisch. Der nahrungslose Winter stellt sie vor besondere Probleme: Ihre Brunft beginnt im Herbst, wird durch den Winterschlaf unterbrochen, und erst im Frühjahr kommt es zur Eireifung und zur Ovulation. Erstaunlicherweise hat die Begattung aber bereits im Herbst oder im Winter stattgefunden. Das Sperma wird bis zur Befruchtung im Weibchen gespeichert. Dann folgt eine mehrwöchige Tragzeit, und im Frühsommer, meistens im Juni, werden die Jungen geboren.

Im Gegensatz zu den Fledermäusen ist es bei der Vielzahl der Säugetiere so, daß die Weibchen erst dann paarungsbereit sind, wenn sie über befruchtungsfähige Eier verfügen. Das Ziel der Männchen ist es, möglichst genau zu diesem Termin zu kopulieren, um so ihre Vaterschaft zu sichern.

Nicht nur bei den Weibchen, sondern auch bei den Männchen hat man Überraschendes entdeckt: Ihr jährlicher Sexualzyklus verläuft nicht synchron mit dem der Weibchen. Das Sperma wird vielmehr auf Vorrat produziert. Die Samenbildung, die Spermatogenese, beginnt bereits im Sommer und dauert bis zum Frühherbst. Diese Zeit ist für die Männchen sehr anstrengend, da die Produktion des Samens viel Energie verbraucht. Zeitgleich findet auch der Haarwechsel statt, und außerdem müssen sie sich in territorialen Kämpfen gegen ihre Artgenossen durchsetzen. Tatsächlich magern Große Abendsegler (*Nyctalus noctula*) zu Beginn der Spermatogenese gewaltig ab, so daß ihr Nackenfett in dieser Zeit fast vollständig abgebaut wird. Die Balz der Fledermäuse beginnt im Herbst, es ist aber nicht sicher, ob das auf alle einheimischen Arten zutrifft. Die letzten Kopulationen sind im Winter, selten auch noch im Frühjahr.

Im Sommer und Frühherbst, also während der Spermatogenese, sind die Hoden sehr groß und liegen außerhalb der Bauchhöhle, so daß sie

Die männlichen Geschlechtsorgane

deutlich sichtbar sind. Im Winter und Frühjahr dagegen sind sie eher klein und unscheinbar und oft im unteren Teil der Bauchhöhle verborgen. Das in den Hoden produzierte Sperma wird in den Nebenhoden gespeichert, die zu Anfang der Paarungszeit prall gefüllt sind. Hoden und Nebenhoden werden von der sogenannten Tunica vaginalis, einem stark pigmentierten Gewebe, umgeben. In dieses Gewebe sind sogenannte Melanocyten eingelagert, das sind Zellen mit dunklen Pigmenten. Während leere, flache Nebenhoden auffallend dunkel sind – die in die Tunica vaginalis eingelagerten Melanocyten bilden eine kompakte Schicht –, wird die Tunica vaginalis bei vollen Nebenhoden gedehnt und deshalb durchsichtig, so daß die Spermaspeicher als helle Körper sichtbar werden. Bei teilweise entleerten Nebenhoden ist die distale, die äußere Spitze wieder dunkel, während der körpernahe, noch teilweise gefüllte Teil hell ist. Wenn bei einjährigen Männchen die Geschlechtsdrüsen zum ersten Mal geringfügig anschwellen, bleibt die Tunica vaginalis meist noch dunkel. Anhand solcher Merkmale läßt sich der aktuelle Status eines Männchens recht gut beurteilen.

Die männlichen Geschlechtsorgane sind weltweit bei nahezu allen Fledermausarten einheitlich aufgebaut. Im Gegensatz zu denen der Weibchen.

Die weiblichen Geschlechtsorgane

Bei den weiblichen Fledermäusen gibt es eine erstaunliche Variabilität in der Ausbildung der Geschlechtsorgane; insbesondere gibt es auffällige Unterschiede in der Form der Gebärmutter, des Uterus. Die meisten einheimischen Arten haben einen sogenannten Uterus bicornis: Die Eileiter münden in paarige Hörner, die bereits vor der Einmündung in die Vagina miteinander verbunden sind. Die Mopsfledermäuse (*Barbastella barbastellus*) haben dagegen eine noch stärker geteilte Gebärmutter, einen Uterus bipartitus, bei dem sich die beiden Uterushörner erst bei der Mündung in die Vagina treffen. Sehr ausgeprägt ist dieser zweigeteilte Typ bei der Kleinen Hufeisennase (*Rhinolopus hipposideros*). Beim Großen Mausohr (*Myotis myotis*) ist es scheinbar so, daß der Embryo ausschließlich im rechten Uterushorn heranwächst, auch wenn das Ei aus dem linken Ovar stammt. Bei Mausohren, die schon einmal geboren haben, bleibt das rechte Uterushorn stets ein wenig größer als das linke. Dieses Merkmal läßt erkennen, ob ein Weibchen schon einmal geboren hat, denn im jungfräulichen Zustand sind beide Hörner nahezu gleich groß. Zwillinge, die bei einigen Arten regelmäßig vorkommen, können sich getrennt in beiden Hörnern entwickeln.

Im Jahre 1859 publizierte Heinrich A. Pagenstecher erstmals eine Beobachtung, die belegte, daß bei den winterschlafenden Fledermäusen die Fortpflanzung recht kompliziert ist. Bei einer im Januar untersuchten Zwergfledermaus (*Pipistrellus pipistrellus*) war der Uterus bereits mit Sperma gefüllt, die Eizellen im Ovar hatten aber noch nicht ihre Reife erlangt. Pagenstecher schreibt: «Das Weibchen vollzieht die Begattung vor Reifung der Eier.» Diese wichtige Entdeckung wurde durch Untersuchungen von anderen Forschern bestätigt und durch weitere Informationen ergänzt. Ein lebhaftes Interesse an der Fortpflanzung der Fledermäuse begann. In der Folge wurde festgestellt, daß bei einigen Arten bereits im Herbst der Uterus prall mit Sperma gefüllt sein kann. Es wurde deutlich, daß es vor dem Winterschlaf zu einer oder mehreren Begattungen kam, Ovulation und Befruchtung aber erst im Frühjahr stattfinden konnten. In der Zwischenzeit wird das Sperma im weiblichen Körper gespeichert. Dies war damals ein erstaunlicher, neuer Befund, denn normalerweise ist das Sperma von Säugetieren sehr kurzlebig.

Uterus, Eileiter (Ovidukt) und auch die Vagina können Orte der Spermaaufbewahrung sein; bei den Hufeisennasen (Rhinolophidae) eventuell ausschließlich die Vagina. Alle Autoren heben die pralle Füllung der Speicherorgane hervor und die hohe Konsistenz des Spermas. Letzteres hat Heinrich Schwabe 1952 beim Großen Abendsegler (*Nyctalus noctula*) untersucht. Er zählte in einem Mikroliter Samenflüssigkeit, die aus einem Uterus entnommen worden war, die erstaunliche Menge von fünf bis sieben Millionen Spermien. Es ist schwer abzuschätzen, wieviel Spermien insgesamt in einem winterschlafenden Weibchen gespeichert werden können. Sicher sind es 50 bis 100 Millionen. Sie warten reglos, eng gepackt auf eine einzige reife Eizelle, eventuell auch auf zwei, die es im Frühjahr zu befruchten gilt. Im Uterus von Zwergfledermäusen (*Pipistrellus pipistrellus*), die im Labor gehalten wurden, blieben die Spermien etwa sieben Monate lebensfähig. Vor etwa 20 Jahren hat Paul A. Racey diese Spermaspeicherung genauer untersucht. Er konnte Weibchen des Großen Abendseglers (*Nyctalus noctula*) künstlich mit Spermien besamen, die bereits sieben Monate im Nebenhoden gespeichert gewesen waren. Es ist noch immer ein großes Rätsel, wie die Spermien es schaffen, so lange lebensfähig zu bleiben. Eine spezielle ‹Ausrüstung› wurde an ihnen nicht entdeckt. Aber warum werden sie im Uterus nicht vom Abwehrsystem des Weibchens bekämpft, von den weißen Blutkörperchen zerstört? Bei anderen Säugetieren, und auch bei Fledermausarten ohne verzögerte Befruchtung, wird nämlich das

Sperma im Speicher

Sperma in kurzer Zeit durch eine heftige Abwehrreaktion der Leukozyten zerstört.

Wann finden nun die erfolgreichen Begattungen statt? Man nimmt an, daß es die Kopulationen im Herbst sind. Ein wesentliches Argument dafür brachte O. Grosser schon 1903 in diese Diskussion ein. Er hatte beim Großen Abendsegler (*Nyctalus noctula*) festgestellt, daß sich schon gegen Ende August der Gebärmutterhals verschloß, und bezeichnete diesen Verschluß als bindegewebige Atresie. Die Gebärmutter beschrieb er als verschlossenes Behältnis, in dem das Sperma aufbewahrt würde, und erfolgreiche Kopulationen seien nach dem Verschluß nicht mehr möglich. Vorsichtige Zweifel an der Richtigkeit dieser Schlußfolgerung sind jedoch angebracht. Denn es erscheint unwahrscheinlich, daß gerade beim Großen Abendsegler spätere Begattungen keine Chance auf einen Befruchtungserfolg haben sollen. Oder könnte der kraftraubende, selektive Wettbewerb der werbenden Männchen in den Monaten September und Oktober tatsächlich vergeblich sein? Ein Verschluß der Gebärmutter ist jedoch generell notwendig, um ein Auslaufen des Spermas zu verhindern.

> Der Fortpflanzungszyklus der bei uns heimischen Hufeisennasen (Rhinolophidae) und Glattnasen (Vespertilionidae) ist durch den Winterschlaf unterbrochen: Die Begattung findet im Herbst und Follikelwachstum, Ovulation und Befruchtung im Frühjahr statt.

Die Keimruhe bei der Langflügelfledermaus

Eine interessante Ausnahme vom beschriebenen Fortpflanzungszyklus finden wir bei der weitverbreiteten Langflügelfledermaus (*Miniopterus schreibersi*), die auch in tropischen Gebieten lebt. Sie hat schon im Herbst eine reife Eizelle, die sofort nach der Begattung befruchtet wird. Das befruchtete Ei, die Blastozyste, ruht nach einigen Teilungen während des Winterschlafes, nistet sich erst im Frühjahr ein und setzt dann seine Entwicklung fort. Ähnlich verhält es sich übrigens auch beim Reh (*Capreolus capreolus*) und beim Steinmarder (*Martes foina*). Die in den Tropen lebenden Langflügelfledermäuse sind ebenfalls monöstrisch, d.h. nur einmal im Jahr begattungsbereit, haben aber keine Keimruhe. In den nördlichen Tropen kopulieren sie im Februar und März, und die Jungen werden im Juni geboren. Auf der Südhalbkugel ist zeitlich alles umgekehrt: In Australien beispielsweise kopulieren sie im März, zur Einnistung kommt es erst im September, und die Jungen werden im Dezember geboren. Die

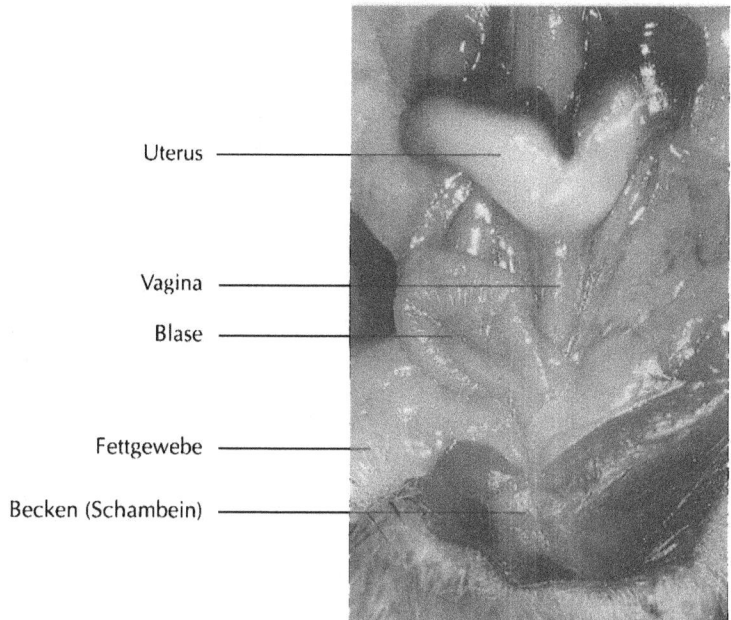

Abb. 76
Prall mit Sperma gefüllter Uterus eines Großen Abendseglers (*Nyctalus noctula*). Das Weibchen ist im Dezember tödlich verunglückt.

Fortpflanzungszyklen sind den jahreszeitlichen Gegebenheiten so angepaßt, daß während der Jungenaufzucht genügend Nahrung vorhanden ist. Eine ähnliche Unterbrechung in der Entwicklung des jungen Keimes wurde auch für einen Flughund, *Eidolon helvum*, und für eine Hufeisennase, *Rhinolophus rouxi*, beschrieben.

Fortpflanzungssysteme

So ähnlich sich Weibchen und Männchen in der äußeren Erscheinung auch sein mögen, so sehr unterscheiden sie sich in ihren Strategien, die eigenen genetischen Merkmale fortzupflanzen. Kooperative Aktivitäten scheinen sich im Fortpflanzungsgeschäft bei den in Europa lebenden Fledermausarten auf ein Minimum zu beschränken. Männchen verbrauchen zwar viel Lebenskraft, um eine Kopulationspartnerin zu bekommen, damit hat es sich dann aber auch schon. Weitere väterliche Investitionen sind nicht zu erwarten. Der Rest – aus zwei vereinigten Gameten einen lebensfähigen Nachwuchs zu produzieren – bleibt den Weibchen allein überlassen. Einzigartig sind dagegen die weiblichen Kooperationen: Sie ziehen in einem gemeinsamen Quartier im Kollektiv ihre Jungen auf, bei einigen Arten in kleinen Gruppen, es können aber auch tausend und mehr ‹alleinerziehende› Mütter sein. Die im tropischen Afrika lebende Gelbflügelfledermaus (*Lavia frons*) macht in dieser Beziehung eine große Ausnahme. Sie lebt monogam, wobei hier das Männchen für sich und sein Weibchen ein kleines Nahrungsterritorium gegenüber Artgenossen verteidigt. Monogamie ist übrigens nicht nur bei Fledermäusen, sondern überhaupt bei Säugetieren ein sehr selten praktiziertes Paarungssystem.

Weltweit gesehen, verfolgen Fledermäuse sehr unterschiedliche Fortpflanzungsstrategien, und vielfältig und variabel sind auch die Paarungssysteme. Ebenso wie bei anderen Säugetieren, werden die Taktiken und Verhaltensweisen oft modifiziert und so den lokalen oder individuellen Möglichkeiten angepaßt. Trotzdem gibt es für bestimmte Arten typische Verhaltensmuster, die von der Mehrzahl der Individuen praktiziert, allenfalls variiert werden. Frei lebende Fledermäuse sind im Dunkel der Nacht nur sehr schwierig zu beobachten, oft halten sie sich in unzugänglichen Quartieren auf. So kommt es, daß bisher nur von sehr wenigen Arten das Balz- und Paarungsverhalten systematisch beobachtet und beschrieben wurde. Auch hier haben wir gewaltige Wissensdefizite.

Bei den europäischen Arten verhalten sich wohl beide Geschlechter promiskuitiv, sie wechseln also mehrmals in einer Paarungsperiode ihre Sexualpartner. Die Männchen sind bei vielen Arten territorial und verteidigen ein Hochzeitsquartier. Das kann eine Baumhöhle, ein Dachboden oder vielleicht nur eine Spalte in einem Gemäuer oder einer Felswand sein. So ein Quartier ist meist eine knappe Ressource, die gegen Konkurrenten verteidigt werden muß. Da territoriale Männchen häufig ihre Partner wechseln, wird dieses Paarungssystem als «Ressourcenverteidigungs-Polygynie» bezeichnet. Bei einzelnen Arten wird auch vermutet, daß sie an gewissen Plätzen im Kollektiv balzen und sich den suchenden Weibchen anbieten. Solche Balzarenen, sogenannte Leks, wurden zuerst bei Flughunden beschrieben. Beim Kleinen Mausohr (*Myotis blythii*) fanden Mathias Hammer und Otto v. Helversen in Griechenland zahlreiche Männchen, die in Gesteinsspalten nahe beieinander unter einer Brücke ihre Hochzeitsquartiere hatten.

Von verschiedenen Arten – zum Beispiel von Wasserfledermäusen (*Myotis daubentoni*), Großen Mausohren (*Myotis myotis*) und Großen Abendseglern (*Nyctalus noctula*) – weiß man, daß sie im Winterquartier kopulieren, in der Regel ohne vorhergehendes Balzverhalten der Männchen. Diese gehen gezielt auf Weibchensuche, und wenn sie fündig werden, kopulieren sie mit den manchmal noch lethargischen Winterschläferinnen. Solche Begattungen könnten als «Vergewaltigungen» interpretiert werden. Beim genauen Hinsehen wird aber doch deutlich, daß die Weibchen oft keine Verweigerungsversuche unternehmen, sondern im Gegenteil dem Männchen sogar entgegenkommen. Könnte es nicht auch so sein, daß hier noch reproduktive Interessen des Weibchens mit im Spiel sind? Wie die Winterkopulationen generell zu werten sind, ist aber noch nicht eindeutig.

Die Balz der Fledermäuse

Von einigen Fledermausarten kennt man ein territoriales Verhalten solitärer Männchen. Dieses beginnt spätestens im Sommer, während oder nach der Spermatogenese, und hat in der Balzzeit seinen Höhepunkt. Die Männchen beanspruchen für sich ganz bestimmte Quartiere und dulden dort nur ausnahmsweise Konkurrenten. Aus diesen Unterkünften entwickeln sich bis zum Herbst die Balz- und Paarungsquartiere. Man kennt sie bis jetzt von Großen Mausohren (*Myotis myotis*), Großen Abendseglern (*Nyctalus noctula*), Zwerg- und Rauhhautfledermäusen (*Pipistrellus pipistrellus* und *nathusii*) und einigen anderen Arten. Es ist vermutlich aber so, daß nur ein Teil der Männchen, die älteren und stärkeren, es schaffen, erfolgreich ein Quartier für sich allein zu behaupten.

Wie sagt man einem Fledermausweibchen, daß hier ein starkes Männchen – ein potenter Quartierbesitzer – reife Partnerinnen sucht? Laut rufend vermutlich; nützlich wäre es aber auch, die Umgebung abzufliegen und eindeutige Signallaute von sich zu geben. Das ist allerdings sehr energieaufwendig, vor allem für große, schwere Fledermäuse, und kann deshalb schnell unrentabel werden. Ausgiebige Jagdflüge mit langen Abwesenheiten vom Quartier sind zudem recht riskant, denn in der Zwischenzeit könnte sich ein Konkurrent dort häuslich einrichten. Die Tiere brauchen also eine Strategie, die sie sich «leisten» können und die trotzdem nützlich ist. Für Fledermäuse mit geringem Körpergewicht könnte sich ein patrouillierender Balzflug lohnen, und für die schwergewichtigen wäre es sicher besser, im Quartier zu bleiben und von dort aus mit lauten, weitreichenden Rufen auf sich aufmerksam zu machen.

In Schweden hat Karin Lundberg das Balzverhalten der Zwergfledermäuse (*Pipistrellus pipistrellus*) untersucht. Bei drei beobachteten solitären Männchen stellte sie territoriales Verhalten fest. Ein ergiebiger, begrenzter Ernährungsraum und ein Tagesquartier sind die essentiellen Voraussetzungen, um erfolgreich Weibchen anlocken zu können. Auch beim Paarungssystem der Zwergfledermäuse sprechen wir von einer Ressourcenverteidigungs-Polygynie. Über mehrere Jahre hinweg nahmen die gleichen Männchen schon im Juni ihr Gebiet in Besitz. Sie kontrollierten es zunächst nur sporadisch, und Eindringlinge wurden mit aggressiven Rufsignalen vertrieben. Nach Beendigung der Spermatognese, ab Mitte August, änderte sich das Verhalten plötzlich: Jetzt zeigten die Männchen auffällige Schauflüge und produzierten charakteristische Balzrufe – sie sangen. In einem Bereich von maximal 100 bis 200 m umflogen sie in zwei bis sechs Meter Höhe ihr Quartier in kreisförmigen oder elliptischen Bahnen. Bemerkenswert waren auch vorgetäuschte Landungen am Quartier selbst und in dessen Nähe. Diese Manöver wurden mehrmals wiederholt, vermutlich, um die Einflugöffnung des Quartiers zu zeigen. Der «Singflug» begann im August bereits 105 bis 125 Minuten nach Sonnenuntergang. Bis zu 40 Prozent der Nachtzeit investierten die Männchen in ihre Schauflüge, was sie viel Kraft kostet. So gesehen ist es interessant, daß gerade bei den Zwergfledermäusen (*Pipistrellus pipistrellus*) die Männchen deutlich kleiner sind als die Weibchen. Mit geringerem Gewicht ist das Fliegen eben «billiger». Außerdem, und wie könnte es anders sein, gibt es auch bei den Zwergfledermäusen für die Weibchen mehr oder weniger attraktive Männchen. Meist sind es die Männchen mit der größten Investition in die Dauer ihrer Schauflüge, die die meisten Weibchen haben. Ob diese Männchen nun besonders klein waren und energiesparender fliegen konnten, wird im Bericht nicht erwähnt.

Ein ähnliches Balzverhalten demonstrierte mir einmal eine Weißrandfledermaus (*Pipistrellus kuhlii*). Aufmerksam wurde ich wegen einer vielleicht merkwürdig anmutenden Marotte: Wenn ich auf Reisen bin und am offenen Fenster oder im Freien schlafen kann, genieße ich es, den Bat-Detektor aufzustellen und im Halbschlaf fledermauskundliche Botschaften aus der Welt des Ultraschalls mitzuhören. Wenn dann irgend etwas Neues passiert, bin ich sofort hellwach. Oder aber ich schlafe gar nicht erst, wie in jener unvergeßlichen Nacht bei Freunden in Ligornetto, im Tessin. Eine Weißrandfledermaus (*Pipistrellus kuhlii*) patrouillierte ständig die Straße auf und ab und kam laut rufend immer wieder am Schlafzimmer vorbeigeflogen. Rrrrp.....rrrrp.....rrrrp..... tönte es stereotyp, im wiederkehrenden Rhythmus alle 15 bis 20 Sekunden aus dem Gerät. Fürchterlich penetrant, ohne Unterbrechung. Nach wenigen Stunden stellte ich entnervt das Gerät ab. Wäre ich eine Fledermaus, hätte ich den Streit gesucht oder wäre weggeflogen.

Y. Barak und Y. Yom-Tov haben sich das Balzverhalten der Weißrandfledermäuse in einem Kibbuz in Israel genauer angeschaut. Sie konnten bei den Männchen zweierlei Verhaltensmuster unterscheiden: Es gab solche, die als Einzelgänger auftraten und balzten – mit ähnlichem Verhaltensinventar wie bei den Zwergfledermäusen, und andere, die sich in Gruppen aufhielten, deren Zusammensetzung häufig wechselte. Letztere zeigten keinerlei Balzverhalten. Ähnliche Männchengruppen, meist nicht mehr als fünf Individuen, können auch bei Zwergfledermäusen im Raum Basel beobachtet werden.

Rauhhautfledermäuse (*Pipistrellus nathusii*) sind mit den Zwergfledermäusen (*Pipistrellus pipistrellus*) nahe verwandt, sehen ihnen sehr ähnlich und sind nur ein wenig größer und schwerer. Bei ihnen wurde ein modifiziertes Balzverhalten beobachtet. Die Männchen präsentieren sich zwar ebenfalls in Schauflügen, können aber auch vom Quartier aus ihre Balzrufe aussenden. In beide Aktivitäten investieren sie etwa gleich viel Zeit. Zufällige Einzelbeobachtungen lassen uns ahnen, wie kompliziert und weiträumig vernetzt die Lebensweisen einiger Arten sind. So entdeckten die Fledermauskundler Christoph Kuthe und Rudolf Ibisch im Herbst 1991 bei Potsdam in einem Paarungsquartier von Rauhhautfledermäusen (*Pipistrellus nathusii*), daß ein 1989 in Lettland beringtes Männchen neben anderen Weibchen auch eines bei sich hatte, das im Herbst 1990 in Rotterdam beringt worden war.

Unverwechselbar sind die Sozialrufe bei den «Singflügen» der Zweifarbfledermäuse (*Vespertilio murinus*), wenn sie hohe Gebäude umfliegen. Sie sind in Mitteleuropa Ende Oktober und im November in den Städten mit bloßem Ohr hörbar. Das Amplitudenmaximum der Soziallaute variiert zwischen 10 und 20 kHz bei einer Rufdauer von etwa 20–25 ms. Von Roland Weid in Griechenland beobachtete Männchen flogen in etwa 30 m Höhe in engen Kreisen oder entlang von Wegen über alten Buchenwäldern. Ein solches sich jedes Jahr wiederholendes Schauspiel kann man auch in Freiburg im Breisgau am Münster beobachten. Ob es sich dabei aber tatsächlich um Balzflüge handelt, konnte bislang noch nicht zweifelsfrei bewiesen werden. Vorläufig fehlen dazu noch konkrete Beobachtungen von Weibchenkontakten und Kopulationen.

Sehr auffällig verhalten sich die territorialen, solitären Männchen des Großen Abendseglers (*Nyctalus noctula*). Sie versuchen die Weibchen vom Quartier aus mit lauten, auch für das menschliche Ohr hörbaren Sozialrufen anzulocken. Gegenüber den Zwergfledermäusen (*Pipistrellus pipistrellus*) haben sie den Vorteil, daß sie viel lauter rufen können. Ihre Botschaft ist dadurch weithin hörbar, weshalb sie auf die energiezehrenden Balzflüge weitgehend verzichten können. In der Abenddämmerung fliegen sie meist nur kurz zum Jagdflug aus, um nach der Rückkehr in ihrer Baumhöhle auf vorbeifliegende Artgenossen zu warten. Sobald sie deren Ortungslaute hören, antworten sie mit bedeutend variableren Soziallauten, als wir sie von anderen einheimischen Arten kennen. Als Beschreibung dieses akustischen Verhaltens mag hier der Begriff «Singen» noch die größte Berechtigung haben, obwohl auch diese Vokalisation nicht mit dem Vogelgesang vergleichbar ist. Von Peter Zingg wurde ein charakteristischer Signalruf beschrieben, der eine Dauer von 42–45 ms und einen mittleren Frequenzbereich von 10–21 kHz hatte. In meinen Beobachtungsprotokollen bezeichne ich ihn als «Hallo-Ruf», weil er in ähnlicher Weise vom Quartier aus gelegentlich auch von Weibchen und nichtterritorialen Männchen zu hören ist. Er ist ein stereotyp wiederkehrendes Element im Repertoire der komplex strukturierten Soziallaute. Mit diesem Signalruf macht das Männchen auf sich aufmerksam. Die Rufe ertönen in Rufpaaren, im Abstand von 120–190 ms, oder als Einzelrufe. Der Wechsel zwischen Einzelrufen und Rufpaaren erfolgt ohne erkennbare Gesetzmäßigkeit. Von Roland Weid werden vier verschiedene Ruftypen beschrieben. Der «Hallo-Ruf» ist nach seinen Angaben 50–60 ms lang, fast konstantfrequent und wird zur Kommunikation auf größere Distanz verwendet. Für das menschliche Ohr ebenfalls gut hörbar ist ein weiterer charakteristischer Ruf, der vom ‹Sänger› ausgestoßen wird, wenn andere Abendsegler um das Quartier herumfliegen. Ein dritter Ruftyp zeigt, nach den Beobachtungen von Roland Weid, vermutlich einen starken Erregungszustand des Männchens an, wenn sein Quartier angeflogen wird. Ein weiterer, melodiöser Ruftyp ist der am häufigsten gebrauchte und wird meist in Kombination mit den vorgenannten Ruftypen ausgestoßen. Gelegentlich verlassen die Quartierbesitzer ihre Wohnhöhle, umkreisen sie laut rufend und fliegen dann wieder ein, um in der Nähe des Einfluglochs auf Besuch zu warten.

Der Große Abendsegler hat bei uns einen kleinen Verwandten, mit dem er oft den gleichen Lebensraum teilt. Es ist der Kleine Abendsegler (*Nyctalus leisleri*), und er müßte nach den Erkenntnissen bei den Zwerg- und Rauhhautfledermäusen (*Pipistrellus pipistrellus* und *Pipistrellus nathusii*) als Leichtgewicht seiner Gattung eher zu Balzflügen neigen als zum Werbeverhalten aus dem Quartier. In Griechenland haben Dagmar und Otto von Helversen andere interessante Taktiken des Werbeverhaltens festgestellt. Außer den Balzflügen – ähnlich wie bei den Arten aus der Gattung *Pipistrellus* – konnten Werbeaktivitäten an speziellen, bisher nicht beschriebenen Ansitzwarten beobachtet werden. Die Männchen hingen in engen Passagen zwischen Buchenwäldern in sechs bis neun Metern Höhe an den astlosen Stämmen alter Bäume. Quartiere gab es in der Nähe nicht. Die Ansitzwarten wurden in jeder Nacht immer an der exakt gleichen Stelle genutzt, denn hier mußten die aus dem Jagdgebiet heimkehrenden Weibchen vorbeifliegen. Ein günstiger Ort also, um die eigenen Bedürfnisse auffällig kundzutun. Die Männchen taten dies mit monotonen, immer gleichartig von etwa 18 bis 10 kHz abwärtsmodulierten Signalen.

Flugaktivitäten in Kombination mit Werbegesängen müssen eine ausgeprägte artspezifische Wirkung haben. Diese Annahme wird durch meine Ergebnisse von Lock-Fangversuchen mit singenden Pfleglingen gestützt. In Basel werden seit 1986, im Rahmen eines Forschungsprojektes mit nicht freiflugfähigen, aber gesunden, paarungswilligen Männchen, wilde Fledermäuse angelockt und gefangen. Die Pfleglinge sitzen dabei in Wohnbehältern, ihren künstlichen Hochzeitsquartieren, und werben von dort aus um frei fliegende Weibchen. Diese fliegen in die Behälter ein, werden gefangen und nachdem sie vermessen und markiert worden sind, wieder freigelassen. Mit verschiedenen brünftigen, laut singenden Männchen des Großen Abendseglers (*Nyctalus noctula*) wurden bisher in und um Basel ungefähr 1400 Tiere gefangen. Interessanterweise waren davon nur zwei Drittel Weibchen. Das andere Drittel waren Männchen, allerdings im gleichen Jahr geborene, also noch nicht sexuell aktive Tiere. Identische Versuche mit dem Kleinen Abendsegler (*Nyctalus leisleri*), mit Weißrand- und Zweifarbfledermäusen (*Pipistrellus kuhlii* und *Vespertilio murinus*) scheiterten gänzlich, und auch mit Rauhhautfledermäusen (*Pipistrellus nathusii*) waren keine vergleichbaren Erfolge möglich, nur einige wenige flogen in die Lockfangbehälter ein. Alle Arten, die einen Balzflug im Werberepertoire haben, konnten also nicht angelockt werden. Allerdings zeigten die Männchen in ihrem Wohnbehälter ohne Flugmöglichkeit keine große Neigung, unter diesen Bedingungen akustisch aktiv zu werden, obwohl sie sexuell gut entwickelt waren.

Vom Großen Mausohr (*Myotis myotis*) wurden schon viele Paarungsquartiere mit solitären Männchen gefunden. Sie besetzen oft Zapflöcher in Balken (siehe Seite 90), manchmal beanspruchen einzelne Männchen sogar ganze Dachböden für sich allein. Auffällig ist ein typischer brauner Fleck am Eingang zum Spaltenquartier, der von abgesonderten Drüsensekreten der brünftigen Männchen stammt. Hier deponieren sie quasi ihre persönliche Visitenkarte. Große Mausohrmännchen können aber auch in Vogelnistkästen oder Fledermauskästen wohnen, vermutlich sind sie auch häufiger als angenommen in Baumhöhlen oder in Spaltstrukturen an Brücken, Mauern oder Felsen. Diese Hochzeitsquartiere werden mit Unterbrechungen schon zeitig im Jahr regelmäßig besucht, dann ab Frühherbst definitiv besetzt und nach der Jungenaufzucht im August von den paarungsbereiten Weibchen aufgesucht. Wie sie diese manchmal scheinbar abgelegenen Quartiere aber finden, wie sie von den Männchen angelockt oder dorthin geführt werden, wissen wir nicht. Auffallend ist, daß einzelne brünftige Männchen sich auch ganz in der Nähe von Wochenstuben ansiedeln.

Die Kopulationen

Da Fledermäuse nur äußerst selten bei der Kopulation beobachtet wurden, wissen wir wenig darüber, wie die Weibchengruppen im Hochzeitsquartier zusammengesetzt sind und ob sie einem territorialen Männchen treu sind. Begattungen im Herbst wurden bisher bei beiden Mausohrarten (*Myotis myotis* und *Myotis blythii*), beim Großen Abendsegler (*Nyctalus noctula*) sowie bei Rauhhaut- und Zwergfledermäusen (*Pipistrellus pipistrellus* und *Pipistrellus nathusii*) in den Quartieren territorialer Männchen festgestellt. Bei den übrigen europäischen Arten ist zwar ein gleiches Verhalten zu vermuten, dennoch ist es keineswegs sicher, daß sich die Territorialität der Männchen auf ein bestimmtes Quartier oder Territorium begrenzt.

Bei Winterkontrollen in unterirdischen Quartieren werden immer wieder flugaktive Tiere beobachtet, gelegentlich sogar Kopulationen. Zum Beispiel bei folgenden Arten: Bartfledermaus (*Myotis mystacinus*), Großes Mausohr (*Myotis myotis*), Fransenfledermaus (*Myotis nattereri*), Teichfledermaus (*Myotis dasycneme*), Großer Abendsegler (*Nyctalus noctula*), Mopsfledermaus (*Barbastella barbastellus*) und Braunes Langohr (*Plecotus auritus*). Besonders häufig bei Wasserfledermäusen (*Myotis daubentoni*) – das berichten verschiedene Forscher. Paarungsaktive Männchen fliegen dabei im Quartier herum und suchen Weibchen. Sie scheinen diese durch direkte Geruchskontrollen in der Analregion erkennen zu können. Bei der Suche werden ganze Cluster von Winterschläfern kontrolliert, die auf die Störung mit lauten Abwehrrufen reagieren. Dabei kann es vorkommen, daß lethargische Tiere den Halt verlieren und abstürzen. Erst wenn ein aufgefundenes Weibchen aktiv wird, also nicht mehr im tiefen Torpor ist, wird die Kopulation vollzogen. Dabei beißt das Männchen in den Nacken des Weibchens und umklammert es mit beiden Flügeln. In dieser Zeit stößt das Weibchen fortlaufend hörbare Rufe aus. Letzte Kopulationen sollen bei Wasserfledermäusen (*Myotis daubentoni*) noch im Frühjahr, bis April möglich sein.

In der Station «Hofmatt» habe ich mehrmals die gesamte Winterschlafperiode – von Oktober bis April – mit Infrarot-Videokamera und Zeitrafferaufzeichnung aufgezeichnet. Alle Aktivitäten der 60 bis 90 wilden Großen Abendsegler (*Nyctalus noctula*) wurden so aufgezeichnet, auch ihre Kopulationen. Im Winter 1992/93 konnten im November an 19, im Dezember an acht und im Januar noch an fünf Tagen Kopulationen festgestellt werden. Die bisher letzte im Winter war am 12. Februar 1996, kurz nach Mitternacht, als bei steigender Temperatur, nach einer Kälteperiode mit Quartiertemperaturen unter 0°C, erstmals wieder einige Tiere aktiv wurden. Die Männchen, meist war immer nur eines aktiv, seltener zwei oder drei gleichzeitig, zeigten keinerlei Balzverhalten. Sie waren entweder gerade frisch eingeflogen oder spontan aus der Lethargie aktiv geworden. Bei Temperaturen unter 5°C fanden keine sexuellen Aktivitäten statt. Wie bei den Wasserfledermäusen (*Myotis daubentoni*) suchten auch hier die aktiven Männchen zwischen den Winterschläfern nach Weibchen, weshalb es immer wieder Abstürze gab. Nachweislich wurde auch mit markierten, bis zu sechs Jahren alten Weibchen kopuliert. Diese Beobachtung widerspricht der Vermutung, daß Winterkopulationen nur mit jüngeren, diesjährigen, also erstmals überwinternden Weibchen stattfänden.

Die Erfolglosen und sozialen Habenichtse

Im Sommer gibt es beim Großen Abendsegler (*Nyctalus noctula*) und bei Zweifarbfledermäusen (*Vespertilio murinus*) reine Männchenkolonien, die zum Teil recht groß sind, mit einigen Dutzend Individuen. Bei Weißrand- und Zwergfledermäusen (*Pipistrellus pipistrellus* und *Pipistrellus nathusii*) sowie bei Teichfledermäusen (*Myotis dasycneme*) und vermutlich auch bei anderen Arten sind sie kleiner. Wahrscheinlich handelt es sich vorwiegend um Männchen, die es nicht geschafft haben, ein eigenes Hochzeitsquartier zu erobern und zu verteidigen. Man weiß nahezu nichts darüber, wie diese nichtterritorialen, aber dennoch sexuell reifen Männchen leben. Haben sie alternative Paarungsstrategien? Es stellt sich auch die Frage, ob sich alle Männchen erfolgreich am Fortpflanzungsprozeß beteiligen können. Aus etho-ökologischer Sicht sind diese Männchen insofern interessant, weil sie als Außenseitergruppe bei der Ausbeutung von Nahrungsressourcen eine beachtliche Konkurrenz darstellen.

In der Fledermausstation «Hofmatt» waren im Sommer und Herbst in solchen Männchengesellschaften des Großen Abendseglers (*Nyctalus noctula*) außer den vielen einjährigen, schwächeren Tieren auch immer einige sehr kräftige, mit großen Hoden im Sommer und prall gefüllten Nebenhoden im Herbst. Weil manche von diesen Männchen beringt waren und bei Kontrollen im darauffolgenden Spätherbst nahezu leere Nebenhoden hatten, müssen sie sich von August bis Oktober bei kurzen Abwesenheiten von der Männchenkolonie irgendwie Paarungserfolge verschafft haben. Verwirrend ist auch, daß kapitale Männchen mit vertrauten männlichen Partnern im Sommer sehr intensiv soziale Fellpflege betreiben, während sie sich in der gleichen Periode mit anderen Männchen fürchterlich streiten. Solche Männchenpaare fliegen auch miteinander herum, und nach gemeinsamen Einflügen in die Station «Hofmatt» war die soziale Fellpflege das erste und wichtigste für sie: Dabei beknabberten sie sich gegenseitig intensiv die seitliche Halsregion, bis die Haare mit Speichel verklebt waren. Gibt es soziale Allianzen unter den Männchen, irgendwelche aggressionshemmende Mechanismen gegenüber bestimmten Partnern oder vielleicht sogar Helfersysteme, mit denen sich einzelne Tiere Vorteile verschaffen? Die in «Hofmatt» geborenen männlichen Zwillinge, der stärkere «Gusti» und der schwächere «Globi», die ich in den folgenden Jahren noch mehrmals beobachtete, konnten sich übrigens gar nicht leiden. Jedesmal, wenn sich die beiden in der Station begegneten, hatten sie Krach miteinander. Das ist insofern interessant, weil sich Hilfeleistungen unter Geschwistern, generell unter nahe miteinander verwandten Tieren, in der Reproduktion als ein genetischer Vorteil erweisen können. Bei den Abendseglern waren einige von mir beobachtete, miteinander «befreundete» Männchen nachweislich keine nahen Verwandten.

Im Hochzeitsquartier des Großen Abendseglers

Durch die Betreuung von Großen Abendseglern (*Nyctalus noctula*), die nicht mehr freiflugfähig waren, aber auch von solchen, die bei mir geboren wurden, aufwuchsen und dann fortpflanzungsfähig wurden, konnte ich ihr Balzverhalten aus nächster Nähe beobachten.

Es begann im August 1986, als ein Abendseglermännchen, das ich auf dem Balkon unserer Wohnung in Basel pflegte, brünftig wurde und in seinem Wohnbehälter laut rufend die ersten wilden Weibchen anlockte. Diese flogen sehr nahe um seine Wohnung: Er «sang» vor Erregung immer leidenschaftlicher, und ich lernte dabei sehr schnell, die große Lockwirkung seines Werbens einzuschätzen. Zufällig fiel eines der Weibchen beim Anflug in einen Plastikeimer, der in der Nähe stand. Da wurde mir bewußt, daß ich mit Hilfe von balzrufenden Männchen wilde Abendsegler fangen und markieren konnte, ohne sie deshalb in einem Tagesquartier stören zu müssen. Später entwickelte ich spezielle Lockfangkästen, die als Hochzeitsquartiere für Pfleglinge dienten und an verschiedenen günstigen Orten in der Region aufgehängt wurden. Dadurch waren nicht nur wertvolle Einblicke in das Verhalten bei der Partnersuche möglich, sondern auch in Strategien der Quartiersuche migrierender Neuankömmlinge im Herbst.

Der im Sommer 1986 von Hand aufgezogene «Bebbi» wurde der erfolgreichste «Sänger», denn seit nunmehr zehn Jahren hilft er mir in der Forschung und hat in dieser Zeit ungefähr 350 wilde Abendsegler angelockt, die ich markieren und dann wieder fliegen lassen konnte. Und nicht zu vergessen «Apus», der ein Jahr zuvor, 1985, bei mir geboren und dann ausgewildert worden war und dennoch halbzahm blieb. Im Sommer 1986 betrachtete er den Turm der Station «Hofmatt» als sein Territorium, verteidigte ihn gegen andere Männchen und lockte mit seinem Werbeverhalten wilde Abendsegler ins Quartier. Er «sang» sogar, wenn ich ihn in der Hand hielt, und lockte auch so ein Weibchen in den Turm: Ein Energiebündel, obwohl nur 28 g schwer, am ganzen Körper vibrierend, voll gieriger Erregung. Als ich ihn einmal zur Turmtüre hinaus in die Luft schickte, flog er nur wenige Sekunden später wieder in sein Quartier zurück, um von dort aus erneut zu werben. Am 8. September 1986 konnte ich erstmals eine Kopulation beobachten, ein Ereignis, das sonst nur in unzugänglichen Baumhöhlen stattfindet. Bis August 1989 lebte «Apus» in der Station, bis er von einem Jagdflug nicht mehr zurückkehrte. Ich verdanke ihm zahlreiche wertvolle Einzelbeobachtungen. Eine systematische, detaillierte Forschung war leider nicht möglich, da mir die notwendige technische Ausrüstung fehlte. Als dann eine Infrarot-Videokamera und ein Videorekorder für Zeitrafferaufnahmen installiert waren, ging «Apus» verloren. Was folgte, war jahrelanges vergebliches Warten, denn ein Nachfolger etablierte sich nicht. Erst im Sommer 1996 wurde ein wildes, unberingtes Männchen, ich taufte es später auf den Namen «Bedrü», in der Station «Hofmatt» territorial.

In den Buchenwäldern südlich von Basel versuchte ich wild lebende Hochzeiter in ihren Baumhöhlen zu beobachten. Das heißt ich saß nachts unten am Baum, konnte zwar mit der Infrarot-Videokamera das turbulente Treiben am Quartier mitverfolgen, aber es war unmöglich, die Übersicht zu behalten, obwohl der Quartierbesitzer eine reflektierende, unverwechselbare Metallklammer am Flügel hatte. Zu viele flogen ein und aus, im Quartier gab es lautes Gezeter, und manchmal wurden anfliegende Fledermäuse angegriffen und offensichtlich vertrieben. Ich saß dort viele strapaziöse Nächte lang, ohne befriedigende Daten zu bekommen, bis ich auf die Idee kam, selbst ein Hochzeitsquartier zu bauen. Mit Hilfe von nicht mehr flugfähigen Männchen und mit frei fliegenden Weibchen wollte ich bessere Einblicke in das Verhalten in einer Hochzeitsstube bekommen. Es mußte also eine Baumhöhle sein, in die ich hineinschauen und filmen konnte; und überhaupt mußte alles viel bequemer für mich selbst werden.

Auf der Dachterrasse des Naturhistorischen Museums in Basel stellte ich ein Stück eines der Länge nach halbierten hohlen Kirschbaumes senkrecht auf und verschloß die Schnittfläche mit einer Glasscheibe. Um filmen zu können und damit es dunkel war, versah ich das Baumstück mit einer lichtundurchlässigen Verschalung. Die «Inneneinrichtung» war perfekt, da der Baumstamm schon früher im Wald ein Abendseglerquartier gewesen war.

Als neuer Hausherr wurde «Lan» bestimmt, ein Männchen, das von einer Katze am Flügel derart zerbissen worden war, daß es nicht mehr fliegen konnte. «Lan» machte sich rasch mit seinem neuen Quartier vertraut und begriff bald, daß er als ‹Fußgänger› die um sein Quartier herumgebaute Barriere nicht überwinden konnte. Im Herbst 1994 war es endlich soweit, und ich hatte volles Vertrauen in «Lan», daß er seine Sache gut machen würde. Seine Nebenhoden waren prall gefüllt mit Sperma, das er zweifellos an Weibchen abgeben wollte. Ich selbst mußte nur noch warten und im entscheidenden Moment filmen. Obwohl das neue Quartier für «Lan» erst im August fertiggestellt werden konnte und die Eingewöhnungszeit vor der eigentlichen Balz recht kurz war, betrachtete er den Baum bald als sein persönliches Territorium. Er motzte lauthals, wenn er vorbeifliegende Abendsegler hörte, und wenn einer am Baumstamm landen wollte, griff er den Eindringlinge heftig an (siehe Farbabb. Seite 292). Notfalls biß er auch zu.

Das gleiche aggressive Verhalten hatte ich schon früher, in den Monaten Juni und Juli, bei «Apus» und bei den wilden Männchen im Wald beobachtet. Sie investieren offensichtlich viel Kraft in die Verteidigung eines Hochzeitsquartiers. Sobald im August die ersten Weibchen aus den nordöstlichen Gebieten einwandern, versuchen diese bei den laut rufenden Männchen einzufliegen. Überraschenderweise gibt es Probleme, denn in der ersten Phase der Brunftsaison werden von den territorialen Männchen nicht nur Konkurrenten, sondern auch einzelne Weibchen abgewiesen. Einige konnte ich als solche identifizieren, weil ich sie schon früher mit einem reflektierenden Ring markiert hatte: Zur deutlichen Unterscheidung die Weibchen am linken Flügel und die Männchen am rechten. Warum aber ließen die Männchen die Weibchen nicht ins Quartier? Stimmte beim Anflug das «Ritual der akustischen Anmeldung» noch nicht, das, wie ich vermute, jedesmal zelebriert wird? Sind die ersten einwandernden Weibchen überhaupt schon paarungsbereit und wenn ja, geben sie sich dem Männchen als solche zu erkennen? Wenn sie es nicht tun, könnten sie nämlich als Konkurrent angesehen werden, der die knappe Ressource «Quartier» streitig machen will. Vielleicht sind aber auch die Männchen noch nicht paarungsbereit. Es könnte sein, daß sie zunächst in einer kurzen Umstellungsphase sind, weil sie bis zu diesem Zeitpunkt jeden Eindringling mit allen Kräften vertreiben mußten und sich jetzt nur zögernd auf die neue, sich plötzlich ändernde Situation einstellen können.

Auch in den folgenden Jahren, im Herbst '95 und '96, verhielt sich «Lan» ähnlich. Ich hatte ihn schon früher im Jahr, im Juni, in sein Hochzeitsquartier gesetzt, mit dem Resultat, daß seine Aggressivität noch größer geworden war. Die Umstellung schien für ihn problematisch zu sein. Diese interessante Zeit der beginnenden Brunft, die Verhaltensstrategien der Anfliegenden und des Quartierinhabers sowie die akustische Anmeldung und die entsprechenden Reaktionen müssen noch genauer untersucht werden. Schließlich hatte auch «Lan» die ersten Weibchen im Quartier. Neuankömmlinge brauchten in der Regel lange, bis sie einflogen, und konnten bis zu fünfzigmal das Quartier anfliegen.

Die Beobachtungen im Herbst '94 waren zwar sehr aufschlußreich, es gab aber zunächst noch technische Probleme bei der Videobeobachtung, und auch mein Verhalten beim Umgang mit den Quartierinsassen mußte ich üben. Damit die Weibchen, die «Lan» schließlich empfing, nicht vergrämt wurden, durfte ich sie natürlich nicht berühren; ich wollte ja herausfinden, ob Weibchen mehrmals zum gleichen Männchen zurückkommen. Um die Übersicht über die einfliegenden Tiere zu behalten, markierte ich sie heimlich; und zwar schnitt ich ihnen vormittags, während sie noch in der Tageslethargie verharrten, vorsichtig mit einer Schere kleine individuelle Muster ins Fell. Im Herbst '95 hatte ich die Methode so optimiert, daß ich

Fortpflanzung

27 Weibchen absolut störungsfrei markieren konnte, und ihre Schnittmuster im Fell waren auf dem Video einwandfrei zu unterscheiden.

Gleichzeitig versuchte ich mit den Männchen «Bebbi» und «Cid» im Lockfangkäfig in der Nähe des Museums möglichst viele Weibchen zu fangen – im Herbst 1995 waren es 110. So war es mehrmals möglich, einigen Weibchen zu ihrer Fellmarkierung noch einen numerierten Ring als dauerhafte Markierung mitzugeben.

Besonders bemerkenswert war «Lans» Verhalten beim Einflug eines Weibchens. Durch ausgesprochen aggressives Gebaren, durch Zetern und Beißen brachte er das Weibchen dazu, auf seinen Rücken zu steigen. Dann spreizte er die Ellbogen vom Körper ab und bildete so eine Mulde für seine Partnerin. Dabei vibrierte sein Körper so stark, als würde er Wärme erzeugen. Sobald ein vorbeifliegender Abendsegler hörbar war, rannte «Lan» nach unten zum Einflugloch und lockte erneut. So wurde bei jedem Einflug ein weiteres Weibchen huckepack genommen. Im Spätherbst stapelten sich bis Mitternacht manchmal bis zu zehn Weibchen in einer Reihe auf «Lan» (siehe Farbabb. Seite 293). Die Kolonne löste sich im Verlauf der zweiten Nachthälfte meist wieder auf, und die lethargisch gewordenen Tiere bildeten oben im Quartier einen kompakten Cluster.

Morgens wurde «Lan» aktiv, heizte sich auf und suchte eine Partnerin zur Kopulation. Vorher unternahm er allerdings immer Geruchskontrollen im Nacken seiner Auserwählten. Diese war meist noch lethargisch und wurde mit einem Nackenbiß aus dem Cluster nach unten ins Quartier geführt. Während der Kopulation ruhte «Lan» auf dem Rücken seiner Partnerin, umgriff sie mit den Unterarmen und rieb in auffälliger Weise von der Nackenmitte bis zur Schulter Speichel in ihr Fell. Das dadurch charakteristisch verklebte Fell kann noch Stunden später festgestellt werden und ist somit ein sicherer Hinweis darauf, daß erst kürzlich eine Begattung stattgefunden hat. Bis zur nächsten Kopulation vergingen etwa bis zu 20 Minuten, dann begann «Lan» erneut mit der Suche. Wenn sich genügend Weibchen im Quartier aufhielten, kopulierte er bis zu sechsmal am Tag. Mehrfache Kopulationen mit dem gleichen Weibchen am selben Tag schien er zu vermeiden, und an den duftenden Speichelmarken konnte er vorherige Partnerinnen zweifelsfrei erkennen. Manche Weibchen boten sich «Lan» regelrecht an, aber nicht immer fanden sie sein Interesse. Aber auch umgekehrt gab es Weibchen, die sich «Lan» verweigerten. Von August bis Ende November 1995 kopu-

Abb. 77a
Das künstliche Hochzeitsquartier von «Lan» auf der Dachterrasse des Naturhistorischen Museums in Basel. An der Stirnseite ist der Baumstamm mit dem Einflugloch zum Fledermausquartier eingebaut. Im Vordergrund ist ein Teil der Abschrankung zu sehen, die das Entweichen des «Fußgängers» verhindert.

Abb. 77b
«Lan», unten mit Ring, hat zwei Weibchen im Huckepack auf seinem Rücken.

lierte «Lan» insgesamt 166 mal, wovon ich 72 Prozent 19 markierten Weibchen zuordnen konnte. Weil einige der Weibchen recht treu waren – eines verbrachte, mit Unterbrechungen, insgesamt 26 Tage bei «Lan» –, waren die Kopulationen nicht gleichmäßig auf die an-

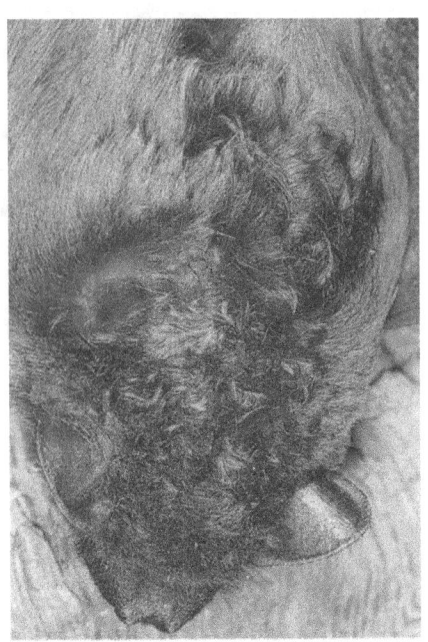

Abb. 78
Großer Abendsegler (*Nyctalus noctula*): Nach der Kopulation ist das Nackenfell des Weibchens vom Speichel des Männchens verklebt.

wesenden Weibchen verteilt. 38 Prozent der Kopulationen wurden mit nur vier Weibchen vollzogen.

Am Abend, wenn die Weibchen wieder ausflogen, regte sich «Lan» immer fürchterlich auf und zeterte. Während die Weibchen auf Jagd gingen, ernährte er sich aus dem Futternapf. Die ihm angebotene Futtermenge wurde jeweils der aktuellen Wettersituation angepaßt: bei schlechtem Wetter bekam also auch er nur wenig zu fressen. Oft markierte er mit den Buccaldrüsen und den Gesichtsdrüsen die Einflugöffnung seines Quartiers; genauso, wie ich es bei den wilden Männchen im Wald beobachtet hatte. Dabei rieb er mit großem Druck die intensiv riechenden Drüsensekrete auf den Untergrund. Außer der Einflugöffnung markierte er auch die Innenwände seines Quartiers. Wenn er allein im Quartier war, benagte er gelegentlich mit den Eckzähnen das Holz der Wände. Manchmal arbeitete er so intensiv, daß sogar kleine Späne herausgelöst wurden, die dann unten im Quartier lagen. Die Bedeutung dieses Verhaltens kann ich mir noch nicht erklären, ich habe jedoch durch andere Beobachtungen Hinweise darauf, daß dadurch brüchiges, also absturzverursachendes Holz entfernt wird, andererseits könnte auf diese Art aber auch der Quartierraum erweitert werden. Vielleicht handelt es sich aber auch um ein Komfortverhalten, bei dem Zähne und Zahnfleisch bearbeitet werden. Wer aufmerksam hinschaut, kann an den Innenwänden von Quartieren in gefällten Bäumen immer wieder die Abdrücke der Zähne im Holz erkennen.

Heftige Konkurrenz unter den Männchen

Bei den interessanten Beobachtungen mit «Lan» gab es natürlich einen bedauerlichen Mangel: Er selbst konnte nicht ausfliegen, und deshalb darf das gesamte Verhaltensrepertoire nur mit Einschränkungen beurteilt werden. Glücklicherweise installierte sich im Sommer 1996 das wilde Männchen «Bedrü» als Territoriumsbesitzer in der Station «Hofmatt». Hier zeigte sich, daß er grundsätzlich viel mehr Probleme mit anderen Männchen hatte, als dies bei «Lan» der Fall war. Auch war die Innenarchitektur in der Station weniger günstig – zu groß und weiträumig. «Lan» konnte unten am Einflugloch sitzend das ganze Quartier leicht überwachen, denn über ihm war nur ein einziger leicht kontrollierbarer Schacht. Für Eindringlinge gab es bei ihm keine Versteckmöglichkeiten, kein Ausweichen. «Bedrü» dagegen war immer im Streß, weil er ständig andere Männchen vertreiben mußte. Sie waren aus reiner Gewohnheit da, denn «Hofmatt» war in den Jahren zuvor zu dieser Zeit ein traditionelles

Männchenquartier gewesen. Diese Mannschaft mußte zuerst einmal rausgeworfen werden, denn einzelne starke Männchen nahmen die günstige Gelegenheit wahr und näherten sich den Weibchen mit eindeutigen Absichten. Mehrfach unterbrach «Bedrü» Kopulationsversuche anderer Männchen, indem er diese durch Beißen vom Weibchen holte. Beim frei fliegenden «Bedrü» waren auch während seiner Abwesenheit wertvolle Beobachtungen möglich. Es geschah immer wieder, daß ein Weibchen nach dem Jagdflug vor «Bedrü» ins Quartier zurückkehrte. Als dann der nächste Ankömmling anflog, rannte es nach unten zum Einflugloch und «sang» dort, genauer gesagt, es produzierte ebenfalls «Hallo»-Rufe. Das ist eine wichtige Feststellung, denn sie zeigt, daß einzelne Elemente der «alltäglichen» sozialen Kommunikation, wie der «Hallo»-Ruf, der von mir als akustischer Wegweiser interpretiert wird, von den Männchen in ähnlicher oder vielleicht sogar gleicher Form in den sogenannten «Balzgesang» integriert werden. Obwohl das beschriebene Verhalten ohne Zweifel eine kurzfristige Ausnahmesituation ist, können Beobachter an Hochzeitsquartieren nicht immer mit Sicherheit davon ausgehen, daß alle wahrgenommenen «Hallo»-Rufe von einem territorialen Männchen produziert werden.

Sobald «Bedrü» wieder eingeflogen war, übernahm er nicht nur die akustische Wegleitung, sondern demonstrierte auch sonst im Verhalten seine dominante Chefposition. Ungeklärt ist noch, wie dieses Verhalten der Weibchen in das Geschehen der Balzaktivitäten im Herbst einzuordnen ist. Während einer Schlechtwetterperiode im September drangen zu viele Männchen in die Station ein, und «Bedrü» gab seine Territorialität resigniert auf. Doch immerhin hatte er über die Hälfte seiner Spermien an Weibchen weitergeben können.

Eigentlich könnte man annehmen, daß die Fledermausmännchen deshalb soviel Energie in ihre Territorialität und ihr Werbeverhalten investieren, weil sie sich eine Vaterschaft, also die erfolgreiche Weitergabe ihrer Gene, versprechen. Sie sollten, um sicher zu sein, ein Weibchen also möglichst lange für sich allein in Anspruch nehmen, bis die Befruchtung stattgefunden hat. Das können sie aber nicht, da der Uterus ein Spermaspeicher ist, der mit Spermien mehrerer Konkurrenten gefüllt ist. Eindeutig bewiesen hat dies Frieder Mayer, der durch DNA-Fingerprinting, das ist eine molekulargenetische Analyse, bei Zwillingen des Großen Abendseglers festgestellt hat, daß es gelegentlich solche gibt, die verschiedene Väter haben. Es stellt sich also

Welches Männchen wird der Vater?

die Frage: Was bringt den Fledermausmännchen ihr energiezehrendes Balzverhalten?

Oder umgekehrt gefragt: Wenn die Weibchen auf die größere Vitalität eines balzenden Männchens positiv reagieren, dann sollten sie es doch deshalb tun, um einen möglichst erfolgreichen Vater mit «guten» Genen für ihren Nachwuchs zu bekommen. Dieser könnte sich vielleicht beim Großen Abendsegler (*Nyctalus noctula*) dadurch auszeichnen, daß er ein mikroklimatisch optimales Balzquartier erfolgreich besetzt, in dem nicht nur die Paarungsgeschäfte, sondern auch energetisch günstige Vorbereitungen für den Winterschlaf möglich sind. Dieser selektive Vorteil wird im Uterus durch die Spermien der anderen Konkurrenten wieder gefährdet. Oder gibt es dort gegen die gewaltige, zahlreiche Konkurrenz noch zusätzliche Möglichkeiten, um als «tüchtiges» Spermium erfolgreich zu sein? Auf welcher Ebene wirken die selektiven Mechanismen? Bereits bei der Wahl eines auffälligen Partners mit großer Vitalität oder erst später, vielleicht im Frühling vor der Befruchtung durch eine Spermakonkurrenz? Sind die späten Begattungen im Herbst und im Winterquartier wirklich ohne Bedeutung?

Man kann sich auch fragen: Warum ‹brauchen› sie soviel Sperma im Uterus? Warum sammeln Weibchen den Samen von mehreren Männchen? Gibt es ‹nützliche Zwänge› oder irgendwelche Hilfsmechanismen auf physiologischer Basis, die eine große Samenmenge erfordern? Immerhin kann ich beim Großen Mausohr (*Myotis myotis*) belegen, daß eine erfolgreiche Fortpflanzung mit nur einem Männchen funktioniert. Das 1995 in menschlicher Obhut geborene Weibchen «Sara» gebar im folgenden Jahr ein Junges. Der Vater war ein handaufgezogenes dreijähriges Männchen, das als einziges mit «Sara» Kontakt hatte. Bei dieser Fledermausart gibt es übrigens in der Fortpflanzungsbiologie noch andere Auffälligkeiten. So fand Heinrich Schwab bei seinen Untersuchungen an besamten Uteri, daß im Gegensatz zum Großen Abendsegler (*Nyctalus noctula*) bei zahlreichen Mausohren (*Myotis myotis*) die Uteri im Winter leer waren, also keine Spermien gespeichert hatten, zumindest nicht in auffälliger Weise. Das gleiche beobachtete Martin Eisentraut bei einigen mehrjährigen Weibchen. Dennoch konnte er im Winter bei experimentellen Untersuchungen von Weibchen, die im Freien gefangen worden waren, auch besamte finden. Bei einem Abbruch des Winterschlafes wurden einige von ihnen im Labor trächtig. Leider gibt es dazu keine weiteren Beobachtungen.

Es ist wohl wahrscheinlich, daß es bei den verschiedenen Arten und auch innerhalb einer Art, abhängig von den jeweils gegebenen klimatischen Bedingungen, Unterschiede in der Fortpflanzungsstrategie gibt. Mir ist beispielsweise aufgefallen, daß geschlechtsreife Männchen aus der Gattung *Myotis* im Herbst kleinere Hoden und geringer gefüllte Nebenhoden hatten als Männchen aus den Gattungen *Nyctalus* und *Pipistrellus*. Es könnte also sein, daß die konkurrierenden Männchen einiger Arten mit einer größeren Spermaproduktion ihre Chance auf Vaterschaft zu optimieren suchen. Das könnte bedeuten, daß es im Uterus vielleicht auch zufällige Gewinner im Wettbewerb der Spermatozoen gibt.

Harem oder Weibchenregime?

Unter einem Harem versteht man eine Fledermauskolonie zur Paarungszeit, die aus einem geschlechtsreifen Männchen und mehreren Weibchen besteht.

In der Fachliteratur spricht man beispielsweise beim Großen Abendsegler (*Nyctalus noctula*) und bei Rauhhaut- und Zwergfledermäusen (*Pipistrellus natusii, Pipistrellus pipistrellus*) von Harems. Die Forschung geht davon aus, daß eine Weibchengruppe von einem dominanten Männchen überwacht und gegen Eindringlinge verteidigt wird, denn dadurch könne das Männchen das Reproduktionspotential seiner Weibchen für sich allein in Anspruch nehmen. Das entspricht dem Grundmuster der «Harems» verschiedener anderer Säugetiere und Vögel; auch dem Resultat nach – wenn man einmal von der «Untreue» einzelner Weibchen absieht. Einige Beobachtungen am Großen Abendsegler zeigen jedoch, daß der Begriff «Harem» die tatsächlichen sozialen Beziehungen der Geschlechtspartner nicht zutreffend beschreibt. Darüber hinaus gibt es berechtigte Zweifel an der postulierten Wahrscheinlichkeit der Vaterschaft des ‹Haremsbesitzers›.

Im Hochzeitsquartier von «Lan» war es wahrscheinlich im Spätherbst, nach der Migration, eher so, daß eine Weibchengruppe das Männchen nur als Ressource nutzte, das heißt als Spermaspender und Besitzer eines mikroklimatisch günstigen Quartiers. Die Weibchen schienen sich zu kennen, begrüßten sich nach dem Einflug durch intensives Schnauzenreiben, betrieben soziale Fellpflege und schenkten einander sehr viel mehr Beachtung als «Lan». Er wurde nicht begrüßt und war eigentlich nur bestrebt, eingeflogene Weibchen nicht mehr hinauszulassen und über sich im Quartierschacht einzusperren. Die Entscheidung, ob «Lan» am nächsten Tag nochmals als Partner gewählt wurde, lag ausschließlich bei den Weibchen. So gesehen lassen sich Weibchen also nicht einfach mo-

Fortpflanzung 261

nopolisieren, sondern nur kurzfristig, eventuell auch nur für einen Tag. Durch meine Beobachtungen habe ich den Eindruck gewonnen, daß das regionale Angebot an balzenden Männchen von einem etablierten Weibchenkollektiv ausgebeutet wird. Wenn das zutrifft, müßten die Weibchen in Konkurrenz zueinander treten, was wiederum an ihrem Verhalten erkennbar sein müßte. Tatsächlich schien es in der ‹Huckepackkolonne› bei «Lan» eine Rangordnung unter den Weibchen zu geben. Solche, die schon mehrmals bei «Lan» gewesen waren, ruhten direkt auf ihm und verteidigten dieses Recht auch gegenüber anderen Weibchen. Diese interessanten Beobachtungen müssen in der Zukunft noch genauer analysiert und mit dem individuellen Kopulationserfolg verglichen werden.

Alternative Paarungsstrategien

Bei den europäischen Fledermäusen gibt es außer den bereits besprochenen Begattungen in Hochzeits- und Winterquartieren, soweit uns bekannt ist, nur noch wenige andere Paarungsstrategien. In Griechenland haben Forscher der Universität Erlangen beim Kleinen Mausohr (*Myotis blythii*) eine Balzarena der Männchen, ein sogenanntes Lek-System, gefunden. Als alternative Strategie gab es in der Station «Hofmatt» im August in Männchenkolonien des Großen Abendseglers (*Nyctalus noctula*) gelegentlich Kopulationen mit vermutlich zufällig eingeflogenen Weibchen, wobei die Männchen keinerlei Balzverhalten zeigten. Eine äußerst interessante Beobachtung konnte ich im Oktober 1995 machen. Damals flog ein mehrjähriges, unberingtes Männchen zu «Lan» ins Balzquartier ein. Geschlecht und Status konnte ich auf dem Bildschirm erkennen, als das Tier urinierte und die noch mit Sperma gefüllten Nebenhoden sichtbar wurden. Als sei es ein Weibchen, ordnete sich das fremde Männchen ebenfalls in die «Huckepackkolonne» ein. «Lan» versuchte sogar das Männchen zu begatten, das sich auch in dieser Situation zunächst wie ein Weibchen verhielt. Doch nach kurzem vergeblichem Bemühen beendete er die Aktion. «Lan» war bei der Geruchskontrolle offensichtlich nichts aufgefallen. Hatte sich der Fremde olfaktorisch getarnt, war es ein «Täuscher»? Am folgenden Vormittag, als der ganze Cluster lethargisch ruhte, konnte sich der dreiste Eindringling unbeachtet zwei Kopulationen «erschleichen». Weil das Verhalten sehr routiniert erschien, könnte es sein, daß sich Männchen öfter auf diese Weise Kopulationserfolge verschaffen. Leider ergaben sich keine weiteren Gelegenheiten, um diese Variante im Paarungssystem zu bestätigen.

Die Wochenstuben

Im Winterquartier ruhen bei den meisten europäischen Fledermausarten beide Geschlechter am gleichen Hangplatz. Das ändert sich dann im Frühjahr. In den Sommerkolonien der einheimischen Arten ist die Verteilung der Geschlechter sehr unterschiedlich. Während in den Kolonien der Hufeisennasen (Rhinolophidae) regelmäßig Männchen angetroffen werden, gibt es bei den Glattnasen (Vespertilionidae) Weibchenkolonien, in denen nur wenige oder gar keine Männchen leben. Hier werden die Weibchen trächtig und erwarten die Geburt der Jungen. Diese Fortpflanzungskolonien werden sehr treffend als «Wochenstuben» bezeichnet. Während in den Wochenstuben der Bechsteinfledermäuse (*Myotis bechsteini*) und Langohren (*Plecotus sp.*) meist nicht mehr als zwanzig Tiere leben, können Mausohrweibchen (*Myotis myotis*) in nahrungsreichen Landschaften bei uns über 1000köpfige Wochenstuben bilden. In der Regel sind sie jedoch kleiner, manchmal sogar kaum mehr als zehn Tiere. In Albanien soll es in einer Höhle am Kleinen Prespasee eine Wochenstube von Langfußfledermäusen (*Myotis capaccinii*) geben, in der ca. 10 000 Tiere leben. Sehr groß, mehrere tausend Weibchen, können auch die Wochenstuben der höhlenbewohnenden Langflügelfledermaus (*Miniopterus schreibersi*) sein.

Die Weibchen haben oft eine feste Bindung an ‹ihre› Wochenstube, besonders wenn diese in einer Höhle oder einem Bauwerk liegt. Sie kehren jedes Jahr dorthin zurück und zeigen eine meist lebenslange Quartiertreue. Vielleicht weil sie selbst dort geboren wurden und fliegen gelernt haben, oder es ist der Ort, an dem sie zum ersten Mal ein Junges aufgezogen haben. Sehr interessant ist in diesem Zusammenhang das Verhalten von Weibchen des Großen Abendseglers (*Nyctalus noctula*), die außerhalb ihres eigentlichen Reproduktionsgebietes bei Basel in der Station «Hofmatt» ausgewildert wurden. Bis auf sehr wenige Verluste kamen alle in ihr Auswilderungsquartier zurück und zogen dort selbst Junge auf. Sie hätten ja auch nach Nordosten ziehen können, in die Gebiete, aus denen ihre Mütter stammten. Einige Weibchen, die eine zeitlang pflegebedürftig waren und in dieser Zeit Junge auf die Welt brachten, blieben so lange dem Auswilderungsquartier treu, bis der Nachwuchs entwöhnt war. Einige kamen später zurück, verbrachten dann die Winterzeit als frei fliegende in der Station und verschwanden im nächsten Frühjahr dann wieder. Ihre Töchter blieben aber wie die anderen ausgewilderten in der Station quartiertreu.

Oft ist die Bindung nicht ausschließlich auf einen festgelegten Quartierraum begrenzt, sondern an eine bestimmte Landschaft gebunden. Das kann man gut bei Fledermäusen beobachten, die ihre Quartiere in Baumhöhlen und verschiedenartigen Spaltenstrukturen haben. Vermutlich gibt es hier größere Verhaltensvariationen, weil die Quartiere aus unterschiedlichen Gründen in einer Saison häufiger gewechselt werden müssen; sei es wegen des Nahrungsangebotes oder weil die Quartiere im Laufe der Zeit ihre mikroklimatische und strukturelle Qualität verlieren.

Es ist wenig darüber bekannt, wie die soziale Struktur in den Wochenstuben unserer Fledermäuse organisiert ist. Beim Braunen Langohr (*Plecotus auritus*) stellten Günter Heise und Axel Schmidt durch Markierungsversuche fest, daß die Weibchen mehrheitlich sehr nahe miteinander verwandt sind, denn sie fanden Mütter, Töchter, Schwestern, Enkelinnen und Urenkelinnen in einer Kolonie. Man vermutet, daß sich die Mitglieder einer Kolonie individuell erkennen können, zumindest in kleinen Wochenstuben. Tatsächlich begrüßen sich die Weibchen einer Wochenstube beim Großen Abendsegler (*Nyctalus noctula*) häufig durch gegenseitiges Schnauzenreiben – meist nach der Rückkehr von einem Ausflug. Bei Auswilderungsversuchen in der Station «Hofmatt» wurden die von mir in die Wochenstube eingesetzten Mütter nur unter großen Schwierigkeiten von den frei fliegenden Weibchen geduldet. Tagelang wurden sie gebissen und angezetert.

In der Kolonie: mehr Vorteile als Nachteile

Dieses soziale, körpernahe Zusammenleben der Fledermäuse, speziell der Weibchen während der Jungenaufzucht, ist eine der eindrucksvollsten Besonderheiten in ihrer Lebensweise. Man kann sich da schon Gedanken machen, warum sie dies tun. Welche Vorteile bietet ihnen die Koloniebildung? Nun, bei einigen höhlenbewohnenden Arten ist es denkbar, daß das geeignete Wohnhabitat – in günstiger Nähe von guten Nahrungsquellen – eine Ressource sein könnte, die nicht beliebig verfügbar ist, speziell mit mikroklimatisch und innenarchitektonisch günstigen Bedingungen. Auch gute Baumhöhlen sind oft knapp, und die Wohnkonkurrenz ist dort besonders groß. Zudem können Quartiere in der Gruppe besser verteidigt werden. Ohne Zweifel ist in den Kolonien die soziale Thermoregulation von großer Bedeutung. Um Schlechtwetterperioden besser überstehen zu können, bilden die Mütter dichte Pulks und wärmen sich und die Jungen gegenseitig. Fledermäuse müssen gerade in unseren Breitengraden sehr pragmatische Energiesparer sein. Im kompakten

Cluster ist der Wärmeverlust generell kleiner als bei einzeln hängenden Tieren. Das ist für trächtige oder kleine Junge säugende Weibchen ausgesprochen wichtig, denn sie versuchen so ihre Körper warmzuhalten, damit der Nachwuchs wachsen kann. Dieser muß sozusagen ‹termingerecht› flügge werden, nämlich genau dann, wenn es viele Insekten gibt. Wohl auch deshalb kann man Hufeisennasen (Rhinolophidae) gelegentlich im Körperkontakt ruhen sehen, obwohl man ihnen sonst nachsagt, sie würden diese Hangstrategie eher vermeiden. Wenn Fledermäuse in kühlen Frühlingsnächten von ihren Jagdflügen heimkommen, rücken sie sehr eng zusammen, um im Kollektiv zu verdauen. Auch hierzu ist Wärme notwendig, die in körpernaher Gesellschaft günstiger genutzt werden kann. Durch die kollektive Optimierung der mikroklimatischen Bedingungen kommt es zu mehr oder weniger deutlichen Synchronisationseffekten. Bei uns in Mitteleuropa werden die meisten Jungen in einem Zeitraum von zwei bis drei Wochen geboren, und zwar zur günstigsten Jahreszeit, im Juni, wenn die Zahl der Insekten zunimmt.

Durch das enge Zusammenleben in den Wochenstuben ist die Kolonie natürlich auch ein «kollektives Informationszentrum», in dem wichtige Stimmungsübertragungen stattfinden können, beispielsweise die Bereitschaft, in andere Quartiere umzuziehen. Wenn in der Region Basel die höhergelegenen Mausohr-Wochenstuben (*Myotis myotis*) knapp zwei Monate später im Frühjahr besetzt werden, manchmal erst Ende Mai, als die im wärmeren Talgebiet, dann könnte der kollektive Umzug durch solche Stimmungen gesteuert sein. Im warmen Klima des südlichen Europas und der Tropen sind solche Synchronisationseffekte geringer, da die Tiere dort unter klimatisch deutlich günstigeren Bedingungen leben, wodurch es geringere oder gar keine saisonalen Nahrungsengpässe gibt. Bei den Fransenfledermäusen (*Myotis nattereri*) beobachtete Günter Laufens kollektive Umzüge von kleinen, in Vogelnistkästen angesiedelten Wochenstuben; er vermutete, daß die Nahrungsquellen in der Nähe des Quartiers versiegt waren. Auch für die Aufzucht der Jungen hat das soziale Zusammenleben der Mütter Vorteile. Ich habe wiederholt beobachten können, daß junge Fledermäuse ihre ersten Explorationsflüge außerhalb des Quartiers ohne ihre Mütter wagten. Diese waren auf der Jagd. Um wieder zurückzufinden, mußten die ‹Flugschüler› also nicht unbedingt auf mütterliche Hilfe warten, sondern konnten einfach einer anderen heimkehrenden Fledermaus folgen.

Natürlich gibt es auch Nachteile, die sich aus dem engen Zusammenleben ergeben. An erster Stelle stehen sicherlich die zahlreichen

Parasiten (Milben, Flöhe und Wanzen), die den Tieren zu schaffen machen. Denn in solchen Massenansammlungen von potentiellen Wirten finden sie ideale Bedingungen vor. Der Verlust einer Wochenstube durch Quartierzerstörung oder Feinde kann für eine lokale Population existenzgefährdend sein. Wegen der geringen Fortpflanzungsrate im Jahr können so entstandene Schäden, wenn überhaupt, nur langsam behoben werden.

Die Tragzeit im Frühjahr

Weil die in gemäßigtem Klima lebenden Fledermäuse während der Tagesruhe ihre Körpertemperatur nicht immer konstanthalten, wird die Entwicklungszeit des Embryos von der Witterung beeinflußt. Bei kühlem Frühlingswetter herrscht Nahrungsmangel, deshalb dauert dann die Tragzeit etwas länger. Vor allem, wenn die Nächte so kalt oder verregnet sind, daß die Insekten nicht fliegen. Für die Großen Mausohren (*Myotis myotis*) kann das zum Dilemma werden, sobald ihre Wochenstubenquartiere am Tag von der Sonne beschienen werden. Es ist dann zwar warm, aber sie haben trotzdem nachts nichts zu fressen, weil es am Boden zu kalt ist und ihre Beutetiere deshalb nicht aktiv werden. Manchmal verlassen die Tiere in dieser Situation sogar ihre Wochenstuben und wechseln in ein kaltes Zwischenquartier, um dort in Lethargie diese klimatisch ungünstige Zeit zu verbringen. Ähnlich ergeht es wohl den meisten einheimischen Arten, aber wir haben nahezu keine Kenntnisse über ihr ‹Krisenmanagement› im Frühjahr. In gemäßigtem Klima müssen sich die Weibchen entscheiden, wann und wie lange sie sich während der Tragzeit eutherme Phasen leisten können, also im Frühjahr ihren Körper nicht unter etwa 30°C auskühlen lassen müssen. Je länger sie ‹durchheizen› können, desto besser, denn dann kann der Fötus in der Wärme rasch wachsen.

Man nimmt an, daß in Mitteleuropa die Jungen sechs bis acht Wochen nach der Befruchtung zur Welt kommen – also im Juni. Manchmal scheint es bei einzelnen Weibchen ‹Terminschwierigkeiten› zu geben: die einen gebären viel zu früh und andere zu spät. In einer Mausohrkolonie (*Myotis myotis*) südlich von Basel konnte ich am 12. Juni 1990 ein Jungtier mit der Infrarot-Videokamera beobachten, das mindestens schon zwei Wochen alt war. Putzmunter turnte es zwischen Weibchen herum, die noch trächtig waren. Nur einige wenige hatten kürzlich geboren, und andere hatten gerade

Wehen. In diesem Frühjahr war es schon sehr zeitig warm geworden. Bereits Ende Februar war der Lerchensporn in den Auwäldern voll erblüht. Vermutlich hat die Mutter des Frühgeborenen schon während dieser Zeit ovuliert, also viel früher als die anderen. Sie hat aber auch Glück gehabt, denn zwischen Anfang und Mitte Juni hätte sie von der ‹Schafskälte› überrascht werden können und sicher nicht mehr genügend Milch für das große Junge gehabt. Andere Weibchen sind dagegen erstaunlich spät dran. Solche Nachzügler kann es geben, wenn die Tiere nach dem Winterschlaf nahezu am Ende ihrer Reserven sind und gerade noch überleben konnten. Sie müssen sich zunächst erholen, um erfolgreich ein Junges austragen zu können. Beim Großen Abendsegler (*Nyctalus noctula*) könnte es sogar so sein, daß extrem geschwächte Weibchen sehr verspätet oder gar nicht migrieren, im Überwinterungsgebiet trächtig werden und ausnahmsweise dort gebären. So ist es wohl bei einem Weibchen gewesen, das verspätet trächtig wurde, als ‹Alleinstehende› irgendwo geboren hat und dann am 5. August 1987 seine knapp drei Wochen alten Zwillinge in die Station «Hofmatt» transportierte (siehe Farbabb. Seite 304). Diese Jungen sind zwar ein erster Reproduktionsnachweis für die Basler Region, der Fund muß aber als Sonderfall gewertet werden, denn Wochenstuben sind hier nach bisherigen Kenntnissen nicht zu erwarten.

Im Winter passiert es immer wieder, daß geschwächte oder verletzte Fledermäuse in Obhut genommen werden müssen. Werden begattete Weibchen in warmen Räumen gehalten, dann geschieht bei ihnen genau das gleiche wie bei den wild lebenden Fledermäusen im Frühjahr. Der Abbruch des Winterschlafes, die Wärme und die Nahrungszufuhr sind für den Körper ganz offensichtlich Signale, die die Eireifung und dann die Befruchtung auslösen. So geschieht es, daß solche Fledermäuse unverhofft und viel zu früh trächtig werden. Sehr oft sind die Pfleglinge aber nicht optimal untergebracht, so daß es ihnen zwar gelingt, das Junge bis kurz vor der Geburtsreife auszutragen, doch dann kommt es zur Totgeburt. Dieses Ende kann man vermeiden, wenn sich die werdenden Mütter in einem beheizten Quartier aufhalten können. So wurden in Basel schon zahlreiche Abendsegler (*Nyctalus noctula*) zwar zu früh, aber dennoch lebensfähig geboren.

Zum Beginn der Tragzeit sieht man den Weibchen lange nicht an, daß sie trächtig sind. Nur wer die Milchzitzen genauer anschauen kann, wird an ihnen bereits im April eine deutliche Vergrößerung feststellen. Am Ende der Tragzeit bildet sich ein haarloser Hof um die Zitzen. Mitte Mai sind die dicken Bäuche recht auffällig, allerdings muß man Übung haben, um diese nicht mit vollgefressenen zu ver-

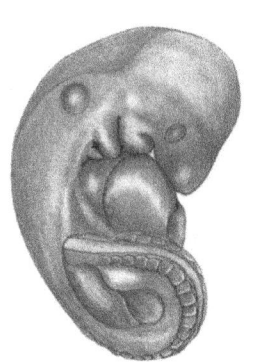 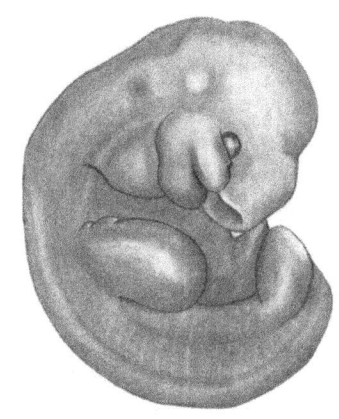 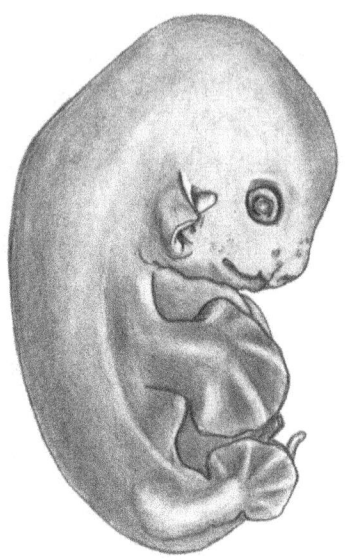

Abb 79
Die Embryonalentwicklung beim Großen Mausohr (*Myotis myotis*): Es sind fünf Entwicklungstadien vergrößert dargestellt. Kurz vor der Geburt verschließen sich die Augenlider.

(*Zeichnungen: Herbert Joller*)

wechseln. Bei den halbzahmen, frei fliegenden Abendseglern (*Nyctalus noctula*) in der Station «Hofmatt» konnte ich schon oft die Bäuche von hochträchtigen Weibchen befühlen. Durch die Bauchhaut sind wirklich der Kopf und die Flügelchen zu spüren sowie das Rumoren der Föten im Bauch. Erst am Schluß der Tragzeit waren sichere Prognosen möglich, ob es Zwillinge geben wird oder nicht. Stundenlang habe ich mit der Infrarot-Videokamera trächtige Große Mausohren (*Myotis myotis*) an ihrem Hangplatz beobachtet. Obwohl eigentlich nicht viel Aufregendes passierte, wurde es nie langweilig. Wie dicke Würste hingen die Tiere an warmen Tagen oben am Firstbalken, dicht nebeneinander. Viele schliefen, hatten die Augen geschlossen. Zu allen Zeiten, auch tags, waren immer einige wach, die sich putzten und durch ihre Bewegungen die zu einem dichten Klumpen aneinandergereihten Körper in sachte Schwingungen brachten. Immer wieder konnte ich in den dicken, gespannten Bäuchen die Bewegun-

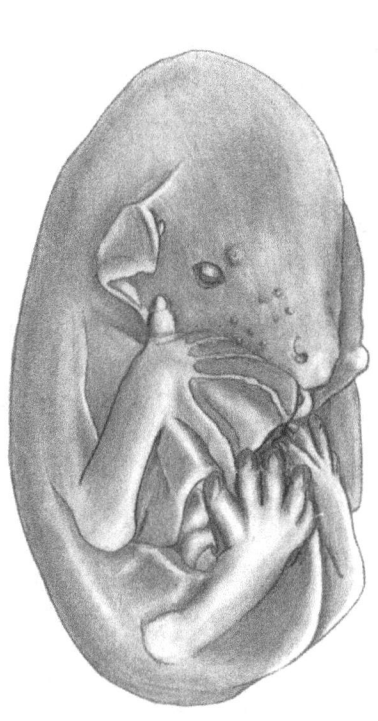 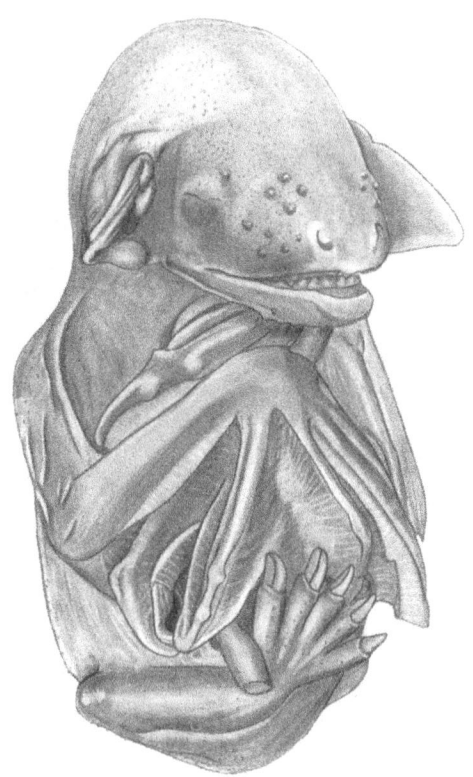

gen der Föten sehen, manchmal so heftig, als würden sie Gymnastikübungen oder Purzelbäume machen.

In Mitteleuropa fliegen die trächtigen Weibchen in der Regel pro Nacht nur einmal aus, und zwar am Abend. In der zweiten Nachthälfte ist es meist zu kalt, und deshalb sind auch die Insekten nicht aktiv. Mit dem immer schwereren Ballast im Bauch vermeiden die werdenden Mütter unnötige Flüge. Hochträchtige Weibchen müssen beim Jagdflug enorme Lasten tragen. Beachtliche 52,5 g wog das Abendseglerweibchen «Coco», als es mit vollem Magen und Zwillingen im Bauch vom Jagdflug in die Station «Hofmatt» zurückkehrte. Nach dem Winterschlaf, etwa zwei Monate vorher, hatte es noch 26 g gewogen. Nach der Rückkehr ins Quartier ruhten heftig atmende, hochträchtige Weibchen oft mit dem Kopf nach oben gerichtet. Vermutlich drückte der dicke Bauch zu sehr auf das Zwerchfell und behinderte das Atmen.

Geburt und Jungenaufzucht

Im Vergleich mit den meisten anderen Kleinsäugern haben Fledermäuse wenig Junge pro Wurf, die meisten Arten nur ein einziges. Bei einigen gibt es aber auch regelmäßig Zwillinge, in Europa beispielsweise bei den Gattungen *Pipistrellus*, *Nyctalus* und *Vespertilio*. Bei amerikanischen Fledermausarten aus der Gattung *Lasiurus* geschieht allerdings Erstaunliches: Sie gebären oft mehr als zwei, manchmal sogar bis zu fünf Junge.

Die Jungen sind bei der Geburt nackt und blind und wiegen etwa ein Fünftel des Gewichts der Mutter. Zwillinge sind etwas leichter. Ein neugeborener Großer Abendsegler (*Nyctalus noctula*) hat ein Gewicht von ca. 5 g, während die Mutter nach der Geburt ungefähr 26–28 g wiegt. Winzig klein sind Zwergfledermauskinder (*Pipistrellus pipistrellus*). Dennoch waren die Zwillinge einer 8 g schweren Zwergfledermaus relativ schwer: sie brachten zusammen knapp 2 g auf die Waage.

Wenn im Juni der Zeitpunkt der Geburt naht, geschieht Bemerkenswertes im Körper der Fledermausweibchen. Sie haben nämlich ein dramatisches Problem: Ihr Becken ist sehr klein, und das vergleichsweise große Junge würde bei der Geburt niemals durch den engen Beckenkanal gleiten können. Damit die Jungen nun aus dem mütterlichen Körper herauskönnen, muß dieser Engpaß beseitigt werden. Schon einige Tage vor der Geburt bildet sich daher an der Verwachsung der Schambeinfuge ein Spalt, der immer breiter wird. Während der Wehen wird dieser Spalt so weit vergrößert, bis das Junge durchgleiten kann. Das Becken wird also von unten her regelrecht aufgeklappt. Diese «Symphyse» verschließt sich einige Wochen nach der Geburt wieder und verwächst. Bei alten Weibchen des Großen Abendseglers (*Nyctalus noctula*) – sie hatten bereits mehrmals geboren – blieb das ganze Jahr über ein offener Spalt am Tier fühlbar.

In der Station «Hofmatt» konnte ich mehrmals beobachten, wie die werdenden Mütter bei Schlechtwetterperioden den Geburtstermin um einige Tage hinausschoben, indem sie auf die soziale Thermoregulation in der Gruppe verzichteten und sich absonderten. Abseits, am kühlsten Platz im Quartier, ließen sie sich auskühlen und warteten in Lethargie auf wärmeres Wetter. Dabei ließen sie sich extrem auskühlen, gegebenenfalls bis auf Temperaturen um 15 °C. Dauern solche Schlechtwetterperioden zu lange, kann es dramatisch werden. In Mausohrkolonien (*Myotis myotis*) hat man unter solchen Umständen unter dem Hangplatz zahlreiche Totgeburten mit den zugehörigen Nabelschnüren und Placenten gefunden.

Der Geburtsvorgang selbst ist bei unseren einheimischen Fledermäusen nur selten beobachtet worden. Viele Informationen wurden an Pfleglingen gewonnen, die meist nicht unter natürlichen Bedingungen gebären konnten. Wilde Fledermäuse dabei störungsfrei zu beobachten, ist erst mit der modernen Technik, beispielsweise mit Infrarot-Videosystemen, möglich geworden. In unserer Mausohrkolonie (*Myotis myotis*) bei Basel sind die Beobachtungsmöglichkeiten besonders günstig. Die etwa 200 Weibchen hängen an einem Firstbalken in nur knapp drei Metern Höhe. Mit einem Teleobjektiv auf der Videokamera und einem starken Infrarotlicht-Scheinwerfer kann das Verhalten auf dem Bildschirm bis ins kleinste Detail genau beobachtet werden, ohne daß die Tiere durch sichtbares Licht gestört werden. Es ist ein ungemein beeindruckendes Erlebnis, den hochträchtigen Weibchen bei ihren langen, kräftezehrenden Wehen zuzuschauen. Kontinuierliche Beobachtungen von Einzeltieren waren auf längere Zeit in der großen Schar der Tiere zwar nicht möglich, bei einigen konnte ich aber sehen, wie sie sich über eine Dauer von mindestens zwei Stunden mit den Wehen plagten. In dieser Zeit hingen die Mausohrweibchen meist horizontal an den Balken des Hangplatzes, ruhten oder kletterten unruhig hin und her, wobei es immer wieder zu heftigen Kontraktionen des Bauches kam. Gelegentlich waren auch energische Bewegungen des Jungen durch die Bauchdecke bemerkbar. Auffallend oft quetschten sich die Gebärenden durch Engpässe zwischen Balkenwinkel oder eng aneinander ruhenden Artgenossinnen, so als wollten sie durch vermehrten Außendruck auf den Bauch den Geburtsvorgang beschleunigen. Vom eigentlichen Geburtsvorgang war leider nicht viel zu sehen, denn die Weibchen hingen mit dem Rücken nach unten am Balken und hatten den Kopf zwischen den Flügeln gegen den Bauch gekrümmt. Man sah nur, daß sich plötzlich etwas in der Tasche der Schwanzflughaut bewegte, mit dem sich die Mütter dann intensiv beschäftigten. Außer den großen Füßen der Jungen, die schon bald einen eigenen Halt am Balken suchten, war nichts zu sehen. Nach der Geburt ruhten die Mütter zunächst, meist in charakteristischer Weise in die eigenen Flughäute eingehüllt. Später wurden dann die Placenten ausgepreßt und aufgefressen. Ein Vorgang, den ich mehrmals beobachten konnte. Die von mir beobachteten Geburten fanden immer am Tag, sowohl am Vormittag als auch am Nachmittag, statt.

Den Geburtsvorgang beim Großen Mausohr (*Myotis myotis*) hat sich Anton Kolb in den 60er Jahren genauer angesehen. Dazu holte er sich geburtsreife Weibchen ins Institut und protokollierte die

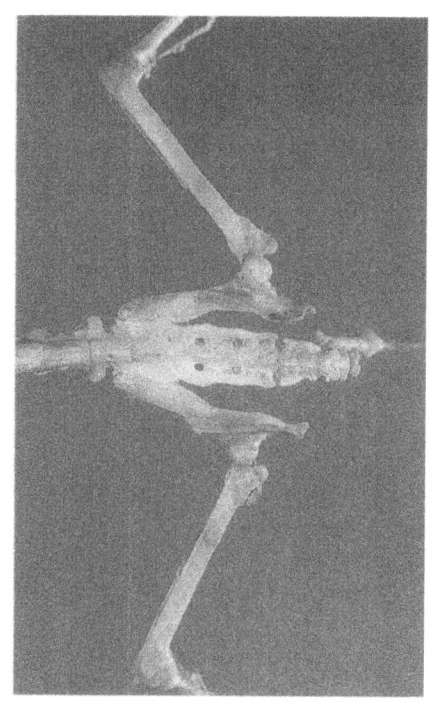

Abb. 80
Becken eines Großen Mausohrweibchens (*Myotis myotis*), das bei der Geburt seines Jungen gestorben ist. Blick von unten in das an der Schambeinsymphyse weit auseinandergeklappte Becken. Der Schwanz (rechts im Bild) war beim toten Tier extrem gegen den Rücken gekrümmt.

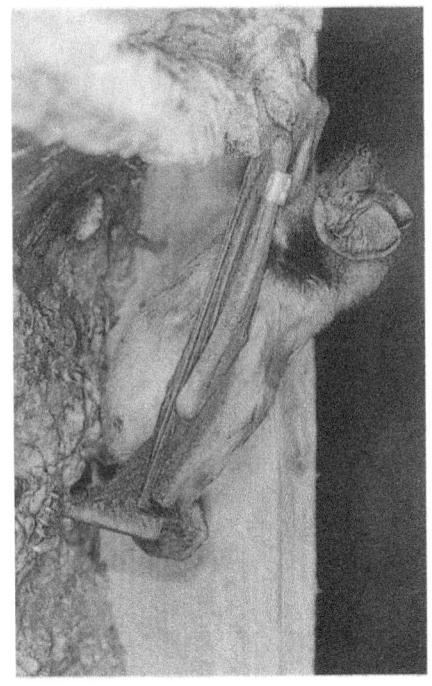

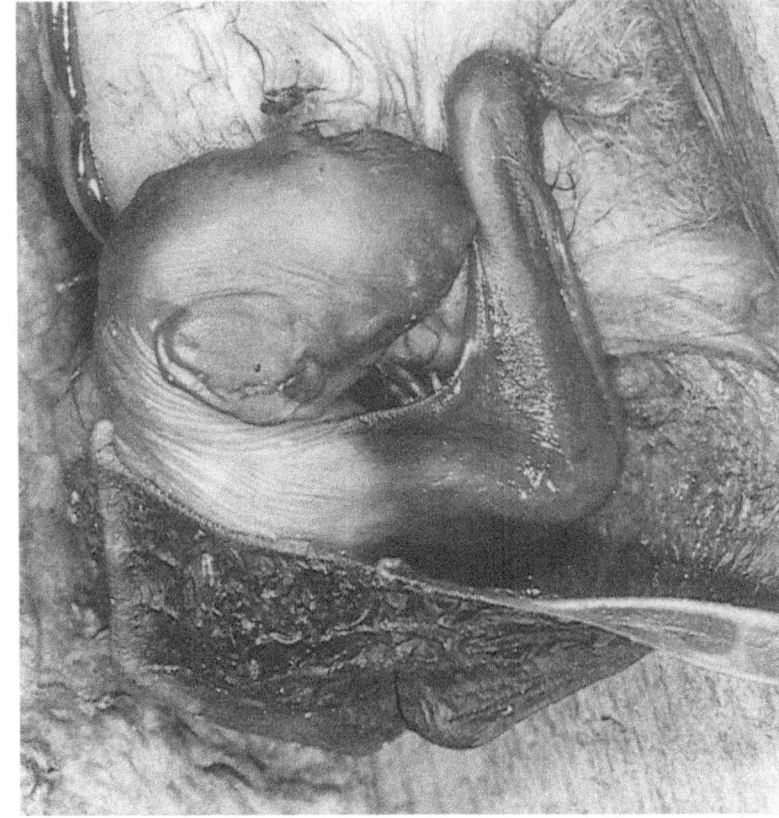

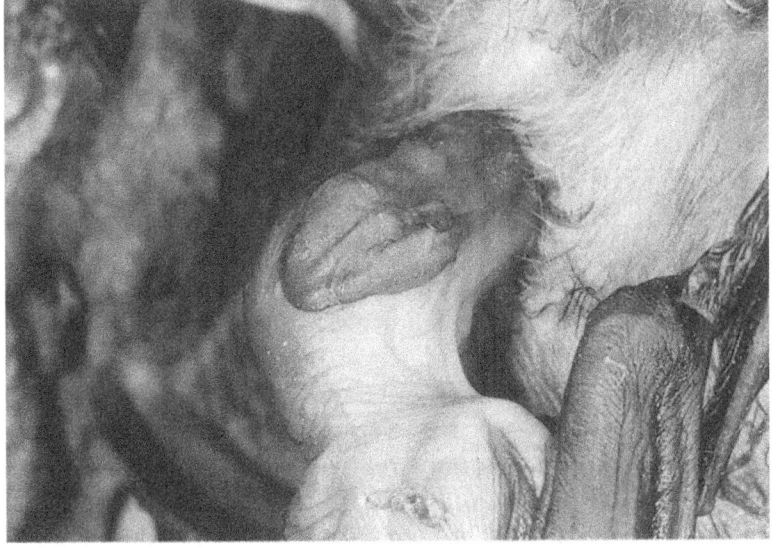

Abb. 81a–c
a Ein Abendseglerweibchen (*Nyctalus noctula*) mit extrem dickem Bauch, etwa 20 Minuten vor der Geburt des ersten Kindes.

b Das erstgeborene Junge hat bereits die Milchzitze der Mutter gefunden; seine Nabelschnur ist am linken Bildrand sichtbar. Soeben ist das zweite Junge auf die Welt gekommen. Es liegt noch im Beutel der Schwanzflughaut und...

c ...sucht wenig später im Fell nach der haltbietenden Milchzitze.

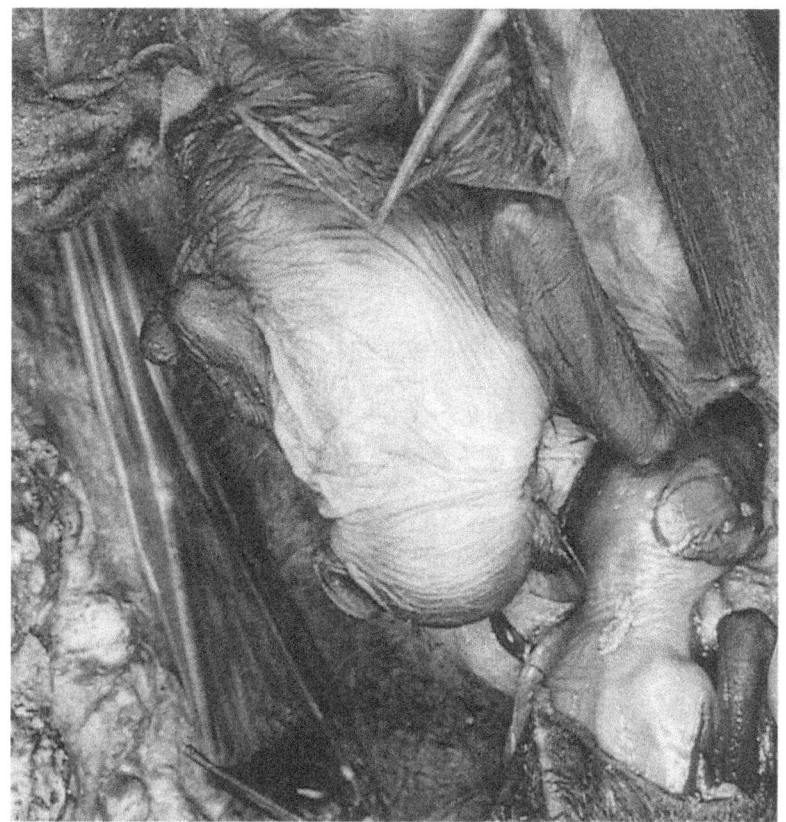

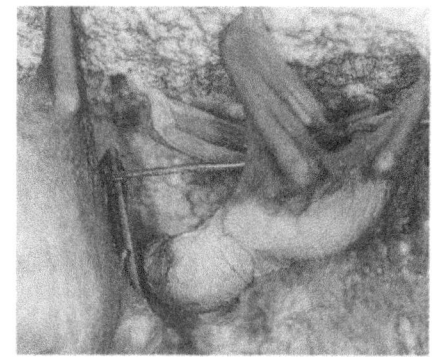

Abb. 81d–f
d Die Zwillinge sind noch nicht abgenabelt, aber das ältere Junge ist bereits trocken.

e Die Mutter hat sich gedreht und ruht jetzt in «Kopfunter-Stellung». Nur für kurze Zeit hat ein Junges den Kontakt mit der Mutter verloren, es ist immer noch durch die Nabelschnur «gesichert».

f Etwa eine Stunde nach der Geburt des letzten Kindes hat die Mutter die Placenta ausgepreßt und frißt sie auf.

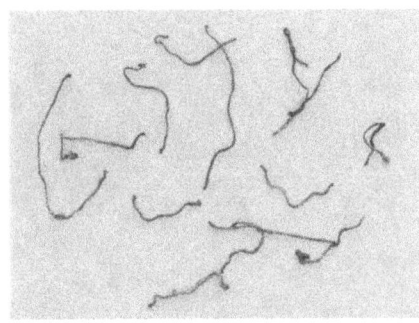

Abb. 82
Abgefallene Nabelschnüre des Großen Mausohrs (*Myotis myotis*). Die vertrockneten Reste der Nabelschnüre am Bauch der Jungen fallen meist bis zum 2. Lebenstag ab. Man muß genau suchen, um sie unter dem Hangplatz zwischen den Exkrementen zu finden.

Vorgänge. Bei einer Steißgeburt konnte er sogar dokumentieren, wie zuerst die Hinterbeine des Jungen frei wurden, das sich dann sofort am Hangplatz festkrallte, obwohl der kleine Körper noch gar nicht ausgetrieben war. Es schien, als wollte das Kleine durch den eigenen Gegenzug helfen, sich selbst auf die Welt zu bringen.

Mit einem Nachtsichtgerät hat Roger Ransome beobachtet, wie geburtsreife Weibchen der Großen Hufeisennasen (*Rhinolophus ferrumequinum*) abseits vom Cluster der Wochenstube im Dachstock hingen. Bei der Geburt hüllten sie sich in ihre Flughäute ein, so daß die eigentliche Geburt leider nicht genau beobachtet werden konnte. Durch die Bewegungen der Wehen pendelten die Gebärenden hin und her, und nach einer letzten, kräftigen Kontraktion glitt das Neugeborene in die zu einer Tasche geformten Flughäute des Flügels. Das Kleine wurde zunächst intensiv beleckt, wobei es ständig Laute von sich gab – die sogenannten «Stimmfühlungslaute». Wenige Zeit später wurde es von der Mutter unter dem Dach abgesetzt. Sie flog dann einige Zeit im Dachraum umher, kehrte zum Kleinen zurück, und erst später brachte sie ihr Junges in die Kolonie zu den anderen Fledermäusen.

Bei den Großen Abendseglern (*Nyctalus noctula*) habe ich verschiedene Geburtsstellungen beobachtet. Manchmal hingen die Gebärenden horizontal an der Decke des Quartiers, ihr Rücken zeigte nach unten, und das Neugeborene kam auf dem Bauch der Mutter zu liegen. Meist hingen die Weibchen aber mit dem Kopf nach oben gerichtet vertikal an der Quartierwand und hielten sich mit den Daumenkrallen fest. Zwischen den abgestützten Hinterbeinen bildeten sie mit der Schwanzflughaut eine Tasche, in die sie nach der Geburt das Junge gleiten ließen. Bei Früh- oder Totgeburten konnte es sein, daß die Weibchen sich nicht in die günstige Auffangstellung brachten, sondern den Fötus nur in den halbgeöffneten Flügel rutschen ließen. Oft blieb das nicht lebensfähige Junge unter der Mutter an der Nabelschnur hängen, bis dann die Plazenta ausgepreßt wurde. Die Totgeburt verweste oder vertrocknete später unten zwischen den Exkrementen. Wenn die Jungen nach der Geburt keine «Stimmfühlungslaute» von sich gaben, unterließen die Weibchen meist jegliche betreuende Hilfeleistungen. Ich konnte aber bei den Abendseglern (*Nyctalus noctula*) und in den Wochenstuben der Mausohren (*Myotis myotis*) feststellen, daß Weibchen auch lebensschwache Junge lange zu betreuen versuchten, wenn eine erste soziale Bindung zwischen Neugeborenen und Mutter aufgebaut worden war. Am 18. Juni 1996 beobachtete ich, wie ein Mausohrweibchen etwa drei Meter unter dem Hangplatz am Boden sitzend bemüht war, sein bereits abgenabeltes Junges mit der Schnauze an die Milchzitzen zu schieben, damit es sich dort festsaugen könnte. Die Mutter wollte lange nicht akzeptieren, daß ihr Kleines bereits tot war. Nach einer Schlechtwetterperiode hatte es in dieser Wochenstube viele Verluste gegeben.

Protokoll einer Geburt

In der Station «Hofmatt» war es mir mehrmals möglich, Tragzeit, Geburt und Jungenaufzucht des Großen Abendseglers (*Nyctalus noctula*) aus allernächster Nähe zu verfolgen.

Im Sommer 1992 war die frei fliegende, halbzahme «Dia» zum vierten Mal in der Station trächtig. Am 16. Juni, nachmittags, begannen die Wehen. In der vorhergehenden Nacht hatte sie wie gewöhnlich am Abend das Quartier verlassen, flog auf die Jagd und kehrte nach etwa zwei Stunden wieder zurück. Am nächsten Vormittag wurde sie noch gewogen, hatte 42 g und zeigte noch keinerlei Anzeichen von Wehen. Nachts hing sie mehrmals an der Innenwand des Quartiers, mit dem Kopf nach oben gerichtet. Vermutlich war der Druck auf die Atemwege durch das Gewicht der Föten und des vollen Magens recht groß. Tagsüber war das Strampeln der Kleinen im Bauch nicht zu übersehen, bis dann um 15.35 Uhr die ersten Wehen eintraten. Mit dem Kopf nach oben gerichtet hing «Dia» am Rand der Gruppe. Die Kontraktionen traten nach einer Stunde immer regelmäßiger auf. Dabei waren von ihr auffällige, nur in dieser Situation erzeugte Rufe zu hören, die an Geräusche erinnerten, die beim Aneinanderschlagen von kleinen Kieselsteinen entstehen. Nach mehrmaligen Platzwechseln und langen, intensiven Preßwehen wurde um 17.10 Uhr das erste und um 17.19 Uhr das zweite Junge geboren. Sofort waren die ersten Stimmfühlungslaute der Kleinen zu hören. Heftig strampelten sie in der zur Tragetasche geformten Schwanzflughaut der Mutter. Bei der Suche nach den Milchzitzen wurden sie von «Dia» ständig beleckt, und mit mütterlicher Unterstützung fanden sie diese auch nach längerer Zeit. Die erschöpfte Mutter ruhte noch lange, immer noch mit dem Kopf nach oben gerichtet, am Hangplatz und beleckte immer wieder ihre noch nicht abgenabelten Zwillinge. Zwischen 18.57 Uhr und 19.26 Uhr wurden die beiden Placenten ausgestoßen und von «Dia» aufgefressen. Nachdem sie die erste Placenta verzehrt hatte, war es bemerkenswert, wie die Fledermaus ohne etwas sehen zu können die Übersicht behielt. Im Durcheinander der zappelnden, an den Zitzen angesaugten Kleinen vergaß sie die zweite, an der etwa 3 cm langen Nabelschnur hängende Plazenta nicht, sondern holte sie mit den Zähnen und fraß sie ebenfalls vollständig auf. Kleine Nabelschnurreste blieben an den Bäuchen der Jungen zurück.

Als um 21.30 Uhr die anderen Quartierbewohner zur Jagd ausflogen, hatte «Dia» ein Problem, denn auch sie wollte raus. Die Jungen gaben aber den mühsam erreichten Platz an der haltbietenden Zitze nicht so schnell auf. Mit heftigen Schüttelbewegungen des Körpers signalisierte die Mutter ihren Kindern ihre Aufbruchstimmung und forderte so die Freigabe der Zitzen. Es dauerte mehrere Minuten, bis beide Jungen losließen. Nachdem die Zwillinge von «Dia» am Hangplatz endlich einen sicheren Halt gefunden hatten, passierte es: Ein Junges stürzte ab und lag unten, 50 cm tiefer, auf dem Kot. Sofort begann es zu rufen und wurde tatsächlich von «Dia» geholt. Sie positionierte sich direkt über dem Jungen und hielt ihm erneut die Zitze hin. Daran angesaugt, konnte das Kleine wieder nach oben gebracht werden. Erneut begann die mühselige Prozedur des Abschüttelns. Schließlich konnte «Dia» abfliegen. Sie blieb nur 12 Minuten weg, und mir reichte die knappe Zeit nicht, um die Jungen zu messen und zu wiegen. Am Hangplatz ruhend, begann eines der Kleinen mit Putzhandlungen am eigenen Flügelchen, indem es dieses leicht öffnete und mit dem Mund bearbeitete. Es war gerade erst fünf Stunden alt und zeigte schon erstes Komfortverhalten. Die Zwillinge, es waren ein Weibchen und ein Männchen, bekamen die Namen «Hera» und «Hero». «Dia» flog noch zweimal in der gleichen Nacht für etwa 20 Minuten aus, um 1.12 Uhr und um 4.11 Uhr. Jedesmal blieben die Kleinen allein am Hangplatz zurück.

Sicherer Halt für Junge durch Festbeißen und Ansaugen

Bei der Geburt haben alle Jungen aus der Familie der Glattnasen (Vespertilionidae) bereits Milchzähne. Bei jungen Hufeisennasen (Rhinolophidae) sucht man sie hingegen vergeblich. Zwar wachsen ihnen während der Embryonalentwicklung ebenfalls Milchzähne, diese werden aber vor der Geburt schon wieder resorbiert. Die Milchzähne, insgesamt 22, sind dreispitzig und relativ stumpf. Sie dienen als Klammergebiß, mit dem sich die Jungen an der Milchzitze festhalten können. Bevor die Jungen flügge werden, stoßen neben den Milchzähnen die permanenten Zähne durch und verdrängen zunehmend die ersten, bis diese ausfallen.

Die Milchzähne sind Halteorgane, die ein kräftiges Gegenstück brauchen, damit der sichere Halt auch gewährleistet ist. Es ist fast nicht zu beschreiben, was das an sich zarte Gewebe einer Zitze an Zugbelastung alles aushalten kann bzw. einfach aushalten muß. Sehr kleine Junge sind tagsüber fast immer an der Milchzitze angesaugt, ältere nur noch, wenn sie trinken. In der Ruhe wird die Zitze nur wenig belastet. Dramatisch kann es aussehen, wenn die Mutter den Platz wechseln will und sich zwischen anderen Fledermäusen durchdrängeln muß. Sie tut dies, ohne Rücksicht zu nehmen, marschiert einfach los und zerrt das angesaugte, halb unter dem Flügel verborgene Kleine mit. Bei Müttern mit Zwillingen sieht das recht ungewöhnlich aus: Vorne ist nur ein Kopf zu sehen, hinten aber sechs nahezu gleich große Füße, die bemüht sind, Schritt zu halten. Durch Ungeschicklichkeit oder Pech rutscht ein so geführtes Junges auch einmal ab und verliert den Halt. Heftig mit den Beinen strampelnd, hängt es dann längere Zeit frei in der Luft an der Zitze. Der Mutter scheint das nicht viel auszumachen. Auch im Flug werden die Jungen so transportiert. Um einen besseren Halt zu bekommen, umklammern vor allem große Junge zusätzlich den Brustkorb der Mutter mit ihren Hinterbeinen.

Wer einmal versucht hat, ein kleines, verängstigtes Junges von der mütterlichen Zitze zu lösen, kann von der unglaublichen Zähigkeit berichten, mit der sich die Säuglinge festhalten. Wahrscheinlich verschaffen sie sich den Halt an der Zitze nicht nur durch Festbeißen mit den Milchzähnen, sondern auch durch ein Vakuum, das sie im Mundraum erzeugen. Sie sind eben nicht nur Säuglinge, sondern auch tüchtige «Sauglinge». Mit dramatischer Deutlichkeit haben wir dies bei einem jungen Mausohr (*Myotis myotis*) erfahren, das wir 1981 von Hand aufzogen. Damit das Einzelkind nicht so allein sein sollte, setzten wir hoffnungsfroh, quasi als Mutterersatz, ein adultes, nicht flugfähiges Bechsteinweibchen (*Myotis bechsteini*) zu ihm in den Behälter. Freundlich näherte sich das Weibchen dem artfremden Jungen. Zu unserem Erstaunen beleckte sie das nach ihrem Geschmack vermutlich sehr ungepflegte, laut rufende Fledermauskind sogar, und dann passierte es: Nach der langen Saug- und Nuckelabstinenz packte das junge Mausohr unerwartet zu und saugte sich an der ersten nackten Hautstelle fest, die es zu fassen bekam – und ließ nicht mehr los. Es hing am Tragus der Bechsteinfledermaus. Dann kam es noch schlimmer: die beiden waren nicht zu trennen. Da half zunächst kein Nasezuhalten, kein Wasser, und als der Zugriff einmal kurz nachließ, wurde der Ohrdeckel zwar frei, beim ebenso schnellen Nachbeißen war dann aber das ganze Ohr im Mund des Säuglings verschwunden. Es war für alle Beteiligten eine Qual, bis das Problem mit viel, viel Geduld gelöst werden konnte. Wir haben daraus gelernt, daß man jungen, vereinsamten Mausohren keine Gelegenheit bieten darf, sich an Ohrdeckeln oder anderen Hautteilen festzubeißen. Dieses Wissen ist bei der Handaufzucht tatsächlich von großem Wert, damit niemals kontaktsuchende, einsame junge Mausohren zusammengesetzt werden. Es genügen flüchtige Kontakte mit Flughäuten oder Ohren, und schon hat sich ein schier unlösbarer Klumpen aneinandergesaugter Fledermauskinder gebildet. Diesen spontanen Zugriff haben wir nur bei Jungen aus der Gattung *Myotis* kennengelernt. Es ist vermutlich nicht einfach die Einsamkeit, die sie dazu veranlaßt, sondern vielmehr ein Sicherheitsreflex, um nicht vom Hangplatz abzustürzen. Ein solcher Sturz könnte speziell bei Mausohren im großen Quartierraum tief und damit lebensgefährlich sein.

Beim spontanen Festhalten an der Zitze – beispielsweise wenn sie Schutz suchen – nehmen vermutlich alle jungen Fledermäuse außer der Zitze oft auch Fellpartien der Mutter in den Mund. Wahrscheinlich ist der Halt dadurch besser. Junge Mausohren (*Myotis myotis*) beißen sich in der Not auch am nächstbesten Fellstück fest – bei der eigenen Mutter oder bei einem benachbarten Tier. Das gleiche Verhalten kann auch bei adulten Mausohren im Pulk am Hangplatz beobachtet werden. Bei Arten aus der Gattung *Nyctalus*, *Pipistrellus* und *Vespertilio* dagegen konnte ich es bis jetzt nicht feststellen.

Die Neigung, sich auch an anderem als der mütterlichen Zitze festzusaugen, erzeugt oft kuriose Situationen. Mehrmals konnte ich beobachten, daß sehr junge Abendsegler (*Nyctalus noctula*) bei ihren Putzgeschäften plötzlich müde wurden und beim Putzen des Flügels mit der Flügelspitze im Mund einschliefen. Sie saugten sogar daran, denn die entsprechenden Bewegungen am Kehlkopf waren deutlich sichtbar. Auch Fledermauskinder nuckeln also gelegentlich an ihren Fingern.

Junge Hufnasen (Rhinolophidae) unterscheiden sich in mancher Beziehung von jungen Glattnasen (Vespertilionidae). Ihnen fehlen nach der Geburt nicht nur die Milchzähne, auch in der Ruhe und beim Transport durch die Luft halten sie sich bei ihren Müttern nicht an deren Milchzitzen fest. Hufeisennasen besitzen in der unteren Bauchregion sogenannte «Haftzitzen», die keine Milch geben. An diesen Halteorganen saugen sich die Jungen fest, sie ruhen also nicht in einer Kopfunter-Stellung. Mit den Füßen krallen sie sich an das Schulterfell der Mutter (siehe Farbabb. Seite 296).

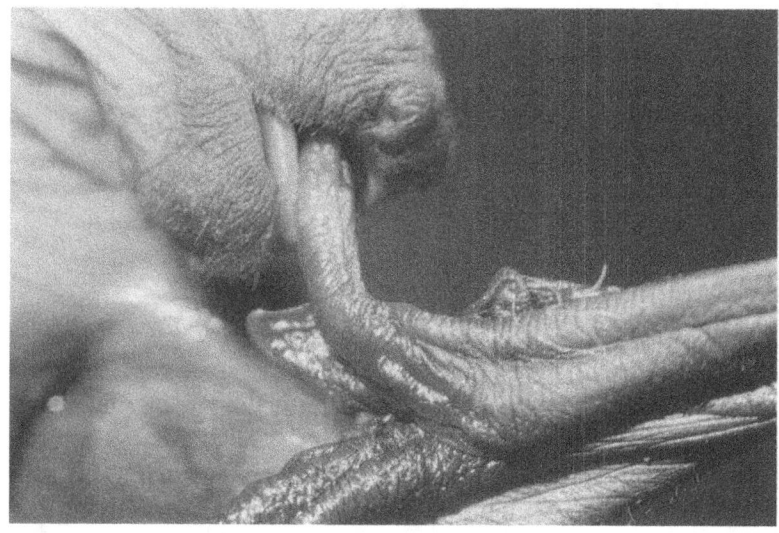

Abb. 83
Ein Baby des Großen Abendseglers (*Nyctalus noctula*) nuckelt an seiner Flügelspitze.

Neugeborene Fledermäuse sind absolut hilflos. Sie bekommen alles von der Mutter, was sie zum Leben und Wachsen benötigen: Milch, Wärme und Schutz; und zwar so lange, bis sie nahezu die gleiche Größe erreicht haben wie die Erwachsenen und ihre ersten Flüge wagen können. Das Heranwachsen, vom Neugeborenen bis zum fertigen Flugwesen, muß schnell gehen, denn die Zeit drängt im Jahresplan der Fledermäuse. Das Stützskelett muß innerhalb kurzer Zeit bis zur endgültigen Größe aufgebaut werden, um allen notwendigen Belastungen im Flug standhalten zu können.

Die europäischen Fledermäuse haben in der Achselregion zwei brustständige Milchdrüsen mit je einer Zitze. Nur die Zweifarbfledermaus (*Vespertilio murinus*) hat jeweils zwei, sehr nah beieinanderliegende Milchzitzen. Warum diese Fledermaus eine Ausnahme macht und ob bzw. welche Vorteile ihr daraus erwachsen, wissen wir nicht.

Die Milch der insectivoren Fledermäuse ist im Gegensatz zur uns vertrauten Kuhmilch viel fetter. Die Zusammensetzung der Fledermausmilch ist vermutlich von Art zu Art verschieden, nicht zuletzt wegen der unterschiedlichen Ernährungsweisen. Im Gegensatz zu vielen anderen Säugetieren und Vögeln scheinen die Fledermäuse während der Jungenaufzucht besondere Probleme mit der Calciumversorgung zu haben. Innerhalb kurzer Zeit brauchen sie relativ viel davon für die Ausbildung des Skelettes und der permanenten Zähne. Dieser Bedarf kann nur durch die Muttermilch gedeckt werden. Für

Die Mutter, einzige Nahrungsquelle für Säuglinge

die säugenden Mütter ist über das Trinkwasser keine ausreichende Calciumversorgung möglich und auch nur bedingt über die Beutetiere, die meisten Insekten sind nämlich eine calciumarme Nahrung. Der kanadische Fledermausforscher Robert M.R. Barclay diskutierte 1995 dieses Problem auf einem Symposium in London und stellte außer seinen eigenen auch ergänzende Daten und Hypothesen verschiedener Kollegen vor. Demnach sollen Weibchen während der Säugezeit einen Calciummangel durch Kalkabbau am eigenen Skelett ausgleichen können. Die Tatsache, daß bei säugenden Weibchen von *Myotis lucifugus*, einer nordamerikanischen insektenfressenden Fledermaus, im Kiefer und an den Knochen der Flügel Osteoporose festgestellt wurde, scheint diese Hypothese zu bestätigen. Nicht nur wetterbedingte Hungerperioden, sondern auch Calciummangel müssen die Mütter erfolgreich überstehen. Weil hibernierende Fledermäuse im Winter zusätzlich einen erhöhten Calciumbedarf haben, müssen reproduzierende Weibchen ihr «Sommerdefizit» bis zum Winter wieder ausgeglichen haben. Es wird vermutet, daß wegen solcher Versorgungsengpässe die Zahl der Nachkommen bei den Fledermäusen so klein ist; eben nur ein bis zwei Junge jährlich. Jetzt wäre es interessant zu wissen, welche Beutetiere besonders calciumreich sind. Werden diese bevorzugt von säugenden Fledermäusen bejagt? Vom Großen Abendsegler (*Nyctalus noctula*) wissen wir, daß er mehrheitlich kleine Insekten frißt, oft solche, die sich im Wasser entwickeln und deshalb vielleicht kalkreicher sind. Aus dieser Sicht leisten sich Abendsegler, trotz ihrer beachtlichen Körpergröße, recht kostspielige Zwillingsaufzuchten und absolvieren darüber hinaus einen physiologisch sehr streßreichen Winterschlaf. Wie lösen sie diese Probleme? Wandern sie deshalb so weit in ihre entfernten Wochenstubengebiete – zu Landschaften mit vielen Gewässern, in denen massenhaft Insekten leben, eventuell solche mit hohem Calciumgehalt? Das ist eine spannende Hypothese, aus der sich interessante Fragen ergeben.

Die postnatale Entwicklung, schnelles Wachstum

In den 60er Jahren hat Herbert Joller an Großen Mausohren (*Myotis myotis*) die prä- und postnatale Entwicklung untersucht. Er fand heraus, daß die körperliche Entwicklung des Fötus gleichmäßig verläuft. Die postnatale Entwicklung dagegen ist durch das rasche Wachstum der Flügel geprägt, die deutlich schneller wachsen als die Hinterextremitäten.

Das Längenwachstum der Röhrenknochen findet, wie bei anderen Säugern auch, in der knorpeligen Zone zwischen den Epiphysen,

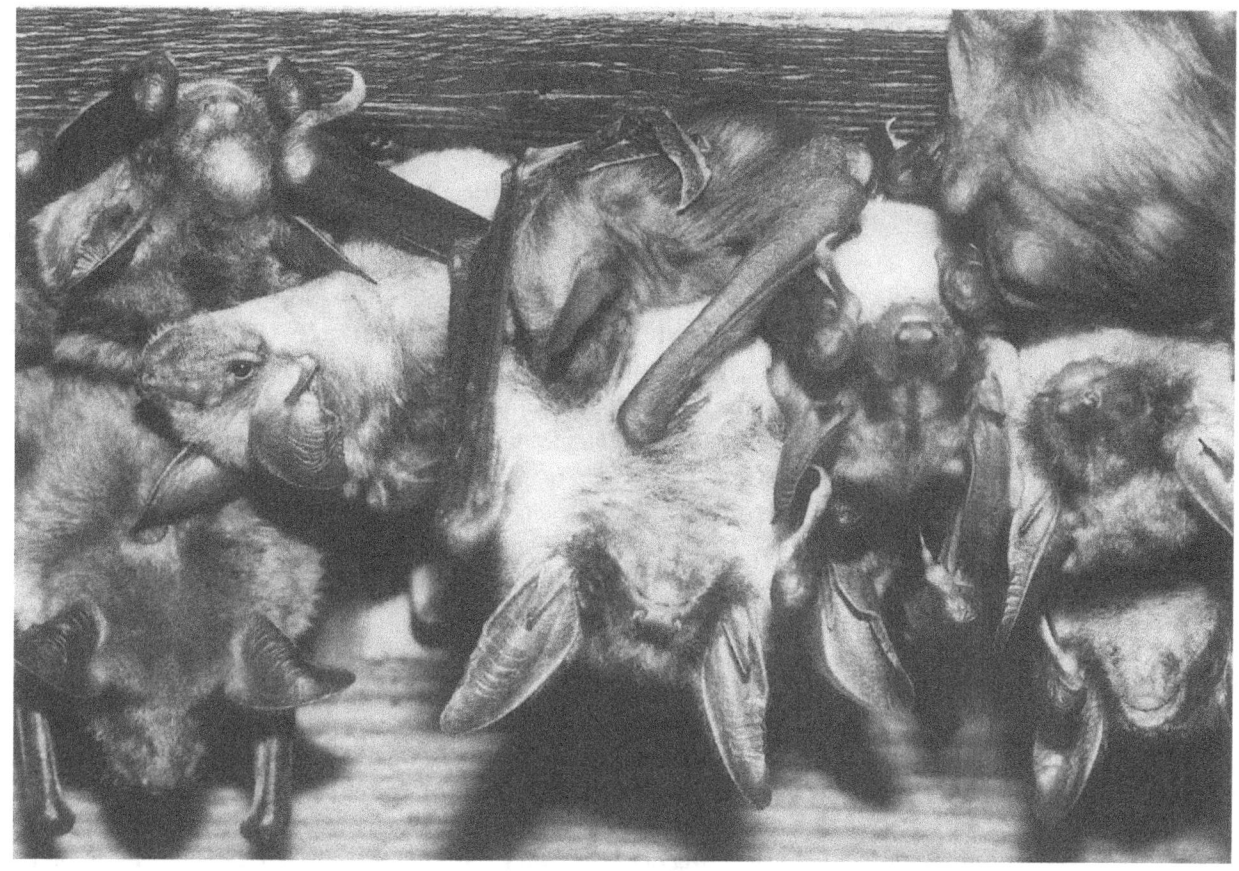

Abb. 84
In der Wochenstube des Großen Mausohrs (*Myotis myotis*) säugt eine Mutter ihr Kind.

den Enden der Knochen, und der Diaphyse, dem Mittelteil des Knochens, statt. Während der Entwicklung des Jungtieres entstehen im Knochen zunächst sogenannte Ossifikationskerne, Verknöcherungszentren, in die zunehmend Kalk eingelagert wird. Die eigentliche Wachstumszone bleibt so lange knorpelig, bis das Längenwachstum abgeschlossen ist. Die knorpeligen Epiphysenfugen sind lichtdurchlässig und am Unterarm und in den Fingerknochen im Gegenlicht sichtbar. Der ‹Lichttest› ist eine gute Möglichkeit, festzustellen, ob es sich um eine junge oder bereits erwachsene Fledermaus handelt. Den größten Wachstumsschub stellte Joller in den äußeren, knorpeligen Wachstumszonen des Unterarmknochens fest. Solange die Knochen noch nicht hart und stabil sind, können die Fledermäuse ihren Flugapparat noch nicht richtig belasten. Erst wenn die Ossifikation weitgehend abgeschlossen ist, kann die junge Fledermaus mit ihren ersten Flugversuchen beginnen. Das Handgelenk, das im Flug am stärksten belastet wird, ist nach etwa drei Wochen voll entwickelt, und das Körper- und Extremitätenskelett hat zu diesem Zeitpunkt etwa 95 Prozent der Größe eines adulten Tieres erreicht.

In England haben Patricia Hughes und ihre Mitarbeiter die postnatale Entwicklung der Großen Hufeisennasen untersucht. Sogar Junge, die erst einen Tag alt waren, hatten bereits eine respektable Flügelspannweite von 16 cm. Das entspricht etwa 44 Prozent der Spannweite eines ausgewachsenen Tieres. Die gesamte Flügeltragfläche war mit ca. 35 cm^2 noch sehr gering und entsprach erst 17 Prozent der Tragfläche eines ausgewachsenen Tieres. Die Großen Hufeisennasen (*Rhinolophus ferrumequinum*) unternehmen allerdings schon am 15. Lebenstag ihre ersten Flugversuche. Doch wie die anderen Arten auch, fliegen sie erst ab der vierten Lebenswoche ins Freie.

Unter guten Lebensbedingungen wachsen junge Fledermäuse sehr schnell und öffnen nach drei bis neun Tagen ihre Augen. Diese relativ große Differenz erklärt Herbert Joller mit dem unterschiedlichen Reifestadium zur Zeit der Geburt. Ich selbst konnte bei den von mir beobachteten Großen Abendseglern (*Nyctalus noctula*) am gleichen Geburtstag sehr unterschiedlich entwickelte Junge feststellen. Manchmal schienen die Unterschiede wetterbedingt zu sein, ein anderes Mal könnte es an der Kondition der Mutter gelegen haben.

Entscheidend für die heranwachsenden Fledermäuse ist die Entwicklung der Thermoregulation. Heinz Weigold hat das thermoregulatorische Verhalten von jungen Großen Mausohren (*Myotis myotis*) untersucht und herausgefunden, daß sich die Neugeborenen wie poikilotherme, also wie wechselwarme Tiere verhielten, die keine körpereigene Wärmeproduktion haben: wenn ihre Mütter nachts auf Jagd gingen, kühlten sie bis auf die Umgebungstemperatur ab. Eigene Körperwärme erzeugen zu können und diese den individuellen Bedürfnissen entsprechend zu regulieren macht nur Sinn, wenn eine Isolierung, ein Fell vorhanden ist. Dementsprechend begannen die jungen Großen Mausohren mit ca. 17 Tagen ihre Körpertemperatur zu kontrollieren. In beschränktem Maße konnten sie sich selbst warmhalten, wichtiger war jedoch die Fähigkeit, durch die richtige Wahl des Hangplatzes oder durch gezielte Suche nach Körperkontakt adäquat auf die Außentemperatur zu reagieren. Im Alter von vier Wochen, wenn das Fellwachstum abgeschlossen ist, unterschieden sich die thermoregulatorischen Leistungen der Jungen nicht mehr von denen der Erwachsenen.

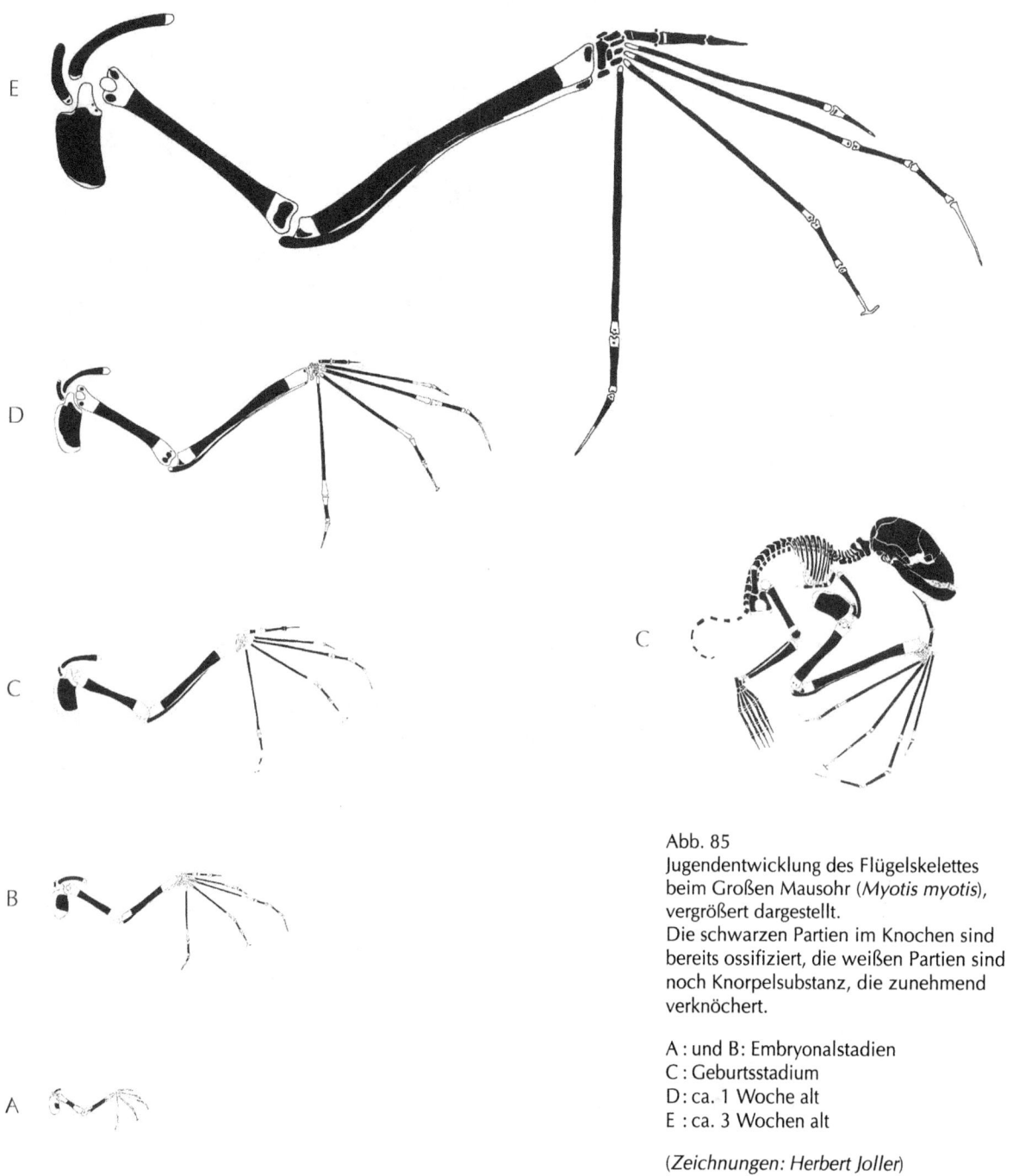

Abb. 85
Jugendentwicklung des Flügelskelettes beim Großen Mausohr (*Myotis myotis*), vergrößert dargestellt.
Die schwarzen Partien im Knochen sind bereits ossifiziert, die weißen Partien sind noch Knorpelsubstanz, die zunehmend verknöchert.

A: und B: Embryonalstadien
C: Geburtsstadium
D: ca. 1 Woche alt
E: ca. 3 Wochen alt

(*Zeichnungen: Herbert Joller*)

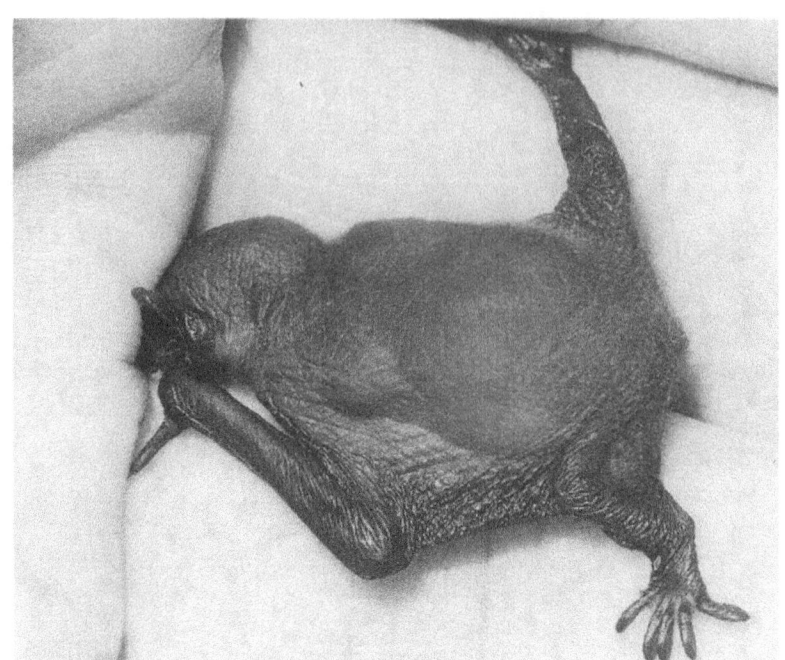

Abb. 86
Junge Zwergfledermaus (*Pipistrellus pipistrellus*), etwa vier Tage alt. In drei Wochen ist sie nahezu ausgewachsen und kann fliegen. Das Kleine ist eingeschlafen, nachdem es in einem Hautwinkel der Hand vergeblich nach einer Milchzitze gesucht hat.

In der Umgebung von Prenzlau, in der Uckermark, untersucht Günter Heise seit vielen Jahren die Wochenstuben des Großen Abendseglers (*Nyctalus noctula*), den er in Fledermauskästen ansiedeln konnte. Er stellte fest, daß die postnatale Entwicklung stark witterungsabhängig ist. In klimatisch günstigen Sommermonaten haben die Jungen signifikant längere Unterarme als in kalten. 1992 war der Sommer sehr warm und trocken, scheinbar eine besonders günstige Situation für die jungen Abendsegler, denn die Mittelwerte der Unterarmlängen waren bei den Jungen größer als bei den Müttern. In seinen Kolonien stellte Heise fest, daß lange, kühle Regenperioden sowohl die Geburtstermine, die postnatale Entwicklung als auch den Aufzuchterfolg negativ beeinflussen.

«Hera» und «Hero» – ein Protokoll der ersten Lebenswochen

Am 16. Juni 1992 hatte das halbzahme, frei fliegende Große Abendseglerweibchen «Dia» in der Station «Hofmatt» die Zwillinge «Hero» und «Hera» geboren, die ich täglich beobachten und vermessen konnte. Am zweiten Tag wog das Männchen 5,7 g, seine Schwester war ein halbes Gramm leichter. Auch in der Unterarmlänge gab es kleine Unterschiede: «Heros» war 22,5 mm, «Heras» nur 21,2 mm lang. Die am Geburtstag noch nach einigen Stunden sichtbaren Nabelschnüre waren inzwischen abgefallen.

Am vierten Tag hatte sich erstmals Milch in ihren Mägen angesammelt, die als helle durchscheinende Flecken in den nackten Bäuchen sichtbar wurden. Der Magen fungierte also bereits als Vorratsorgan für die noch nicht verdaute Milch. Bei «Hero» wuchs an den Flanken zwischen Ellbogen und Knie ein erster zarter Haarflaum.

Erst am siebten Tag öffneten die Zwillinge ihre Augen. Dies war relativ spät, andere Jungen hatten ihre Augen schon am zweiten oder dritten Tag geöffnet.

Am neunten Lebenstag war bei beiden die Oberseite des Körpers dunkel pigmentiert und im Nacken und am Rückenende war ein deutlicher Haarwuchs bemerkbar.

Das Rückenfell wuchs dann rasch, denn am 12. Lebenstag bedeckte es bereits den Rücken, und auch die Körperunterseite war samtartig behaart. Nur der Oberarmansatz blieb zunächst noch kahl. Im Alter von drei Wochen hatten sie das charakteristische graue Fell junger Abendsegler.

Vom 37. bis etwa 47. Lebenstag dauerte der Jugendhaarwechsel, später waren sie im Fell nicht mehr von den Alttieren zu unterscheiden.

Am 47. Lebenstag waren die Epiphysenfugen vollständig ossifiziert, also nicht mehr lichtdurchlässig, nur die Fingergelenke schienen ein wenig dicker als bei den erwachsenen Tieren zu sein. Mit 53,4 mm hatte der bei der Geburt noch etwas größere «Hero» einen um 1 mm kürzeren Unterarm als «Hera»; diese wog aber nur 25,5 g, genau 2 g weniger als der Bruder.

Am 13. Lebenstag waren bei «Hero» die ersten Backenzähne im Oberkiefer sichtbar, aber noch nicht durchgestoßen. Zwei Tage später brachen sie bei beiden Geschwistern oben und unten durch, die Zahnspitzen wurden frei.

Am 17. Lebenstag stießen die Schneidezähne und am 24. Lebenstag die Eckzähne durch.

Die Milchzähne gingen nach und nach verloren, und bis zum 29. Lebenstag waren alle ausgefallen.

Am 25. Lebenstag überragten die Eckzähne erstmals die Backenzähne.

Einen Tag später flogen «Hero» und «Hera» zum ersten Mal aus. Sie waren fast erwachsen, eine neue Lebensphase begann.

Erste Flüge und Entwöhnung

Bei günstigem Wetter und guter Ernährung wachsen junge Fledermäuse schnell heran. Im Alter von drei bis vier Wochen werden sie bei den meisten Arten flügge und wagen ihre ersten Flüge außerhalb des Quartiers. Müssen junge Fledermäuse das Fliegen erst lernen, oder können sie es sofort? Nun, das kommt ganz darauf an. Junge Fledermäuse, die in engen Quartieren heranwachsen, haben nicht die gleichen Möglichkeiten, ihr motorisches Verhalten zu trainieren, wie solche, die in großen Räumen aufwachsen. Eine junge Zwergfledermaus (*Pipistrellus pipistrellus*), die bei ihrem ersten Flugversuch aus einem Spaltenquartier in die Luft springt, muß sofort alles können: das Fliegen, die Echoortung und das Finden des Heimwegs. Denn in ihrem Heimquartier ist nicht genug Platz für Testflüge. Die Hufeisennasen und Mausohren werden in großräumigen Quartieren geboren, auf Dachböden oder in Höhlen. Sie nutzen diese Möglichkeit und beginnen erstaunlich früh mit ihren Flugversuchen – Große Hufeisennasen (*Rhinolophus ferrumequinum*) erstmals im Alter von 15 Tagen. Englische Forscher konnten bei diesen noch leichtgewichtigen Frühfliegern Flügelspannweiten messen, die zu etwa 75 Prozent den Maßen der ausgewachsenen Tiere entsprechen. Als sie dann am 24. Lebenstag erstmals außerhalb des Quartiers flogen, waren sie in der Größe von ihren Müttern fast nicht mehr zu unterscheiden. Ohne eigene exakte Meßdaten zu haben, weiß ich, daß auch junge Mausohren (*Myotis myotis*) schon im Alter von etwa 20 Tagen erstmals im Quartierraum fliegen; sie sind dann ungefähr zu 85 Prozent entwickelt. Im Gegensatz zu anderen Arten werden sie zwar früher flugaktiv, ihren ersten Ausflug ins Freie wagen alle aber ungefähr im gleichen Alter bzw. im gleichen Entwicklungsstadium. Man kann sich die Frage stellen, ob die frühen Flugversuche die Überlebenschancen erhöhen. In der Nähe von Basel kennen wir eine Mausohr-Wochenstube (*Myotis myotis*), die in einem ganz ungewöhnlich kleinen Quartierraum siedelt. Nur gerade 1,5 m³ Raum haben die ca. 100 Weibchen dort zur Verfügung. Hier gibt es also zu wenig Platz für lehrreiche Flugübungen. Es wäre sicherlich interessant, die Verlustrate dieser Wochenstube mit anderen, scheinbar besseren Quartieren zu vergleichen.

Wer erfolgreich mit eigener Körperkraft fliegen will, braucht durchtrainierte Muskeln, und aufbauende Übungen sind auch am Hangplatz möglich. Schon in früher Jugend beginnen die Jungen dort eifrig mit den Flügeln zu flattern, sie dehnen und stretchen sich. Manchmal beide Flügel gleichzeitig oder abwechselnd, mal der eine, dann der andere. So wie es der Platz erlaubt. Bei den intensiven Dehnphasen wird auch die Durchblutung des gesamten Flügels optimiert. Wenn die Jungen halbwüchsig sind, geht es in den Wochenstuben zu wie in einem Fitneßstudio – nur viel spontaner und weniger koordiniert. Der Platz ist oft sehr eng, deshalb üben sie bevorzugt nachts, wenn die Mütter auf der Jagd sind. Junge Mausohren (*Myotis myotis*) können gelegentlich auch nur mit einem Fuß an Dachlatten hängen, wie an der Sprossenwand, und dann kräftig mit den Flügeln schlagen. Solche Aufbauübungen werden immer wieder durch Putzaktivitäten unterbrochen. An warmen Abenden wird in großen Wochenstuben das Durcheinander manchmal riesengroß, alles geschieht sehr hektisch und fahrig, und man verliert als Beobachter oft den Überblick, welcher der vielen Köpfe zu welchem herausragenden Flügel gehört.

Um herauszufinden, wann und wie junge Fledermäuse ihre ersten Ausflüge unternehmen, muß man sie individuell markieren. In der Station «Hofmatt» war dies gut möglich, weil die Großen Abendsegler (*Nyctalus noctula*) von innen und außen mit technischen Hilfsmitteln gut überwacht werden konnten. Die Zwillinge «Hero» und «Hera» hatten schon von klein auf ihre Flügelklammern mit Farbmarkierungen bekommen und wurden später zusätzlich mit Reflektoren versehen, so daß sie auch im Zeitraffer-Infrarot-Videofilm erkennbar waren. Um sie noch besser identifizieren zu können, bekamen sie später kleine, individuell gestaltete Reflexfolien auf den Rücken geklebt.

Am 11. Juli 1992 war es soweit: an ihrem 26. Lebenstag flogen sie zum ersten Mal aus. Am Vortag hatten die Unterarme eine Länge von 50,5 bzw. 52 mm, und sie brachten jetzt das stattliche Gewicht von 20,5 bzw. 18,5 Gramm auf die Waage. Um 21.28 Uhr wagte «Hero» den Sprung ins Freie, nach kurzem Zögern, eine Minute später, auch seine Schwester. Schon vorher, während einer knappen halben Stunde, hatten sich die Geschwister unten im Quartier am Einflugloch aufgehalten, die Flügel gedehnt, sich geputzt und beim Herumturnen immer wieder horchend in die Nacht hinausgeschaut. Die beiden flogen viel später, genau 45 Minuten nach ihrer Mutter ab, die mit den anderen Erwachsenen als erste das Quartier um 20.43 Uhr verlassen hatte. Diese Beobachtung bestätigte viele andere eigene Befunde, daß flügge Abendsegler in den ersten Tagen deutlich später als die Adulten ausfliegen. Die Ausflugzeiten der Jungen verschoben sich an den folgenden Abenden zunehmend; sie flogen immer früher aus und nach etwa einer Woche zur gleichen Zeit, wie die Mütter.

Die ersten Explorationsflüge der jungen Abendsegler führten zunächst nicht weit vom Quartier weg. Allein, ohne Mutter, erkundeten sie in immer größer werdenden Flugschlaufen die nahe Umgebung des Transformatorenturmes. Manchmal flogen sie einander hinterher. Bei solchen Tandemflügen waren oft Soziallaute hörbar. Schon bald übten sie Anflüge am Turm, landeten kurz an der Wand, um sofort wieder wegzufliegen. Nach einer Flugdauer von 49 Minuten flog zuerst «Hera» ein, dicht gefolgt von «Hero». Dem Einflug gingen viele wiederholte Anflüge voraus. Gleichzeitig waren immer wieder Sozialrufe hörbar. Von wem sie kamen, war leider nicht mit Sicherheit festzustellen. Es könnten zwei andere, schon vor dem Abflug der Zwillinge zurückgekehrte Weibchen gewesen sein, die ihnen eine akustische Wegleitung boten.

Ihre eigene Mutter «Dia» kehrte mit vollem Bauch erst um 23.21 Uhr, also mehr als eine Stunde später, ins Quartier zurück. Die Zwillinge hatten wie immer großen Hunger und tranken sofort bei ihr. «Dia» hatte wohl gar nicht registriert, daß ihre Jungen mittlerweile flügge waren. Oder hatte sie deren Flüge aus der Luft beobachtet? Nach allen meinen bisherigen Erfahrungen ist dies unwahrscheinlich. Die Mütter müssen sich wegen der Milchproduktion in kurzer Zeit sehr viel Nahrung beschaffen, sie müssen also intensiv jagen und haben ganz einfach keine Zeit, um mit den Kindern ‹spazierenzufliegen›. Wenn eine Kolonie nicht zu klein ist, fliegt um diese Zeit immer wieder mal eine Fledermaus ein, der die Jungen hinterherfliegen können. Das kann die eigene oder eine fremde Mutter sein, auch früher flügge gewordene Quartierkumpane oder, wie es in der Station immer wieder vorkam, auch regional ansässige Männchen. Flugbetrieb herrscht eigentlich immer. Dennoch kam es vor, daß draußen fliegende Jungtiere offensichtlich um Hilfe riefen. War die Mutter schon im Quartier, rannte sie nach unten ans Einflugloch und begann zu fiepen. Diese Signale sind den Soziallauten der Männchen im Balzquartier, wenn sie Anfliegenden eine akustische Wegleitung geben, sehr ähnlich, vielleicht sogar identisch (vgl. Seiten 77 und 248).

Abgesehen von wirklich kalten Witterungsperioden, fanden die ersten Ausflüge bei jedem Wetter statt. In lauen Sommernächten, bei Vollmond, bei leichtem Regen und sogar bei stürmischem Gewitter. Und nur selten gingen in der Station «Hofmatt» Junge verloren. Interessanterweise waren diejenigen, die spurlos verschwanden, nicht unbedingt die Schwachen, sondern solche, deren Konstitution ich als «körperlich kräftig» bewertet hatte. Vielleicht waren sie unternehmungslustiger und hatten deshalb mehr riskiert.

Kleiner Abendsegler (*Nyctalus leisleri*): Mutter und Kind.

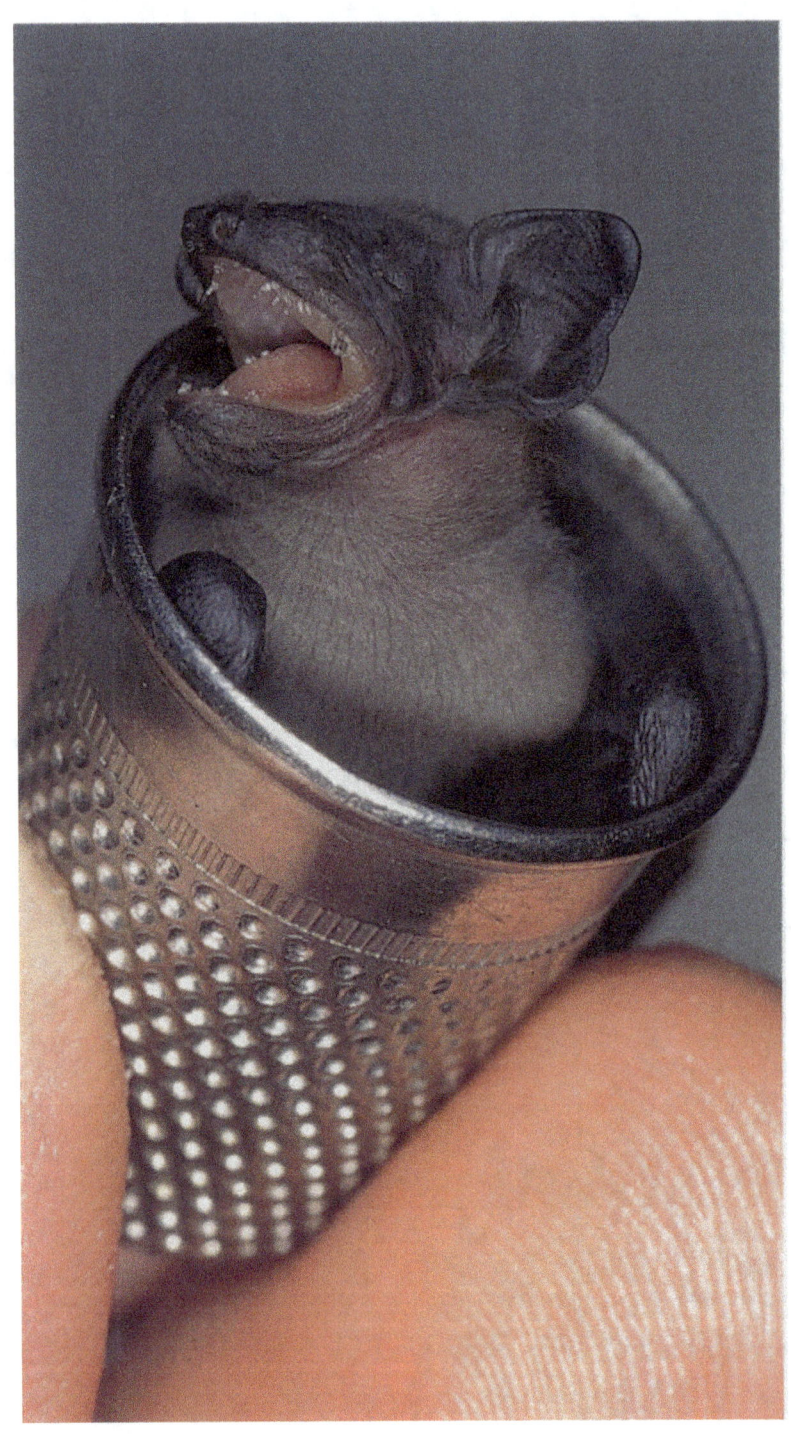

Junge Zwergfledermaus (*Pipistrellus pipistrellus*), etwa eine Woche alt. Dieses Junge hat seine Mutter verloren und ruft lauthals nach ihr.

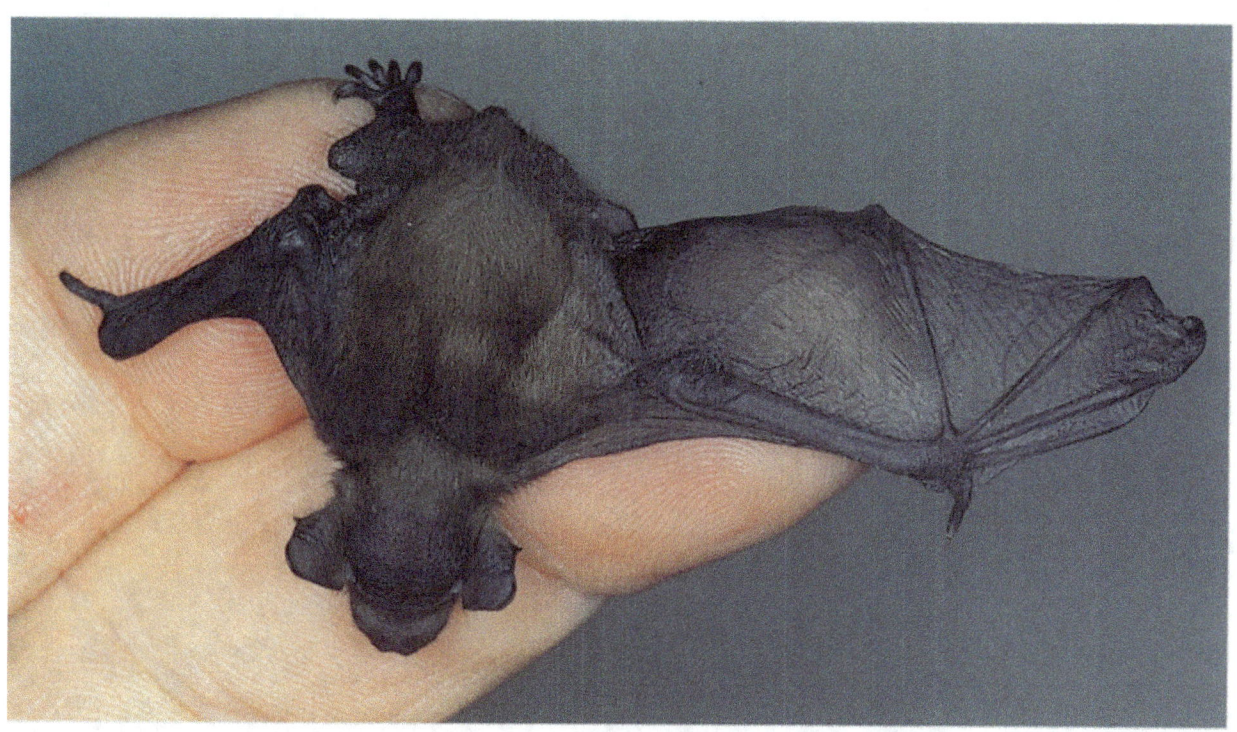

oben
Junge Zwergfledermaus (*Pipistrellus pipistrellus*), etwa 12 Tage alt.

links
Zwergfledermaus (*Pipistrellus pipistrellus*) mit Kind, das unter der Flughaut verborgen am Körper der Mutter ruht.

Von Außen ins Hochzeitsquartier von «Lan» geschaut, der sich laut rufend am Einflugloch präsentiert (vgl. Seite 254).

links
«Lan» mit acht Weibchen im Huckepack
(vgl. Seite 256).

oben
Kopulation im Hochzeitsquartier des
Großen Abendseglers (*Nyctalus noctula*).

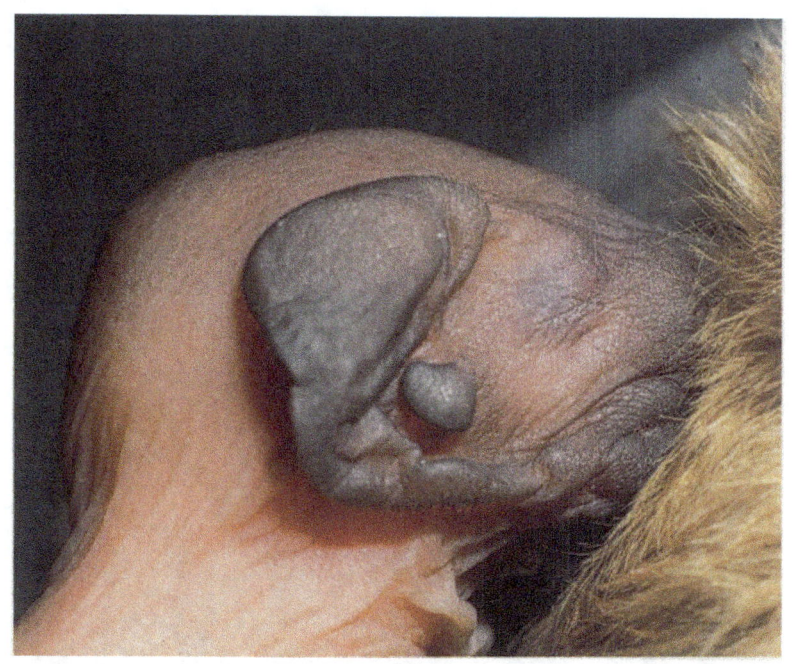

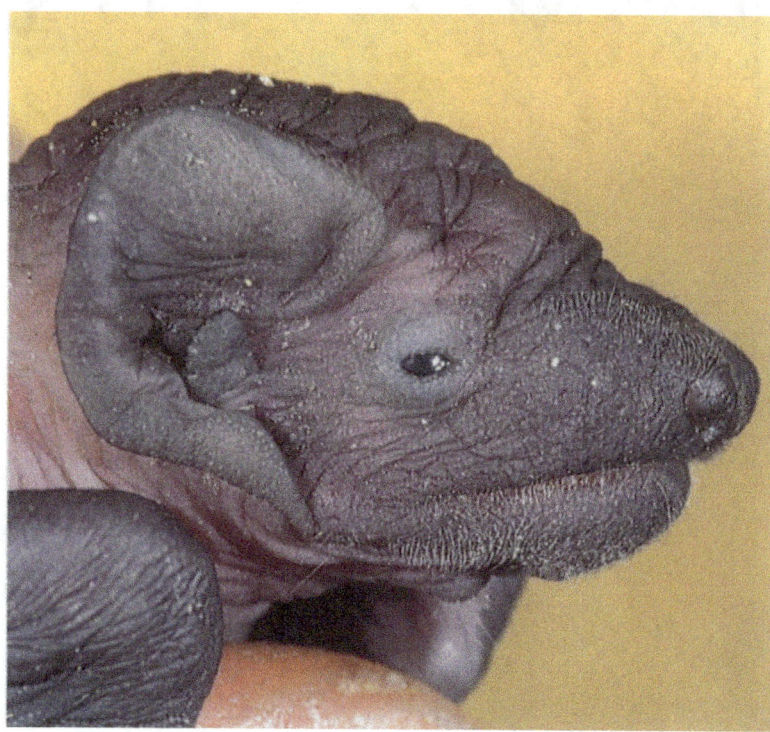

gegenüberliegende Seite
Großer Abendsegler (*Nyctalus noctula*):
Mutter und Kind.

oben links
Ein Tag alter Großer Abendsegler, die Augen sind noch geschlossen.

unten links
Vier Tage alter Großer Abendsegler, die Augen sind jetzt offen.

oben rechts
Drei Wochen alter Großer Abendsegler, die definitiven Zähne brechen durch.

oben
Junge Glattnasen (Vespertilionidae) ruhen in der Regel kopfunter hängend und saugen sich dabei an der mütterlichen Milchzitze fest. Großer Abendsegler (*Nyctalus noctula*).

rechts
Junge Hufeisennasen (Rhinolophidae) ruhen bei der Mutter oft kopfüber hängend und saugen sich dabei an sogenannten Haftzitzen fest. Kleine Hufeisennase (*Rhinolophus hipposideros*).
(*Foto: Alfred Limbrunner*)

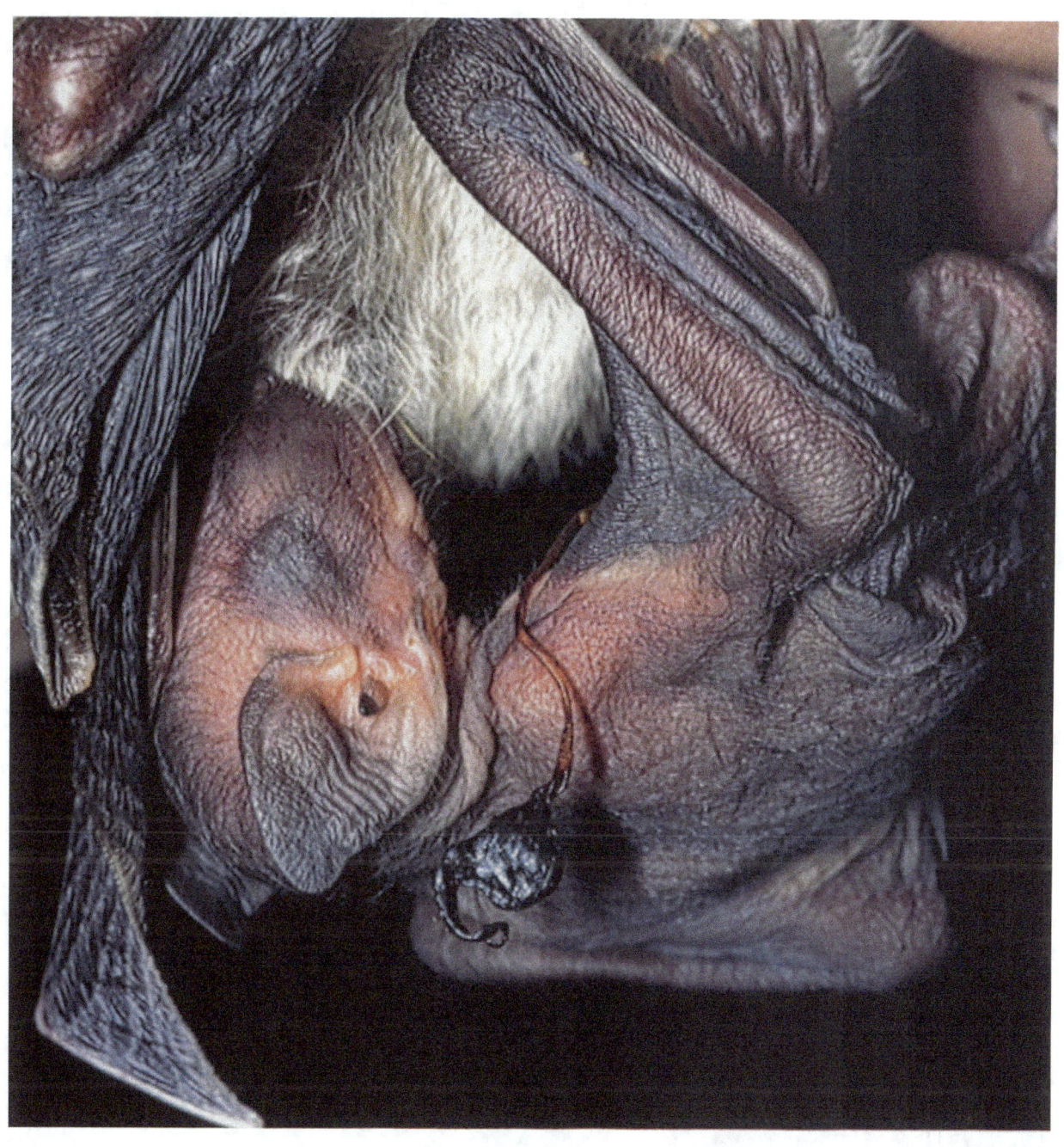

Neugeborenes Großes Mausohr (*Myotis myotis*) mit Nabelschnur, an der noch ein Teil der vertrocknenden Plazenta hängt.

rechts
Nicht nur die Milchzitze hat das Junge im Mund, sondern auch Fellhaare der Mutter. Großes Mausohr (*Myotis myotis*)

unten
Wo ist die Mutter? Laut ruft das drei Tage alte Große Mausohr (*Myotis myotis*) und entblößt dabei die Mundwinkel, vermutlich auch, um Duftsignale auszusenden.

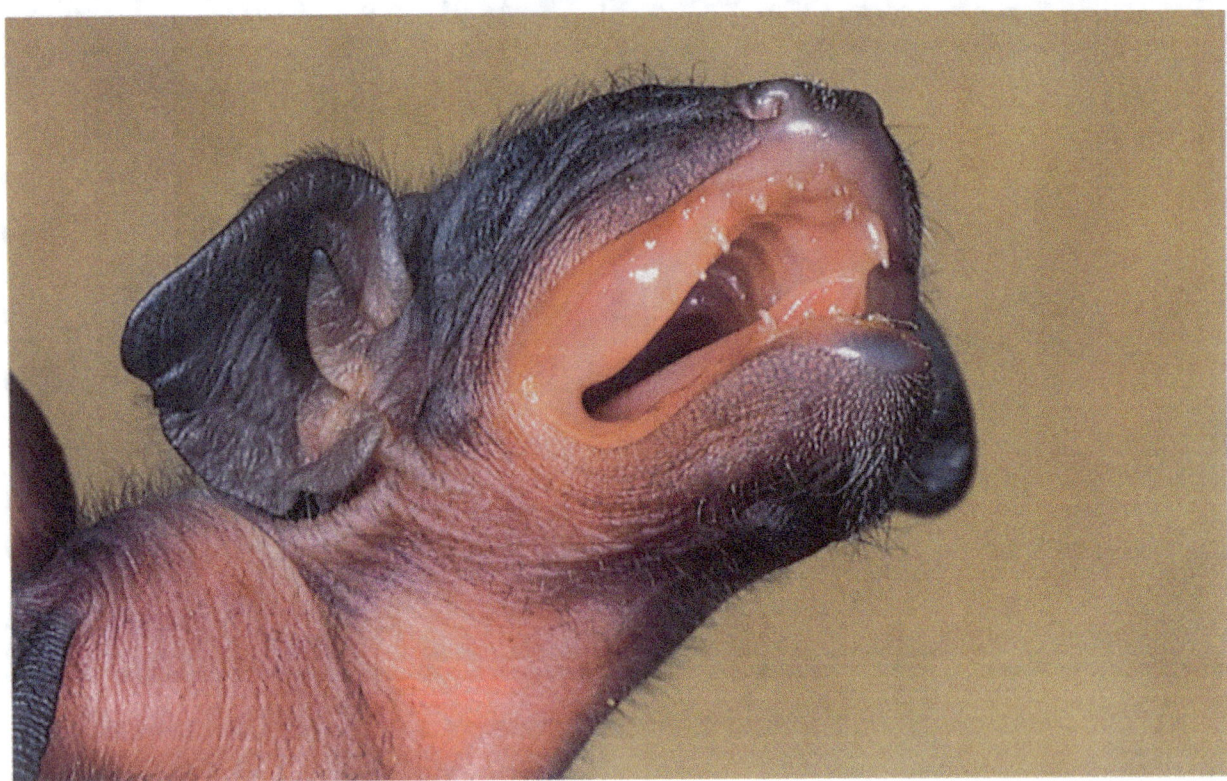

Großes Mausohr (*Myotis myotis*), ein Tag alt.

gegenüberliegende Seite
Großes Mausohr (*Myotis myotis*): Mutter und Kind

links
Wie große Beulen sehen die gespannten Armflughäute aus, unter denen die Mütter des Großen Mausohrs (*Myotis myotis*) ihre Jungen am Körper tragen.

unten
Nachts in der Wochenstube des Großen Mausohrs (*Myotis myotis*): Die Mütter sind auf der Jagd, die Jungen derweil allein am Hangplatz.

gegenüberliegende Seite
Erste Exkursionen im Gebälk:
Etwa drei Wochen altes Großes Mausohr (*Myotis myotis*).

links
Um die Flugmuskulatur zu stärken, flattern die Jungen am Hangplatz oft mit den Flügeln und dehnen sie (Großes Mausohr, *Myotis myotis*).

unten
Jetzt sind die jungen Großen Mausohren (*Myotis myotis*) nahezu erwachsen. Im Nacken haben sie bis zum Abschluß des Jugendhaarwechsels noch eine auffallende Glatze und lassen sich daran leicht von den Alttieren unterscheiden.

oben
Ein wildes Abendseglerweibchen (*Nyctalus noctula*) brachte 1987 seine noch nicht flugfähigen Zwillinge in die Station «Hofmatt» (vgl. Seite 316).

rechts
«Apus», «Ala» und «Artus» etwa eine Woche alt. Diese Großen Abendsegler (*Nyctalus noctula*) wurden 1985 die ersten halbzahmen, frei fliegenden Fledermäuse in der Station «Hofmatt».

Die Entwicklung der Jagdstrategie des Großen Abendseglers (*Nyctalus noctula*) untersuchte 1992 Klaus Albrecht bei Erlangen an in Gefangenschaft geborenen und dann ausgewilderten Tieren. Die Jungen flogen mit Telemetriesendern, so daß ihre Positionen anhand der Radiosignale geortet werden konnten. Die Lebensraumerkundung und die Entwicklung von Jagdaktivitätsmustern wurden von ihm in drei Phasen eingeteilt. In der ersten Flugnacht flogen die Tiere in Quartiernähe. Von der zweiten bis zur zwölften Flugnacht dehnten sie ihre Flüge immer mehr aus, und in der Erkundungsphase, die bei einzelnen schon in der fünften Flugnacht begann, flogen sie mehrere Kilometer weit weg.

Bei der Flugpremiere eines Großen Abendseglers (*Nyctalus noctula*) konnte ich schon nach 20 Minuten die typischen Ruffolgeerhöhungen bei der Ortung feststellen, die auf erste Jagdversuche hinwiesen. Allerdings konnte es bei vielen Jungtieren mehrere Tage dauern, bis eine deutliche Bauchfüllung auf erfolgreiche Jagdtätigkeiten schließen ließ. So war es auch bei «Hero» und «Hera». Am 29. Lebenstag konnte ich bei «Hero» zum ersten Mal Insektenreste im Kot feststellen. Und von der nächsten Nacht an flogen beide auch zweimal pro Nacht aus. Jetzt entsprach ihr Flugaktivitätsmuster dem der Adulten.

Auch wenn sie bereits fliegen können, werden junge Fledermäuse noch recht lange gesäugt. So lange, bis sie vom eigenen Jagderfolg leben können. Dafür müssen sie jedoch geübte Flieger sein, und so kam es, daß sie manchmal recht hungrig auf ihre heimkehrende Mutter warten mußten. Es war spannend zu beobachten, wie «Hera» und «Hero» ihrer Mutter morgens, nach deren letztem Jagdflug, entgegenflogen, mit ihr ins Quartier einflogen, um sich dann wie wild auf sie zu stürzen und zu trinken. Vom 44. Lebenstag an habe ich die Zwillinge nicht mehr bei «Dia» trinken sehen.

«Dia» habe ich am 6. August 1992 zum letzten Mal mit ihren Zwillingen in «Hofmatt» gesehen; 52 Tage hatten sie miteinander verbracht. Sie wird vermutlich die Gesellschaft eines balzenden Männchens gesucht haben, um eine neue Fledermaussaison vorzubereiten. Am 27. August blieben auch die Zwillinge aus, nur «Hero» kam zwei Tage später noch einmal in die Station, um dort zu übertagen. Seither wurde er nicht mehr gesehen. Ist er abgewandert oder etwa verunglückt? Ich weiß es nicht. Seine Schwester «Hera» kam nach dem Winter, den sie in einem unbekannten Quartier verbracht hatte, am 10. April 1993 wieder zurück. Im Alter von 362 Tagen, am 13. Juni 1993, wurde sie selbst Mutter und zog erfolgreich ein Weibchen auf. Auch in den darauffolgenden zwei Jahren verbrachte sie den Sommer in der Station «Hofmatt» und gebar zweimal Zwillinge.

Verlustreiche Lehrzeit Ende Juli, Anfang August verlassen die ersten Weibchen die Wochenstuben, so daß der Anteil an diesjährigen Jungtieren immer größer wird. Das ist wohl bei den meisten europäischen Fledermausarten so. Obwohl die Jungtiere noch einige Zeit die Geborgenheit des Geburtsquartiers suchen, ist es für sie wichtig, möglichst früh viele unterschiedliche Erfahrungen zu sammeln. Sie müssen in kurzer Zeit lernen, wo gute Jagdhabitate und geeignete saisonale Quartiere sind und wie man diese findet. Dabei scheinen sie große Risiken einzugehen, denn wir wissen, daß gerade das erste Lebensjahr die meisten Opfer fordert. Ab Juli bis zum Frühherbst werden in Stadtgebieten oft verunglückte junge Zwergfledermäuse (*Pipistrellus pipistrellus*) gefunden. Sie fliegen in Wohnungen ein, fallen in Gefäße oder liegen ganz einfach geschwächt am Boden. Gesamtbilanzen über solche Verluste sind schwierig zu erstellen. In England hat Roger Ransome in seinem seit vielen Jahren gut untersuchten Beobachtungsgebiet zwischen 1984 und 1988 insgesamt 171 junge Große Hufeisennasen (*Rhinolophus ferrumequinum*) im Wochenstubenquartier mit Flügelklammern markiert. Von den Diesjährigen tauchten nur 44 Prozent im Winterquartier auf, etwa die Hälfte ging verloren, und nur 28 Prozent lebten nach einem Jahr noch. 1986 war der Verlust besonders gravierend, denn keines der 31 Jungtiere überlebte das erste Lebensjahr. Bei einigen Arten stehen kurz nach der Entwöhnung schon weite Reisen auf dem Programm, die, wie bei der Rauhhautfledermaus (*Pipistrellus nathusii*), durch halb Europa führen.

Geschlechtsreife Die im Sommer geborenen Weibchen der europäischen Fledermäuse werden in der Regel noch im gleichen Jahr sexuell aktiv, kopulieren und gebären im nächsten Sommer zum erstenmal. Beim Großen Abendsegler (*Nyctalus noctula*) konnte bei etwa zwei bis drei Monate alten Weibchen bereits Sperma im Uterus nachgewiesen werden. Diesjährige Abendseglerweibchen, die in der Station «Hofmatt» flügge geworden waren, flogen schon im Frühherbst bei balzrufenden Männchen in die Lockfangkästen ein. Das Weibchen «Dia» war gerade erst vier Wochen flügge, als es am 17. August 1988, zusammen mit zwei unberingten Weibchen, 600 m vom Geburtsquartier entfernt bei einem Lockmännchen gefangen wurde. Die zur gleichen Zeit

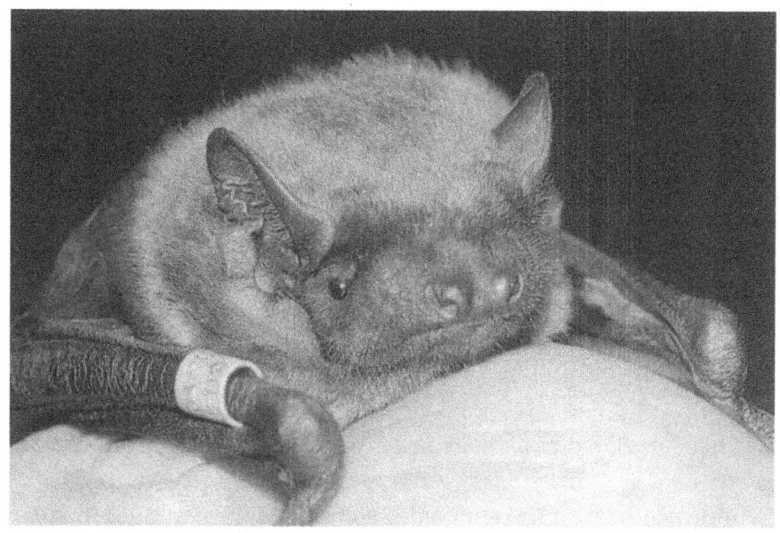

Abb. 87
Beringtes, diesjähriges Weibchen des Großen Abendseglers (*Nyctalus noctula*), das von Erlangen nach Basel geflogen ist.

flügge gewordene «Donna» streunte weiter herum. Sie wurde am 24. August 1988 mit drei unberingten Weibchen knapp 5 km entfernt beim Lockmännchen «Brutus» auf dem Dach des Naturhistorischen Museums in Basel angetroffen. Am nächsten Tag war sie noch einmal in der Station und zeigte sich von da an bis zum nächsten Frühjahr nicht mehr. Noch aufregender war der Fang eines diesjährigen Weibchens, das Otto v. Helversen am 7. Juli 1989 in Schloß Neuhaus bei Erlangen beringte und das nach 50 Tagen, 350 km entfernt, bei Basel zu einem balzrufendem Lockmännchen einflog. Solche Funde belegen nicht nur eine erstaunliche Mobilität, sondern auch die frühe sexuelle Aktivität von Fledermäusen. Die drei erwähnten Weibchen wurden übrigens im darauffolgenden Jahr wieder in der Wochenstube angetroffen, aus der sie stammten, und die Basler zogen dort auch ihre ersten Kinder auf.

Von individuellen Ausnahmen abgesehen, können vermutlich alle Weibchen aus der Familie der Glattnasen (Vespertilionidae) im ersten Lebensjahr trächtig werden. Da es von einigen Arten noch keine systematischen Untersuchungsergebnisse gibt, müssen wir vorläufig mehr oder weniger spekulative Rückschlüsse wagen. Bei den Weibchen kann die sexuelle Reife leicht durch den Fortpflanzungserfolg belegt werden. Bei den Männchen ist es viel schwieriger, sexuelle Reife mit konkreten Fortpflanzungserfolgen zu korrelieren. Es scheint, daß die jungen Männchen in dieser Beziehung nicht so schnell sind wie die Weibchen. Beim Großen Abendsegler haben die Männchen zwar schon im Spätherbst des Geburtsjahres leicht vergrößerte Geschlechtsdrüsen, ihre volle sexuelle Aktivität erlangen sie aber erst später. Ähnlich dürfte es bei einigen nahe verwandten Arten sein.

Bei der Großen Hufeisennase (*Rhinolophus ferrumequinum*) dauert die Entwicklung vermutlich länger, denn in England hatten markierte Weibchen erst nach zwei und mehr Jahren den ersten Nachwuchs.

Mutter-Kind-Verhalten

Wochenstuben sind saisonale Lebensgemeinschaften, in der die Mitglieder gemeinsame soziale Interessen und Strategien verfolgen. Im Grunde genommen hat aber jedes einzelne Weibchen nur ein einziges, egoistisches Ziel, nämlich das eigene Junge erfolgreich aufzuziehen. Wir müssen vermuten, daß die Investitionen der Mütter sehr zielgerichtet und möglichst ökonomisch organisiert sind. Eine wichtige Grundvoraussetzung dafür ist, das eigene Kind in der recht großen Menge Gleichaltriger zu finden, wiederzuerkennen. Umgekehrt ist es für das Junge überlebenswichtig, zu wissen, welche der vielen Mütter die eigene ist. Doch wie finden sie sich im Dunkel der Nacht? Da optische Signale nicht in Betracht kommen, bleiben akustische und olfaktorische. Wir wissen, daß Mütter ihre Jungen an der Stimme und am Geruch erkennen, also muß es individuelle Signale geben. Die akustischen können wir zwar mit technischen Hilfsmitteln hörbar machen, aber vorläufig fehlt die Präzision, um sie im sozialen Kontext bewerten zu können. Zu den olfaktorischen Botschaften haben wir absolut keinen Zugang. Vorläufig sind wir diesbezüglich daher auf indirekte Beobachtungen angewiesen. Die Infrarot-Videotechnik macht es möglich, auch auf größere Distanz das sehr intime Mutter-Kind-Verhalten genauer zu beobachten.

Es gibt viele Hinweise, daß sofort nach der Geburt zwischen Mutter und Kind überlebenswichtige Erkennungsmerkmale ausgetauscht werden. Die Mütter lernen die Stimmfühlungslaute der laut rufenden Neugeborenen kennen, und den Individualduft erfahren sie erstmals beim intensiven Belecken ihrer Kleinen, vielleicht haben sie sogar einen Individualgeschmack. Diese Wahrnehmungsmechanismen sind schwer definierbar, auffallend ist aber, daß der Kopf, besonders die Schnauzenregion, der Jungen bei den Müttern eine besondere Beachtung findet.

Die Soziallaute der Jungen sind ohne Zweifel Botschaften mit einer Reichweite für mittlere und größere Distanzen. Einsame, vom Hangplatz gefallene Fledermauskinder rufen ununterbrochen und laut nach der Mutter; so lange, bis sie erschöpft oder ausgekühlt sind. Immer wieder kann man das bei jungen Zwergfledermäusen (*Pipistrellus pipistrellus*) beobachten, die aus dem Quartier gefallen sind. Setzt man sie in der Nacht unter das Quartier ins Freie, werden sie meist bald von der Mutter an ihren Rufen erkannt, geortet und dann geholt, um sie im Flug wieder ins Quartier zu transportieren. Aber auch im normalen Alltagsgeschehen am Hangplatz kann man alleinhängende, von der Mutter abgesonderte Junge beobachten, die Hunger haben oder Wärme suchen und laut rufen. Als Erwachsener, mit mittlerem Hörvermögen, kann man diese sich ständig wiederholenden Stimmfühlungslaute gerade noch wahrnehmen. Mit dem Bat-Detektor sind aber auch die Ultraschallanteile hörbar, wodurch das Signal für uns als deutliches und lautes Alarmsignal nachempfindbar wird.

Wie das geruchliche Identifikationssystem zum Einsatz kommt, kann man beobachten, wenn ein Junges trinken möchte. Meist hängt das Kleine seitlich neben der Mutter und tastet mit der Schnauze unter deren Flügel nach der Milchzitze. Es genügen bei wachen Müttern nur kleine Berührungen in dieser Region, und sie sieht sofort nach, wer hier etwas will. Sie lassen nämlich normalerweise nur ihr eigenes Kind an die wertvolle Milch. Bei Abendseglermüttern (*Nyctalus noctula*) in «Hofmatt» konnte ich beobachten, wie diese vor allem den Mundwinkel des Kleinen kontrollierten. Dabei wurden im hochgezogenen Mundwinkel die Schleimhäute sichtbar, an denen die Mütter manchmal längere Zeit leckten. Es könnte sein, daß an dieser Stelle der individuelle Idenfikationsausweis zu finden ist. Es gab flüchtige Kontrollen, aber auch lange, bei denen vielleicht zusätzlich noch andere soziale Informationen der Zusammengehörigkeit vermittelt wurden.

Die Mütter unserer einheimischen Fledermäuse betreuen, soweit bekannt ist, nur ihre eigenen Jungen. In den ersten Tagen sind die Kleinen tagsüber immer an der Zitze angesaugt. Vermutlich trinken sie dabei nicht ununterbrochen, zumindest waren bei jungen Abendseglern über lange Zeit hin keine Schluckbewegungen an der Kehle sichtbar. Anfangs rollen sich die Kleinen, wie in der Embryonalstellung, zu einer Kugel zusammen mit gegen die Mutter abgewinkeltem Kopf. So an der Zitze angesaugt, sind sie unter der Armflughaut eingepackt, nah am Körper der Mutter. Oft sind sie lange nicht sichtbar, und das kleine Paket sieht dann wie eine Beule aus (siehe Farbabb. Seite 301). Nur wenn sich die Mutter putzt, kommt das Baby hin und wieder zum Vorschein, das bei solchen Gelegenheiten die eigenen kleinen Flügelchen dehnt, sich kratzt oder die Zitze wechselt. Ältere Junge sind leichter zu beobachten, sie hängen oft frei, verlassen immer öfter die Zitzen der Mütter und unternehmen am Hangplatz die ersten Exkursionen. Damit sie nicht so leicht abstürzen, drängeln sich junge Abendsegler oft zwischen den zahlreichen, an der Decke fixierten Beinen der Erwachsenen und Gleichaltrigen hindurch. Dort ist der Weg zwar eng, dafür aber sicherer, als außen um den Pulk herum.

Fledermausmütter haben zwei Milchzitzen, die meist einem Jungen zur Verfügung stehen. Der Wechsel von einer Zitze zur anderen ist in den ersten Lebenstagen ein akrobatischer Akt; für junge Mausohren (*Myotis myotis*) im Dachfirst sogar ein gefährlicher. Doch die Mutter hilft überwachend, indem sie ihren Flügel halb öffnet und das Kleine stützt. Es klappt fast immer, auch wenn so ein Säugling plötzlich ausrutscht und frei an der Zitze hängend in der Luft baumelt. Mit dem Flügel kann die Mutter den ‹Fehltritt› korrigieren und den Pechvogel soweit anheben oder gegen sich drücken, bis die großen Füße mit den scharfen Krallen Halt finden. Beim Großen Abendsegler (*Nyctalus noctula*) signalisieren die Jungen der Mutter solche Zitzenwechsel auch akustisch, indem sie laut rufen. Auf Distanz, ohne nachschauen zu müssen, konnte ich Zitzenwechsel daher bequem protokollieren. Ein Junges kann die Zitze alle paar Stunden wechseln. Die Häufigkeit hängt unter anderem von der Temperatur im Quartier ab: Wenn die Mutter bei kühlem Wetter lethargisch ist, bleibt auch das Junge inaktiv. Bei Zwillingen hat es mich interessiert, ob jeder der Zwillinge sozusagen seine «eigene» Zitze besetzt, also «zitzentreu» ist, wie man es von anderen Säugetierjungen kennt. Das Ergebnis war negativ: Die Jungen können zwar tagelang an ein und derselben Zitze saugen, das ist aber rein zufällig.

In kleinen Wochenstuben kennen sich die Tiere untereinander wohl recht gut. Man erkennt das schon daran, daß sie sich immer wieder durch gegenseitiges Schnauzenreiben begrüßen. Komplizierter ist dies zweifellos bei großen Wochenstuben. In einer Mausohr-Wochenstube (*Myotis myotis*) habe ich solche Begrüßungen auch beobachtet, und oft hingen markierte, also identifizierbare Weibchen nahe beieinander – auch bei wiederholten Kontrollen über Jahre hinweg. Ich vermute, es gibt hier Clans mit Weibchen, die miteinander recht vertraut, vielleicht sogar nahe verwandt sind. Das könnte günstige Konsequenzen für die Jungenaufzucht haben, weil es weniger sozialen Streß durch Streitereien, beispielsweise um gute Hangplätze, gibt. Wie sieht es aber in Kolonien mit mehreren tausend Weibchen aus? Leben sie anonym in einer großen Gesellschaft zusammen und, noch viel wichtiger, wie finden sie in der riesigen Gruppe ihre eigenen Kinder? Von der Langflügelfledermaus wird berichtet, daß sie im Kollektiv säugt; die Mütter versorgen nach dem Jagdflug irgendein Junges mit Milch, auch ein fremdes. Bei der amerikanischen Guanofledermaus (*Tadarida brasiliensis*) hat man in den riesigen, mehrere Millionen zählenden Ansammlungen das gleiche Verhalten vermutet. Doch 1984 konnte der amerikanische Forscher McCracken bei dieser Art durch aufwendige genetische Tests nachweisen, daß die Babies fast ausschließlich von ihrer eigenen Mutter gesäugt wurden. Die Mütter flogen genau immer die Stelle an, wo sie vor ihrem Abflug das Junge deponiert hatten. Weil die Jungen sich nur innerhalb eines kleinen Umkreises bewegten, war das sichere Wiederfinden kein Problem. Allerdings wurde in einigen Fällen auch das Säugen fremder Jungen beobachtet.

In der Fledermausstation «Hofmatt» hatte ich es leichter, die Übersicht zu behalten. Dennoch mußte ich die jungen Abendsegler (*Nyctalus noctula*), die einander ja sehr ähnlich sehen, mit farbigen Flügelklammern markieren. Das brachte überraschende Ergebnisse: Im Sommer 1987 kam eine Mutter nicht mehr vom Jagdflug zurück und hinterließ ein fürchterlich hungriges, 17 Tage altes Junges. Zu meiner Überraschung versuchte dieses heimlich, bei fremden Müttern Milch zu stehlen. Es gelang ihm, wenn diese schliefen oder bei Putztätigkeiten unachtsam waren und ihre Zitzen nicht beachteten. Vorsichtig schlich sich das hungrige Waisenkind von oben her an die Seite einer fremden Mutter und bediente sich an der Zitze. Meist dauerte es nicht länger als drei Minuten, bis das Weibchen erkannte, was geschah. Mit Gezeter und Beißen wurde die Tat bestraft. Weil das Junge zunehmend ausgestoßen wurde, nahmen wir es in unsere Obhut und zogen es von Hand auf; sonst wäre es sicherlich verhungert. Im nächsten Jahr wurde wieder ein Junges beim Milchstehlen beobachtet. Dieses Mal aber nicht aus einer Notlage heraus. Das 15 Tage alte Männchen «Don» war eines der kräftigsten Jungen im Quartier, seine Lebensverhältnisse waren intakt, allerdings mußte er die Milch mit seiner Zwillingsschwester teilen. Die Strategie der Annäherung an fremde Mütter und deren Reaktionen waren identisch mit denen, die ich im Vorjahr beobachtet hatte. «Don» versuchte ganz augenscheinlich, seine Lebenssituation durch Diebstahl zu optimieren. «Kleptolaktie» habe ich dieses außergewöhnliche Verhalten genannt, das bei jungen, wildlebenden Säugetieren wohl ohne

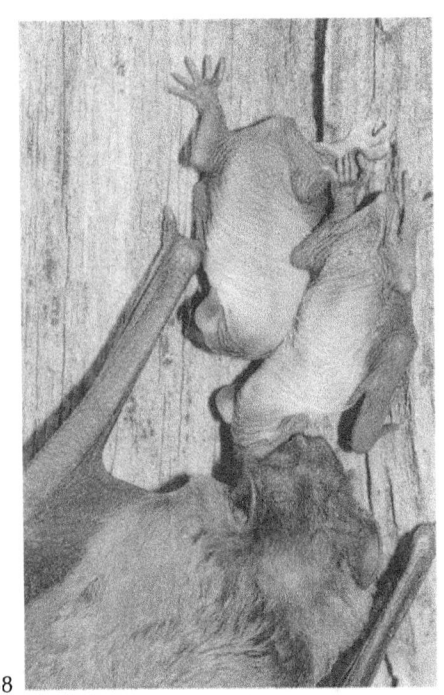

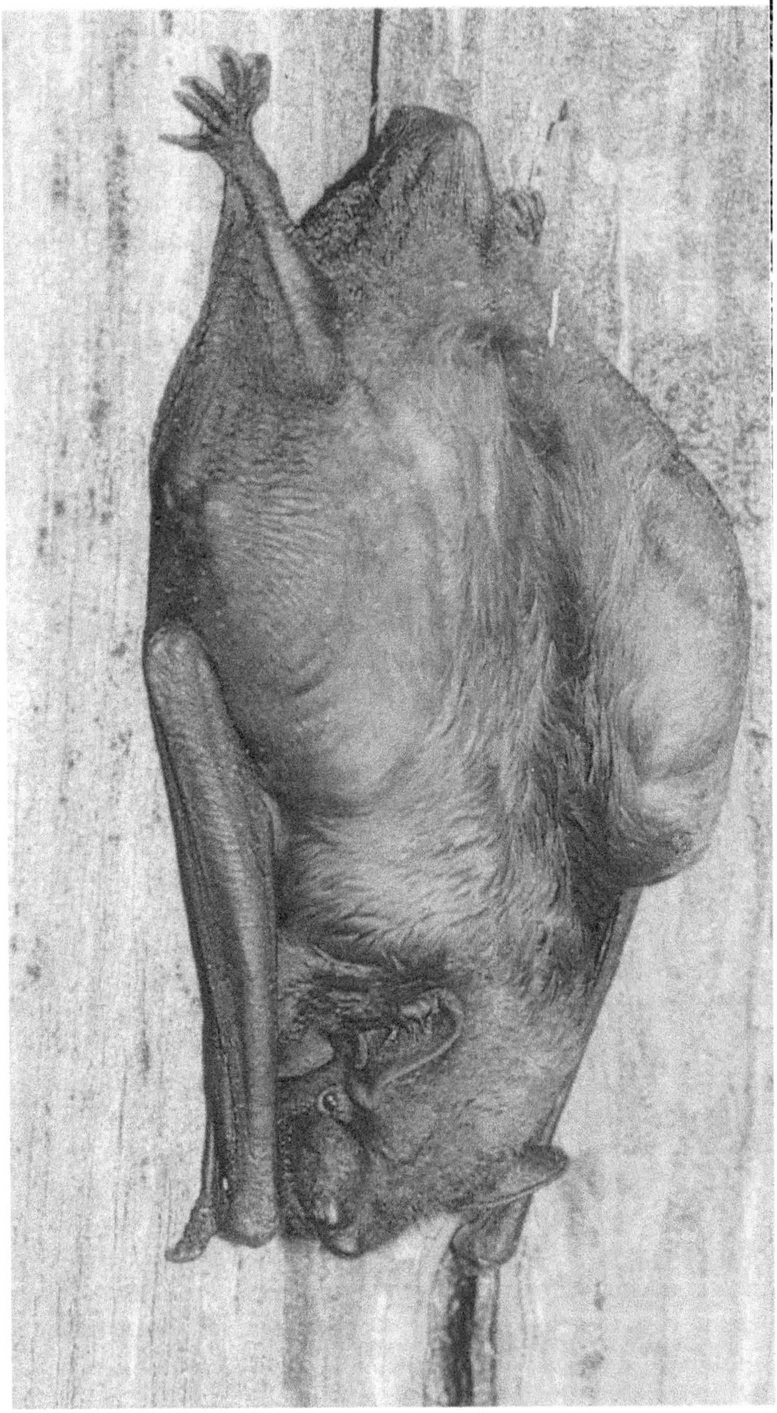

Beispiel sein dürfte. Nur bei Lämmern soll es bei Stallhaltung unter bestimmten Bedingungen Milchräuber geben. Das besondere an diesem Verhalten ist nicht das Säugen bei fremden Müttern, sondern der Diebstahl von Milch – und die List, die das junge Tier dazu braucht. Ähnliche Beobachtungen publizierte Eugenia Kozhurina 1993. Sie hielt eine Fortpflanzungsgruppe des Großen Abendseglers (*Nyctalus noctula*) in einer Voliere und fand bei 93 Kontrollen insgesamt 13 Junge an fremden Müttern. Es könnte sein, daß in größeren Kolonien die Milchdiebe unauffälliger agieren können und dort deshalb zahlreicher auftreten. Eine seltene Einzelbeobachtung bleibt vorläufig das kooperative Säugeverhalten unter verwandten Weibchen – zwischen Mutter und Tochter. Im Sommer 1995, am 13. Juli, duldete das 1992 in der Station «Hofmatt» geborene Weibchen «Hyla» – es hatte selbst Zwillinge – an ihrer Zitze das Junge ihrer eigenen Mutter. Sie hatte dieses Junge vorher deutlich sichtbar beschnuppert, also akzeptierte sie es wissentlich. Riechen nahe verwandte Junge gleich oder ähnlich? Hat sie es vielleicht sogar verwechselt? Irritierend war, daß sie ihr eigenes weibliches Junges kurzfristig abwies; an der anderen Zitze saugte derweil ihr zweites, ein männliches Junges.

Die Fürsorglichkeit der Fledermausmütter ist groß. Doch manchmal scheinen sie an der Grenze ihrer Belastbarkeit angelangt zu sein. Älteren, aufdringlichen Jungen verweigern sie dann den Zugang zur Milchzitze, indem sie diese verdecken, den Flügel eng an ihren Körper drücken und unwillig zetern. Wenn es zu schlimm wird, oft an warmen Tagen, dann weichen sie den ständig durstigen, nach Milch suchenden Halbwüchsigen regelrecht aus. In Mausohrkolonien (*Myotis myotis*) bilden sie am Hangplatz eigene «Jugendgruppen», die leicht an der grauen Jugendfärbung der Haarkleider erkennbar sind. Abseits, in sicherer Distanz von solchen ‹Jugendzentren›, schonen sich dann die Mütter.

In den ersten Lebenstagen werden die Neugeborenen häufig von der Mutter mit der Zunge geputzt, obwohl sie das eigentlich schon recht gut selbst können. Oft gehen die Putzaktionen der Mutter von

---

Abb. 88–90
Großer Abendsegler (*Nyctalus noctula*): Eine Mutter mit ihren zwei Tage alten Zwillingen. Bevor die Kleinen an die Milchzitze dürfen, werden sie von der Mutter beschnüffelt, um zu überprüfen, ob es wirklich die eigenen sind. Vollständig unter den Flughäuten der Mutter versteckt sind die Jungen nur in den ersten Lebenstagen.

ihrem eigenen Körper fließend auf den des Kindes über und dann wieder zurück auf eigene Körperpartien. Sie belecken die Kleinen intensiv am Kopf und der Bauch- und Analregion. Dann kann es auch einmal sein, daß die Mutter die Exkremente der Kleinen auffrißt. Wie häufig dies vorkommt, konnte ich noch nicht herausfinden. Auffällig ist eine andere Verhaltensweise, für die es vorläufig noch keine eindeutige und vernünftige Erklärung gibt: Größere Junge leckten regelmäßig im Mundspalt der Mutter, den sie den drängenden Kindern ganz offensichtlich hinhielt. Beim Großen Abendsegler (*Nyctalus noctula*) habe ich mehrmals sogar Zwillinge beobachtet, die gleichzeitig am geöffneten Mund der Mutter leckten. Dieses Verhalten findet tagsüber, meist aber am Morgen nach dem letzten Jagdflug statt. Manchmal stürzten sich die Jungen geradezu auf ihre Mutter und verlangten nach dem Mundspalt. Ist dieses Speichellecken eine Flüssigkeitsaufnahme, um den Durst zu löschen? Oder werden hier wichtige Substanzen übertragen, die zum Beispiel für den Aufbau der Darmflora notwendig sein könnten? Es wurde auch schon vermutet, daß Informationen über den Geschmack von Beutetieren weitergegeben werden. Das gleiche Speichellecken konnte Susanne Vogel bei jungen Mausohren (*Myotis myotis*) in Bayern beobachten, und ich habe es inzwischen sogar schon filmen können.

Normalerweise nehmen Fledermausmütter ihre Jungen nicht auf ihre Jagdflüge mit. Sie wären nicht nur unnötiger Ballast, auch das Gefährdungsrisiko wäre zu groß. Aufbruchbereite Mütter müssen also ihren Kindern am Hangplatz mitteilen können, daß sie die Zitze loslassen sollen. Sie tun dies, indem sie sich in einen Zitterzustand versetzen, bei dem sich die seitlich am Körper angelegten Flügel bewegen. Der Körper der Mutter vibriert dabei so lange, bis das Kleine losgelassen hat. Das Absetzen der kleinen, noch nackten Jungen geschieht beim Großen Mausohr (*Myotis myotis*) meist nur an ganz bestimmten, bevorzugt an warmen Stellen im Quartier. Wenn sich mehrere Mütter an der gleichen Stelle aufhalten, sieht alles dementsprechend hektisch und nervös aus. Zwischendurch putzen sich die Mütter, vibrieren dann wieder oder kümmern sich um das Junge, das noch einmal beleckt wird. Nach und nach fliegen die Weibchen ab, zurück bleibt ein Klumpen aneinandergedrängter Kinder, die sich eifrig putzen oder auch schlafen (siehe Farbabb. Seite 301). Bei den Mausohren fliegen nie alle Mütter gleichzeitig ab, sondern einige warten, bis die ersten wieder zurückkommen. Es wäre äußerst interessant zu wissen, ob das zufällig geschieht oder ob es eine Strategie ist, die Kinder von Aufpasserinnen hüten zu lassen. Haben die Fledermausweibchen vielleicht die Funktion von Kindergärtnerinnen? In kühlen Nächten wird es am Hangplatz bald ruhig. Sobald aber die ersten Heimkehrerinnen vor dem Haus und im Quartierraum herumfliegen, beginnt ein gewaltiges Spektakel. Mit lauten Fieprufen machen die Jungen auf sich aufmerksam. Sie rufen aber auch, wenn es gar nicht ihre Mutter war, die eingeflogen ist. Mit unseren Bat-Detektoren konnten wir diese Signalrufe auch außerhalb des Quartiergebäudes, durch das Ziegeldach hindurch, hören, bis in ca. 30 m Entfernung. Solche Wochenstubenquartiere sind akustisch sehr auffällig.

Nach der Rückkehr landet die Mutter neben ihrem Jungen, beriecht und beleckt es, um ihm dann die Milchzitze anzubieten. Manchmal geht das sehr schnell. Je vitaler und größer die Jungen sind, desto leichter und schneller finden sie die Mutter. Die größeren laufen ihr auch entgegen und krabbeln suchend unter ihre Flügel. Junge Abendsegler (*Nyctalus noctula*) erkannten in der Station «Hofmatt» ihre Mutter schon beim Anflug, lauschten aufmerksam, und besonders hungrige liefen ihr sogar bis zum Einflugloch entgegen.

Viele Säugetiermütter transportieren ihre Jungen gelegentlich in andere Quartiere – veranstalten regelrechte Umzüge. Raubtiere (Carnivora) und Nagetiere (Rodentia) packen mit ihren Zähnen den Nachwuchs im Nackenfell und schleppen ihn so an günstigere Orte. Fledermäuse haben eine andere Technik. Ihre Jungen beißen sich an den Milchzitzen fest, größere umklammern zusätzlich mit den Beinen den Brustkorb der Mutter, und so geht es, vermutlich mit Mühe, aber dennoch sicher, durch die Luft. Gelegentlich holen die Mütter in Mausohr-Wochenstuben (*Myotis myotis*) im Flug ihre heruntergefallenen Jungen wieder an den Hangplatz zurück. Ältere klettern oft selbst wieder hoch.

Bei Fransenfledermäusen (*Myotis nattereri*), die in Vogelnistkästen ihre Wochenstuben hatten, stellte Günter Laufens häufige und regelmäßige Umzüge von Müttern und ihren Kindern fest. Abhängig von Jahreszeit und Temperatur wechselten sie alle paar Tage das Tagesquartier und blieben meist nur ein bis vier Tage im gleichen Kasten. Das neue Quartier wurde in den Morgenstunden bezogen. Ein ähnliches Verhalten wird von Irmgard Wolz auch von der Bechsteinfledermaus (*Myotis bechsteini*) beschrieben. Abgesehen von den erstaunlichen Leistungen in der sozialen Kommunikation einer Weibchengruppe, ist auch der Energieaufwand für den Umzug sehr beachtenswert. Aber warum ziehen diese Fledermäuse immer wieder

Babies als Luftfracht

um? Verschiedene Gründe wurden diskutiert: Vielleicht sind die Nahrungsquellen in neuen Revieren besser, oder der Parasitenbefall im alten Quartier wurde zu groß. Es könnten aber auch Wohnkonkurrenten oder Prädatoren der Anlaß gewesen sein.

Vielleicht sind es auch mikroklimatische Aspekte, die einen Umzug vorteilhaft erscheinen lassen. Beim Großen Abendsegler (Nyctalus noctula), der ebenfalls recht häufig seine Quartiere wechselt, gab es in der Station «Hofmatt» aus diesem Grund interessante Umzüge. Im Juli 1991 stiegen die Quartiertemperaturen auf über 30°C. Das war den beiden einzigen damals dort lebenden Müttern «Dia» und «Freia» zu heiß. Am 9. Juli kam «Dia» nach einer etwa 30-minütigen Abwesenheit um 21.09 Uhr zurück und transportierte das erste ihrer Zwillingskinder fort – in ein unbekanntes Quartier. Um 21.14 Uhr holte «Freia» ihr Kind und um 21.35 Uhr «Dia» ihr zweites. In den folgenden Nächten kamen beide Weibchen mehrmals in die Station zurück, so als würden sie die Temperatur kontrollieren. Am 14. Juli war sie unter 25°C gesunken, und noch in der gleichen Nacht brachten die beiden ihre Kinder zurück in die Station. «Dia» war kurz nach Mitternacht schon einmal allein für ein paar Minuten eingeflogen und hatte wohl das Quartier wieder für gut befunden.

Beachtlich waren die Transportleistungen der beiden Mütter. Die 16 Tage alten Zwillinge von «Dia» wogen 16,5 bzw. 17,3 g und das Junge von «Freia» 12,3 g. «Dia» hatte mit dem schwereren Jungen zusätzlich 65 Prozent ihres Körpergewichtes durch die Luft transportiert. Die Jungen eines wilden Weibchens, das seine Zwillinge am 6. August 1987 in die Station «Hofmatt» brachte, wogen 15 bzw. 15,5 g (siehe Farabb. Seite 304). Zwei Tage später konnte ich beobachten, wie sie nach dem ersten Jagdflug um das Quartier flog und für mich hörbar rief. So lockte sie die Jungen zum Einflugloch, um sie von dort aufzunehmen. In zwei Flügen transportierte sie sie dann wieder fort.

Lebenserwartung

Fledermäuse können erstaunlich alt werden. Im Herbst 1990 verfing sich in der Schweiz auf dem Col de Bretolet (1923 m ü.M.), im Kanton Wallis, ein Braunes Langohr (*Plecotus auritus*) in den Netzen der Ornithologen, die im Rahmen der Vogelzugforschung während der Nacht Vögel fingen. Das Langohr hatte einen Ring mit eingeprägter Nummer am Unterarm, den es schon im Jahr 1960 am gleichen Fangplatz von Forschern angelegt bekommen hatte. Es war also mindestens 30 Jahre alt! Vermutlich hat es immer dort gelebt, denn bereits 1980 und 1982 hatte es sich am gleichen Ort in den Stellnetzen verfangen.

Man mag sich wundern, daß ein derart kleines Säugetier überhaupt so alt werden kann. Wer sich aber die Landschaft auf dem Col de Bretolet, also den Lebensraum dieses Langohrs anschaut, wird schnell erkennen, daß es hier ungestört alt werden kann. Die Welt ist noch in Ordnung, und außer den Ornithologen mit ihren Netzen gibt es für die Fledermäuse wenig Aufregendes oder Gefährliches – keinen Verkehr, kein Gift und eben nur wenig Menschen. Diese Fledermausart wandert nicht weit, und so wird das Langohr wahrscheinlich jedes Jahr das gleiche Saisonprogramm absolvieren. Große Probleme mit Räubern oder Parasiten, mit der Nahrungsbeschaffung oder dem Quartierangebot gibt es wohl auch nicht, so daß eigentlich nur der körperliche Verschleiß ihr Leben beendet. Auch die Abnutzung der Zähne kann mit der Zeit ein Problem werden und die Lebenszeit durch eine ungenügende Ernährung verkürzen. Doch wann findet man schon mal eine alte Fledermaus mit abgewetzten Zähnen? Unter den einigen Tausend Großen Abendseglern (*Nyctalus noctula*), die ich lebend kontrollieren konnte, waren es sehr wenig. Nur ein Weibchen war darunter, das wirklich als senil bezeichnet werden konnte; mit absolut flachen, abgenutzten Zahnkronen. Dagegen kann man in den Wochenstuben der Großen Mausohren (*Myotis myotis*) immer wieder ältere oder sogar alte Weibchen mit deutlich abgenutzten Zähnen antreffen.

Beachtliche Alter von bis zu 15 Jahren und mehr hat man durch Beringungsversuche wiederholt bei Arten aus den Gattungen *Myotis*, *Eptesicus*, *Barbastella*, *Plecotus* und *Miniopterus* festgestellt. Auch bei den Rhinolophiden kennt man solche Altersrekorde; so wurde beispielsweise eine Große Hufeisennase (*Rhinolophus ferrumequinum*) ebenfalls 30 Jahre alt. Den Altersrekord unter den Fledermäusen hält vermutlich eine amerikanische *Myotis lucifugus*, die 34 Jahre alt geworden ist.

Eine holländische Untersuchung an Bartfledermäusen (*Myotis mystacinus*) ergab aber, daß die durchschnittliche Lebenserwartung wesentlich geringer ist. Sie beträgt bei dieser Art etwa vier bis fünf Jahre, was auch für die anderen Fledermausarten zutreffen dürfte. Erfreulich ist für mich der Wiederfund einer Bartfledermaus (*Myotis mystacinus*), die am 9. September 1996 bei Todtmoos im Schwarzwald, gemeinsam mit einer Rauhhautfledermaus (*Pipistrellus nathusii*), gesund und munter in einem Bretterstapel entdeckt wurde. Am 22. April 1984 hatte ich das Männchen 40 km südwestlich von Todtmoos, in Duggingen bei Basel, beringt. Es war also im 13. Lebensjahr. Mich verwundert aber nicht nur das stattliche Alter dieser Bartfledermaus, sondern auch der Umstand, daß sie in einem stark industrialisierten Gebiet wie der Region Basel so alt geworden ist. Aber wer weiß, vielleicht ist ihr das nur gelungen, weil sie sich in die gute Höhenluft des Schwarzwaldes zurückgezogen hat.

Bedeutend weniger alt werden einige Arten aus den Gattungen *Nyctalus* und *Pipistrellus*. Beim Großen Abendsegler (*Nyctalus noctula*) wird ein Höchstalter von 12 Jahren genannt. Von Günter Heise, der wohl die meisten beringt hat und sie schon viele Jahre kontrolliert, erfahren wir, daß seine Tiere nicht älter als sieben Jahre wurden. Nur Axel Schmidt hatte ein Weibchen von acht Jahren. Auch über die Rauhhautfledermaus (*Pipistrellus nathusii*) finden wir in der Literatur ähnliche Angaben. Bei diesen Arten fällt auf, daß beide ihre Primärquartiere in Bäumen haben, Weitstreckenzieher sind und vorwiegend oberirdisch überwintern – und beide Arten haben oft Zwillingsgeburten. Ihre Lebensweise, besonders die Migration und die Art des Überwinterns, könnte gefahrvoll sein und viele Opfer fordern.

Gefährdung der Fledermäuse

Wer sich die verblüffenden Altersrekorde einiger Fledermäuse anschaut, wird sich vielleicht über die Berichte aus Naturschutzkreisen wundern, die immer wieder von der Bedrohung der Tiere sprechen. Da wird über das Aussterben der Fledermäuse gesprochen, dann gibt es wieder Meldungen über Hilfsaktionen, bei denen Hunderte gerettet werden konnten. Vielleicht sehen wir sogar selbst abends einige um Häuser herumfliegen. Wie paßt das alles zusammen?

Es wird oft sehr allgemein einfach nur von «den Fledermäusen» gesprochen, ohne die artspezifischen Probleme zu berücksichtigen. Die Verschiedenartigkeit der einzelnen Arten wird nicht zur Kenntnis genommen, weil sie nicht unbedingt in der Gestalt zutage tritt und daher nur von Fledermausexperten erkannt werden kann. Ein Braunes Langohr (*Plecotus auritus*) sieht beispielsweise einem Grauen Langohr (*Plecotus austriacus*) zum Verwechseln ähnlich. Ihre Ansprüche an den Lebensraum sind jedoch verschieden. Auf Umweltveränderungen, die der einen Art zum Verhängnis werden, reagiert die andere unter Umständen mit Anpassung. Problematisch wird es, wenn die Darstellung einer bestimmten Fledermausart verallgemeinert wird. Dann wird zum Beispiel ein lokal begrenztes ‹Abendseglerproblem› zum Problem der Fledermäuse aufgebauscht.

Im Gespräch mit älteren Menschen hören wir oft, daß es bei uns früher viel mehr Fledermäuse gegeben haben soll. Ob dies wirklich immer stimmt und wie groß die Verluste im Lauf der vergangenen Jahrzehnte tatsächlich geworden sind, können wir meist nicht mehr

Gibt es heute weniger Fledermäuse als früher?

genau nachprüfen. Gezählt hat die Fledermäuse damals niemand, und auch heute haben wir Mühe, die Größe einer Population nur annähernd genau zu schätzen – trotz unserer zahlreichen technischen Hilfsmittel. Erschwerend kommt hinzu, daß wir einigen sehr versteckt lebenden Arten meist nur zufällig begegnen. Dies betrifft vor allem Fledermäuse, die in Baumhöhlen wohnen. Auch dem geübten Forscher fehlt oft der geeignete methodische Zugang, um verbindlich sagen zu können, ob eine Art mit wenigen Fundbelegen nur selten oder gar vom Aussterben bedroht ist. Möglicherweise konnte man einfach noch nicht intensiv genug nachforschen und kennt deshalb die lokalen Raumnutzungsstrategien dieser Fledermausart nicht.

Kann man Fledermäuse zählen?

Aussagen über den Rückgang von Populationsdichten müssen für jede Fledermausart und für jede Region einzeln erarbeitet werden. Dies kann enorm schwierig sein, weil eine exakte visuelle und akustische Artbestimmung im Gelände oft nicht möglich ist. Außerdem können sich Fledermäuse sehr mobil verhalten und alle paar Tage ihr Quartier wechseln – manchmal auch großräumig. Wie kann man die Tiere unter diesen Umständen überhaupt wiederfinden und Mehrfachzählungen vermeiden? Individuelle Markierungen an den Tieren können hier nützlich sein, aber nur, wenn eine repräsentative Zahl einer Population erfaßt werden kann.

Vielerorts hat man in den vergangenen 15 Jahren versucht, die regionale Verbreitung der Fledermäuse zu dokumentieren, man erstellte sogenannte «Inventare». In der Regel wurden dabei alle erhältlichen Nachweise zusammengestellt und einer Bewertung unterzogen: zufällige Funde von Einzeltieren oder Quartieren, gemeinsam mit Ergebnisse systematischer Nachsuchen. Solche Datensammlungen können äußerst wertvoll sein. Allerdings ist es in der Folge wichtig, wie man mit diesen Resultaten in der Naturschutz- und Öffentlichkeitsarbeit umgeht. Wie kann man zwischen dem Aussagewert eines vorgelegten Fledermausinventars und einem am gleichen Ort erstellten Brutvogelinventar differenzieren? Mit großer Wahrscheinlichkeit denken außer den Spezialisten bei politischen Entscheidungen nur wenige daran, daß man Fledermäuse nicht so repräsentativ zählen kann wie beispielsweise Singvögel. Vielleicht sollte man bei den Versuchen, Fledermauspopulationen zu erfassen, nicht das Wort «Inventar» benutzen. Denn man assoziiert eine buchhalterische Genauigkeit, die in den meisten Fällen nicht gerechtfertigt ist und deshalb zu falschen Interpretationen verführen kann.

Wie schwierig eine Schätzung des Bestandes sein kann, wird bei unserer größten einheimischen Fledermaus, dem Großen Mausohr (*Myotis myotis*), ersichtlich. In Mitteleuropa gehört es ohne Zweifel zu den bestuntersuchten Arten. Die verhältnismäßig leicht auffindbaren, gelegentlich sehr großen Wochenstuben waren schon für viele Fledermauskundler bevorzugte Forschungsstätten. Zahlreiche Publikationen sind darüber entstanden. Deshalb haben wir recht gute Kenntnisse über die Verbreitung und Häufigkeit der sich reproduzierenden Weibchen. Es wäre eine Fehleinschätzung anzunehmen, daß wir die Lebensweise dieser Art allumfassend kennen. Denn genaugenommen können wir sie nur etwa drei Monaten im Jahr, nämlich im Sommer, kontrollieren. Wo die große Mehrheit der Weibchen im Herbst ihre Hochzeitsquartiere hat, wissen wir nicht. Nahezu unbekannt ist auch die Lebensweise der versteckt, meist solitär lebenden Männchen, die eigentlich in gleich großer Zahl wie die Weibchen vertreten sein müßten. Zumindest ist dies nach dem nahezu ausgeglichenen Geschlechterverhältnis bei der Geburt zu vermuten. In der Region Basel, in einem Umkreis von ca. 30 km, leben, sehr grob geschätzt, etwa 2000 fortpflanzungsfähige Weibchen. Unter der Voraussetzung, daß die Tiere im Herbst nicht weit weg wandern, sollte also eine etwa doppelt so große Population – etwa 4000 Große Mausohren – im Gebiet überwintern. Bislang haben wir sie vergeblich gesucht. Wir wissen nicht, wo sie sind, wenn man die paar Dutzend nicht mitrechnet, die bei intensiven Höhlenkontrollen gefunden wurden. Im Frühjahr sind die Weibchen plötzlich alle wieder in ihren Wochenstuben. Man könnte uns vielleicht vorwerfen, wir hätten nicht genug gesucht. Ein kleiner Trost ist, daß unsere Kollegen in den angrenzenden Gebieten in der Schweiz und Süddeutschland die gleichen bzw. ähnlichen Probleme haben. Vermutlich verkriecht sich in der Region Basel die Mehrzahl der Winterschläfer in uns unzugänglichen Spalten im Karst des nahen Jura. Ich muß zugeben, daß unsere Unkenntnis diesbezüglich erschreckend groß ist. Es bleiben also viele offene Fragen oder, positiv gesehen, noch viel Raum für neue Entdeckungen und Überraschungen.

Trotz der erwähnten Wissenslücken gibt es viele beweiskräftige Belege für eine beträchtliche Veränderung in den Bestandszahlen einiger Arten in Mittel- und Nordeuropa; hauptsächlich in dichtbesiedelten und meliorierten, jetzt landwirtschaftlich intensiv genutzten Gebieten. In diesem Zusammenhang sind vor allem die massiven Verluste

Große Verluste bei den Hufeisennasen

bei den Hufeisennasen (Rhinolophidae) zu nennen. Wegen ihrer auffälligen Hangstrategie im Quartier fallen bei ihnen Bestandsveränderungen deutlich auf, besonders wenn sie plötzlich überhaupt nicht mehr da sind. Drastische Rückgänge wurden seit den 50er und 60er Jahren in den Wochenstubenquartieren und an den Winterschlafplätzen festgestellt. Heute sind die Hufeisennasen aus vielen Teilen ihres ehemaligen Verbreitungsgebietes gänzlich verschwunden. Sie werden in vielen Roten Listen als regional ausgestorben geführt. Auch bei den Großen Mausohren (*Myotis myotis*) wurden ähnliche Entwicklungen befürchtet. Doch seit den 80er Jahren zeichnet sich eine positive Entwicklung ab.

Es gibt Gegenden, in denen das Ausmaß der Gefährdung deutlich geringer geblieben ist. So ist beispielsweise die Kleine Hufeisennase (*Rhinolophus hipposideros*) in Westirland heute noch recht zahlreich vertreten, und auch in Tschechien und in Österreich gibt es in strukturreichen Landschaften noch kopfstarke Kolonien.

Scheinbar zahllos, die Gefahrenquellen

Besorgte Fledermausfreunde begannen früh zu überlegen, wie es zu den genannten Dezimierungen kommen konnte. Obwohl Fledermäuse immer wieder absichtlich vergiftet, erschlagen oder vertrieben wurden, erklärte dies den überregionalen Rückgang nicht. Heute wissen wir, daß viele Faktoren zusammenwirken mußten. Der Verlust an traditionellen Quartieren, wie Dachböden und die häufiger gewordenen Störungen in unterirdischen Winterquartieren, verursacht durch unsere mobile und erlebnishungrige Gesellschaft, sind ohne Zweifel wichtige Ursachen.

Den Fledermäusen drohen durch menschliche Aktivitäten, Unachtsamkeit oder auch durch unglückliche Zufälle zahlreiche Gefahren: Sie fliegen in fahrende Autos, bleiben im Stacheldraht hängen, fallen in Kaminfeuer, verfangen sich in senkrechten, glattwandigen Räumen, Behältnissen oder Röhren und verenden dort manchmal massenhaft. Sie ertrinken in Gefäßen oder beschließen ihr Leben an einem Angelhaken, weil sie die künstliche Fliege mit einer lebenden verwechselt haben. Durch die Aufmerksamkeit der Fledermausfreunde werden immer neue Gefahrenquellen entdeckt und auf sie aufmerksam gemacht.

Darüber hinaus konnte eine teilweise massive Belastung durch Gifte festgestellt werden. Da wir deren Wirkmechanismen meist nicht oder nur lückenhaft kennen, können wir über die kritischen Schwellenwerte einer Giftbelastung kaum Aussagen machen. Bei

Abb. 91
Vielerorts sind die Kleinen Hufeisennasen (*Rhinolophus hipposideros*) in ihrer Existenz bedroht.

(*Foto: Peter E. Zingg*)

Dachstocksanierungen verursachten ausgebrachte Insektizide Massensterben in den Wochenstuben. Andere Gifte und ihre Metaboliten können von Pflanzen- oder Holzschutzmitteln stammen und über die Nahrung oder direkt über die Haut aufgenommen worden sein. Solche schwer abbaubaren Rückstände reichern sich im Fettgewebe des Fledermauskörpers an, wodurch Änderungen im Verhalten, im Energieverbrauch, in der Fortpflanzungsfähigkeit etc. auftreten können. Es gibt zwar nur wenige konkrete Belege, aber man nimmt an, daß die schleichende Schwächung des Körpers aus der hohen Giftbelastung resultiert, die man in manchen Fällen festgestellt hat. An das Körperfett gebundene Gifte können in Streßsituationen, zum Beispiel bei witterungsbedingten Hungerperioden, in einer schädigenden Ereigniskette mitwirken und freigesetzt werden. Wenn dadurch die Funktionstüchtigkeit und Abwehrkraft des Körpers geschwächt wird, vermehren sich natürlich auch die Parasiten leichter. Eine derart geschwächte Fledermaus ist kaum noch in der Lage, dem sozialen Druck durch ihre Artgenossen zu widerstehen.

Eine in Deutschland von Alfred Nagel geleitete Untersuchung an Zwergfledermäusen (*Pipistrellus pipistrellus*), die 1985 verendet waren, zeigte eine hochgradige Belastung durch Chlorkohlenwasserstoffe. Bemerkenswert ist, daß bei den Zwergfledermäusen die Jungtiere stärker belastet waren als die erwachsenen Weibchen. Die höheren Werte wurden dadurch erklärt, daß die Muttertiere ihre eigenen fettgebundenen Rückstände während der Tragzeit und des Säugens an ihre Jungen abgegeben hatten. Auch bei den Männchen, die keine Möglichkeit haben, Fett in größerer Menge auszuscheiden, wurden viel höhere Belastungen, bis zu 10mal mehr als bei den Weibchen, festgestellt.

Die lebenstüchtigen Fledermäuse

Fledermäuse sind äußerst lebenstüchtige Tiere, die sich im Rahmen ihrer konstitutionellen Möglichkeiten erfolgreich an sich verändernde und an neue Situationen anpassen können. Das war schon immer so, denn wer in verschiedenartigen Landschaften erfolgreich siedeln will, muß versuchen, die vorhandenen Ressourcen optimal zu nutzen. So wohnen Mopsfledermäuse (*Barbastella barbastellus*) gelegentlich sogar in Baumhöhlen, obwohl wir sie eigentlich eher in Spalten von Felsstrukturen oder Gebäuden vermuten würden. Der Kleine Abendsegler (*Nyctalus leisleri*) wurde lange Zeit als typische Waldfledermaus eingestuft, wird jetzt aber immer häufiger in Spalten an Gebäuden gefunden und bildet in Irland sogar große Wochenstuben unter Hausdächern. Solche Beispiele können für viele Arten aufgezählt werden. Die Synanthropie, das enge Zusammenleben wild lebender Fledermäuse mit dem Menschen, ermöglichte die Eroberung zahlreicher neuer Lebensräume. Diese wurden vom Menschen nicht nur neu geschaffen, sondern auch kontinuierlich umgestaltet. Eine Herausforderung, die einige Fledermausarten mit großem Erfolg bewältigen. Aber nicht alle Arten sind so vielseitig und anpassungsfähig. Die Langflügelfledermaus (*Miniopterus schreibersi*) wählt innerhalb ihres riesigen, sich von Europa bis Australien erstreckenden Verbreitungsgebietes fast ausschließlich unterirdische Höhlen als Quartier, und nur sehr selten ist sie auch auf großen Dachböden zu finden.

Engpaß Nahrung

Während sich also einige Arten eher konservativ verhalten, sind andere überraschend plastisch. Anpassungsfähigkeit und Mobilität nutzen aber nicht viel, wenn das Futter knapp wird oder es im täglich befliegbaren Aktionsradius plötzlich nichts mehr zu fressen gibt. Fledermäuse haben in der warmen Jahreszeit einen gewaltigen Nahrungsbedarf. Sie müssen in ihren Jagdgebieten ein großes Angebot an Insekten vorfinden, das sie mit ihrer artspezifischen Jagdtechnik nutzen können. Diese Insektenscharen wiederum ernähren sich von verschiedenartigen Pflanzen und Tieren. Es muß also viele erfolgreiche Nahrungsketten geben, damit Fledermäuse leben und sich vermehren können. Diese Nahrungspyramiden sind in monotonen und intensiv genutzten, oft auch giftbelasteten «Triviallandschaften» gestört. Einer Fledermauspopulation nutzt es nichts mehr, wenn im Juni massenhaft Insekten fliegen, nicht aber im April und Mai, in der Zeit, wenn die Weibchen trächtig sind und viel Nahrung brauchen. Sobald die Kontinuität des saisonalen Nahrungsangebotes verlorengeht, wird den Fledermäusen die Lebensgrundlage entzogen. Spritzaktionen mit Giften schädigen also nicht nur die bekämpften Insektenpopulationen, sondern auch alle anderen Insekten und deren natürliche Jäger. Bei der Analyse des Rückgangs von Populationsdichten muß solchen Argumenten daher ein besonderes Gewicht beigemessen werden. Monotone, großflächige, giftbelastete Kulturlandschaften führen also für alle Prädatoren zu einem gravierenden Nahrungsmangel.

Sterben die Fledermäuse aus?

In Europa ist in den letzten Jahrzehnten glücklicherweise noch keine Fledermausart vollständig ausgestorben. Einige Arten sind regional verschollen, sehr selten geworden oder gelten gebietsweise als vom Aussterben bedroht. Dazu gehören in Mitteleuropa vor allem die Hufeisennasen (Rhinolophidae), die Mopsfledermäuse (*Barbastella barbastellus*) und in regionalen Teilbereichen verschiedene andere Arten, die unterschiedlich stark bedroht sind. In der Nordwestschweiz ist es beispielsweise die Breitflügelfledermaus (*Epetesicus serotinus*), die früher vermutlich häufiger vorgekommen ist. In vielen Regionen des nördlichen Mitteleuropas dagegen gehört sie zu den am häufigsten nachgewiesenen Arten, die sich regional sogar weiter ausbreitet.

Aufgrund des gravierenden Strukturwandels in vielen mitteleuropäischen Landschaften verzeichnen wir zwar große Verluste in der Artendiversität, dennoch leben auch heute noch in fast jedem Ort, zumindest zeitweise, Fledermäuse. In gewisser Weise kann man Parallelen zur Vogelfauna ziehen, denn Nahrungsspezialisten sind eher gefährdet als solche Tiere mit opportunistischen Jagdstrategien. Es sei denn, daß sich neue Nahrungsquellen aufgetan haben, wie wir es bei der Wasserfledermaus (*Myotis daubentoni*) vermuten. Die Bestände dieser Arten scheinen in Mitteleuropa seit einigen Jahren größer zu werden, und einige Forscher glauben sogar an eine deutliche Zunahme. Auch bei der Weißrandfledermaus (*Pipistrellus kuhlii*) gibt es interessante Veränderungen, denn sie breitet sich zur Zeit weiter nach Norden aus.

Schlechtwetterperioden, eine natürliche Bedrohung	Anhaltende Schlechtwetterperioden können eine große Gefahr für Fledermäuse sein. Die vom Winterschlaf geschwächten Tiere finden im Frühjahr bei Witterungsumschlägen mit Frost und Schnee keine Nahrung. In dieser Zeit fliegen sie oft in ungünstige Quartiere ein, die zur Todesfalle werden. Für trächtige Mausohrweibchen (*Myotis myotis*), die bereits im Sommerquartier sind, kann der Energiehaushalt extrem knapp werden, wenn es tagsüber auf dem Dachboden warm wird und in der Nacht bei Kälte ihre Beutetiere, die bodenbewohnenden Laufkäfer, nicht aktiv werden. Deshalb verlassen sie oft spontan die Wochenstuben wieder, um kühlere Quartiere aufzusuchen. Auch die langen Regenperioden im Sommer verhindern den Insektenflug. Unter dem Nahrungsmangel leiden dann besonders die Fledermausmütter mit ihren Kindern. Weil auf den lethargischen Fledermäusen immer noch blutsaugende Parasiten aktiv sein können, verschlimmert sich das Drama: in ungünstigen Jahren können 50 Prozent und mehr der Jungen sterben.
Gefährliche Räuber: Greifvögel und Raubtiere	Bei uns gibt es keine spezialisierten Fledermausjäger. Für Eulen und Greifvögel sind Fledermäuse nur eine Gelegenheitsbeute. Wanderfalken (*Falco pellegrinus*) wurden beobachtet, wie sie am Tag jagende Große Abendsegler (*Nyctalus noctula*) zwischen Schwalben herausfingen, die im gleichen Gebiet flogen. In den Gewöllen von Eulen werden manchmal auch Fledermausknochen gefunden. Es kann auch vorkommen, daß ein einzelner Verfolger, der ein Quartier oder eine Flugroute entdeckt hat, hier intensiver sein Jagdglück versucht und dadurch eine Population dezimiert. Bei Basel haben wir Waldkäuze (*Strix aluco*) beobachtet, wie sie auf Bäumen vor einem Felsspalten-Winterquartier des Großen Abendseglers (*Nyctalus noctula*) ihren Ansitz hatten und die einfliegenden Fledermäuse erwarteten.

Nicht jeder Fangversuch gelang, denn meistens konnten die Verfolgten rechtzeitig in den Spalten verschwinden. Unter heftigem Gezeter befreiten sich bereits ergriffene wieder aus den Fängen und suchten, vermutlich meist schwer verletzt, das Weite. An kühlen Sommertagen oder im Winter können Marder und Katzen leicht Beute machen, indem sie die inaktiven Fledermäuse in ihrem Quartier aufspüren. In Mausohrkolonien (*Myotis myotis*) haben Steinmarder (*Martes foina*) schon große Schäden angerichtet und waren in einigen Fällen wohl auch für das darauffolgende Ausbleiben der Fledermäuse verantwortlich. Katzen können tieffliegende Fledermäuse sogar aus der Luft fangen und entwickeln dabei erstaunliche Fertigkeiten. Ich habe eine Katze kennengelernt, die auf einer Terrasse vorbeifliegende Zwergfledermäuse (*Pipistrellus pipistrellus*) aus dem Sprung heraus gefangen hat. In Streuobstanlagen der Region Basel haben streunende Katzen im Herbst über dem gemähten Gras fliegende, insektenjagende Braune Langohren (*Plecotus auritus*) sowie Bechstein- und Fransenfledermäuse (*Myotis bechsteini* und *Myotis nattereri*) erbeutet, getötet und nach Hause gebracht. Die Katzen töten die Fledermäuse zwar, fressen sie aber meistens nicht. Vermutlich sind sie wegen ihres starken Eigengeruchs wenig schmackhaft.

Die Krankheiten der in Europa lebenden Fledermäuse sind nahezu unerforscht. Am meisten diskutiert wird in neuester Zeit die Tollwut. Bis vor wenigen Jahren waren nur außereuropäische Epidemien bekanntgeworden. Insbesondere die südamerikanische Vampirfledermaus (*Desmodus rotundus*) hatte man als Überträgerin der Tollwut erkannt. Aber auch in Europa (Dänemark, Norddeutschland, Niederlande, Frankreich und neuerdings auch in der Schweiz) wurden seit 1985 wiederholt an Tollwut erkrankte Fledermäuse gefunden. Es handelte sich um Breitflügelfledermäuse (*Eptesicus serotinus*), Rauhhautfledermäuse (*Pipistrellus nathusii*) und Wasserfledermäuse (*Myotis daubentoni*). Tollwutnachweise bei Fledermäusen sind recht selten – im Jahr 1995 waren es in Europa insgesamt nur sechs. Im vierten Quartal des Jahres 1995 wurden europaweit 1723 Tollwutfälle bei Wildtieren festgestellt, davon allein 1583 bei Füchsen (*Vulpes vulpes*) und nur einer bei einer Fledermaus in Zentralfrankreich. Die Fledermaustollwut wird durch ein anderes Virus verursacht als bei der bekannten, weitverbreiteten Fuchstollwut, die bei Raubtieren, aber auch bei allen Haustieren und sogar bei Huftieren auftreten kann. Um Bisse sicher zu vermeiden, wird empfohlen, aufgefundene Fle-

Krankheiten der Fledermäuse

dermäuse nur mit einem Tuch oder mit Handschuhen anzufassen. Wird jemand versehentlich gebissen, sollte aus Sicherheitsgründen ein Arzt konsultiert werden. Bei den lokalen Fledermausexperten (Kontaktstellen Seiten 377/78) kann man sich über die regionale Gefährdungssituation informieren. Aus Sicherheitsgründen sollten alle aktiven Fledermausschützer, aber auch grundsätzlich alle Wildbiologen und mit der Pflege von Wildtieren betraute Personen eine Schutzimpfung gegen Tollwut haben. Beim Umgang mit Fledermäusen ist also, wie bei allen anderen Wildtieren auch, immer eine gewisse Vorsicht geboten. Auf jeden Fall ist nicht jede Fledermaus, die, wenn sie gestört wird, heftig schimpft und zetert, tollwütig. Hausbesitzer, die Fledermäuse bei sich zur Untermiete haben, müssen keine Befürchtungen haben. Wenn trotzdem Zweifel bestehen, sollte man unbedingt die regionalen Fledermausexperten um Rat fragen.

Obwohl Fledermäuse sehr nahe bei uns wohnen können, werden nur selten tote oder sterbende gefunden. Das kann verschiedene Gründe haben. Zunächst einmal werden die Beutegreifer dafür sorgen, daß eine moribunde Fledermaus bald als Beute genommen wird und somit schnell verschwindet. Es liegt aber auch an einem sehr eindrucksvollen Verhalten der Fledermäuse: Sobald es ihnen nicht gutgeht, verlassen sie die Kolonie und suchen sich im Abseits einen Ruheplatz, um in einem energiesparenden Torpor zu verweilen. Wenn sie später in einem engen, nicht einblickbaren Quartier sterben, werden sie alsbald von aasfressenden Tieren entsorgt. Stark geschwächte Fledermäuse können sich nicht mehr aus eigener Kraft aufwärmen. Sie klettern oft ins Helle, sogar auf sonnenbeschienene Flächen, um dort die vielleicht rettende Wärme zu suchen. Derart exponiert, werden die hilflosen Tiere meist bald von irgendwelchen Raubtieren entdeckt.

Parasiten   Es gibt wohl keine Fledermaus, die nicht von Parasiten befallen ist. Das gesellige und ortstreue Zusammenleben der Wirte sowie das Quartiermilieu begünstigen besonders die Existenz von Ektoparasiten. Eine stattliche Zahl von hochspezialisierten Insekten lebt direkt auf dem Wirt, im Haarkleid und auf den Flughäuten, oder nur im Quartier, um bei günstiger Gelegenheit ein Blutopfer zu ergattern. Ganz besondere Spezialisten sind Fledermausfliegen (Diptera: Nycteribiidae und Streblidae). Diese flügellosen Bluttrinker haben einen abgeplatteten Körper, und können mit ihren flinken Beinbewegungen sehr schnell durch das dichte Haarkleid ‹schwimmen›. Fledermausfliegen legen keine Eier ab, sondern verpuppungsreife Larven. In sogenannten Puparien entwickeln sie sich zur fertigen Fliege und schlüpfen erst dann, wenn eine Fledermaus im Quartier ist. Zur Liste der sechsbeinigen Plagegeister gehören noch Flöhe (Siphonaptera: Ischnopsyllidae) und Wanzen (Cimicidae). Der erwachsene Floh verbringt sein ganzes Leben auf der Fledermaus, während Wanzen nur zur Nahrungsaufnahme auf das Tier gehen. Gelegentlich bleiben aber auch Wanzen auf den Wirten sitzen und lassen sich so in andere Quartiere transportieren.

Die achtbeinigen Milben (Acari) und Zecken (Ixodidae) gehören zu den Spinnentieren (Arachnida). Besonders die Milben haben einen großen Artenreichtum entwickelt und sind extrem an den Wirt und seine Lebensweise angepaßt. Es scheint, daß baumbewohnende Fledermäuse stark unter ihren Parasiten leiden. Vermutlich wechseln sie auch deshalb ihre Quartiere öfter als gebäudebewohnende Arten. In den Wochenstuben der Großen Mausohren (*Myotis myotis*) sind vor allem die Jungtiere begehrte Nahrungsquellen der Milben. Auf lethargischen Tieren können sie sich in sehr großer Zahl einfinden und ihre Opfer nachhaltig schädigen. Bei ihren Putzgeschäften befreien sich die Alttiere von den Plagegeistern, meist sind es Flughautmilben (Spinturnicidae), indem sie diese mit den Schneidezähnen und der Zunge von den Flughäuten aufnehmen und fressen.

Auch im Körper der Fledermäuse können sich Parasiten einnisten. Am leichtesten zu entdecken sind Darmparasiten, wie Trematoden und Cestoden. Die Mehrheit bleibt aber für den Nichtspezialisten unsichtbar. Es sieht so aus, als könnten gesunde Fledermäuse mit ihren Parasiten ganz gut leben. Nur in Ausnahmefällen kommt es zu einer lebensgefährdenden oder sogar tödlichen Belastung. Einen gesunden, lebensfähigen Wirt zu haben, müßte eigentlich auch ein vitales Lebensinteresse des Parasiten sein, denn sonst würde er ja seinen eigenen Lebensraum zerstören. Die erfolgreiche Koexistenz zwischen Wirt und Nutznießer ist eigentlich eine äußerst faszinierende Lebensgemeinschaft. Vor allem dann, wenn Lebensstrategien entwickelt werden, die ein erfolgreiches, durch den Wirt reguliertes Zusammenleben ermöglichen.

Parasiten werden zum dramatischen Ereignis, wenn sie auf einem Fehlwirt leben, der keine etablierte Abwehrstrategie hat, oder wenn sie sich auf geschwächten, kranken Wirten massenhaft vermehren können. Wir finden immer wieder Fledermäuse mit einem Massenbefall von Milben. Besonders schlimm wirkt sich ein Befall mit Krätzmilben (Sarcoptidae) aus, die überall in der Haut leben können. Bei Basel wurden wiederholt flugunfähige, am Boden herumlaufende Große Abendsegler (*Nyctalus noctula*) gefunden, die an Rücken und Kopf völlig verschorft waren. Die abgemagerten Tiere behandelte ich mit einem Acarazid, und sie erholten sich dann wieder. Sie hatten allerdings durch die Milben verursachte, dauerhafte Gelenkschädigungen an den Zehen, so daß sie sich nicht mehr im Quartier aufhängen konnten. Wie es zu einem derartigen Massenbefall kommen kann, wissen wir nicht. Milben können übrigens auch im Zahnfleisch leben, so daß die Zähne ausfallen, und wieder andere Milbenarten haben sich die Schleimhäute in der Nasenhöhle, im Rachen und sogar die Lunge als Lebensraum erobert. Aber keine Angst, die auf den Fledermäusen lebenden Parasiten sind auf diesen Wirtstyp spezialisiert und würden den menschlichen Körper nicht als Lebensraum akzeptieren.

Fledermausschutz

Genaugenommen gibt es nur wenige allgemeingültige Regeln und Richtlinien für die Arbeit im Fledermausschutz, die immer und überall mit vertrauensvoller Zuversicht angewendet werden könnten. Zu unterschiedlich sind die Lebens- und Schutzbedürfnisse der einzelnen Arten, und zu verschiedenartig sind allein schon in Mitteleuropa die Landschaften und die regionalen Problematiken. Deshalb sollen hier nur einige kurze Hinweise folgen, die neue, noch unerfahrene Fledermausfreunde über die wichtigsten Arbeitsgebiete orientieren. Wer Fledermäusen helfen und ihre Lebensbedingungen erhalten oder verbessern will, sollte sich unbedingt den Rat von erfahrenen Spezialisten holen. Sie kennen die lokalen Probleme, haben Erfahrung im Umgang mit Fledermäusen und sind froh, wenn ihre Arbeit tatkräftig unterstützt wird.

Man hat schon früh erkannt, daß die Quartiere, insbesondere die Wochenstuben und Winterquartiere, eine zentrale Bedeutung haben und geschützt werden müssen. Bei Renovierungsarbeiten an Gebäuden ist oft fachkundige Beratung nötig, oder es muß der öffentliche Zugang zu einem wichtigen Quartier eingeschränkt, vielleicht sogar verhindert werden. Welche Maßnahmen im einzelnen zu treffen sind, hängt wiederum von der Fledermausart, den lokalen Gegebenheiten und dem aktuellen Bedrohungspotential ab. Grundsätzlich haben wir heute gute Kenntnisse darüber, wie solche Schutzmaßnahmen erfolgreich zu bewerkstelligen sind. Allerdings wurden bis heute auch schon viele Fehler gemacht, aus denen man inzwischen lernen konnte. Deshalb muß gerade bei solchen Problemen der Kontakt mit Spezialisten gesucht und ein reger Erfahrungsaustausch gepflegt werden. Es ist absolut nicht notwendig, die gleichen Fehler ein zweites Mal zu machen.

Eine zentrale Bedeutung im Fledermausschutz haben Ansiedlungsversuche in speziellen Fledermauskästen aus Holz oder aus Holzbeton, die manchmal selbstgebaut, meistens aber kommerziell vertrieben werden. Vielerorts hat man neue unterirdische Winterquartiere gebaut und sie den Fledermäusen angeboten. In Landschaften mit einem geringen Angebot an natürlichen Quartieren konnten erstaunliche Erfolge verzeichnet werden. Besonders die Ansiedlungsversuche mit Fledermauskästen, die natürliche Baumhöhlen ersetzen sollen, waren in Regionen mit monotonen Nadelholzwäldern verblüffend erfolgreich. Solche Experimente werden gelegentlich auch in Landschaften durchgeführt, in denen bereits Fledermäuse leben – unauffällig und nicht beachtet. Hier sollte unbedingt überprüft werden, ob es durch den neuen Quartiertyp im Jagdgebiet nicht zu unerwünschten Verdrängungsstrategien durch vielleicht dominantere Arten kommt, deren Bedürfnisse dadurch optimiert werden. Es könnte beispielsweise sein, daß das Braune Langohr (*Plecotus auritus*) und einige kleine *Myotis*-Arten durch robustere *Pipistrellus*- oder *Nyctalus*-Arten ins Abseits gedrängt werden. Leider wissen wir über solche Zusammenhänge der Nutzung der verschiedenen Ressourcen noch sehr wenig.

Einige Nahrungsspezialisten unter den Fledermäusen leiden derart unter einem Nahrungsmangel, daß sie vor allem in Mitteleuropa in ihrer Existenz bedroht sind. Das betrifft primär die Schmetterlingsjäger und solche Arten, die auf ihrem Speiseplan vorwiegend große Insekten haben. Dieses Ernährungsproblem kennen wir auch bei vielen anderen Tieren, bei Vögeln und Kleinsäugern. Ihnen kann nur durch eine entsprechende Gestaltung der Landschaft geholfen werden, wenn bestehende Nahrungsketten intakt bleiben oder neue geschaffen werden. Ein konsequenter Landschaftsschutz, der die traditionellen Bewirtschaftungsformen schützt und eine neue Strukturvielfalt fördert, hilft auch im Fledermausschutz. Durch Erhalt und Anbau geeigneter Futterpflanzen für Raupen hilft man nicht nur der sehr bedrohten Schmetterlingswelt, sondern auch den zahlreichen natürlichen Prädatoren. Weil beide – Jäger und potentielle Beute – recht mobil sein können, begegnen sie sich oft an Orten, die nichts mehr mit ihrer eigentlichen, der lebenswichtigen Ressource zu tun haben. Deshalb werden die Zusammenhänge häufig nicht erkannt. Denn wer denkt schon daran, daß die eine Straßenbeleuchtung umschwärmenden Falter vielleicht in einer Naturwiese oder einer Hecke ihre Geburtsstätte hatten. In Gebieten, in denen Fledermäuse künstlich angesiedelt werden sollen, muß Insektenreichtum garantiert sein. Vor allem in solchen Gebieten, in denen sie ihre Jungen aufziehen, muß man sich Ansiedlungsversuche gut überlegen. Es ist vermutlich auch falsch, Fledermäuse im Herbst in solche Winterquartiere zu locken, die im Frühjahr schnell zu warm werden und weitab von guten Nahrungsquellen liegen. Lokale Fledermausschützer kennen diese Probleme und können um Rat gefragt werden.

Für Fledermäuse kann man keine geschlossenen Reservate bauen, um sie darin zu hegen. Sie fliegen überallhin – auch dorthin, wo wir sie niemals erwarten würden, und bleiben aus, wo wir sie vielleicht gern hätten. Immer wieder gibt es völlig überraschende Neubesiedlungen in Gebäuden, und aus scheinbar unerfindlichen Gründen verschwinden sie andernorts plötzlich. Obwohl es Menschen gibt, die Fledermäuse mögen und sich vehement für ihren Schutz einsetzen, werden die Tiere immer noch verfolgt und absichtlich vertrieben. Dennoch geht es ihnen besser als vor 20 Jahren, denn die gesellschaftliche Akzeptanz ist größer geworden. Ein Umstand, der auf die gute, engagierte Öffentlichkeitsarbeit zurückzuführen ist, die in Europa länderübergreifend stattfindet. Auffallend ist die große Vielfalt der Projekte und der Ideenreichtum; in dieser Beziehung haben Fledermausschützer wirklich eine erstaunliche Kreativität entwickelt. Da gibt es außer den üblichen Vorträgen, Kursen, Nachtexkursionen und Ausstellungen auch schon mal große Theaterinszenierungen durch Jugendgruppen, Marktstände mit Verkauf von Fledermausmist als Blumendünger und vieles mehr. Wenn dann die Aufmerksamkeit der Medien erreicht werden kann und durch eigene Beiträge auf die Anliegen des Fledermausschutzes aufmerksam gemacht wird, kann ein sehr großes Publikum angesprochen werden. Heute gibt es in Europa viele regionale Arbeitsgruppen im Fledermausschutz, die die Besonderheiten und Probleme ihrer lokalen Fauna kennen. Die durch sie vermittelten Informationen wirken wegen ihres regionalen Bezuges nachhaltig auf die Besucher ein. Das weiß ich aus eigener Erfahrung, denn mit einigen Freunden habe ich 1988 in Basel «pro Chiroptera» gegründet, einen Verein für Fledermausschutz, der heute mehr als 300 Mitglieder hat. Mit viel Erfolg bieten wir Exkursionen in die Jagdgebiete, Video-Live-Übertragungen aus Mausohrwochenstuben und der Station «Hofmatt» an, organisieren Vorträge und lassen uns immer wieder etwas Neues einfallen, um den Freundeskreis für Fledermäuse zu vergrößern. Bei unseren Veranstaltungen zeigen wir lebende, nicht mehr freiflugfähige Pfleglinge, die dann aus der

Nähe betrachtet und gelegentlich auch gestreichelt werden dürfen. Wenn bei Abendverstanstaltungen im Herbst mein handaufgezogenes Abendseglermännchen «Bebbi» im Zentrum Basels beim Münster «sang» und durch seine Lockrufe wilde Fledermäuse herbeilockte, die oft nahe um seinen Wohnbehälter flogen, dann war die Begeisterung der vielen Besucher riesengroß. Besser als «Bebbi» es tat, konnten wir nie um Sympathie für Fledermäuse werben. Schüler und Lehrer können bei uns ein Vortrags-Set mit Dias und Folien ausleihen. Auf diese Weise sind wir immer mehr zu einem ehrenamtlichen «Dienstleistungsbetrieb» geworden, der von Schulen, Vereinen, aber auch von staatlichen und privaten Einrichtungen um Mitarbeit oder Hilfe angefragt wird.

Ein langfristiger Schutz für Fledermäuse wird vermutlich nur über eine vielfältige und effiziente Öffentlichkeitsarbeit erreicht. Dabei können alle Existenzprobleme der kleinen Nachtflieger angesprochen werden, und wenn man es richtig macht, wird eine dementsprechende nützliche Toleranz und Einsicht geschaffen – nicht nur bei Privatleuten, sondern immer häufiger auch auf politischer Ebene. Gesetzliche Auflagen und Bestimmungen sollten nur die Rahmenbedingungen festlegen, der konkrete Schutz vor Ort, am Tier, darf nicht reglementiert werden – allenfalls in, hoffentlich seltenen, Notfällen. Nur durch die vielleicht auch von Herzen kommende Akzeptanz der Bevölkerung werden Fledermäuse mit uns unbeschadet zusammenleben können.

Ein großes Problem im Fledermausschutz ist die Pflege und Betreuung verunglückter Fledermäuse. Durch eine intensive Öffentlichkeitsarbeit und Sympathiewerbung werden viele Leute sensibilisiert, weshalb immer häufiger Fledermäuse in Obhut genommen werden müssen. Es muß hier ausdrücklich darauf hingewiesen werden, daß Fledermäuse heute in allen europäischen Ländern gesetzlich geschützt sind und nur mit entsprechenden amtlichen Bewilligungen längere Zeit betreut werden dürfen. Fledermäuse sind keine Haustiere, ihre Pflege kann recht problematisch sein und verlangt vom Betreuer viel Einfühlungsvermögen, Sachkenntnis und Zeit. Durch die Pflege von kranken oder verletzten Fledermäusen können zwar keine Fledermauspopulationen gerettet werden, man muß aber trotzdem versuchen zu helfen, nicht zuletzt auch deshalb, weil man aus Gründen einer umfassenden Schutzphilosophie die Fürsorglichkeitsgefühle eines hilfsbereiten Finders nicht verletzen darf. Wer aber aus irgendeinem Grund pflegebedürftige Fledermäuse in Obhut nimmt, muß unbedingt den kompetenten Rat suchen. Fledermäuse sind wirklich heikle Pfleglinge und unterscheiden sich in ihren Ansprüchen in vielen Belangen so sehr von anderen Säugetieren, daß auch Tierärzte oft nicht die richtigen Ratgeber sind. Eine kleine Einführung in dieses Thema und einige meiner Erfahrungen habe ich in der Broschüre «Das Fledermausbrevier» zusammengestellt (siehe «Weiterführende Literatur», Seite 373ff).

Insbesondere auf regionaler Ebene muß im Fledermausschutz mit der Forschung zusammengearbeitet werden. Eine wichtige Grundlage ist beispielsweise die sorgfältige Dokumentation aller Fledermausnachweise, sowohl der zufälligen ebenso als auch der bei einer systematischen Untersuchung gewonnenen. Das kann mit einer schriftlichen Zettelkartei geschehen und ebenso nützlich sein, wie mit einer EDV-gestützten Datenbank im Computer. Um einen Mißbrauch zu verhindern, können die Funddaten zwar geschützt und vertraulich behandelt werden, sie müssen aber unbedingt der öffentlichen Hand und vertrauenswürdigen Naturschutzorganisationen zugänglich sein. Solches Datenmaterial bildete die Grundlage der vielen mittlerweile publizierten regionalen Verbreitungskarten von Fledermäusen. Sie zeigen nicht nur, wo eine Art schon einmal gefunden wurde, sondern, viel wichtiger, in welchen Gebieten noch Angaben fehlen. In solchen Gegenden kann man dann gezielt nachforschen. Wenn eine Datensammlung wertvoll und nützlich sein soll, dann ist eine korrekte Artbestimmung unumgänglich. Weil diese nicht immer einfach ist und weil es immer wieder Zweifel oder im nachhinein zusätzliche Fragen geben kann, ist es notwendig, alle tot aufgefundenen Fledermäuse in einer wissenschaftlichen Sammlung aufzubewahren. Diese muß von Fachleuten langfristig sachkundig betreut werden, am besten in einem naturkundlichen Museum. Dieser Appell geht nicht nur an die vielen Privatleute, die einmal eine tote Fledermaus finden, sondern auch an fledermauskundliche Arbeitsgruppen, Koordinationsstellen für Fledermausschutz und alle Forschungsinstitute, die sich im Rahmen ihrer Projekte mit Fledermäusen beschäftigen. Weil Museen aber oft Platz- und Personalprobleme haben, müssen andere Belegdokumente, wie beispielsweise Kotaufsammlungen, Fotos, Videos und Tonbänder mit Aufzeichnungen der Ortungslaute notgedrungen bei den Arbeitsgruppen aufbewahrt werden. Eine Kontinuität der Arbeit ist bei ihnen aber oft nicht gewährleistet, weil es häufig personelle Wechsel gibt oder die Finanzierung eines Projektes nur zeitlich befristet ist. Alle Auftraggeber und Förderer sollten deshalb die langfristige Sicherung der zusammengetragenen Dokumente, Daten und Erkenntnisse frühzeitig planen.

Mittelmeerhufeisennase (*Rhinolophus euryale*).
(*Foto: Eckhard Grimmberger*)

oben
Mehely-Hufeisennase (*Rhinolophus mehelyi*).
(*Foto: Eckhard Grimmberger*)

rechts
Große Hufeisennase (*Rhinolophus ferrumequinum*).

Kleines Mausohr (*Myotis blythii*) im Hochzeitsquartier unter einer Brücke (Griechenland).
(*Foto: Otto von Helversen*)

Brandtfledermaus (*Myotis brandti*).

Bartfledermaus (*Myotis mystacinus*).

Wasserfledermaus (*Myotis daubentoni*).

Teichfledermaus (*Myotis dasycneme*).
(*Foto: Eckhard Grimmberger*)

oben links
Ohr mit einem «*myotis*»-typischen, schmalen und spitzen Tragus.
Fransenfledermaus (*Myotis nattereri*).

oben rechts
Fransenfledermaus (*Myotis nattereri*).

rechts
Wimperfledermaus (*Myotis emarginatus*).

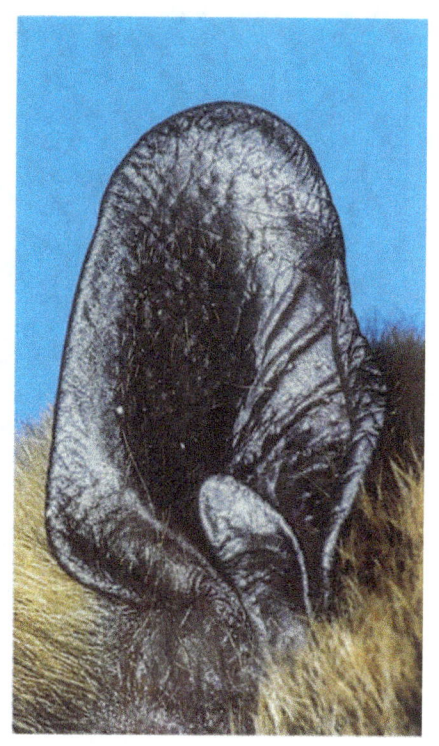

oben links
Zwergfledermaus (*Pipistrellus pipistrellus*).

oben rechts
Ohr mit einem «*pipistrellus*»-typischen, an der Spitze abgerundeten Tragus.
Zwergfledermaus (*Pipistrellus pipistrellus*).

links
Rauhhautfledermaus (*Pipistrellus nathusii*).

Alpenfledermaus (*Hypsugo savii*).

oben
Graues Langohr (*Plecotus austriacus*) auf einem Dachboden, den es nur nachts als Ruheplatz aufgesucht hat.

links
Braunes Langohr (*Plecotus auritus*) im Rüttelflug.

Bechsteinfledermäuse (*Myotis bechsteini*).

Mopsfledermaus (*Barbastellus barbastella*).

Graues Langohr (*Plecotus austriacus*).

Braune Langohren (*Plecotus auritus*).

Riesenabendsegler (*Nyctalus lasiopterus*).
(*Foto: Otto von Helversen*)

Großer Abendsegler (*Nyctalus noctula*).

Kleiner Abendsegler (*Nyctalus leisleri*).

gegenüberliegende Seite
Nordfledermaus (*Eptesicus nilssoni*).

links
Breitflügelfledermaus (*Eptesicus serotinus*).

unten
Bulldoggfledermaus (*Tadarida teniotis*).

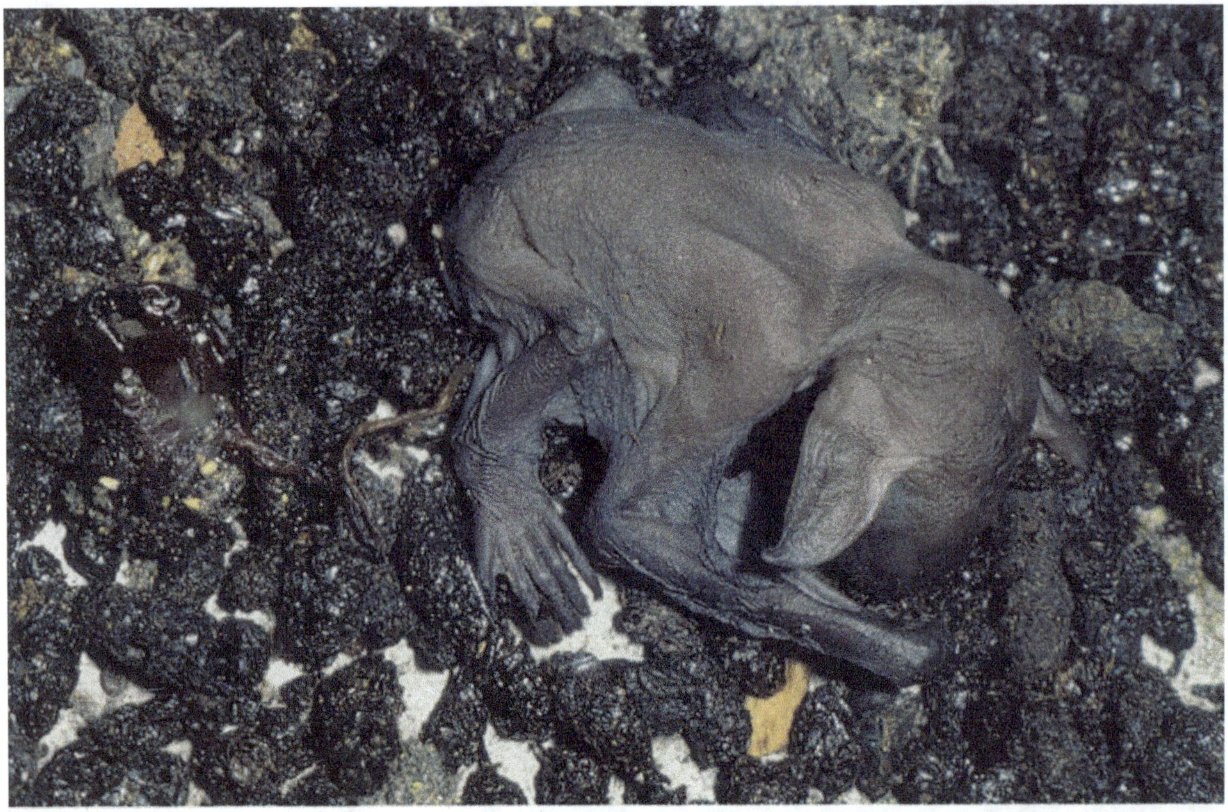

oben
Totgeburt eines Großen Mausohrs (*Myotis myotis*) während der «Schafskälte» im Juni.

rechts
Wimperfledermaus (*Myotis emarginatus*): Sie starb unter dem Hangplatz und wurde in kurzer Zeit von kleinen Insekten skelettiert.

Die Fledermäuse Europas

Im folgenden Kapitel werden die einzelnen Arten nur kurz beschrieben; es enthält keinen Bestimmungsschlüssel.

Das wichtigste Größenmaß bei der Arterkennung ist die Länge des Unterarmes, die mit einer Schublehre gemessen werden kann. Mit deren Hilfe ist schnell festzustellen, ob es sich beim erwachsenen Tier um eine große (>50 mm), mittelgroße (ca. 40 bis 50 mm) oder eine kleine Art (<40 mm) handelt. Wichtige Merkmale sind auch die Form der Ohren und des Ohrdeckels (Tragus). Darüber hinaus ist auch die Ausprägung des Epiblemas ein nützlicher Hinweis. Die Männchen sind am deutlich sichtbaren Penis erkennbar.

> Fledermäuse sind geschützte Tiere. Sie dürfen in ihrem Quartier nicht gestört oder angefaßt werden. Weil die Finder von verunglückten Fledermäusen oft wissen wollen, um welche Art oder Gattung es sich handelt, werden hier einige Basisinformationen vermittelt. Anhand solcher Merkmale und mit Hilfe von Abbildungen kann die Artzugehörigkeit erkannt oder vermutet werden. Regionale Fledermausspezialisten helfen gern bei Artbestimmung und Schutzproblemen.

Familie: Hufeisennasen (Rhinolophidae)

Nur eine Gattung. Ihnen sehr ähnlich sind die Fledermäuse in der artenreichen Familie der Rundblattnasen (Hipposideridae), die in Afrika, Asien und Australien mit den Hufeisennasen verwechselt werden können.

Erkennungsmerkmale: Ein häutiger Nasenaufsatz umgibt die Nasenlöcher: das unverwechselbare, namensgebende «Hufeisen».

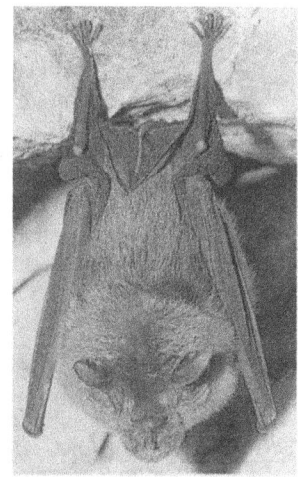

Aus dessen Zentrum, über den Nasenlöchern, erhebt sich ein schmaler häutiger Längskamm, in der Form eines Sattels (Sella). Länge und Ausbildung des Sattels sind wichtige Arterkennungsmerkmale. Zum Scheitel hin, über den Augen, mündet das Hufeisen in einer dreieckigen, langen Lanzette. Zwischen Lanzette und Hufeisen werden durch Querfalten drei Vertiefungen gebildet. Die meist großen, spitzen Ohren haben keinen Tragus, die Augen sind klein. Der Schwanz wird in der Ruhe gegen den Rücken gekrümmt (siehe Foto). Der Sporn hat kein Epiblema. Außer den brustständigen Milchzitzen können sich die Jungen beim Muttertier an zusätzlichen nicht laktierenden Afterzitzen festhalten.

Gattung: *Rhinolophus* (Lacépède, 1799)

69 Arten in Europa, Afrika, Asien und Australien. In Europa leben fünf Arten, davon nur zwei nördlich der Alpen – die Große und die Kleine Hufeisennase.

Erkennungsmerkmale: In Europa haben nur die Hufeisennasen einen häutigen Nasenaufsatz. Deshalb kann diese Gattung nicht mit anderen verwechselt werden. Ruhende Hufeisennasen hängen immer frei an der Decke und hüllen sich oft ganz oder teilweise in ihre Flughäute ein. Um sich orientieren zu können, drehen sie sich in charakteristischer Weise um ihre Längsachse und bewegen dabei lebhaft, unabhängig voneinander, beide Ohren. Dieses typische Ohrspiel läßt sie von allen anderen europäischen Fledermäusen leicht unterscheiden. In Backentaschen können Hufeisennasen Nahrungsbrocken für kurze Zeit aufbewahren.

Zahnformel: $\frac{1-1-2-3}{2-1-3-3} \times 2 = 32$ Zähne

Kleine Hufeisennase
Rhinolophus hipposideros
(Bechstein, 1800)
Lesser horseshoe bat
Petit rhinolophe fer à cheval
Rinolofo minore
(vgl. Seite 193, 296)
Kopf-Rumpf-Länge: 38–45 mm
Unterarmlänge: 35–42 mm
Flügelspannweite: um 20 cm
Gewicht: 4–10 g

Ortungslaute: CF bei etwa 102–109 kHz

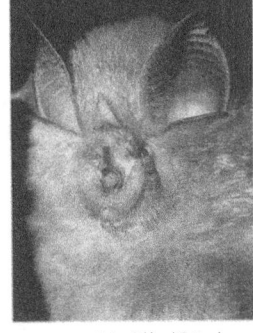
Foto: Eckhard Grimmberger

Merkmale: Kleinste europäische Hufeisennase. Kann an den Maßen der Unterarmlänge leicht von den anderen Arten unterschieden werden. Der Rücken ist rauchfarben graubraun, ohne rötlichen Farbton, der Bauch grauweiß gefärbt. Das Fell wirkt flauschig, weich. Jungtiere sind dunkelgrau.

Verbreitung: Europa, mit Ausnahme des Nordens und Nordostens. Dringt am weitesten von allen Hufeisennasen nach Norden vor, erreicht etwa den 52. Breitengrad: Westirland, Südwestengland, Frankreich, Belgien, Deutschland, von Südpolen bis in die Ukraine und Kaukasus. Außerdem in Nordafrika, Sudan, Äthiopien und von Kleinasien bis Kaschmir verbreitet. Verbreitungsgrenze liegt in Mitteleuropa weiter nördlich und östlich als bei der Großen Hufeisennase. Diese früher vielerorts häufige Art ist jetzt stark bedroht und gilt in vielen Regionen als ausgestorben.

Lebensraum: Nur in klimatisch begünstigten Gebieten mit geeigneten Sommer- und Winterquartieren. Wochenstuben in der Schweiz bis 950 m ü.M, in Österreich bis 1420 m ü.M. Weniger kälteempfindlich als andere Hufeisennasen. Bevorzugte Jagdgebiete: lichte, reich strukturierte Wälder, Waldränder, Strauch- und Heckengebiete, Gewässernähe.

Wochenstubenquartiere nördlich der Alpen in geräumigen Dachräumen oder Kirchtürmen, meist nur in dunklen Räumlichkeiten mit frei durchfliegbaren Ausflugsöffnungen – offene Fenster oder Luken. Oft werden mehrere zusammenhängende Gebäudeteile bewohnt, die unterschiedliche mikroklimatische Eigenschaften haben. Abhängig von saisonalen Bedürfnissen werden die Hangplätze gewechselt. Die Distanzen zwischen Sommer- und Winterquartier sind klein, gelegentlich sind beide sogar im gleichen Gebäudekomplex – beispielsweise auf Dachböden oder im Keller von großen Gehöften oder Schloßanlagen. Die Winterquartiere müssen eine hohe Luftfeuchtigkeit und Temperaturen zwischen 5° und 8°C haben. In Südeuropa werden Höhlen ganzjährig besetzt. In Mitteleuropa synanthrope Lebensweise.

Biologie: Meist ortstreue Kurzstreckenzieher, weniger als 20 km. Die Männchen treffen meist vor den Weibchen im Winterquartier ein. Winterschläfer hängen einzeln, meiden Körperkontakt. Nur in den Fortpflanzungskolonien werden bei ungünstigem Wetter gelegentlich dicht beieinanderhängende Tiere im Cluster beobachtet.

Weibchen werden teilweise schon im ersten Lebensjahr geschlechtsreif. Wochenstuben sind etwa ab April besetzt. In den Kolonien, meist weniger als 100 Individuen, halten sich auch Männchen auf. Weibchen gebären von Mitte Juni bis Anfang Juli ein Junges. Diese öffnen die Augen nach etwa acht bis zehn Tagen und sind im Alter von ca. sieben Wochen selbständig. Adulte Männchen können sich das ganze Jahr über im Winterquartier oder in dessen Nähe aufhalten, sie werden im Durchschnitt etwa vier Jahre alt. Nachgewiesenes Höchstalter beträgt 21 Jahre.

Mit den breiten Flügeln kann die Kleine Hufeisennase im Flug kleinräumig manövrieren, liest auch Arthropoden von der Vegetation ab. Fliegt meist niedriger als 5 m, ist gelegentlich auch Ansitzjäger. Die Beutetiere sind klein und weich. Kleinschmetterlinge, Zweiflügler (besonders Schnaken) und Netzflügler wurden nachgewiesen.

Große Hufeisennase
Rhinolophus ferrumequinum
(Schreber, 1774)
Greater horseshoe bat
Grand rhinolophe fer à cheval
Rinolofo maggiore
(vgl. Seite 49, 338)
Kopf-Rumpf-Länge: 50–63 mm
Unterarmlänge: 50–61 mm
Flügelspannweite: um 37 cm
Gewicht: 16–30 g

Ortungslaute: CF bei etwa 83 kHz

Foto: W. Suter

Merkmale: Größte europäische Hufeisennase. Kräftige, kompakte Statur mit breiten Flügeln. Fell mit graubrauner oder rötlichbrauner Oberseite und heller, cremefarbener Unterseite.

Verbreitung: Europa. Nördliche Verbreitungsgrenze auf der Linie Südengland bis Kaukasus. In Mitteleuropa nur sporadisches Vorkommen. Verbreitungsschwerpunkt in Europa im Mittelmeerraum. Außerdem Nordafrika bis Marokko, Tunesien über Iran bis Himalaja, China und Japan.

Lebensraum: Wärmeliebend, nur in klimatisch begünstigten Gebieten mit Wäldern, in Buschlandschaften oder offenem Gelände. Jagend auch über niedriger Vegetation, entlang von Felswänden und Gebäuden.

Wochenstubenquartiere nördlich der Alpen meist in geräumigen Dachräumen oder Kirchtürmen. Die zugluftfreien Quartiere können relativ hell sein. Sie haben fast immer eine frei durchfliegbare Öffnung nach außen. Winterquartiere: Höhlen, Stollen und andere unterirdische Räume, die frostsicher sind und eine hohe Luftfeuchtigkeit aufweisen. In klimatisch warmen Gebieten werden unterirdische Quartiere ganzjährig bewohnt. In Mitteleuropa im Sommer synanthrope Lebensweise.

Biologie: Meist gesellig. Hängen im Quartier immer frei an der Decke oder an Vorsprüngen. Tagesschlaf im Sommer oft nicht tief. Gestörte Tiere fliegen schnell ab. In Wochenstuben selten mehr als 100 Tiere, darunter auch Männchen. Saisonal meist nur geringe Wanderneigung. Abendlicher Flugbeginn erst in der Dunkelheit. Flug langsam, schmetterlingsartig, meist niedrig. Oft auch Ansitzjäger. In ruhender Position, etwa an einem Zweig hängend, wird auf vorbeifliegende Insekten gewartet: Vorwiegend Nachtfalter, die im raschen Fangflug erbeutet werden. Mit ihrem hochspezialisierten Ortungssystem erkennen sie die Flügelbewegungen der Beute auch vor akustisch unruhigem Hintergrund, wie z.B. sich bewegenden Blättern. Mit großer Beute hängen sie sich gern an vertrauten Fraßplätzen auf und lassen beim Verzehr Flügel und andere Hartteile nach unten fallen. Mit dem kräftigen Gebiß können auch große Insekten zerkleinert werden. Nahrung: Vorwiegend Schmetterlinge, Zweiflügler (Schnaken), Hautflügler, Käfer (Maikäfer, Mistkäfer und Dungkäfer).

Mittelmeerhufeisennase
Rhinolophus euryale (Blasius, 1853)
Mediterranean horsehoe bat
Rhinolophe euryale
Rinolofo euriale
(vgl. Seite 337)

Kopf-Rumpf-Länge: 44–58 mm
Unterarmlänge: 43–51 mm
Flügelspannweite: um 31 cm
Gewicht: 10–18 g

Ortungslaute: CF bei etwa 101–108 kHz

Foto: Eckhard Grimmberger

Merkmale: Mittelgroße Art, deutlich kleiner als Große Hufeisennase. Oberer Sattelfortsatz der Nase länger als der untere und deutlich nach unten gekrümmt. Fellfärbung auf dem Rücken ist graubraun, mit rotem oder lilafarbenem Schimmer. Haare an der Basis hellgrau. Körperunterseite grauweiß bis gelblichweiß.

Verbreitung: Mittelmeergebiet in Südeuropa, Nordafrika bis Marokko, im Osten bis Iran und Turkmenistan.

Lebensraum: Bewaldete, klimatisch begünstigte Berglandschaften. Ganzjährig in unterirdischen Höhlen, nur ausnahmsweise – am nördlichen Rand des Verbreitungsgebietes – in Gebäuden.

Biologie: Im Quartier oft mit anderen Hufeisennasen, Wimper- und Langflügelfledermäusen vergesellschaftet. Fliegt am Abend meist spät aus. Jagdstrategie und Nahrungszusammensetzung sind noch nicht genau untersucht worden.

Blasius-Hufeisennase
Rhinolophus blasii (Peters, 1866)
Blasius's horseshoe bat
Rhinolophe de Blasius
Rinolofo di Blasius

Kopf-Rumpf-Länge: 44–54 mm
Unterarmlänge: 44–48 mm
Flügelspannweite: um 28 cm
Gewicht: 12–16 g

Ortungslaute: CF bei etwa 93–98 kHz

Merkmale: Mittelgroße Art. Oberer Sattelfortsatz der Nase spitz, nicht nach unten gekrümmt und länger als der untere. Fell am Rücken graubraun, Haare an der Basis sehr hell. Unterseite nahezu weiß oder gelblich. Seitliche Färbungsgrenze zwischen Rücken und Bauch relativ scharf getrennt.

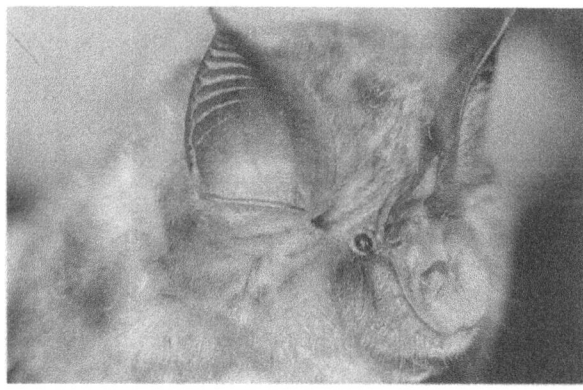

Foto: Klaus-Gerhard Heller

Verbreitung: Im Mittelmeergebiet von Italien, Balkan, Türkei, Bulgarien und Rumänien, Schwarzmeerküste, Afghanistan, Pakistan, Turkmenistan. In Afrika von Marokko bis Äthiopien und Transvaal.

Lebensraum: Karstgebiete, mit lockerer Baum- und Strauchvegetation. Ausschließlich in Höhlen.

Biologie: Wenig bekannt.

Mehely-Hufeisennase
Rhinolophus mehelyi
(Matschie, 1901)
Mehely's horseshoe bat
Rhinolophe de Mehely
Rinolofo di Mehely
(vgl. Seite 338)

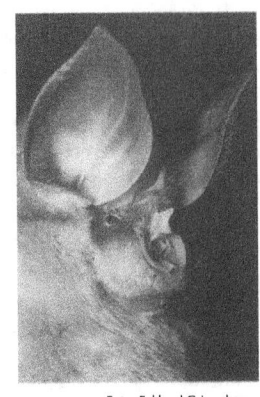

Kopf-Rumpf-Länge: 53–64 mm
Unterarmlänge: 50–55 mm
Flügelspannweite: um 34 cm
Gewicht:: 10–18 g
Ortungslaute: CF bei etwa 105–112 kHz

Foto: Eckhard Grimmberger

Merkmale: Zweitgrößte europäische Hufeisennasenart. Oberer Sattelfortsatz der Nase relativ stumpf, wenig länger als der untere. Dichtes Fell mit graubrauner Rückenfärbung und nahezu weißer Bauchseite. Um die Augen eine deutlich dunklere, graubraun gefärbte Brille.
Verbreitung: Nur lückenhaft bekannt. Mittelmeerküste von Portugal, Spanien, Frankreich, ehemaliges Jugoslawien, Griechenland, Bulgarien, Rumänien, Kaukasus, Iran, Afghanistan, Nordafrika, von Marokko bis Ägypten, Israel, Kleinasien.
Lebensraum: Warme Karstgebiete mit Wasser. Soweit bekannt, ausschließlich in unterirdischen Quartieren.
Biologie: Wenig bekannt. In rumänischen Wochenstuben bis zu 500 Weibchen.

Familie: Glattnasen, Vespertilionidae (Gray, 1821)

42 Gattungen mit etwa 355 Arten in fünf Unterfamilien. Diese große Familie hat eine weltweite Verbreitung – von den tropischen bis in die gemäßigten Regionen. Sie leben in tropischen Urwäldern, in kalten Zonen bis an die Waldgrenze, ebenso wie in nahezu vegetationslosen Wüstengebieten.
Erkennungsmerkmale: Glatte Schnauze ohne häutige Aufsätze. Ohr mit charakteristischem, oft arttypisch geformtem Ohrdeckel (Tragus). Dessen Länge und Form sind gute Bestimmungshilfen. Der Schwanz ist größtenteils von der Schwanzflughaut umgeben und wird in der Ruhe gegen den Bauch gekrümmt.

Unterfamilie: Vespertilionidae (Gray, 1821)

Gattung: *Myotis* **(Kaup, 1829)**
97 Arten in Amerika, Asien, Europa, Afrika und Australien. In Europa wurden bisher elf Arten beschrieben. Das Große und Kleine Mausohr, die Bechstein-, die Fransen- und die Wimperfledermaus werden der Untergattung *Myotis* zugeordnet, zu *Selysius* die Brandt-, die Bart- und die Przewalskifledermaus und zu *Leuconoe* die Wasser-, die Teich- und die Langfußfledermaus.
Erkennungsmerkmale: Auffälliger, meist spitzer Tragus. Das Epiblema fehlt oder ist nur schwach ausgebildet (z.B. Bartfledermaus, *Myotis mystacinus*).

Zahnformel: $\frac{2-1-3-3}{3-1-3-3} \times 2 = 38$ Zähne

Bartfledermaus, Kleine Bartfledermaus
Myotis mystacinus (Kuhl, 1819)
Whiskered bat
Murin à moustaches
Vespertilio mustacchino
(vgl. Seite 132, 340)

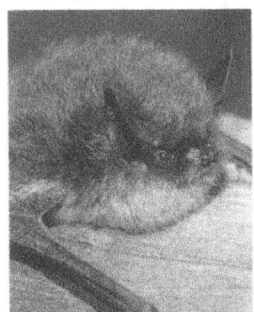

Kopf-Rumpf-Länge: 35–45 mm
Unterarmlänge: 30–37 mm
Flügelspannweite: um 22 cm
Gewicht: 5–10 g
Ortungslaute: FM, Amplitudenmaximum bei etwa 40–50 kHz

Merkmale: Kleine Art, kleinste Art in der Gattung *Myotis*. Dichtes, dunkel graubraunes Rückenfell mit hellen Haarspitzen. Bauchfell heller, anthrazit mit hellen Spitzen; variabel. Jungtiere oben schwärzlich grau, unten weißlich grau. Flughäute schwarzbraun. Im Gegensatz zu *M. brandti* ist die Basis der Ohrmuschel und des Tragus meist dunkel. Penis ist gleichförmig schmal, ohne Verdickung.
Verbreitung: Europa. Von Irland, Skandinavien bis China. Erreicht im Norden den 65. Breitengrad. Fehlt in Südspanien. In Nordafrika südlich bis Marokko. Iran bis Himalaja.
Lebensraum: Wälder, Parks, Gartenanlagen, Siedlungsränder von Ortschaften. Quartiere meist in Spalten. Sommerquartiere in und an Gebäuden, in Baumhöhlen und unter loser Baumrinde, seltener auch in Fledermauskästen. Winterquartiere meist in feuchten Höhlen und Stollen, dort freihängend oder in Spalten.
Biologie: Temperamentvoll und lebhaft im Verhalten. Im Sommer meist in kleinen Kolonien, maximal bis etwa 100 Individuen. Bei Störungen im Quartier heftiges Gezeter. Nur ein Junges jährlich. Jagdbeginn oft schon in der Dämmerung. Wenig wetterempfindlich. Flug: gewandt, kurvenreich, auch niedrig. Holen Insekten von der Vegetation, z.B. im Niedrigflug von blühenden Wiesen. Nahrung: Zweiflügler, Kleinschmetterlinge, auch Spinnen.

**Brandtfledermaus,
Große Bartfledermaus**
Myotis brandti (Eversmann, 1845)
Brandt's bat
Murin de Brandt
Vespertilio di Brandt
(vgl. Seite 340)

Kopf-Rumpf-Länge: 40–52 mm
Unterarmlänge: 32–39 mm
Flügelspannweite: um 22 cm
Gewicht: 5–10 g

Ortungslaute: ähnlich Bartfledermaus, FM, Amplitudenmaximum 40–50 kHz

Merkmale: Erst in den 60er Jahren erkannte man, daß die europäischen Bartfledermäuse zwei verschiedenen Arten angehören, die schwierig zu unterscheiden sind. Die Brandtfledermaus ist ein wenig größer als die Bartfledermaus. Meist goldbraunes oder rötliches Rückenhaar. Flughäute insgesamt brauner als bei Bartfledermaus. Die innere Basis der Ohrmuschel und des Tragus meist heller als das übrige Ohr gefärbt. Penis in der Mitte auffallend verdickt, nicht so gleichförmig schmal wie bei *M. mystacinus*.

Zeichnung: Otto v. Helversen

Unterschiedliche Penisformen:
links: Bartfledermaus (*Myotis mystacinus*)
rechts: Brandtfledermaus (*Myotis brandti*)

Verbreitung: Europa von England bis zum Ural, im Süden von Spanien bis Griechenland. Bis Ostsibirien, Sachalin, Kamtschatka, Kurilische Inseln, Mongolei, Japan.
Lebensraum: Scheint mehr an Waldgebiete und Gewässernähe gebunden zu sein als die Bartfledermaus. Meist Spaltenbewohner. Sommerquartiere in und an Gebäuden, auch in Fledermauskästen. Winterquartiere in Höhlen und Stollen. Wochenstuben in den Schweizer Alpen bis auf 1270 und 1350 m ü.M. Im Winter in Höhlen bis auf 2020 m ü.M.
Biologie: Soweit bekannt, ähnlich wie Bartfledermaus. Gelegentlich mit der Rauhhautfledermaus vergesellschaftet.

Wimperfledermaus
Myotis emarginatus (Geoffroy, 1806)
Geoffroy's bat
Murin à oreilles échancrées
Vespertilio smarginato
(vgl. Seite 53, 342)

Kopf-Rumpf-Länge: 44–50 mm
Unterarmlänge: 36–42 mm
Flügelspannweite: um 23 cm
Gewicht: 7–10 g

Ortungslaute: FM, Amplitudenmaximum bei 50 kHz

Merkmale: Mittelgroße Art. Rot- bis graubraune Oberseite mit wolligem Haar. Unterseite heller, variabel. Die Haare der Körperoberseite sind deutlich dreifarbig, mit grauer Basis, beigem Mittelteil und rot- bis orangebraunen Spitzen. Rand der Schwanzflughaut mit feinen Härchen, «Wimpern», die weniger steif als bei der Fransenfledermaus sind. Ohrenaußenseite hat in der oberen Hälfte eine rechtwinklige Einbuchtung, die von der Spitze des Tragus nicht erreicht wird. An den Ohren und auf den Flügeln sind viele kleine, körnig wirkende Hautverdickungen, die eine Basis von kleinen, kaum sichtbaren Härchen, vermutlich Sinneshaaren, sind.
Verbreitung: Nur unvollständig bekannt. In Europa z.T. Inselpopulationen: Portugal, Spanien, Frankreich, Niederlande, Belgien, Süd- und Westdeutschland, Schweiz, Italien, Österreich, Tschechien, Slowakei, Südpolen und Teile von Südosteuropa. Nordafrika und Vorderasien, Afghanistan.
Lebensraum: Klimatisch milde, offene Busch- und Waldlandschaften oder parkähnliche Anlagen, auch in Städten, z.B. Freiburg i. Br. Einzelnachweise vor höhergelegenen Felshöhlen, z.B. in 1500 m ü.M im Schweizer Jura. Sommerquartiere auf Dachböden und in warmen Höhlen. Wochenstuben sind gelegentlich in hellen Räumen. Winterquartiere in Höhlen, Stollen, Kellerräumen. In Mitteleuropa synanthrope Lebensweise.
Biologie: Hängt frei an Decke oder Wand, aber auch in Spalten. Oft mit Hufeisennasen, Mausohren und Langflügelfledermäusen vergesellschaftet. Gelegentlich große Wochenstuben mit über 1000 Weibchen. Ein Junges im Jahr. Jagdflug meist niedrig. Fliegt innerhalb großer Baumkronen und zwischen den Stämmen relativ dichter Wäldchen. Außerdem auch zwischen Gebäuden landwirtschaftlicher Betriebe und in offenen Ställen jagend. Holen Arthropoden direkt von Vegetation, Wänden und Decken. Bei Kotanalysen (Tschechien und Schweiz) waren Überreste von Spinnen die Hauptkomponenten. Außerdem Reste von Schmetterlingen und Raupen sowie von Netz-, Zwei- und Hautflüglern.

Fransenfledermaus
Myotis nattereri (Kuhl, 1818)
Natterer's bat
Murin de Natterer
Vespertilio di Natterer
(vgl. Seite 52, 53, 132, 342)

Kopf-Rumpf-Länge: 41–50 mm
Unterarmlänge: 35–42 mm
Flügelspannweite: um 25 cm
Gewicht: 5–10 g

Ortungslaute: FM, Amplitudenmaximum bei etwa 50 kHz

Merkmale: Mittelgroße Art. Fell oben variabel graubraun, deutliche Färbungsgrenze zum helleren, weißlichen Bauchfell. Ohren hell. Ohrdeckel auffallend schmal, lang und spitz – etwas länger als halbe Ohrlänge. Hinterrand der Schwanzflughaut mit gekämmten, steifen Haaren, «Fransen», besetzt. Sporn S-förmig gebogen. Diesjährige Jungtiere haben oft, aber nicht immer, einen dunklen Pigmentfleck auf der Unterlippe.
Verbreitung: Europa bis Kaukasus und Ural – im Norden in Irland, Großbritannien und Südskandinavien. Nordafrika, südlich bis Marokko. Türkei, Israel, Irak, Kaukasus, Turkmenistan.
Lebensraum: In ausgedehnten, wasserreichen Waldgebieten und abwechslungsreichen Obstanbaugebieten. In Berggebieten auch in Fichten- und Lärchenwäldern. Dringt regelmäßig in Ortschaften ein. Sommerquartiere meist in Baumhöhlen, Nistkästen, auch Fledermauskästen. Seltener in Spalten an Gebäuden. Winterquartiere in feuchten, frostsicheren Höhlen, Stollen, Kellern, Brunnenschächten, Brücken und Tunnels. Verkriecht sich meist in Spalten.
Biologie: Sehr temperamentvoll, schimpft bei Störungen heftig. Meist kleinere Wochenstubenkolonien, selten mehr als 80 Tiere. Ein Junges im Jahr. Im Sommer wurden zahlreiche Quartierwechsel festgestellt. Fliegt spät aus. Flug: schwirrend, oft geradlinig und langsam. Erbeutet Fluginsekten, liest auch Insekten von Zweigen und Wänden ab. Jagt in offenen Ställen, verfängt sich dort in aufgehängten, klebrigen Fliegenfängern. Nahrung: Fliegen, Spinnen, Kleinschmetterlinge, kleine Käfer.

Bechsteinfledermaus
Myotis bechsteini (Kuhl, 1818)
Bechstein's bat
Murin de Bechstein
Vespertilio di Bechstein
(vgl. Seite 133, 346)

Kopf-Rumpf-Länge: 45–53 mm
Unterarmlänge: 39–47 mm
Flügelspannweite: um 28 cm
Gewicht: 8–12 g

Ortungslaute: FM, Amplitudenmaximum bei etwa 40 kHz

Merkmale: Mittelgroße Art. Ohren groß, 21–26 mm lang. Nach vorne gelegt, überragen sie die Schnauzenspitze um mehr als die Hälfte. Berühren sich im Scheitel an der Basis nicht – unterscheidet sich dadurch eindeutig von Langohren, bei denen sich die Ohrmuscheln an der Basis berühren. Ohrdeckel spitz, leicht sichelförmig gebogen. Fell oben braun, unten weißgrau. Breite Flügel.
Verbreitung: Hauptverbreitung in der gemäßigten Zone Europas von Nordspanien und Frankreich östlich bis zum Kaukasus und Iran, im Norden bis Südengland und Südschweden.
Lebensraum: Laub- und Mischwälder, Parkanlagen, Obstgärten. Sommerquartiere in Baumhöhlen, Vogelnist- und Fledermauskästen. Nur ausnahmsweise in Gebäuden. Die benutzten Quartiere sind an den Puparien der Fledermausfliege (Diptera: Nycteribiidae), einem häufigen Parasiten, gut zu erkennen. Im Winter unterirdisch, z.B. in Felshöhlen. Dort freihängend oder an senkrechten Wänden.
Biologie: Ohne erkennbare Störungen werden die Quartiere häufig gewechselt, auch mit den Jungen. Dabei teilen sich lokale Populationen in kleine Gruppen auf, um sich gelegentlich wieder zu vereinen. In den Tagesquartieren finden häufig Umgruppierungen statt. Kleine Wochenstuben. Selten mehr als 20 Tiere. Ein Junges im Jahr. Fliegt spät aus. Flug: niedrig und langsam. Nimmt auch Beutetiere vom Boden auf. Nahrung: Schmetterlinge, Zweiflügler (Schnaken u.a.), Laufkäfer, Zikaden, Schnabelkerfe, Spinnen, Hundertfüßer.
Können im Sommerquartier ausnahmsweise – wie die Langohren, aber deutlich seltener – die Ohren unter den Unterarmen am Körper einklemmen.

Großes Mausohr
Myotis myotis (Borkhausen, 1797)
Greater mouse-eared bat
Grand murin
Vespertilio maggiore
(vgl. Seite 54f., 84f., 129, 131)

Kopf-Rumpf-Länge: 65–80 mm
Unterarmlänge: 56–65 mm
Flügelspannweite: um 40 cm
Gewicht: 20–40 g

Ortungslaute: FM, Amplitudenmaximum bei etwa 27–35 kHz

Merkmale: Große Art, die nur schwer von der Zwillingsart *Myotis blythii* unterschieden werden kann. Die Ohrbreite ist >16 mm und die Ohrlänge >26 mm. Rückenfell graubraun, unten weißgrau. Jungtiere grauer. Der goldgelbliche Schimmer bei Adulten stammt von Drüsensekreten, die sie sich ins Fell applizieren. Die breiten Flügel sind graubraun.

Verbreitung: Europa, von Portugal und Spanien ostwärts bis Ukraine und Kleinasien, Libanon, Israel. Nach Norden bis Südengland und Norddeutschland. Nordosteuropa in Polen, Belorußland, Litauen bis Lettland. In Skandinavien nur ein Nachweis: 1985 in Südschweden. Nordafrika: Marokko, Algerien, Tunesien, Libyen. Westlichstes Vorkommen auf den Azoren. In klimabegünstigten Gebieten oft sympatrisch mit *Myotis blythii*.

Lebensraum: In Mitteleuropa synanthrope Lebensweise der Weibchen im Sommer, ausgesprochener Kulturfolger. Bevorzugt klimatisch begünstigte Täler und Ebenen. Gebiete mit traditioneller Landwirtschaft scheinen besonders günstig – meidet intensiv genutzte Agrarsteppen.

Wochenstuben in meist großen, dunklen Dachräumen oder Kirchtürmen, die wenig begangen werden. Hangplatz oft frei an der wärmsten, durchzugsfreien Stelle im Giebel. Urinspuren auf den Balken und Kot auf dem Boden sind auffallend. Quartiere aber auch in Brücken, Wandverkleidungen, Kellerräumen. Territoriale Männchen können ganze Dachräume für sich beanspruchen und wohnen meist in kleinen Hohlräumen der Balkenverstrebungen, werden aber auch in Nistkästen oder in Baumhöhlen im Wald gefunden. Im Sommer bei uns nur selten in Felshöhlen. Winterquartiere: feuchte Felshöhlen, Stollen, Keller, Hohlräume in Brücken. An frostsicheren, zugfreien Plätzen hängen sie einzeln oder in Gruppen, entweder frei an Decken und Wänden oder auch in Ritzen verkrochen. Im Süden des Verbreitungsgebietes auch ganzjährig in warmen unterirdischen Quartieren, oft mit anderen Arten vergesellschaftet.

Biologie: Gesellig, in den Sommerkolonien oft lautes Gezeter. Nebenquartiere dienen als Unterschlupf bei Jagdunterbrechung wegen Schlechtwetter oder bei Störungen im Hauptquartier. Im Sommer deutliche Trennung der Geschlechter. Größe der Wochenstuben variiert beträchtlich: In Mitteleuropa von Kleingruppen mit weniger als 10 Weibchen bis zu Kolonien mit mehreren hundert Tieren – seltener auch bis 2000 und mehr. Im Frühjahr oft noch Männchen, meist jüngere, am Hangplatz der Weibchen. Nur ein Junges pro Jahr. Bei langandauernden Schlechtwetterperioden oft große Verluste. Zwischen Sommer- und Winterquartier sind bei mitteleuropäischen Populationen Wanderungen von mehr als 200 km möglich.

Solitäre Männchen können im Sommerquartier in Ausnahmefällen – wie die Langohren, aber deutlich seltener – die Ohren unter den Unterarmen am Körper einklemmen.

Jagdgebiete können 10 km und mehr vom Tagesquartier entfernt sein. Bevorzugt unterholzfreie Laub-Mischwälder, Waldränder, frisch gemähte oder beweidete Wiesen, abgeerntete Äcker, gelegentlich auch Intensiv-Obstanlagen. Fliegen oft niedrig, entlang von linearen Strukturen, wie Gebäudereihen, Hecken, Waldrändern. Nahrung: Große, meist bodenbewohnende Arthropoden. Laufkäfer, direkt vom Boden aufgenommen, sind vielerorts die Hauptnahrung. Maikäfer, Mistkäfer, Dungkäfer, Heuschrecken, Heimchen, Maulwurfsgrillen, Schnaken, bodenbewohnende Spinnen und seltener Schmetterlinge können den Speisezettel ergänzen.

Kleines Mausohr
Myotis blythii (Tomes, 1857)
Lesser mouse-eared bat
Petit murin
Vespertilio di Blyth
(vgl. Seite 131, 339)

Kopf-Rumpf-Länge: 62–71 mm
Unterarmlänge: 50–63 mm
Flügelspannweite: um 40 cm
Gewicht: 15–28 g

Ortungslaute: FM, Amplitudenmaximum zwischen 33–42 kHz

Foto: Eckhard Grimmberger

Merkmale: Dem Großen Mausohr sehr ähnlich. Etwas geringere Körpermaße. Ohren und Schnauze wirken spitzer. Ohrbreite <16 mm, Ohrlänge <25 mm. Genaue Artbestimmung oft schwierig. Typische Individuen haben am Scheitel einen hellen Fleck im Fell, der auch auf Distanz am Hangplatz gesehen werden kann. Sichere Bestimmung durch biochemische Untersuchungen und durch Maßvergleiche am Schädel möglich.

Verbreitung: Westliches Hauptverbreitungsgebiet in Südeuropa. Im Osten bis zum Kaukasus, Kleinasien, Afghanistan und Himalaja, Mongolei, China. Im Süden auf Sizilien; nicht auf den Mittelmeerinseln Sardinien, Korsika, Balearen, Kreta, Zypern (nach Arlettaz 1995). Im südlichen Mitteleuropa vielleicht weiter verbreitet, als bisher angenommen wurde. In der Schweiz nördlichste Wochenstube im Kanton St. Gallen (Eichberg). Im westlichen Verbreitungsgebiet oft sympatrisch mit *Myotis myotis*.

Lebensraum: Nur in klimatisch begünstigten Gebieten. In Mitteleuropa synanthrope Lebensweise der Weibchen im Sommer. Wochenstubenquartiere an der nördlichen Verbreitungsgrenze vermutlich nur in Gebäuden, im mediterranen Raum oft auch in Höhlen. Isolierte Männchen wurden in Walliser Alpen bis zur oberen Baumgrenze beobachtet. Im Winter immer unterirdisch in Höhlen, Stollen oder Kellerräumen.

Biologie: Bildet in Mitteleuropa meist keine eigenen Wochenstubenkolonien, sondern ist immer mit dem Großen Mausohr in einem gemeinsamen Verband. Jagdgebiete im Umkreis von 10 km des Quartiers, bevorzugt in offenen Graslandschaften, wo bodenbewohnende Arthropoden gejagt werden. Nahrung: Ähnlich wie Großes Mausohr, aber mit einer Bevorzugung von Laubheuschrecken.

Wasserfledermaus
Myotis daubentoni (Kuhl, 1819)
Daubenton's bat
Murin de Daubenton
Vespertilio di Daubenton
(vgl. Seite 134, 341)

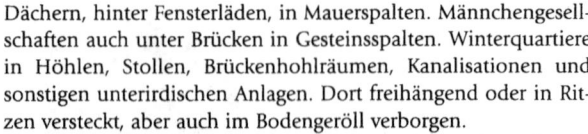

Kopf-Rumpf-Länge: 42–55 mm
Unterarmlänge: 32–42 mm
Flügelspannweite: um 24 cm
Gewicht: 7–10 g

Ortungslaute: FM, Amplitudenmaximum bei etwa 45 kHz

Merkmale: Kleine Art mit auffallend großen Füßen. Rückenfell graubraun; unten grauweiß, oft scharf von Oberseite abgesetzt. Ohren relativ klein. Ohrdeckel weniger spitz und relativ kurz im Vergleich zu anderen Arten aus der Gattung *Myotis*. Ein dunkler Pigmentfleck auf der Unterlippe wird als Juvenilmerkmal angesehen, das im ersten Lebensjahr nicht immer, aber bei der Mehrzahl der Tiere vorhanden ist.

Verbreitung: Ganz Europa, mit Ausnahme von Nordskandinavien und Südosteuropa. In den letzten Jahren wird vielerorts eine deutliche Zunahme festgestellt. Im Osten bis Sibirien, Kamtschatka, Sachalin, China und Japan. Assam (Indien).

1977 wurde von Yves Tupinier die Kleine Wasserfledermaus (*Myotis nathalinae*) als neue Art beschrieben. Nachfolgende Untersuchungen lassen den Artstatus bezweifeln – deshalb wird sie heute nur noch als Morphotyp aufgeführt.

Lebensraum: Bevorzugt wasserreiche Landschaften. Gelegentlich aber auch weitab davon in Wäldern oder Ortschaften. Wochenstuben in Baumhöhlen, Nistkästen, in engen Spalten unter Dächern, hinter Fensterläden, in Mauerspalten. Männchengesellschaften auch unter Brücken in Gesteinsspalten. Winterquartiere in Höhlen, Stollen, Brückenhohlräumen, Kanalisationen und sonstigen unterirdischen Anlagen. Dort freihängend oder in Ritzen versteckt, aber auch im Bodengeröll verborgen.

Biologie: Gelegentlich große Wochenstuben mit mehr als 100 Tieren, bei Zürich mit mehr als 600. Ein Junges im Jahr. Männchen können in größerer Entfernung von den Wochenstuben mehrere Dutzend große Gruppen bilden. Beim Flug zum Jagdgebiet, das vom Quartier 1–2 km entfernt sein kann, werden oft die gleichen Flugstraßen benutzt. Diese führen über die Wipfel geschlossener Wälder, entlang von Waldrändern, Gebüsch und nur in Ausnahmefällen im niedrigen, bodennahen Flug über offene Flächen. Wasserläufe sind im Niedrigflug wichtige Leitlinien. Fliegt schon in der Dämmerung aus. Jagdflug schnell, kurvenreich, meist nahe über dem Wasser. Bei Jagdunterbrechungen ruhen sie an Mauerwerk oder Ästen hängend aus. Bis Anfang November über Flüssen jagend. Nahrung: Zweiflügler, Netzflügler, Wanzen. Bevorzugt kleine, nahe über ruhig fließenden oder stehenden Gewässern fliegende Insekten. Oft wird die Beute mit den Hinterfüßen und der Schwanzflughaut von der Oberfläche gekeschert. Wasserfledermäuse werden manchmal versehentlich von Anglern mit der künstlichen Fliege am Haken gefangen.

Langfußfledermaus
Myotis capaccinii (Bonaparte, 1837)
Long-fingered bat
Murin de Capaccini
Vespertilio di Capaccini

Kopf-Rumpf-Länge: 47–53 mm
Unterarmlänge: 38–43 mm
Flügelspannweite: um 24 cm
Gewicht: 8–15 g

Ortungslaute: FM, Amplitudenmaximum bei etwa 45 kHz

Foto: Eckhard Grimmberger

Merkmale: Ähnlich der Wasserfledermaus, aber größer. Färbung heller und grauer. Große Füße mit langen, steifen Haaren. Oberseite der Schwanzflughaut entlang der Beine mit dichtem, weichem Flaum. Langer, spitzer, leicht gebogener Tragus.

Verbreitung: Europäischer Mittelmeerraum und Nordwestafrika. Kleinasien, Irak und Iran, Usbekistan. Schweiz: wurde Anfang des 20. Jahrhunderts am Luganersee gefunden, seither nicht mehr nachgewiesen.

Lebensraum: Bevorzugt wasserreiche Gebiete. Kolonie mit eventuell 10 000 Weibchen in Albanien am Kleinen Prespasee. Quartiere immer in Höhlen, Stollen oder Kellern.

Biologie: Oft mit Hufeisennasen, Mausohren und Langflügelfledermäusen vergesellschaftet. Ernährung und Jagdweise vermutlich ähnlich wie bei Wasser- und Teichfledermaus.

Teichfledermaus

Myotis dasycneme (Boie, 1825)
Pond bat
Murin des marais
Vespertilio dasicneme
(vgl. Seite 341)

Kopf-Rumpf-Länge: 57–61 mm
Unterarmlänge: 43–49 mm
Flügelspannweite: um 28 cm
Gewicht: 15–20 g

Ortungslaute: FM, Amplitudenmaximum 36–40 kHz

Foto: Eckhard Grimmberger

Merkmale: Ähnlich der Wasserfledermaus, aber deutlich größer. Fell: dicht. Färbung: Haarbasis dunkel, Haarspitzen hellgrau bis graubraun oder bräunlich, mit silbrigem Glanz. Unterseite weißgrau, deutlich von der Oberseite abgegrenzt. Die kurze Schnauze ist rotbraun, die Ohren und Flughäute sind graubraun. Tragus für *Myotis*-Art relativ kurz, deutlich kürzer als halbe Ohrlänge. Schwanzflughaut auf der Oberseite nackt, keine flaumige Behaarung. Unterseite der Unterschenkel mit weißen Härchen.

Verbreitung: Nördliches Mittel- und Nordosteuropa bis Sibirien (Jenisei). Ukraine, Kasachstan. Östliche Art, die in Nordwestfrankreich ihre westliche Verbreitungsgrenze hat. Kann weite saisonale Wanderungen unternehmen.

Lebensraum: Im Sommer in wasserreichen Gebieten. In Mitteleuropa synanthrope Lebensweise der Weibchen im Sommer. Wochenstuben in Gebäuden, Einzeltiere und Männchenkolonien gelegentlich in Baumhöhlen. Winterquartiere in Höhlen, Stollen und unterirdischen Befestigungsanlagen.

Biologie: Wochenstuben gelegentlich groß, mit mehr als 100 Tieren. Unternimmt saisonale Wanderungen zu 100 bis ca. 300 km entfernten Winterquartieren. Bevorzugt im Winterquartier zerklüftete Spaltstrukturen. Seltener freihängend an Wänden. Ernährung vermutlich ähnlich wie Wasserfledermaus.

Gattung: *Pipistrellus* (Kaup, 1829)

Etwa 70 Arten werden sechs Untergattungen zugeordnet. Sie leben in Eurasien, Afrika, Australien und Amerika. Die systematische Stellung einiger Arten ist unklar. In Europa ist nur die Untergattung *Pipistrellus* mit drei Arten vertreten, es sind die Zwerg-, die Weißrand- und die Rauhhautfledermaus. Die Alpenfledermaus (*Pipistrellus savii*) wird neuerdings einer eigenen Gattung zugewiesen: *Hypsugo savii*.

Erkennungsmerkmale: Kleine Arten. Länglicher Tragus, an der Spitze deutlich abgerundet. Alle *Pipistrellus*-Arten unterscheiden sich von ähnlichen, kleinen *Myotis*-Arten durch den Besitz eines Epiblemas, das deutlich sichtbar ist. Außerdem ist der Ohrdeckel weniger spitz als bei der Gattung *Myotis*.

Zahnformel: $\frac{2-1-2-3}{3-1-2-3} \times 2 = 34$ Zähne

Zwergfledermaus

Pipistrellus pipistrellus
(Schreber, 1774)
Common pipistrelle
Pipistrelle commune
Pipistrello nano
(vgl. Seite 291, 343)

Kopf-Rumpf-Länge: 33–50 mm
Unterarmlänge: 27–34 mm
Flügelspannweite: um 19 cm
Gewicht: 3–8 g

Ortungslaute: FM und CF, Amplitudenmaximum bei 42–60 kHz

In England wurden erstmals zwei Ruftypen festgestellt, der 46 kHz-Typus und der 55 kHz-Typus. Vermutlich handelt es sich um zwei Arten, deren geringe morphologische Unterschiede bisher nicht aufgefallen sind. Beide Ruftypen werden auch auf dem Kontinent vermutet. Genaue Abklärungen sind in den nächsten Jahren zu erwarten.

Merkmale: Kleinste einheimische Art. Ohren und Flughäute schwärzlich. Flügel schmal. Fell oben schwarz- bis fahlbraun, unten heller; variabel. Männchen sind meist kleiner und leichter als die Weibchen. Kann mit der Rauhhautfledermaus verwechselt werden, hat aber mit max. 40–41 mm eine geringere Länge des 5. Fingers.

Verbreitung: Europa, außer dem äußersten Norden und Nordosten, bis zum Kaukasus. Nordwestafrika, Kleinasien, Israel bis Afghanistan, Kaschmir bis Sinkiang (China). Vielerorts die häufigste Art.

Lebensraum: In Dörfern, Städten, auch im Zentrum von Großstädten (Synanthropie). Meist in Parks, Alleen, Obstgärten und Gartenanlagen. Im Gebirge bis 2000 m ü.M. Bevorzugt enge

Quartiere und verkriecht sich oft so, daß mit Rücken und Bauch Kontakt zur Unterlage besteht. Einschlupföffnung oft nur etwa 10 mm weit. Sommerquartiere in unterschiedlichsten Spalten mit geeignetem Mikroklima, z.B. hinter Fensterläden, in Rolladenkästen, in Wand- und Dachverkleidungen, seltener in hohlen Bäumen, unter loser Rinde. Besiedelt auch Neubauten. Winterquartiere oft zwischen Gestein in Gebäuden, Mauern, Felswänden, seltener in Felshöhlen; aber auch zwischen Holz in Baumhöhlen, Holzstapeln, Wandverkleidungen.

Biologie: Gesellig. Kolonien von meist mehr als 20 Tieren. Kleben in der Nähe des Einfluges oft Kot an die Wände. Wochenstuben wechseln ihr Quartier, auch mit den Jungen. Ein oder zwei Junge pro Jahr. Zwillingsgeburten nicht selten. Gewicht von Einzelgeburt ca. 1,5 g. Nach ungefähr 3-4 Wochen sind sie ausgewachsen und werden flügge. Bekannt wurden Massenansammlungen im Herbst, sogenannte Invasionen von mehreren tausend Tieren in Städten oder größeren Ortschaften. Im Spätsommer und Herbst häufige Quartierwechsel. Territoriale Männchen leben oft als Einzelgänger. Wanderflüge von mehreren hundert Kilometern wurden zwar festgestellt, dennoch ist die Mehrzahl in Mitteleuropa relativ ortstreu.

Jagdflug beginnt zeitig am Abend und dauert oft bis in die Morgendämmerung. Fliegt gewandt, mit häufigen Richtungsänderungen. Als wetterfeste Art ist sie auch bei kühlem und regnerischem Wetter flugaktiv. Jagdhabitate oft bei Gewässern, entlang von Sträuchern, im Wald, an Waldrändern, entlang von Waldwegen, bei Straßenbeleuchtungen. Bei Wind oft unter Brücken. Nahrung: Kleine Fluginsekten wie Zweiflügler (Zuckmücken), Eintagsfliegen, Schnaken und Kleinschmetterlinge. Trotz ihrer geringen Größe können sie erstaunlich große Beutetiere verzehren.

Rauhhautfledermaus
Pipistrellus nathusii
(Keyserling und Blasius, 1839)
Nathusius's bat
Pipistrelle de Nathusius
Pipistrello di Nathusius
(vgl. Seite 199, 343)

Kopf-Rumpf-Länge: 46-54 mm
Unterarmlänge: 32-37 mm
Flügelspannweite: um 23 cm
Gewicht: 6-12 g

Ortungslaute: FM und CF, Amplitudenmaximum bei etwa 36-40 kHz, fast gleich wie *P. kuhlii*

Merkmale: Etwas größer als die ähnliche Zwergfledermaus. Der 5. Finger ist mit 41-48 mm länger und somit fast immer ein gutes Unterscheidungsmerkmal. Fellfarbe oben braun, unten graubraun und heller, variabel. Dunkle, fast schwärzlich gefärbte

sind nicht selten. Oberseite der körpernahen Schwanzflughaut stark behaart; dadurch erscheint das Tier größer.

Verbreitung: Östliche Art, bis Kaukasus und Kleinasien. Im Norden bis Südengland, Dänemark, Südschweden entlang der Ostseeküste bis in den Raum Leningrad. Im Süden im Mittelmeer- und Balkangebiet. Sommeraufenthalt und Jungenaufzucht mehrheitlich im nordöstlichen und östlichen Europa. In den südlichen Gebieten, auch im Südwesten Mitteleuropas, vermutlich keine Reproduktion. Weite Migrationen (siehe Seite 233).

Lebensraum: Bewohnt in ihrem östlichen und nördlichen Verbreitungsgebiet bevorzugt waldreiche Gebiete mit Gewässer. Im Winter oft auch in Dörfern und Städten. Im Sommer in Baumhöhlen, Fledermauskästen, in engen Spalten an Gebäuden. Im Winter oft in Holzstapeln, dort mitunter in Bodennähe; auch in und an Gebäuden, Mauerspalten, in Baumhöhlen, unter loser Rinde, selten in Höhlen und Stollen. Oft in ungünstigen Winterquartieren, die zu Todesfällen werden.

Biologie: In den Wochenstuben 50-200 Weibchen. Es werden meist Zwillinge geboren. Hochzeitsquartiere mit balzenden Männchen in Fledermauskästen, Baumhöhlen, gestapeltem Holz und in Spalten an Gebäuden. Jagdbiotope oft in Gewässernähe, im Winterhalbjahr auch innerhalb von Städten im Bereich von Straßenlampen, in Parks, entlang von Hecken und Waldrändern. Nahrung: Kleine Fluginsekten, wie Zweiflügler (Zuckmücken), Kleinschmetterlinge, Schnaken.

Weißrandfledermaus
Pipistrellus kuhlii (Kuhl, 1819)
Kuhl's pipistrelle
Pipistrelle de Kuhl
Pipistrello albolimbato

Kopf-Rumpf-Länge: 40-50 mm
Unterarmlänge: 30-36 mm
Flügelspannweite: um 22 cm
Gewicht: 5-10 g

Ortungslaute: FM und CF, Amplitudenmaximum bei 36-40 kHz

Merkmale: Etwas größer und robuster als Zwergfledermaus. Fell am Rücken grau- bis gelbbraun, Jungtiere dunkler graubraun. Ohren und Flughäute schwarzbraun. Am Hinterrand der Armflughaut meist ein scharf begrenzter weißer Rand. Einen hellen Rand, allerdings weniger deutlich, können auch *P. pipistrellus* und *P. nathusii* haben.

Verbreitung: Südeuropa bis Pakistan. Nordafrika und Gebiete südlich der Sahara. Kanarische Inseln. Dringt in den letzten Jahren in Europa nach Norden vor - hat in Westfrankreich die Kanalküste erreicht. In Ostfrankreich im Elsaß, Nordschweiz, Öster-

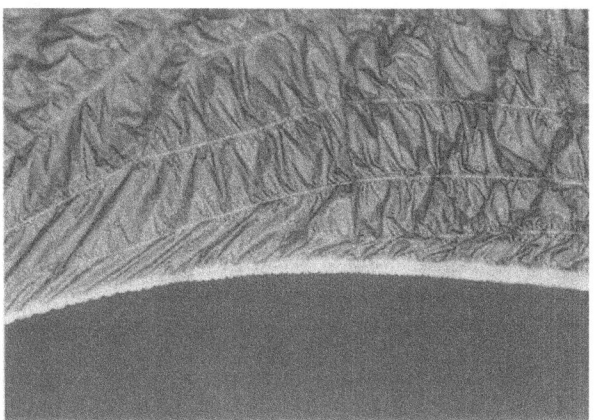

Alpenfledermaus
Hypsugo savii (Kolenati, 1856)
früher *Pipistrellus savii*
(Bonaparte, 1837)
Savi's pipistrelle
Pipistrelle de Savi
Pipistrello di Savi
(vgl. Seite 344)

Kopf-Rumpf-Länge: 40–54 mm
Unterarmlänge: 31–38 mm
Flügelspannweite: um 22 cm
Gewicht: 6–11 g

Ortungslaute: FM, CF, Amplitudenmaximum bei 31–35 kHz

reich (Wien). Am 8.9.1995 Lebendfund eines diesjährigen Männchens in Deutschland, an der schweizerischen Landesgrenze in Weil am Rhein, Landkreis Lörrach.

Lebensraum: Synanthrope Lebensweise, ähnlich wie Zwergfledermaus. In Ortschaften und Siedlungen. Wie Zwergfledermaus ebenfalls in engen Spaltenquartieren an Gebäuden, auch Neubauten. Vermutlich auch in Spalten an Bäumen. Winterquartiere, soweit bekannt, in Gebäuden.

Biologie: Jagdhabitate im Siedlungsbereich, an Straßenlampen, über Gewässern. Nahrung: Fluginsekten, wie Zweiflügler (Zuckmücken), Köcherfliegen, Eintagsfliegen, Kleinschmetterlinge.

Gattung: *Hypsugo* (Kolenati, 1856)

Nimmt eine Zwischenstellung zwischen den Gattungen *Pipistrellus* und *Eptesicus* ein. Von den tschechischen Forschern Ivan Horácek und Vladimír Hanák kam 1986 der Vorschlag, diese der Gattung *Pipistrellus* zugeordnete Untergattung *Hypsugo* als eigenständige Gattung zu führen. Durch biochemische Untersuchung wird die Abtrennung bestätigt. Sie zeigt eine phylogenetische Verwandtschaft mit *Vespertilio*. Die Alpenfledermaus wird in der älteren Literatur noch *Pipistrellus savii* genannt.

Erkennungsmerkmale: Letzte Wirbel der Schwanzspitze ragen frei aus der Flughaut. Ohren rundlich, Tragus kurz. Epiblema schmal, undeutlich.

Zahnformel: $\frac{2-1-2-3}{3-1-2-3} \times 2 = 34$ Zähne

Merkmale: Färbung sehr variabel. Rückenfell braun mit goldenen Haarspitzen – auch dunkle, schwärzlich gefärbte. Deutlich abgegrenzte Unterseite, meist deutlich heller, oft fast weiß, kann aber auch grau sein. Nackte Hautteile schwarzbraun. Tragus kurz und breit. Epiblema weniger ausgeprägt als bei *Pipistrellus*-Arten. Gesamteindruck wie Nordfledermaus, aber deutlich kleiner.

Verbreitung: Südeuropa, von der iberischen Halbinsel, gesamte Mittelmeerküste bis Südosteuropa über Kleinasien, Kaukasus bis Korea, Mongolei, Nordostchina, Japan. Afghanistan, Nordindien, Burma. Nordafrika. Kapverdische und Kanarische Inseln. Südliche Alpengebiete und innere Alpentäler – klimabegünstigte Föhntäler, z.B. im Rhonetal, Berner Oberland und Graubünden (Chur).

Lebensraum: Spaltenbewohner an Gebäuden hinter Fensterläden, im Fels, in Felshöhlen. Im Winter, soweit bekannt, in Karsthöhlen, Stollen, im Süden vermutlich auch in Spalten an Gebäuden.

Biologie: Sehr lebhaft und temperamentvoll, wie Bartfledermaus. Meist kleine Kolonien. 1–2 Junge im Jahr. Fliegt früh aus und jagt gelegentlich sehr hoch, höher als 200 m, vor Felswänden. Bei zunehmender Dunkelheit fliegt sie tiefer, jagt auch im Scheinwerferlicht beleuchteter Baudenkmäler. Das Nahrungsspektrum wurde noch nicht untersucht.

Gattung: *Nyctalus* (Bowdich, 1825)

Sechs Arten in Eurasien und Nordafrika, davon drei in Europa. Die kleinste Art, *Nyctalus azoreum* (Thomas, 1901), lebt ausschließlich auf den Azoren. Eine nahe verwandte, auf Madeira lebende Art wird jetzt als eine Unterart von *Nyctalus leisleri* angesehen, ist in der älteren Literatur noch als *Nyctalus verrucosus* (Bowdich, 1825) aufgeführt.

Erkennungsmerkmale: Rundliche Ohren mit pilzförmigem Tragus. Das Epiblema ist deutlich ausgebildet. Die Flügel sind schmal und spitz.

Zahnformel: $\frac{2-1-2-3}{3-1-2-3} \times 2 = 34$ Zähne

Die Fledermäuse Europas

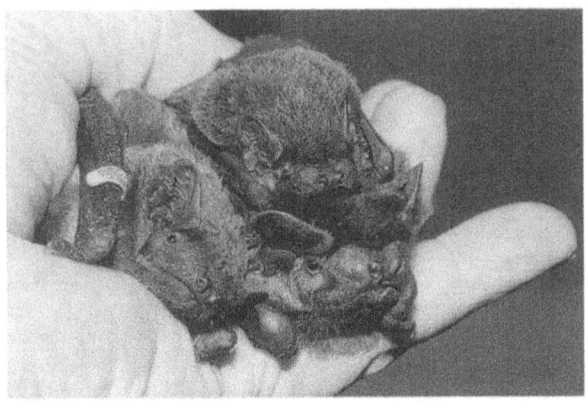

oben: Kleiner Abendsegler (*Nyctalus leisleri*).
unten: (links) Großer Abendsegler (*Nyctalus noctula*).
(rechts) Riesenabendsegler (*Nyctalus lasiopterus*).

Biologie: Wochenstuben meist weniger als 50 Weibchen, in Irland aber auch über 500 Individuen. 1–2 Junge jährlich. Fliegt im Herbst manchmal schon an Nachmittagen. Jagdflug schnell und in unterschiedlicher Höhe, oft hoch, auch entlang von hellbeleuchteten Straßen in Ortschaften. Außerdem über Gewässern, Waldlichtungen, zwischen lockeren Baumbeständen, entlang von Waldrändern. Jagdgewohnheiten vermutlich ähnlich wie Großer Abendsegler. Nahrung: Nachtschmetterlinge, Zweiflügler (Schnaken), Köcherfliegen, Käfer. Weite Wanderungen sind möglich. Einzeltiere wurden weitab von bekannten Fortpflanzungsgebieten gefunden, z.B. auf den Shetland-Inseln. Überwintert oft einzeln. Winterkolonien bis 30 Individuen, zum Beispiel Region Basel (Februar 1997 in Rotbuche), auch mit anderen Arten vergesellschaftet (Rauhhautfledermaus, Großer Abendsegler). Sehr kältetolerant, im Winter auch bei Temperaturen unter 0°C noch in Vogelnistkästen (Region Basel).

Kleiner Abendsegler

Nyctalus leisleri (Kuhl, 1818)
Leisler's bat
Noctule de Leisler
Nottola di Leisler
(vgl. Seite 135, 289, 349)

Kopf-Rumpf-Länge: 50–68 mm
Unterarmlänge: 37–47 mm
Flügelspannweite: um 28 cm
Gewicht: 12–22 g

Ortungslaute: FM, CF, Amplitudenmaximum bei 22–27 kHz

Merkmale: Mittelgroße Art, die den größeren Abendseglerarten ähnlich sieht. Unterscheidet sich vom Großen Abendsegler durch das zweifarbige Haar mit dunkler Basis und helleren, braunen Spitzen. Schnauze zierlicher, wirkt spitzer. Im Sommerhalbjahr auffallende Buccaldrüsen, sind im Winter unauffällig.
Verbreitung: Von Westeuropa (zahlreich in Irland, seltener in Südengland) bis Kaukasus, Ural, Westhimalaja und Afghanistan. Fehlt in Skandinavien. Östliche Art, die im Westen nur sporadisch vorkommt. Nordafrika: Marokko, Algerien, Libyen. Kanarische Inseln, Madeira.
Lebensraum: Bevorzugt ausgedehnte Waldgebiete, auch im Gebirge, sowie großräumige Parklandschaften mit Altholzbeständen. Seltener in Städten. Stärker als Großer Abendsegler an Baumhöhlen gebunden. Bezieht auch Fledermaus- und Vogelnistkästen. Nur selten Quartiere an Gebäuden. Winterquartiere werden selten gefunden, in Vogelnistkästen, gestapeltem Holz, an Gebäuden und in Baumhöhlen.

Großer Abendsegler

Nyctalus noctula (Schreber, 1774)
Noctule
Noctule commune
Nottola
(vgl. Seite 83, 87, 349)

Kopf-Rumpf-Länge: 65–82 mm
Unterarmlänge: 48–58 mm
Flügelspannweite: um 36 cm
Gewicht: 18–45 g

Ortungslaute: FM und CF, Amplitudenmaximum bei 17–25 kHz

Merkmale: Große Art. Ohren kurz und rundlich. Hat wie alle *Nyctalus*-Arten typischen, kurzen und pilzförmigen Ohrdeckel. Haar rost- bis gelbbraun. Jungtiere graubraun, Alttiere nach dem Haarwechsel im Juli deutlich dunkler. Die derben Flughäute sind, wie die Ohren, schwarzbraun. Auffallende Buccaldrüsen, die das ganze Jahr über sichtbar sind. Wegen der schmalen Flügel ist diese Art relativ sicher im Flug zu bestimmen. Wirkt deutlich größer als eine Rauchschwalbe und hat im Geradeaus-Flug die Flügel kennzeichnend leicht gewinkelt. Während bestimmter Flugphasen werden beim Abschlag die Flügel tief durchgezogen, so daß sich die Flügelspitzen fast berühren. Oft wechseln flache und tiefe Abschläge in unregelmäßigem Rhythmus. Dieser Wechsel ist ein wichtiges Erkennungszeichen. 7–8 Schläge in der Sekunde und Maximalgeschwindigkeiten bis zu 50 km/h wurden festgestellt, im Suchflug etwa 20 km/h.
Verbreitung: Von Westeuropa bis China, Japan; im Südwesten bis Westmalaysia. Nördliche Verbreitungsgrenze in Südschweden

und England (fehlt in Irland). Im Süden auf vielen Mittelmeerinseln. Nordafrika. Südlichste Fortpflanzung in Deutschland bei Erlangen (Nordbayern), weiter südlich in Mitteleuropa nur durch Einzelfunde von Weibchen mit Jungen bei Basel (1987) und bei Genf (1902 und 1949) belegt.

Lebensraum: Bevorzugt die Ebene, stellenweise eine der häufigsten Arten. In Laub- und Mischwäldern, in Parklandschaften und Feldgehölzen mit Altholzbeständen – bevorzugt in Gewässernähe. Oft in oder in der Nähe von Siedlungen. Mancherorts, besonders im Herbst, richtige «Stadtfledermaus». Wochenstubenquartiere meist in alten Baumhöhlen, die über dem Einflugloch ausgefault sind, aber auch in Fledermauskästen. Winterquartiere bevorzugt in hohlen Bäumen oder in geschützten Hohlräumen und Spalten an Gebäuden. Oft werden auch warme Nischen in oder an Kaminen bezogen. Ungeeignete Quartiere in und an Gebäuden können zu gefährlichen Todesfällen werden. Traditionelle Winterquartiere oft in den Spalten von hohen Felswänden, z.B. in der Schweiz, in Deutschland, Frankreich, Tschechien, Griechenland und Rumänien. Nur ausnahmsweise in sehr geräumigen Felshöhlen.

Biologie: Gesellig. Im Sommer weitgehend räumliche Trennung der Geschlechter. In dieser Zeit leben die Männchen einzeln oder in Männchengesellschaften. In den Wochenstuben weniger als 100 Individuen, meist 10–50. Zwillingsgeburten sind nicht selten. An warmen Nachmittagen häufig Zänkereien mit deutlich hörbaren, hohen Zwitscherrufen. Eine gute Möglichkeit, um die Quartierbäume im Gebiet festzustellen! Das definitive Winterquartier wird erst im November und Dezember bezogen. Einflüge wurden noch bei –4°C und Schneefall beobachtet. Im Winterquartier meist mehr als 10, gelegentlich 100 oder mehr Individuen, bei Kiel mehr als 5000 Individuen in Spalten eines Brückenkopfes. Kurzfristig werden tiefe Quartiertemperaturen um –10°C schadlos überstanden. Dauert die Kälte im Quartier zu lange, dann erwachen sie und wechseln notfalls den Hangplatz. Fliegt früh aus, im Herbst gelegentlich schon am Nachmittag im Sonnenschein (siehe Seite 219). Flug: schnell, meist über der Wipfelhöhe der Bäume, gelegentlich mehrere hundert Meter hoch. Ähnlich wie die Schwalben jagen sie bei entsprechender Wetterlage auch tieffliegende Insekten in Bodennähe. Im Herbst und Frühjahr können Abendsegler weite Wanderungen unternehmen, wobei die Sommerpopulationen Nordosteuropas zur Überwinterung nach Südwesten migrieren (siehe Seite 229). Nahrung: Fluginsekten, wie Zweiflügler (Schnaken, Zuckmücken), Schnabelkerfe, Köcherfliegen, Eintagsfliegen, Nachtschmetterlinge, Käfer (Maikäfer, Junikäfer, Dungkäfer u.a.), Hautflügler. Bei Mülldeponien werden fliegende Heimchen bejagt. Massenhaft auftretende kleine bis mittelgroße Schwarminsekten bilden zeitweise die Hauptnahrung. Auch große Beutetiere werden im Flug mit gut hörbaren Schmatzgeräuschen verzehrt. 6–7 Kaubewegungen in der Sekunde.

Riesenabendsegler
Nyctalus lasiopterus
(Schreber, 1780)
Greater noctule
Grande noctule
Nottola gigante
(vgl. Seite 348)
Kopf-Rumpf-Länge: 80–104 mm
Unterarmlänge: 61–70 mm
Flügelspannweite: um 45 cm
Gewicht: 36–75 g

Foto: Otto v. Helversen

Ortungslaute: FM und CF, Amplitudenmaximum bei 16–20 kHz

Merkmale: Größte europäische Fledermausart. Im Aussehen dem Großen Abendsegler sehr ähnlich, aber merklich größer. Ohren auffallend breit und groß. Haar lang und dicht. Fellfärbung am Rücken kastanienbraun, oft rötlich – am Bauch gelblichbraun. Auffallende Buccaldrüsen. Wirkt im Flug deutlich größer als Bulldoggfledermaus.

Verbreitung: Südliche Art, die nur selten beobachtet wird. In Westeuropa nur wenige Nachweise. Lokale Populationen oder Einzelfunde in Portugal, Spanien, Frankreich, Deutschland, Schweiz, Italien, Slowenien, Kroatien, Tschechien, Slowakei, Ungarn, Rumänien, Moldavien, Griechenland, Bulgarien, Ukraine, Weißrußland. 1993 ein Nachweis in den Niederlanden. Im Südosten bis Ural, Kaukasus, Kleinasien und Iran. Nordafrika: Marokko und Libyen.

Lebensraum: Vorwiegend in trockenen Waldgebieten mit hochstämmigen Bäumen. In Spanien (Sevilla) auch in städtischen, waldähnlichen Parks. Quartiere in hohlen Bäumen, selten in großen Halbhöhlen im Fels.

Biologie: Wenig bekannt und selten beobachtet – vermutlich ähnlich wie Großer Abendsegler. Meist kleine Kolonien, Wochenstuben bis ca. 60 Individuen in Spanien. 1–2 Junge im Jahr. Bildet Männchenkolonien. Auch mit anderen Arten vergesellschaftet (andere *Nyctalus*-Arten und *Pipistrellus*-Arten). Verhalten im Winter nicht bekannt. Fliegt meist hoch, 15–50 m und höher, weiträumiges Jagdgebiet. Im Geradeausflug plötzliche Sturzflüge. Jagt auch über Straßenbeleuchtungen.

Gattung: *Eptesicus* (Rafinesque, 1820)

32 Arten. Sie sind in der Alten und Neuen Welt verbreitet. In Europa kennen wir zwei Arten. Bei einigen außereuropäischen Arten besteht Ungewißheit, ob sie der Gattung *Pipistrellus* oder der Gattung *Eptesicus* zugeordnet werden müssen.

Erkennungsmerkmale: Ohren länger als bei *Nyctalus*. Tragus an der Spitze abgerundet, aber nicht pilzförmig. Epiblema schmal, nur schwach ausgebildet.

Zahnformel: $\frac{2-1-1-3}{3-1-2-3} \times 2 = 32$ Zähne

Nordfledermaus
Eptesicus nilssoni
(Keyserling und Blasius, 1839)
Northern bat
Sérotine boréale
Serotino di Nilsson
(vgl. Seite 350)

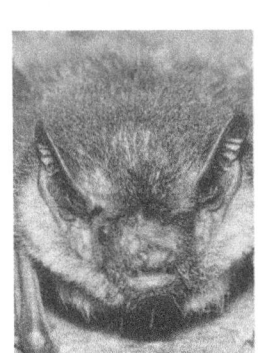

Kopf-Rumpf-Länge: 48–54 mm
Unterarmlänge: 36–42 mm
Flügelspannweite: um 27 cm
Gewicht: 8–13 g

Ortungslaute: FM, Amplitudenmaximum bei 26–30 kHz

Merkmale: Mittelgroße Art. Dichtes, langhaariges Fell mit dunkler Färbung und typischen, goldgelben, glänzenden Haarspitzen auf dem Rücken – auffälliger Goldglanz. Unterseite graugelblich. Ohren, Schnauze und Flughäute schwarz. Letzte Schwanzwirbel ragen frei aus der Flughaut.
Verbreitung: Zentral-, Nord- und Osteuropa bis Sibirien, Korea und Japan. Bis zum Polarkreis verbreitet. In Westeuropa nur sporadisch: Frankreich, Schweiz, Deutschland. Im Süden bis Bulgarien. Irak, Pamir, Westchina (nicht in Tibet), Nepal, Sachalin.
Lebensraum: In Europa eine typische Waldform, im Süden in Bergregionen der Mittelgebirge und Alpen. Im Gebirge bis 2300 m. Bevorzugt lockere Busch- und Waldgebiete. Spaltenbewohner. Sommerquartiere unter Wandverkleidungen, hinter Fensterläden, in Dachstühlen u.ä., seltener in Baumhöhlen. Im Winter in und an Gebäuden, in Felshöhlen und Stollen.
Biologie: Kolonien selten größer als 50 Tiere. Meist 2 Junge jährlich. Sehr kälteresistent. Fliegt in der Dämmerung aus. Flug relativ schnell, in meist mittlerer Höhe, um 10 m. Oft in Gewässernähe, in Ortschaften über Straßenlampen, entlang von linearen Waldstrukturen, Alleen. Nahrung: Fluginsekten, wie Zweiflügler (Zuckmücken und Schnaken), Schmetterlinge und fliegende Blattläuse.

Breitflügelfledermaus
Eptesicus serotinus
(Schreber, 1774)
Serotine
Sérotine commune
Serotino comune
(vgl. Seite 351)

Kopf-Rumpf-Länge: 62–80 mm
Unterarmlänge: 47–57 mm
Flügelspannweite: um 36 cm
Gewicht: 17–35 g

Ortungslaute: FM, Amplitudenmaximum bei 25–30 kHz

Merkmale: Große Art mit variabler, meist dunkelbrauner Oberseite und goldglänzenden Haarspitzen. Bauchseite gelbbraun. Meist auffallende, dunkel gefärbte Gesichtsmaske. Ohren kurz, aber deutlich länger als beim Großen Abendsegler, dreieckig. Ohrdeckel kürzer als bei Mausohren, aber länger als bei Abendseglern – kurz, stumpf und leicht gebogen. Letzte anderthalb Schwanzwirbel außerhalb der Schwanzflughaut. Flügel breit und wie alle nackten Hautteile dunkel schwarzbraun.
Verbreitung: Von Westeuropa über Rußland, Himalaja, Thailand und China bis Korea, Taiwan. Fehlt im nördlichen Europa, breitet sich aber in Dänemark aus, 1983 erster Nachweis in Schweden. In Südeuropa, auch auf vielen Mittelmeerinseln, außerdem in Nordwestafrika.
Lebensraum: Im Sommer, gelegentlich auch im Winter, synanthrop. Oft im Bereich von Siedlungsgebieten mit Parks oder offenem Gelände mit Baumgruppen. Weibchen im Sommer fast ausschließlich synanthrop. Bevorzugt Spalten in Gebäuden und Mauern als Sommerquartiere, seltener Baumhöhlen oder Fledermauskästen. Wochenstuben auf Dachböden meist im Giebelbereich, hinter Firstbalken, aber auch hinter Fensterläden. Einzelne Männchen werden im Sommer auch in Felshöhlen gefunden. Winterquartiere ähnlich wie Sommerquartiere, oft mit geringer Luftfeuchtigkeit. Auch in engen Mauerspalten, gelegentlich in geringer Tiefe – seltener in Felshöhlen.
Biologie: Meist kleinere Wochenstuben bis 50, seltener bis 200 Tiere. Ein Junges jährlich. Reife Männchen leben meist solitär. Fliegt meist früh aus. Flug langsam, Schwanzflughaut meist weit gespreizt, im Gegensatz zum Großen Abendsegler, der Beine enger am Schwanz hält. Flügelschlag ruhig und gleichmäßig. Jagdflug in mittlerer Höhe, etwa 5–10 m, oft entlang von linearen Gehölzstrukturen, Alleen, bei Straßenlampen, in Gewässernähe.
Nahrung: Ähnlich wie Großer Abendsegler, auch große Fluginsekten, oft Käfer (Maikäfer, Mistkäfer, Dungkäfer) sowie Schmetterlinge, Zweiflügler (Zuckmücken, Schnaken), Köcherfliegen, Eintagsfliegen, Schnabelkerfe.

Gattung: *Vespertilio* (Linnaeus, 1758)
Nur drei Arten, die ausschließlich in Eurasien verbreitet sind. Die Zweifarbfledermaus ist die einzige Vertreterin in Europa.
Erkennungsmerkmale: Ohren kürzer und breiter als bei *Eptesicus*. Der Tragus ist kurz, wird nach oben hin breiter.

Zahnformel: $\frac{2-1-1-3}{3-1-2-3}$ x 2 = 32 Zähne

Zweifarbfledermaus

Vespertilio murinus Linnaeus, 1758
Parti-coloured bat
Sérotine bicolore
Serotino bicolore
(vgl. Seite 50, 81, 136)

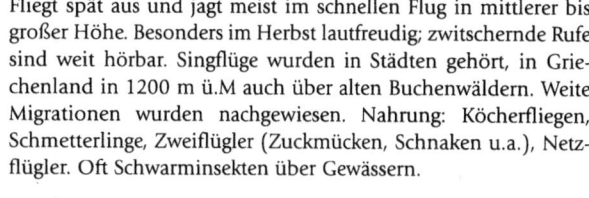

Kopf-Rumpf-Länge: 55–63 mm
Unterarmlänge: 40–48 mm
Flügelspannweite: um 27 cm
Gewicht: 12–18 g

Ortungslaute: FM, Amplitudenmaximum bei 22–28 kHz

Merkmale: Mittelgroße Art. Am Rücken schwarzbraune Haare mit typischen, silberweißen Spitzen. Unterseite weiß, Haare mit dunkler Basis. Ohren und Schnauze braunschwarz, Flughäute etwas heller. Buccaldrüsen bei erwachsenen, sexuell aktiven Tieren meist auffallend gelb gefärbt – vermutlich nur im Herbst. Unterscheidet sich von der Nordfledermaus besonders in der silbrigen Färbung und der Ohrform, Flughäute nicht schwärzlich, sondern heller und bräunlicher. Weibchen haben auf jeder Seite in der Achselregion zwei dicht nebeneinanderstehende Milchzitzen, die beide laktieren sollen.
Verbreitung: Zentraleuropa bis südliches Sibirien, China und Afghanistan. Im Norden bis Südskandinavien. In West- und Südeuropa nur sporadisch, Einzelfunde in England, Frankreich und Italien. Östliche Art, Verbreitungszentrum vermutlich in Südrußland. Westlichster Fortpflanzungsnachweis: Schweiz (seit 1986 im Kanton Neuchâtel).
Lebensraum: Im westlichen Teil des Verbreitungsgebietes im Sommer meist synanthrop. In und um Ortschaften, in Städten, aber auch in Waldgebieten, in der Ebene sowie im Gebirge. Quartier meist in Spalten. Sommerquartiere in und an Gebäuden, in Felsspalten, nur selten in unterirdischen Höhlen. Im Osten des Verbreitungsgebietes, in Sibirien, auch in Baumhöhlen und unter Schindeldächern. Winterquartiere in Mauer- und Felsspalten, gelegentlich auch in Felshöhlen und in unterirdischen Gewölben.
Biologie: In Westeuropa werden meist nur Männchenkolonien, gelegentlich mit mehr als 200 Tieren, gefunden. Wochenstuben meist klein, mit etwa 20–50 Weibchen. Zwei Junge jährlich.

Fliegt spät aus und jagt meist im schnellen Flug in mittlerer bis großer Höhe. Besonders im Herbst lautfreudig; zwitschernde Rufe sind weit hörbar. Singflüge wurden in Städten gehört, in Griechenland in 1200 m ü.M auch über alten Buchenwäldern. Weite Migrationen wurden nachgewiesen. Nahrung: Köcherfliegen, Schmetterlinge, Zweiflügler (Zuckmücken, Schnaken u.a.), Netzflügler. Oft Schwarminsekten über Gewässern.

Gattung: *Barbastella* (Gray, 1821)
Nur zwei Arten, nur eine in Europa, Nordafrika und auf den Kanarischen Inseln. Das Verbreitungsgebiet von *Barbastella leucomelas*, der zweiten, sehr ähnlichen Art, reicht vom Kaukasus über Iran, Zentralasien nach Japan.
Erkennungsmerkmale: Unverwechselbares Mopsgesicht, mit gedrungener Schnauze. Ohrmuscheln an der Basis im Scheitel miteinander verwachsen. Großer Tragus mit breiter Basis. Schmales, aber deutlich sichtbares Epiblema. Schmale, spitze Flügel.

Zahnformel: $\frac{2-1-2-3}{3-1-2-3}$ x 2 = 34 Zähne

Mopsfledermaus

Barbastella barbastellus
(Schreber, 1774)
Barbastelle
Barbastelle commune
Barbastello
(vgl. Seite 346)

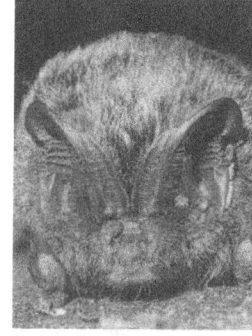

Kopf-Rumpf-Länge: 44–58 mm
Unterarmlänge: 36–43 mm
Flügelspannweite: um 26 cm
Gewicht: 6–12 g

Ortungslaute: FM, CF, Amplitudenmaximum bei 35 kHz und bei 40–45 kHz

Merkmale: Mittelgroße Art. Oberseite schwarzbraun, bei mehrjährigen Tieren mit weißen Haarspitzen. Unterseite ebenfalls dunkel. Gesicht unverwechselbar kurz, mit großen Ohren, die sich an der Basis der Innenränder berühren. Flügel lang, an der Basis breit, mit schmaler Spitze.
Verbreitung: Vorwiegend in der gemäßigten Zone. Westeuropa, von der Südhälfte Englands bis zum Kaukasus. Nordgrenze in Europa ungefähr bei 60. Grad nördlicher Breite, Dänemark, Südschweden, baltische Staaten. Im Mittelmeergebiet lückenhaft verbreitet. Spanien, Italien, Sardinien, Sizilien bis Türkei, Krim, Ukraine. Nordafrika bis Marokko, Kanarische Inseln.
Lebensraum: Bevorzugt gemäßigtes bis kühles Klima, deshalb im Süden des Verbreitungsgebietes meist in bergigen, waldreichen Landschaften. Auch innerhalb von Ortschaften, sogar Städten. Meist Spaltenbewohner. Sommerquartiere in und an Gebäuden, in Kellern, Felsspalten und seltener in Baumhöhlen oder Fle-

dermauskästen. Wochenstuben oft hinter Fensterläden. In unterirdischen Winterquartieren, wie Höhlen, Stollen, Keller u.ä., oft an sehr kühlen Orten in Spalten.

Biologie: Meist kleine Wochenstuben mit weniger als 50 Tieren. 1-2 Junge jährlich. Männchen oft solitär, in Spalten, auch bei Höhleneingängen. Im Winterquartier sehr kältetolerant, erträgt auch Temperaturen unter 0°C. Einzeln in Spalten verkrochen oder frei auf Vorsprüngen liegend. Bei großen Schlafgesellschaften auch dachziegelartig übereinander an Wänden. Fliegt schnell, im Zickzackflug über Hecken, Waldränder, lichte Wälder und Gewässer, auch über Straßenlampen. Jagdbeginn kurz nach Sonnenuntergang. Verläßt das Quartier auch in kühlen, regnerischen Nächten. Entfernt sich meist nicht weit, Jagdgebiet oft sehr klein. Nahrung: Nur kleine, meist weichhäutige Fluginsekten, vorwiegend Nachtfalter. Außerdem Zweiflügler (Schnaken u.a.), Netzflügler, Köcherfliegen. Die Mundspalte ist klein. Die schwachen Kiefer können nur zarte Insekten zerkleinern. Pflegebedürftige Tiere haben Mühe, die Panzer von Mehlkäferlarven (*Tenebrio molitor*) zu zerbeißen, die von Zwergfledermäusen noch mühelos bewältigt werden.

Gattung: *Plecotus* (E. Geoffroy, 1818)

In zwei Untergattungen mit sieben Arten. Die Untergattung *Plecotus* ist in Eurasien mit drei Arten vertreten, davon eine, *Plecotus teneriffae* (Barret-Hamilton, 1907), auf den Kanarischen Inseln. Von verschiedenen Autoren wird ihr Status als eigene Art allerdings angezweifelt und *Plecotus austriacus* (Fischer, 1829) zugeordnet. In der Untergattung *Corinorhinus* (H. Allen, 1865) sind die drei amerikanischen Langohrarten zusammengefaßt.

Erkennungsmerkmale: Sehr große, nahezu körperlange Ohren, die sich an der Innenseite im Scheitel berühren und an ihrer Basis durch eine Hautfalte miteinander verbunden sind. Tragus lang, lanzettlich. Charakteristische Form der Nase, mit nach oben geöffneten Nasenlöchern. Am Sporn ist kein Epiblema vorhanden.

Zahnformel: $\frac{2-1-2-3}{3-1-3-3}$ x2 = 36 Zähne

Braunes Langohr
Plecotus auritus (Linnaeus, 1758)
Common long-eared bat
Oreillard brun
Orecchione
(vgl. Seite 56, 195, 347)

Kopf-Rumpf-Länge: 39-51 mm
Unterarmlänge: 35-44 mm
Daumen: meist >6 mm
Daumenkralle: meist >2,5 mm
Flügelspannweite: um 24 cm
Gewicht: 5-12 g

Ortungslaute: FM mit typischen harmonischen Obertönen, Amplitudenmaximum bei etwa 25, 40 und 60 kHz

Merkmale: Mittelgroße Art mit unverwechselbar großen Ohren. Langer, spitzer, meist schwach pigmentierter Ohrdeckel (Tragus), der meist heller als die Ohrmuschel ist (beim Grauen Langohr ist er meist dunkel, gleiche Färbung wie das Ohr). Felloberseite meist braun bis graubraun, Unterseite heller braun, gelblichbeige am Hals. Gesicht rötlich gefärbt. Füße relativ lang, bis 10 mm. Unterscheidung vom Grauen Langohr oft problematisch, besonders bei Jungtieren. Schlafende Langohren verbergen ihre Ohren unter den Unterarmen, so daß nur die Ohrdeckel, kleine Ohren vortäuschend, nach vorn stehen. Die nach hinten gekrümmten Ohren sitzender Tiere erinnern an Widderhörner. Im Flug werden sie gestreckt nach vorn gehalten.

Verbreitung: Europa, mit England und Irland. Bis China, Nepal und Japan. Fehlt im äußersten Norden Skandinaviens. Südgrenze in den spanischen und französischen Pyrenäen, Gebirge Mittelitaliens bis Südbulgarien.

Lebensraum: Häufig synanthrop. Bevorzugt Waldgebiete, offene Baum- und Buschlandschaften. Oft auch in Parks und innerhalb von Ortschaften. Von der Ebene bis ins Gebirge verbreitet. In der Schweiz (Kanton Graubünden) wurde eine Sommerkolonie auf 2300 m ü.M. entdeckt. Scheint allgemein mehr an Baumlandschaften gebunden zu sein als das Graue Langohr. Meist Spaltenbewohner. Sommerquartiere in Baumhöhlen, Vogel- und Fledermauskästen. Oft auch in und an Gebäuden. Nicht selten mit *M. myotis* im gleichen Gebäude. Hangplätze auf Dachböden sind meist schwer auffindbar. Sie können in Balkenspalten, im Zwischendach, in oder zwischen gelagerten Gegenständen, aber auch im Zwischenboden sein. Einzeltiere verbergen sich nicht selten zwischen Latten bzw. Balken und Ziegeln. In kühlen, schattigen Waldgebieten wurden im Herbst einzelne Männchen in Fledermauskästen nachgewiesen. Dort sind vermutlich oft auch Hochzeitsquartiere. Winterquartiere in Höhlen, Stollen und Kellern, selten in Gebäuden. Dort einzeln freihängend oder in Spalten.

Biologie: Kleine Wochenstuben mit nicht mehr als 20 Weibchen, seltener bis zu 70. Dazwischen oft auch Männchen. Nur ein Junges jährlich. Geburtstermine gelegentlich erst Mitte Juli. Saisonale Wanderungen nur über kurze Strecken. Überwintern einzeln, werden im Winterquartier nur zufällig entdeckt. Ausflug zur Jagd in der Dämmerung. Schon 1-2 Stunden vorher können sie auf Dachböden flugaktiv sein. Bevorzugte Jagdgebiete sind in Wäldern, bei Waldrändern und in Obstgärten, oft auch bei Straßenbeleuchtungen. Verschiedene Flugtechniken: Im Suchflug langsam gaukelnd, aber oft kurzer, spurtschneller Geradeausflug beim Fang von Fluginsekten. Im Rüttelflug werden von Zweigen und Mauern sitzende Insekten geholt. Fliegen gelegentlich so tief, daß sie von Katzen erbeutet oder von fahrenden Autos erfaßt werden können. Nahrung: Große Beutetiere werden von Langohren an «Fraßplätze» getragen. Flügel und Beine der Beute lassen sie dort fallen. Die Beutereste stammen häufig von Eulenfaltern und kleinen Käfern. Im Kot wurden unter anderem Reste von Schmetterlingen und Raupen, Zweiflüglern (Schnaken, Zuckmücken, Fliegen u.a.), Spinnen, Weberknechten, Hundertfüßern und Käfern gefunden.

Graues Langohr

Plecotus austriacus (Fischer, 1829)
Grey long-eared bat
Oreillard gris
Orecchione meridionale
(vgl. Seite 88, 347)

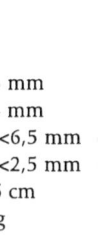

Kopf-Rumpf-Länge: 44–53 mm
Unterarmlänge: 37–44 mm
Daumen: meist <6,5 mm
Daumenkralle: meist <2,5 mm
Flügelspannweite: um 25 cm
Gewicht: 6–12 g

Ortungslaute: FM mit harmonischen Obertönen, Amplitudenmaximum bei ca. 35 kHz

Merkmale: Erst 1960 wurde erkannt, daß in Mitteleuropa zwei Langohr-Arten leben. Das Graue Langohr ist durchschnittlich etwas größer, wirkt robuster. Das Fell ist meist grau, ohne Brauntöne, gelblichweiß am Hals. Gesicht grau bis schwärzlich gefärbt: «Maske». Tragus, im Gegensatz zum Braunen Langohr, meist gleich stark pigmentiert wie Ohrmuschel. Füße relativ kurz und klein, 6–8 mm. Unterscheidung vom Braunen Langohr oft problematisch, besonders bei Jungtieren.
Verbreitung: Europa bis Mongolei, China, Nordafrika. Südliche Art mit nördlicher Verbreitungsgrenze in Europa von Südengland über die Niederlande und Norddeutschland nach Südpolen und Kaukasus. Kanarische und Kapverdische Inseln.
Lebensraum: Häufig synanthrope Lebensweise. Kann mit dem Braunen Langohr im gleichen Gebiet leben. Soll mehr in Siedlungsgebieten mit offener Ackerlandschaft leben als das Braune Langohr. Auch innerhalb von Ortschaften. Spaltenbewohner auf Dachböden. Vermutlich nicht in Baumhöhlen und Kästen für Fledermäuse und Vögel.
Biologie: Lebensweise ähnlich wie Braunes Langohr, aber wärmeliebender und vermutlich weniger kälteresistent als das Braune Langohr. Überwintert auch in Gebäuden, wird dort gelegentlich flugaktiv. Jagdflug im offenen Luftraum. Nahrung: Kann bedeutend größere Insekten erbeuten und mit dem kräftigen Gebiß zerkleinern; vertilgt auch Maikäfer. Sonst vorwiegend Schmetterlinge, Zweiflügler (Schnaken, Zuckmücken, Schwebefliegen), Käfer (Blatthornkäfer, Dungkäfer, Laufkäfer).

Unterfamilie: Miniopterinae (Dobson, 1875)

Gattung: *Miniopterus* (Bonaparte, 1837)

Elf Arten in Eurasien, Afrika, Madagaskar, Komoren, Australien, Neuguinea, Bismarckarchipel, Neukaledonien, Neue Hebriden. Nur eine Art kommt in Europa vor. In dieser Artengruppe gibt es noch besonders viele Unklarheiten. Der Japaner Kishio Maeda listete 1982 elf weitere Arten auf, deren Artstatus aber von John E. Hill und anderen 1983 nicht akzeptiert wurde.
Erkennungsmerkmale: Kurze Schnauze und steile Stirn charakterisieren den Kopf. Kleine, dreieckig geformte Ohrmuscheln. Die Spitzen des kurzen Tragus sind nach innen gebogen. Schmale, lange und spitze Flügel. Der 3. und 4. Finger haben zwischen dem ersten und zweiten Glied ein zusätzliches Gelenk. Dadurch können in der Ruhestellung die langen Flügel an dieser Stelle nach innen eingefaltet werden. Kein Epiblema am Sporn.

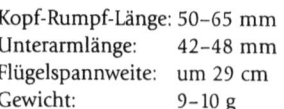

Zahnformel: $\frac{2-1-2-3}{3-1-3-3} \times 2 = 36$ Zähne

Langflügelfledermaus

Miniopterus schreibersi (Kuhl, 1819)
Schreiber's bat
Minioptère de Schreibers
Miniottero
(vgl. Seite 50)

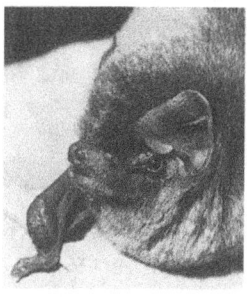

Kopf-Rumpf-Länge: 50–65 mm
Unterarmlänge: 42–48 mm
Flügelspannweite: um 29 cm
Gewicht: 9–10 g

Ortungslaute: FM, Amplitudenmaximum bei 52–58 kHz

Verbreitung: Europa, von Portugal bis China, Japan, Neuguinea, Australien. In Nordafrika und weiten Teilen südlich der Sahara. In Europa besonders im Mittelmeerraum verbreitet. Die nördliche Grenze verläuft durch Frankreich, über den Schweizerischen Jura (früher auch Süddeutschland: Kaiserstuhl) zur Steiermark, dann weiter zur Krim und zum Kaukasus. Schweiz: nur sporadisch nördlich der Alpen. Ehemalige Massenquartiere in der Schweiz in Höhlen der Kantone Genf, Wallis und Bern sind verwaist. Zwei Höhlen in den Kantonen Neuenburg und Waadt wurden auch nach 1981 besiedelt.
Merkmale: Mittelgroße Art. Graubraun mit wenig hellerer Unterseite. Die kurzen Ohren überragen die aufrechtstehenden Kopfhaare nur wenig. Schnauze kurz. Flügel lang und spitz.
Lebensraum: In offenen, klimatisch begünstigten Geländen der Ebene und des Berglandes. Im Sommer meist warme, geräumige Felshöhlen, Stollen und Kasematten, seltener große Dachräume alter Gebäude. Winterquartier unterirdisch in Höhlen oder Stollen.

Biologie: Sehr gesellig im Quartier, gelegentlich mehrere tausend Tiere. Meist freihängend: einzeln oder in Pulks. Ausgeprägte Wanderneigung. Einzelleistungen von mehr als 250 km. Nur 1-2 Junge im Jahr. Der Fortpflanzungszyklus unterscheidet sich von dem der übrigen einheimischen Arten (siehe Seite 242). Fliegt kurz nach Sonnenuntergang aus. Schneller Flug. Nahrung: Fluginsekten, vorwiegend Zweiflügler, Käfer und Schmetterlinge.

Familie: Bulldoggfledermäuse, Molossidae (Gervais, 1856)

16 Gattungen mit 86 Arten sind in den wärmeren Regionen weltweit verbreitet.

Erkennungsmerkmale: Der Schwanz überragt die Schwanzflughaut deutlich, im Flug zu etwa einem Drittel. In der Ruhe wird er frei nach hinten gestreckt gehalten, mit leichter Krümmung nach oben. Am Sporn kein Epiblema. Meist sehr große, noch vorn gerichtete Ohren. Große Augen.

Gattung: *Tadarida* (Rafinesque, 1814)

In zwei Untergattungen sind acht Arten, davon sieben in der Untergattung *Tadarida* (Rafinesque, 1814) - mit einer Vertreterin in Südeuropa. In der Untergattung *Rhizomops* (Legendre, 1984) ist als einzige Art *Tadarida brasiliensis* (Geoffroy, 1824). Diese kleine Fledermaus besiedelt in riesigen Mengen einige Höhlen im südlichen Nordamerika und in Mittelamerika, und ist bis nach Argentinien verbreitet. In der Eagle Creek-Höhle in Arizona wurde der Bestand in den 60er Jahren auf 25-50 Millionen geschätzt. Dies war vermutlich die höchste Konzentration von Säugetieren, die bisher festgestellt wurde.

Erkennungsmerkmale: Charakteristische Falten an der Oberlippe, deshalb auch «Faltlippenfledermaus» genannt. Ohrmuscheln sind an der Basis durch eine Hautfalte miteinander verbunden.

Zahnformel: $\frac{1-1-2-3}{3-1-2-3}$ x 2 = 32 Zähne

Bulldoggfledermaus
Tadarida teniotis (Rafinesque, 1814)
Free-tailed bat
Molosse de Cestoni
Molosso di Cestoni
(vgl. Seite 51, 351)

Kopf-Rumpf-Länge: 82-90 mm
Unterarmlänge: 56-64 mm
Flügelspannweite: um 41 cm
Gewicht: 25-55 g

Ortungslaute: CF und FM, Amplitudenmaximum bei etwa 9-15 kHz; Rufe sind ohne Hilfsmittel weithin hörbar

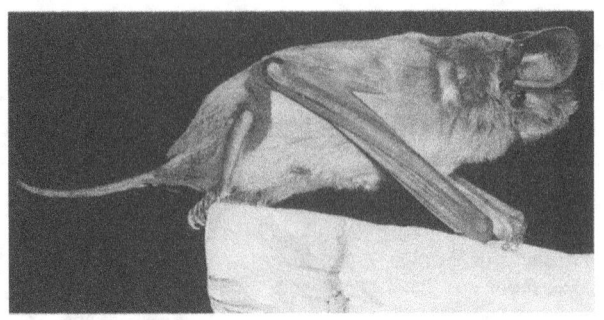

Merkmale: Große Art. Dunkelgrau bis graubraun, Unterseite wenig heller. Ohren groß, berühren sich an der Innenseite. Lippen mit Falten. Flügel lang, sehr schmal. Beine kurz und kräftig.

Verbreitung: Mittelmeergebiet Europas, von der Iberischen Halbinsel bis Kleinasien, Afghanistan. Ostasien vom Osthimalaja bis China und Japan. Nordafrika, Kanarische Inseln. In Europa nördlichste Einzelfunde 1869 in Basel und 1993 in Stuttgart. Schweiz: Einzeltiere, meist junge Männchen, regelmäßig auf dem Col de Bretolet, 1923 m ü.M. (Kanton Wallis). Quartiernachweise im Tessin und Wallis.

Lebensraum: Klimatisch warme Gebiete mit hohen Felswänden oder hohen Gebäuden, Brücken. Quartiere in Spalten an Felswänden, Mauern und Gebäuden, in großen Felshöhlen. Quartierraum meist sehr eng, weniger als 3 cm.

Biologie: Bildet nur kleine Kolonien. Kann in den Spalten schnell klettern und am Boden sehr flink laufen. Die freie Schwanzspitze ist beim Rückwärtslaufen in Spalten ein wichtiges Tastorgan. Produziert im Quartier weithin hörbare, hohe Soziallaute mit auffälligem Triller. Fortpflanzungsverhalten noch wenig bekannt. Ein Junges jährlich. Fliegt oft schon vor der Dämmerung aus und ruft dabei laut und weithin hörbar. Fliegt schnell, direkt, ohne häufige Richtungswechsel, Flug meist sehr hoch, 20 m bis 100 m und mehr. Gelegentlich in Gesellschaft von Seglern und Schwalben. Auf dem Col de Bretolet auch bei kühlen Nächten flugaktiv. Fliegt dort manchmal nieder und verfängt sich gelegentlich in den Netzen der ornithologischen Forschungsstation. Fängt dort vermutlich Insekten, die auf Migrationsflügen sind. Gelegentlich in tiefliegenden Regionen auch mitten im Winter flugaktiv, z.B. über beleuchteten Sportanlagen. Nahrung: Schmetterlinge und Zweiflügler.

Dank

Allen, die dieses Buchprojekt durch ihre persönliche Mitarbeit, durch Beratung und Diskussionsbeiträge, durch die Bereitstellung von Bildmaterial oder sonstigen Hilfen unterstützt haben, sei hier herzlich gedankt. Der Verlagsleitung und allen Mitarbeitern danke ich für das Interesse an meiner Arbeit, für die großzügige Ausstattung des Buches und für die entgegenkommende, immer freundliche Betreuung. Daß dieses Buch überhaupt in dieser Form entstehen konnte, verdanke ich dem großen Einsatz meiner Lektorin Dorothée Engel, die mir nicht nur durch ihre Sachkompetenz, sondern auch sonst immer hilfreich und bei diversen Krisen ermutigend geholfen hat.

Natürlich mußte für dieses Buch viel Vorarbeit geleistet werden. Ungezählte Tages- und Nachtstunden habe ich in der Freizeit für die Fledermausbeobachtung investiert, oft auch auf Kosten des Zusammenlebens mit meiner Frau Erika und unseren Töchtern Nicole und Tanja. Wir sind trotzdem eine großartig harmonierende Familie geblieben, weil ich von ihnen viel Toleranz, Verständnis und liebevolle Nachsicht für meine vermutlich nicht immer leicht verständliche Verbissenheit erfahren durfte, wenn es galt ein bestimmtes Forschungsziel zu erreichen. Meine Familie war bei allen Projekten mein wichtigster Rückhalt.

Viele Fledermauskundler haben mich auf Exkursionen eingeladen und mir ihre lokalen fledermauskundlichen Besonderheiten gezeigt. Dabei ergaben sich anregende, unvergeßliche Diskussionen; wertvolle, fruchtbare Erfahrungen wurden dadurch ermöglicht. Einen unentbehrlichen Meinungsaustausch konnte ich auch über Jahre hinweg mündlich und schriftlich mit vielen Kollegen führen. Allen soll hier herzlich gedankt werden, insbesondere Dr. Raphaël Arlettaz, Dr. Hans Baagoe, Andres Beck, Dr. G. Berthoud, Christian Drescher, Dr. G. Heise, Prof. Dr. Otto von Helversen, Dr. Herbert Joller, Gerald Kerth, Prof. Dr. Barbara König, Dr. Fritz Kronwitter, Felix Matt, Dr. Alfred Nagel, Oskar Niederfriniger, Dr. Laurent Perrin, Dr. Klaus Richarz, Dr. Hubert Roer, Dr. Friederike Spitzenberger, Susanne Vogel, Roland Weid, Manfred Wilhelm, Dr. K. Zbinden, Dr. Peter Zingg, Dr. Ulrich Zöphel.

Meine wissenschaftliche Arbeit an Fledermäusen wurde erst möglich, weil meine Vorgesetzten, die Direktoren des Naturhistorischen Museums in Basel, Prof. Dr. Urs Rahm (bis 1990) und Dr. Peter Jung mit viel Verständnis mein ungewöhnliches, nebenamtliches Engagement gefördert haben. Als Teilergebnis meiner Arbeit und als Dank möchte ich ihnen dieses Buch vorlegen. Vielleicht kann es aufzeigen, daß Museen auch zusätzliche, vielfältige Aufgaben in unserer Gesellschaft wahrnehmen können, beispielsweise auch die, Spezialisten und Außenseitern wie mir eine Arbeitsnische zu gewähren, die anderweitig nicht gefunden werden könnte.

Bei vielen Arbeiten stand mir der Verein für Fledermausschutz, pro Chiroptera, aktiv zur Seite. Für die zahlreichen Unterstützungen möchte ich den Vorstandsmitgliedern Iwan Bianchi, Erika Bösch, Dorly Gysin, Christine Müller, Dr. Laurent Perrin und Paul Zbinden danken.

Bedanken möchte ich mich auch bei den vielen Fledermäusen, die ich im Laufe der Jahre hautnah erleben durfte und die mir Einblicke in ihre Lebensweise ermöglichten. Viele Namen wären zu nennen, alphabetisch geordnet von «Ala», «Apus» und «Artus», den ersten Abendseglern in der «Station Hofmatt», bis zu «Zeus», dem Mausohrmännchen, das ich andernorts erfolgreich auswilderte, das aber nie jagen lernte. Die meisten der mehr als 50 Namen werden wohl nie veröffentlicht, bleiben aber in meinen Protokollen als wichtige Informationsträger erhalten.

Einige Angaben zur Echoortung der Fledermäuse habe ich aus meiner Broschüre «Unsere Fledermäuse» übernommen. Ein besonderer Dank geht deshalb an Prof. Dr. Hans-Ulrich Schnitzler, Dr. Elisabeth Kalko und Dr. Peter E. Zingg, die mir schon früher geholfen haben. Viele wertvolle Daten und Hinweise erhielt ich von verschiedenen anderen Spezialisten und Beobachtern. Mein aufrichtiger Dank geht auch an die vielen Forscher, deren Fachpublikationen ich lesen konnte.

Die Stiftung Emilia Guggenheim-Schnurr der Naturforschenden Gesellschaft in Basel, die Freiwillige Akademische Gesellschaft Basel, die Stiftung Dr. Joacim de Giacomi der Schweizerischen Naturforschenden Gesellschaft, der Rudolf Geigy-Fonds für Wirbeltierforschung am Naturhistorischen Museum Basel, die Frey-Clavel Stiftung, die Brunette Stiftung und der Tierschutzverein Baselland haben meine Arbeit finanziell unterstützt.

Weiterführende Literatur

und im Buch zitierte Publikationen

Aellen, V. (1962): Le baguement des chauves-souris au col de Bretolet (Valais). Arch. Sci. Genève 14 (1961): 365-392.

Ahlén, I. (1981): Identification of Scandinavian Bats by their sounds. Swedish Univers. of Agricultural Sciences, Departement of Wildlife Ecology, rapport 6, Uppsala..

Arbeitsgemeinschaft für Fledermausschutz in Hessen (AGFH eds.) (1994): Die Fledermäuse Hessens. Geschichte, Vorkommen, Bestand und Schutz. Verlag Manfred Henneke, Remshalden-Buoch.

Arlettaz, R (1995): Ecology of the sibling mouse-eared bats (*Myotis myotis* and *Myotis blythii*): zoogeography, niche, competition, and foraging. Horus Publishers Martigny, Switzerland.

Barak, Y. & Y. Yom-Tov (1989): The advantage of group hunting in Kuhl's bat *Pipistrellus kuhli* (Microchiroptera). J. Zool. (London) 219: 670-675.

Barclay, R. M. (1995): Does energy or calcium availability constrain reproduction by bats? In: Racey, P. A. & S. M. Swift (eds.): Ecology, evolution and behaviour of bats. Symp. zool. Soc. Lond. 67: 245-258.

Baron, G., H. Stephan & H. D. Frahm (1996): Comparative Neurobiology in Chiroptera. 3 Bände. Birkhäuser Verlag, Basel, Boston, Berlin

Beck, A. (1994-95): Fecal analysis of European bat species. Myotis, 32-33: 109-119.

Corbet, G. B. & S. Harris (1991): The Handbook of British Mammals (Third Edition). Publ. for the Mammal Society by Blackwell Scientific Publications Inc., London, Paris, Berlin, Wien.

Chytil, J. & M. Vlasín (1994): Contribution to the knowledge of bats (Mammalia: Chiroptera) in Albania. Folia Zool. 43 (4): 465-467.

Dobat, K. & T. Peikert-Holle (1985): Blüten und Fledermäuse. Verlag Waldemar Kramer, Frankfurt a. M.

Eisentraut, M. (1937): Die deutschen Fledermäuse. - Eine biologische Studie. Verlag D. Paul Schöps. Leipzig.

Eisentraut, M. (1957): Aus dem Leben der Fledermäuse und Flughunde. Gustav Fischer Verlag. Jena.

Fenton, M. B. (1985): Communication in the Chiroptera. Indiana University Press. Bloomington.

Fuhrmann, M. & O. Godmann (1994): Baumhöhlenquartiere vom Braunen Langohr und von der Bechsteinfledermaus: Ergebniss einer telemetrischen Untersuchung. In: Die Fledermäuse Hessens. AGFH (eds.). Verlag Manfred Henneke, Remshalden-Buoch. 181-186.

Gebhard, J. (1984): Die Fledermäuse in der Region Basel (Mammalia, Chiroptera). Verhandl. Naturf. Ges. Basel (1983), 94: 1-42.

Gebhard, J. (1988): Die Forschungsstation «Hofmatt» – Ein künstliches Fledermausquartier mit zahmen, in Gefangenschaft geborenen, frei fliegenden und wilden, zugeflogenen Abendseglern (*Nyctalus noctula*). Myotis 26: 5-21.

Gebhard, J. (1991): Unsere Fledermäuse. Naturhistorisches Museum Basel (ed.), 3. erweiterte Aufl.

Gebhard, J. (1996): Das Fledermausbrevier. Teil 1. Schweizer Tierschutz, Du + die Natur. Nr. 2: 4-43. Teil 2 erscheint Herbst 1997. Bestellung gegen Rechnung: Schweizer Tierschutz STS, Dornacherstrasse 101, CH - 4008 Basel.

Gebhard, J. & K. Hirschi (1985): Analyse des Kotes aus einer Wochenstube von *Myotis myotis* (Borkh., 1797) bei Zwingen (Kanton Bern, Schweiz). Mitt. Naturf. Ges. Bern. N.F. 42: 145-155.

Gebhard, J. & M. Ott (1985): Etho-ökologische Beobachtungen an einer Wochenstube von *Myotis myotis* (Borkh., 1797) bei Zwingen (Kanton Bern, Schweiz). Mitt. Naturf. Ges. Bern N.F. 42: 129-144.

Gloor, S., H.-P. B. Stutz & V. Ziswiler (1994-95): Nutritional Habits of the noctule bat *Nyctalus noctula* (Schreber, 1774) in Switzerland. Myotis 32-33: 231-242.

Griffin, D. R. (1958): Listening in the Dark. Yale University Press, New Haven.

Grimmberger, E. & H. Bork (1979): Untersuchungen zur Biologie, Ökologie und Populationsdynamik der Zwergfledermaus, *Pipistrellus p. pipistrellus* (Schreber, 1774), in einer grossen Population im Norden der DDR. Nyctalus N.F. 1: 122-136.

Grosser, O. (1903): Die physiologische bindegewebige Atresie des Genitalkanales von *Vesperugo noctula* nach erfolgter Kohabitation. Anat. Anz. 23, suppl.: 129-132.

Güttinger, R. (1997): Jagdhabitate des Grossen Mausohrs (*Myotis myotis*) in der modernen Kulturlandschaft. BUWAL-Schriftenreihe Umwelt Nr. 288. Bern, Bundesamt für Umwelt, Wald und Landschaft.

Haarje, C. (1995): Fledermaus-Massenwinterquartier in der Levensauer Kanalhochbrücke bei Kiel. Nyctalus N.F. 5, 3/4: 274-276.

Haffner, M. (1995): The possibilities of scent marking in the Mouse-eared bat *Myotis myotis* (Borkhausen, 1797) and the Noctule bat *Nyctalus noctula* (Schreber, 1774) (Mammalia, Chiroptera). Z. Säugetierkunde 60: 112-118.

Hammer, M. & O. v. Helversen:(1993): The lek mating system of the Lesser Mouse-Eared Bat, *Myotis blythi* in northwestern Greece. Abstract VI European Bat Research Symposium, Évora, Portugal: 23.

Hausser J. (1995): Säugetiere der Schweiz. Birkhäuser Verlag, Basel, Boston, Berlin.

Helversen, O. v. (1989): Bestimmungsschlüssel für die europäischen Fledermäuse nach äusseren Merkmalen. Myotis 27: 41-60.

Helversen, O. v. (1989): Schutzrelevante Aspekte der Ökologie einheimischer Fledermäuse. Schriftenr. Bayer. Landesamt f. Umweltschutz 92: 7-17.

Helversen O. v. & D. v. Helversen (1994): The «advertisement song» of the Lesser Noctule Bat (*Nyctalus leisleri*). Folia Zool. 43 (4): 331-338.

Heise, G. (1983): Ergebnisse sechsjähriger Untersuchung mittels Fledermauskästen im Kreis Prenzlau, Uckermark. Nyctalus N.F. 1: 504-512.

Heise, G. (1985): Zu Vorkommen, Phänologie, Ökologie und Altersstruktur des Abendseglers (*Nyctalus noctula*) in der Umgebung von Prenzlau/Uckermark. Nyctalus N.F. 2: 133-146.

Heise, G. (1994): Zur Bedeutung der Witterung in der postnatalen Phase für die Unterarmlänge des Abendseglers, *Nyctalus noctula* (Schreber, 1774). Nyctalus N.F. 5, 3/4: 292-296.

Heise, G. & A. Schmidt (1979): Wo überwintern im Norden der DDR beheimatete Abendsegler (*Nyctalus noctula*)? Nyctalus N.F. 1: 81-84.

Heise, G. & A. Schmidt (1988): Beiträge zur sozialen Organisation und Ökologie des Braunen Langohrs (*Plecotus auritus*). Nyctalus N.F. 2: 445-465.

Hughes, P. M., G. Jones & R.D. Ransome (1989): Aerodynamic constraints on flight ontogeny in free-living greater horsshoe bats, *Rhinolophus ferrumequinum*. In: European Bat Research 1987: V. Hanák, I. Horácek, J. Gaisler (eds.) Charles Univ. Press. Praha: 255-262.

Issel, B. & W. Issel (1955): Versuche zur Ansiedlung von Waldfledermäusen in Fledermauskästen. Forstw. Cbl. 74: 193-204.

Joller, H. (1977): Zur Ontogenese von *Myotis myotis* Borkhausen (verglichen mit jener von Acomys cahirinus dimidiatus). Verh. Naturf. Ges. Basel, 86: 88-151.

Kalko, E.K.V. & H-U. Schnitzler (1989): The echolocation and hunting behaviour of Daubenton's bat, *Myotis daubentoni*. Behav. Ecol. Sociobiol. 24 (4): 225-238.

Kepka, O. (1976): Eine Winterschlafgemeinschaft der Zwergfledermaus, *Pipistrellus pipistrellus* Schreb. und des Großen Abendseglers, *Nyctalus noctula* Schreb. in Graz. Mitt. Naturw. Ver. Steiermark 106: 221-222.

Kolb, A. (1972): Die Geburt einer Fledermaus. Image 49: 5-13.

Kock, D. & H. Schwarting (1987): Eine Rauhhaut-Fledermaus aus Schweden in einer Population des Rhein-Main-Gebietes. Natur u. Museum 117: 20-29.

Kozhurina, E. I. (1993): Social Organisation of a Maternity Group in the Noctule Bat, *Nyctalus noctula* (Chiroptera: Vespertilionidae). Ethology 93: 89-104.

Kronwitter, F. (1988): Population structure, habitat use and activity patterns of the noctule bat, *Nyctalus noctula* Schreb., 1774 (Chiroptera: Vespertilionidae) revealed by radio tracking. Myotis 26: 23-85.

Kulzer, E. (1981): Winterschlaf. Stuttgarter Beitr. f. Naturkunde Serie C. Staatl. Museum f. Naturkunde in Stuttgart.

Kulzer, E & U. Schmidt (1988): Heutige Fledertiere: In: Grzimeks Enzyklopädie. Säugetiere. Kindler Verlag, München: 552-631.

Kunz, T. H. (ed.) (1988): Ecological and Behavioural Methods for the Study of Bats. Smithsonian Institution Press, Washington D.C., London.

Kunz, T. H. (ed.) (1982): Ecology of Bats. Plenum Presss, New York and London.

Kuthe, C. & R. Ibisch (1994): Interessante Ringfunde der Rauhhautfledermaus (*Pipistrellus nathusii*) in zwei Paarungsgebieten in der Umgebung von Potsdam. Nyctalus N.F. 2: 196-202.

Laufens, G. (1973): Einfluß der Außentemperaturen auf die Aktivitätsperiodik der Fransen- und Bechsteinfledermäuse (*Myotis nattereri* Kuhl, 1818 und *Myotis bechsteini* Leisler, 1818). Period. biol. 75: 145-152.

Lehmann J., L. Jenni & Maumary L. (1992): A new longevity record for the long-eared bat (*Plecotus auritus*, Chiroptera). Mammalia 56, 2: 316-318.

Liegl, A. & O. v. Helversen (1987): Jagdgebiet eines Mausohrs (*Myotis myotis*) weitab von der Wochenstube. Myotis 25: 71-76.

Lundberg, K. & R. Gerell (1986): Territorial advertisement and mate attraction in the bat *Pipistrellus pipistrellus*. Ethology 71: 115-124.

Lyman, P., J. S. Willis, A. Malan & L. C. C. Wang (1982): Hibernation and torpor in mammals and birds. Academic Press New York, London.

Masing, M. (1989): A long distance flight of *Vespertilio murinus* from Estonia. Myotis 27: 147-150.

Mayer, F. (1991): Stammen Zwillingsgeschwister des Abendseglers *Nyctalus noctula* (Schreber 1774) vom selben Vater? Eine Verwandtschaftsanalyse mit Hilfe von «DNA fingerprinting». Unveröff. Diplomarbeit, Universität Erlangen

Maywald, A. & B. Pott (1988): Fledermäuse - Leben, Gefährdung, Schutz. Ravensburger Buchverlag Otto Maier.

McAney, C., C. Shiel, C. Sullivan & J. Fairley (1991): The Analysis of Bat Droppings. The Mammal Society, London. Occasional Publication No. 14.

McCracken, G.F. (1984): Communal nursing in Mexican free-tailed bat maternity colonies. Science 223: 1090-1091.

Meise, W. (1951): Der Abendsegler. Neue Brehm-Bücherei, Nr.42, Leipzig.

Mitchell-Jones A.J. (ed.) (ohne Jahr): The bat worker's manual. Nature Conservancy Council. Northminster House. Peterborough PE1 1UA.

Müller, E. (ed..) (1993): Die Fledermäuse in Baden-Württemberg II. Beih. Veröff. Naturschutz Landschaftspflege Bad.-Württ. 75.

Natuschke, G. (1960): Heimische Fledermäuse. Neue Brehm Bücherei.

Nachtigall W. (ed.) (1986): Bat flight - Fledermausflug. Biona-Report 5, Gustav Fischer Verlag Stuttgart, New York.

Nagel, A. & J. Disser (1990): Rückstände von Chlorkohlenwasserstoff-Pestiziden in einer Wochenstube der Zwergfledermaus (*Pipistrellus pipistrellus*). Z. Säugetierk. 55 (4): 217-225.

Neuweiler, G. (1993): Biologie der Fledermäuse. Georg Thieme Verlag Stuttgart.

Niethammer, J. & F. Krapp (eds.) (im Druck): Fledertiere - Chiroptera. Handbuch der Säugetiere Europas. Aula-Verlag, Wiesbaden.

Nowak, R. M. (1994): Walker's Bats of the World. Johns Hopkins University Press, Baltimore, London.

Pagenstecher, A. (1859): Mitteilung über die Begattung von *Vesperugo pipistrellus* am 31. Jan. 1859. Heidelb. Jb. Literatur, 52: 346-347.

Peterson, G. (1990): Die Rauhhautfledermaus, *Pipistrellus nathusii* (Keyserling & Blasius, 1839), in Lettland: Vorkommen, Phänologie und Migration. Nyctalus (N. F.) 3: 81-98.

Perrin, L.P.A. (1988): Zur Biologie des Abendseglers *Nyctalus noctula* (Schreber, 1774) in der Regio Basiliensis. Inauguraldissertation Universität Basel.

Ransome, R. (1990): The Natural History of Hibernating Bats. Christopher Helm, London.

Racey, P. A. (1972): Viability of bat spermatozoa after prolonged storage in the epididymis. J. Reprod. Fert. 28: 309.

Racey, P. A. (1973): The viability of spermatozoa after prolonged storage by male in female bats. Periodicum Biologorum 75: 171-183.

Racey, P. A. (1979): The prolonged survival of spermatozoa in bats. J. Reprod. Fert. 56: 391-402.

Racey, P. A. (1982): Ecology of bat reproduction. In: T.H. Kunz (ed..): Ecology of bats. Plenum Press, New York, London: 57-104.

Richardson, P. (1985): Bats. Whittet Books. London.

Richarz , K. & A. Limbrunner (1992): Fledermäuse. Fliegende Kobolde der Nacht. Franckh-Kosmos Verlag, Stuttgart.

Rieger, I. & H.-U. Alder (1994): Wasserfledermäuse in der Region Rheinfall. Eigenverlag Fledermausgruppe Rheinfall (FMGR). 1-105.

Roer, H. (1977): Sind nach dem Zusammenbruch der mitteleuropäischen nunmehr auch die mediterranen Populationen von *Rhinolophus hipposideros* und *ferrumequinum* in ihrem Bestand bedroht? Myotis 15: 114.

Roer, H. (1994-95): 60 years of bat-banding in Europe - results and tasks for future research. Myotis 32-33: 251-261.

Rydell, J. (1995): Street lamps and the feeding ecology of insectivorous bats. Symp. zool. soc. Lond. 67: 291-307.

Schmidt, A. (1977): Ergebnisse mehrjähriger Kontrollen von Fledermauskästen im Bezirk Frankfurt/Oder. Naturschutzarb. Berlin u. Brandenbg. 13: 42-51.

Schmidt, A. (1990): Fledermausansiedlungsversuch in ostbrandenburgischen Kiefernforsten. Nyctalus N.F. 3, 3: 177-207.

Schmidt, A. (1994): Wiederfund eines 8jährigen Abendseglers, *Nyctalus noctula*. Nyctalus N.F. 5, 1: 103-104.

Schmidt, A. (1995): Wiederfund eines brandenburgischen Kleinabendseglers, *Nyctalus leisleri*, in Frankreich. Nyctalus, N.F. 5, 5: 487.

Schnitzler, H.-U. (1972): Control of Doppler shift compensation in the greater horseshoe bat, *Rhinolophus ferrumequinum*. J. Comp. Physiol. 82: 79-92.

Schober, W. (1996): Mit Echolot und Ultraschall. Herder Verlag, Freiburg. 2. Aufl.

Schober, W. & E. Grimmberger (1987): Die Fledermäuse Europas. Franckh-Kosmos Verlag, Stuttgart.

Schwab, H. (1952): Beobachtungen über die Begattung und die Spermakonservierung in den Geschlechtsorganen bei weiblichen Fledermäusen. Z. mikrosk.-anat. Forsch. 58: 326-357.

Schwarz, J. (1988): Untersuchungen zum Jagdverhalten des Abendseglers (*Nyctalus noctula*, Schreber 1774). Unveröff. Diplomarbeit, Univers. Kiel.

Sierro, A. (1994): Ecologie estivale d'une population de Barbastelle (*B. barbastellus*, Schreber 1774) au Mt. Chemin (Valais): sélection de l'habitat, régime alimentaire et niche écologique. Unveröff. Diplomarbeit, Université de Neuchâtel.

Sluiter, J. W. & P. F. van Heerdt (1966): Seasonal Habits of the noctule bat (*Nyctalus noctula*). Arch. Neerl. Zool. 16: 423-439.

Speakman, J. R. (1990): The function of daylight flying in British bats. J. Zool. Lond. 220: 101-113.

Spitzenberger, F. (1990): Die Fledermäuse Wiens. J & V Edition Wien.

Spitzenberger, F. (1995): Die Säugetiere Kärntens. Teil 1. Carinthia II, 185: 247-352.

Strelkov, P. P. (1969): Migratory and stationary bats (Chiroptera) of the European part of the Soviet Union. Acta Zool. Crac. 14: 393-439.

Stutz, H.-P. B. (1987): Morphologische und histologische Untersuchungen der beim Beutefang und bei der Nahrungsverarbeitung wichtigen Strukturen mitteleuropäischer Vespertilionidae (Mammalia, Chiroptera). Dissertat. Universität Zürich.

Stutz, H.-P. B. (1989): Die Höhenverteilung der Wochenstuben einiger ausgewählter schweizerischen Fledermausarten (Mammalia, Chiroptera). Revue suisse Zool. 96: 651–662.

Tupinier, Y. (1977): Description d'une chauve-souris nouvelle: Myotis nathalinae nov. sp. (Chiroptera - Vespertilionidae). Mammalia, 41: 327–340.

Tupinier, D. (1989): La chauve-souris et l'homme. Éditions L'Harmattan, Paris.

Thüringer Landesanstalt für Naturschutz (ed.) (1994): Fledermäuse in Thüringen. Naturschutzreport. Heft. 8. Jena.

Urbanczyk, Z. (1989): Results of the winter census of bats in Nietoperek 1985–1989. Myotis 27: 139–145.

Vogel, S. (1988): Etho-ökologische Untersuchungen an zwei Mausohrkolonien (Myotis myotis Borkhausen, 1797) im Rosenheimer Becken. Unveröff. Diplomarbeit, Univ. Gießen.

Weid, R. (1988): Occurrence of the particoloured bat Vespertilio murinus (Linne, 1778) in Greece and some observations on its display behaviour. Myotis 26: 117–128.

Weid, R. (1994): Sozialrufe männlicher Abendsegler (Nyctalus noctula). Bonn. zool. Beitr. 45, 33–38.

Weid, R. & O.v. Helversen (1987): Ortungsrufe europäischer Fledermäuse beim Jagdflug im Freiland. Myotis 25: 5–27.

Weidner, H. (1958): Die auf Fledermäusen parasitierenden Insekten mit besonderer Berücksichtigung der in Deutschland vorkommenden Arten. Nachrichten d. Naturw. Museum Aschaffenburg 59.

Weigold, H. (1973): Jugendentwicklung der Temperaturregelung bei der Mausohrfledermaus (Myotis myotis). J. comp. Physiol. 85: 169–212.

Wilhelm, M. (1989): Zwei interessante Ringfunde vom Abendsegler Nyctalus noctula, im sächsischen Elbsandsteingebirge. Nyctalus NF 2, 6: 538–540.

Wimsatt, W. A. (ed.) (1970): Biology of Bats. 3 Bände. Academic Press. New York, San Francisco, London.

Wissing, H. (1990): Massenansammlungen des Abendseglers (Nyctalus noctula) über einem Truppenübungsgelände bei Landau/Pfalz. Dendrocopus 17: 18–20.

Wolz, I. (1992): Zur Ökologie der Bechsteinfledemaus Myotis bechsteini (Kuhl, 1818) (Mammalia: Chiroptera). Diss. Alexander-Univ., Erlangen.

Wünnenberg, W. (1990): Physiologie des Winterschlafes. Mammalia depicta Heft 14 - Beihefte zur Zeitschrift für Säugetierkunde. Verlag Paul Parey.

Zahn, A. (1995): Populationsbiologische Untersuchungen am Großen Mausohr (Myotis myotis). Verlag Shaker, Aachen.

Zingg, P. E. (1988): Eine auffällige Lautäußerung des Abendseglers, Nyctalus noctula (Schreber) zur Paarungszeit (Mammalia: Chiroptera). Revue suisse Zool., 95: 1057–1062.

Zingg, P. E. (1988): Akustische Artidentifikation von Fledermäusen (Mammalia: Chiroptera) in der Schweiz. Rev. Suis. Zool. 97 (2): 263–294.

Zingg, P. E. (1990): Eine Methode zur akustischen Artidentifikation von Fledermäusen (Mammalia: Chiroptera) und ihr Einsatz bei der Ermittlung der Vorkommen in Val Bregaglia/GR. Inauguraldissertation Univ. Bern.

Fledermauskundliche Zeitschriften und Mitteilungsblätter

«Bat Research News» (zwei- bis dreimal jährlich) über: G. Roy Horst, Dep. of Biology, State Univ. of New York at Potsdam, NY 13676

«Der Flattermann» (erscheint mehrmals jährlich) über: Koordinationsstelle für Fledermausschutz Nordbaden, Staatl. Museum für Naturkunde Karlsruhe, Postfach 6209, D-76042 Karlsruhe.

«Echolocation» (erscheint mehrmals jährlich) über: Centre de coordination ouest pour l'étude et la protection des chauves-souris. Muséum d'histoire naturelle, Case postale 6434, CH-1211 Genève 6.

«Eurobat Chat» über: Eurobats Secretariat, Mallwitzstrasse 1–3, D-53177 Bonn.

«Nyctalus» (Neue Folge) (zwei- bis dreimal jährlich) über: Joachim und Renate Haensel, Brascheweg 7, D-10318 Berlin-Karlshorst.

«Fledermaus-Anzeiger» (erscheint viermal jährlich) über: Fledermausschutz SSF/KOF, Winterthurerstrasse 190, CH-8057 Zürich.

«Le Rhinolophe» über: Muséum d'histoire naturelle, Case postale 6434, CH-1211 Genève 6.

«Mitteilungsblatt der BAG Fledermausschutz» (erscheint viermal jährlich) über: Joachim und Renate Haensel, Brascheweg 7, D-10318 Berlin-Karlshorst.

«Myotis» (jährlich) über: Zoologisches Forschungsinstitut und Museum Alexander Koenig, Adenauerallee 150–164, D-53113 Bonn.

Kontaktadressen im Fledermausschutz

Die Adressenliste erhebt nicht den Anspruch auf Vollständigkeit. Die unten genannten Personen und Arbeitsgruppen, aber auch lokale Naturschutzbehörden, Umweltämter, Naturschutzorganisationen, die zoologischen Institute der Universitäten und naturkundliche Museen können Kontakte mit den zahlreichen regionalen Arbeitsgruppen vermitteln.

Deutschland

Baden-Württemberg
AG Fledermausschutz Baden-Württemberg
Prof. Dr. Ewald Müller, Universität Tübingen, Institut für Biologie III, Auf der Morgenstelle 28, D-72076 Tübingen

Koordinationsstelle für Fledermausschutz Nordbaden
Monika Braun, c/o Staatl. Museum für Naturkunde, Postfach 6209, D-76042 Karlsruhe

AG Fledermausschutz Südbaden
Universität Freiburg, Institut Biologie I, Albertstraße 21a, D-79104 Freiburg i. Br.

Wolfgang Fiedler, Hansjakobweg 4, D-78315 Radolfzell

Bayern
Koordinationsstelle für Fledermausschutz in Nordbayern
Universität Erlangen-Nürnberg, Institut für Zoologie II.
Staudtstraße 5, D-91058 Erlangen

Koordinationsstelle für Fledermausschutz in Südbayern
Bayrisches Landesamt für Umweltschutz, Postfach 810129, D-81901 München
oder: Dr. Andreas Zahn, Herrman-Löns-Straße 4, D-84478 Waldkralburg

Berlin
Sprecher des NABU-BAG Fledermausschutz
Dr. Joachim Haensel, Brascheweg 7, D-10318 Berlin

Brandenburg
Lutz Ittermann, Margaretenhof 4, D-15518 Neuendorf im Sande

Dr. Günter Heise, Robert-Schulz-Ring 18, D-17291 Prenzlau

Dr. Axel Schmidt, Berliner Straße 1-2, D-15848 Beeskow

Bremen
Axel Roschen, Deichstraße 133, D-27804 Berne

Hamburg
Annegret Wiermann, Eckernwoort 5, D-22607 Hamburg

Hessen
Geschäftsführer AG für Fledermausschutz in Hessen:
Dr. Klaus Richarz
Staatl. Vogelschutzwarte für Hessen, Rheinland-Pfalz und Saarland, Steinauer Straße 44, D-60386 Frankfurt / M.

AK Wildbiologie an der Justus Liebig Universität Gießen e.V.
Karl Kugelschafter, Heinrich-Buff-Ring 25, D-35392 Gießen

Olaf Godmann, Hauptstraße 31, D-65527 Niedernhausen

Dr. Alfred Nagel, Georg-Hieronymi-Straße 1, D-61440 Oberursel

Mecklenburg-Vorpommern
Dr. med. Eckhard Grimmberger, Dorfstraße 27, D-17495 Steinfurth

Henrik Pommeranz, Augustenstraße 77, D-18055 Rostock

Niedersachsen
Niedersächsisches Landesamt für Ökologie
Bärbel Pott-Dörfer, Scharnhorststraße 1, D-30175 Hannover

Wolfgang Rackow, Baumhofstraße 103,
D-37520 Osterode am Harz

Elke Mühlbach, Saarstraße 9, D-30173 Hannover

Nordrhein-Westfalen
Carsten Ebenau, Möllhoven 62, D-45355 Essen

Carsten Trappman, Philippistraße 10, D-48149 Münster

Dr. Henning Vierhaus, Teichstraße 13,
D-59505 Bad Sassendorf-Lohne

Rheinland-Pfalz
Andreas Kiefer, Frauenlobstraße 93a, D-55118 Mainz

Manfred Weishaar, Im Hainbruch 3, D-54317 Gusterath

Saarland
Christine Harbusch, Orscholzerstraße 15, D-66706 Kesslingen

Sachsen-Anhalt
Bernd Ohlendorf, Bienenkopf 91e, D-06507 Stecklenberg/Harz

Sachsen
Landesamt für Umwelt und Geologie
Dr. Ulrich Zöphel, Wasastraße 50, D-01445 Radebeul

Manfred Mainer, Kantstraße 5, D-08451 Crimmitschau

Günter Natuschke, Behringstraße 43, D-02625 Bautzen

Manfred Wilhelm, Reisserstraße 20, D-01307 Dresden

Schleswig-Holstein
Stefan Lüders, Lornsen Straße 52, , D-23795 Bad Segeberg

Thüringen
Koordinationsstelle für Fledermausschutz in Thüringen
Staatliches Umweltamt Erfurt, Gustav-Adolf-Str. 10,
D-99084 Erfurt

Johannes Tress, Gartenstraße 4, D-98617 Meiningen

Harry Weidner, Hauptstraße 36, D-07580 Grossenstein

Österreich

Naturhistorisches Museum Wien
Dr. Friederike Spitzenberger-Weiß & Dr. Kurt Bauer,
Postfach 417, A-1014 Wien

Schweiz

Jürgen Gebhard, Naturhistorisches Museum Basel,
Augustinergasse 2, CH-4001 Basel

pro Chiroptera, Verein für Fledermausschutz
Sekretariat: Erika Bösch, Hutzmannweg 14, CH-4202 Duggingen

Koordinationsstelle Ost für Fledermausschutz
Winterthurerstrasse 190, CH-8057 Zürich
(Fledermausschutz-Nottelefon: 01 635 47 76)

Centre de coordinations ouest pour l'étude et la protection des chauves-souris
Musée d'histoire naturelle, case postale 6434, CH-1211 Genève 6

Südtirol (Italien)

Naturmuseum Südtirol
Bindergasse 1, I-39100 Bozen

Index

Abflug 65f., 217, 220
Abwehrverhalten 94f.
Akinese 95–97
Aktivitätsmuster 211, 215
Aktivitätszyklus 213
Alter 44, 317
Ansitzjäger 173
Atmung 65, 191
Ausflug 72, 212, 216, 218, 287

Balz 77, 79, 215, 239, 244ff., 259f.
Balzflug 245, 249
Balzquartier 118, 209, 260, 288
Bat-Detektor 106, 150f., 163, 166, 172, 238, 309
Baumhöhle 73, 92, 137f., 189f., 216, 231, 250, 254, 264
Befruchtung 239, 241, 260, 266f.
Begattung 241f., 260
Beutegreifer 223
Blut 65
Blutgefäß 63
Brücke 127, 137, 250
Buccaldrüse 89, 91, 95, 235, 258

circadian 211
Cluster 74, 187 189, 256

Dachboden 124f.
Daumen 47, 57, 69f., 141
Drüsenhaar 80
Drüsensekret 42, 84f., 89, 90, 258
Duftdrüse 79f.
Duftsignal 89, 94, 238, 298

Echoortung 39, 66, 152f., 155, 160, 163, 175
Echoortungssystem 163, 175
Einflug 216, 219
Embryonalentwicklung 268
Energiebilanz 189
Entwicklung, postnatale 280, 282, 284
Entwöhnung 286
Epiblema 57
Ernährungsraum 143ff., 172
eutherm 182, 192, 202, 214, 266
Exkremente 102f.

Feindverhalten 95
Fellpflege, soziale 89, 91, 252, 261
Felsspalt 122f., 188f., 231f.
Fernfund 228ff., 233, 235
Fledermauskasten 139ff., 250, 284, 332
Fledermausschutz 184, 331
Fledertiere 21
Flug 60ff., 286
Flugaktivität 206, 210, 213,215, 249
Flügel 47f., 55, 57, 62ff., 67f., 71, 163
Flüggewerden 286
Flughaut 47f., 57, 62, 64, 99, 164
Flughunde 21f.
Fortpflanzung 237
Fortpflanzungsstrategie 244
Fortpflanzungszyklus 242
Flugstraße 161f.
Fraßplatz 165

Geburt 57, 210, 270f., 274ff., 282, 308

Geburtstermin 284
Gefährdung 223, 322, 326
Geruch 41ff., 76, 250, 308f.
Geschlechtsorgane 239f.
Geschlechtsreife 306
«Gleaner» 166
«gleaning» 164, 172

Haare 37f.
Haarwechsel 38f., 208, 210, 239, 285, 303
Haftzitze 278, 296
Hangeln 70f.
Hängen 59, 70
Harem 261
Hautdrüsen 41f., 81
Herz 63f.
Herzschlag 191
heterotherm 182
Hinterbeine 57, 142
Hochzeitsquartier 76, 251f., 254, 257
Höhenverbreitung 111
Höhle 74, 92, 113, 119ff., 188, 192
Homoiothermie 180f.
Huckepackkolonne 256f., 262, 293

Insektizid 323

Jagdgebiet 144
Jagdflug 149, 163, 176f., 219, 314
Jagdhabitat 143, 145f., 161f., 163, 217
Jahreslauf 207f.
Jugendentwicklung 283
Jungenaufzucht 270

Kältebelastung 191
Keimruhe 242
Kleptolaktie 311
Klettern 67, 69f.
Komfortverhalten 99, 276
Kommunikation 76, 79, 90, 94
Konkurrenz, Wohn-, 138
Kopulation 89, 230, 239, 244, 250f., 256f., 258, 262
Kot 118, 165, 168f., 175, 186, 205, 220
Krallen 69, 99, 141f.
Krankheit 327
Kulturfolger 108f.

Landung 65f.
Landschaftswandel 108f.
Laufen 67ff.
Lebensraum 105, 107, 354ff.
Lek 262, 244

Männchen, solitäre 245, 247, 249
Männchen, territoriale 259
Männchenkolonie 74, 251f.
Männchenquartier 76f., 253
Markierung 225f.
Massenansammlung 229
Migration 112, 208ff., 215, 226ff.
Milch 279, 309
Milchzähne 44, 276
Milchzitze 201, 267, 275ff., 279, 296, 298, 310, 313, 315
Monogamie 244

Nagen 101ff., 115, 258
Nahrung 165, 177, 325, 354ff.
Nahrungsbedarf 178

Öffentlichkeitsarbeit 333f.
Ohren 39ff., 204
Ohrwischen 204
Ortsgedächtnis 66, 160ff.
Ortungslaut 153ff., 172f., 175, 177
Ossifikation 281
Ovulation 208, 210, 239, 241

Paarung 208f.
Paarungsquartier 245, 249, 262
Paarungsstrategie, alternative 262
Paarungssystem 244, 246, 262
Parasit 266, 324, 326, 328ff.
Pflege, soziale 91
Pflege von Fledermäusen 334
Poikilothermie 180
Primärsiedler 92
promiskuitiv 244
Putzen 86, 99f., 203, 314

Quartier 76f., 78f., 92, 114ff.
Quartiertreue 76, 263
Quartierwechsel 189, 222f.

Rastplatz 118
Räuber 326
Raumquartier 116
Rüttelflug 62, 164, 173, 176

Saftkauen 104
Schambeinsymphyse 270f.
Schlaf 184, 213f.
Schnauzenreiben 76, 261, 310
Schwanz 48, 68
Schwanzflughaut 53, 57, 164, 173, 201, 274
Schwärmverhalten 78

Sehvermögen 159
Sekundärsiedler 92
Sexualzyklus 239
Singen 248, 259
Skelett 45f.
Sommerquartier 117, 137f.
Soziallaute 77, 79, 106, 153, 216, 219, 247f., 288, 308
Spalten 216
Spaltenquartier 116f., 126
Speichellecken 314
Spermatogenese 208, 210, 239, 245f.
Sporn 57
Stimmfühlung 308
Stoffwechsel 177
Suchflug 175
Synanthropie 324

Tageslethargie 63, 182ff., 213, 215, 219
Tagesrhythmus 211
Tageszyklus 212f.
Tagflug 186, 209, 219ff.
Thermoregulation 37, 192, 282
 − soziale 74f., 183, 264, 270
Tollwut 327f.

Torpor 182, 184f., 191, 202, 205, 251, 328
Tragus 39f., 204
Tragzeit 210, 239, 266ff.
Trinken 177, 205

Uhr, innere 211
Urintropfstein 170f.
Uterus 260

Vergesellschaftung 92
Verhalten, territoriales 245
Vorratsfett 186

Wanderung 162, 225, 229, 232
Winterquartier 30f., 77, 94, 112, 117ff., 126f., 137, 141, 143, 187ff., 201ff., 209f., 226, 228, 231f., 260
Winterschlaf 63, 65, 182, 185, 203, 205, 209f., 213, 215, 223, 229, 326
Winterschlafkolonien 74, 232
Wochenstuben 74, 77, 143, 210, 263ff., 286

Zähne 42f., 163, 178
Zahnwechsel 44
Zitze 276ff., 309f.

GPSR Compliance

The European Union's (EU) General Product Safety Regulation (GPSR) is a set of rules that requires consumer products to be safe and our obligations to ensure this.

If you have any concerns about our products, you can contact us on

ProductSafety@springernature.com

In case Publisher is established outside the EU, the EU authorized representative is:

Springer Nature Customer Service Center GmbH
Europaplatz 3
69115 Heidelberg, Germany